Fundamentals of Power Electronics

전력전자공학의 기초 I

정상상태의 컨버터 설계 및 해석

신휘범 · 정세교 역

Fundamentals of Power Electronics

Robert W. Erickson / Dragan Maksimović

도서출판 GS인터비전

머리말

이 책 초판은 전력전자의 입문과정의 교과서를 목적으로 전력전자의 기초를 다루어 학생들이 실제 전력전자시스템을 설계하는데 필요한 지식과 기법을 충분하게 공부할 수 있도록 구성되어 있나. 많은 대학교의 전력전사 과목에서 교새로 채택되어왔다. 또 하나의 목적은 전력전자를 설계하는 엔지니어와 기초 과정의 수준을 넘는 지식분야를 공부하고자 하는 학생을 위한 참고서적으로 사용되는 것이다. 2판에서는 초판의 기본적인 목적과 철학을 유지하면서 더 많은 새로운 주제들이 추가되어 수준 높은 기술 개발을 원하는 현장 엔지니어와 대학 및 대학원 과정의 학생들에게 매우 유용한 책이 될 것으로 기대한다. 책의 대부분의 장을 대폭 수정하거나 새롭게 하였으며, 특히 입력 필터 설계에 대한 2권의 3장, 컨버터의 시뮬레이션을 다룬 2권의 부록 B와 Middlebrook의 부가 소자이론에 대한 2권의 부록 C를 새롭게 추가하였다. 평균 스위치 모델링, 불연속 전도모드에서 동작하는 컨버터의 동특성, 전류모드 제어, 자기소자 설계, 펄스폭 변조 정류기, 공진과 소프트 스위칭 컨버터를 다루는 각 장에서 설명을 명확하게 하고 좀 더 진보된 결과를 제시하기 위해 2판에서 많은 개정이 이루어졌다.

새로 추가된 2권의 3장에서 입력 필터 설계를 다룬다. 컨버터시스템의 안정도 및 성능저하의 형태로 입력 필터가 컨버터의 동특성에 어떻게 영향을 주는가 하는 문제를

Middlebrook의 부가 소자이론을 이용하여 설명한다. 2권 부록 C에서 설계-지향 기법에 대해 상세히 설명한다. 컨버터의 전달함수가 변하지 않는 필터 제동에 대한 간단한 조건을 유도하고, 최적 필터 제동에 대한 완전한 결과를 제시한다. 설계 예를 통해 다단 필터 설계에 대한 검토로 이 장을 마무리한다.

새로 추가된 2권 부록 B에서 평균 스위치 모델링 기법에 기반을 둔 컴퓨터 시뮬레이션을 다루고, 연속 및 불연속 전도모드에 대한 컨버터의 PSpice 모델과 전류모드 제어에서의 PSpice 모델을 제시한다. SEPIC 컨버터의 직류 변환비와 효율을 찾는 문제, 벅-부스트 컨버터의 과도 응답을 구하는 문제, CCM과 DCM에서 동작하는 SEPIC 컨버터의 제어-출력 전달함수를 비교하는 문제, 폐루프 벅 전압 조절기의 루프 이득과 라인-출력 전달함수 그리고 부하 과도 응답을 구하는 문제, DCM 부스트 정류기의 입력 전류파형과 THD를 찾는 문제와 전류-프로그램 제어와 시비율 제어로 동작하는 벅 컨버터의 전달함수와 출력 임피던스를 비교하는 문제 등 많은 시뮬레이션 예제를 다룬다. 2권 부록 B의 주된 목적은 2권의 내용을 보충하고 독자가 설계과정에서 평균 모델과 시뮬레이션 도구를 효과적으로 사용할 수 있게 하는데 있다. 설계 검증으로서 시뮬레이션의 역할이 강조된다. 학부 및 대학원에서 전력전자를 가르쳐본 경험으로 비추어 보면 기본 개념과 설계-지향 분석기법을 공부한 학생들에게는 시뮬레이션 도구를 사용하는 것이 최선의 방법으로 학생들은 시뮬레이션 결과와 모델의 제약 조건 등을 정확하게 이해할 수 있었다. 그래서 입문에 해당하는 장에서는 시뮬레이션을 강조하지 않았다. 하지만 2권 부록 B는 1권의 3장과 2권의 1, 3, 4, 5 및 9장의 이론적인 개념과 함께 시뮬레이션 예제를 소개하도록 구성되어 있다.

2권 부록 C에서 Middlebrook의 부가 소자이론을 네 개의 예제와 함께 설명한다. 이 설계-지향 분석도구를 통해 선형 시스템에 부가된 부가 소자의 영향을 수정된 시스템 전체를 다시 풀지 않고 조사할 수 있다. 이 이론은 직관에 의해 회로를 푸는 문제부터 모델링이 안된 기생 소자의 영향을 찾는 전자회로 설계에 실제로 적용될 수 있다. 특히 2판에서는 Middlebrook의 부가 소자이론을 2권 3장의 입력필터 설계와 2권 10장의 공진 인버터 설계에 적용한다.

2권 1장에서 회로 평균과 평균 스위치 모델에 관한 절을 개정했다. 독자가 기본 모델을 사용하고 다른 응용을 위한 평균 모델을 만들 수 있도록 회로 평균과 유도된 평균 스위치 모델의 과정을 설명하였다. 평균 스위치 모델링기법을 확장한 예제로 스위치의 도통 손실과 스위칭 손실을 포함하는 모델을 들 수 있다. 2권 1장과 부록 B를 개정하여 평균 스위치 모델링기법에 기반을 둔 컨버터의 시뮬레이션에 관한 많은 자료를 포함하였다.

2권 2장에서 엔지니어링 설계과정과 설계-지향 분석의 필요성을 설명하는 새롭고 중요한 내용을 소개한다. 주파수 응답을 만들기 위한 설계-지향 방법을 검토하고 확장한다. 제동된 입력 필터의 근사적인 분석을 포함한 새로운 예제를 추가하였다.

DCM 컨버터의 동특성에 관한 2권 4장과 전류모드 제어에 관한 2권 5장을 개정하여 많은 내용을 새롭게 하였다. 2권 4장에서 고 주파수 DCM 동특성에 대해 새롭게 검토하였고 DCM 평균 스위치 모델을 간단하게 유도하였다. 2권 5장에서 전류모드 동특성을 더 간명하게 설명하고 모든 기본 컨버터의 전달함수와 모델 파라미터에 대한 결과를 제시하였다.

자기소자 설계에 관한 장을 대폭 개정하여 재구성하였다. 스위칭 컨버터의 자기 소자를 설계하는데 필요한 기본적인 자기 이론을 1권 7장에서 서술한다. 더 직감적인 방법으로 중요하고 복잡한 주제를 설명하기 위해 근접효과에 대한 내용을 많이 개정하였다. 동손이 제약조건인 자기소자 설계방법을 1권 8장에서 설명한다. 다중 권선 인덕터에 대한 단계별 설계 절차가 제시되고 필터 인덕터, 결합 인덕터와 플라이백 변압기 등의 예를 통해 실제로 설계한다. 변압기와 교류 인덕터와 같은 동손과 코어 손실을 모두 고려한 자기소자 설계 방법은 1권 9장에서 서술한다.

책의 논리적 흐름을 개선하기 위해 펄스폭 변조 정류기에 관한 장을 2권 9장에서 단독으로 다루었다. PWM 정류기로서 CCM 부스트와 DCM 플라이백의 동작뿐만 아니라 임계 전도모드에 기반을 둔 전류 제어를 다루는 절을 추가하였다.

2권 10장과 11장에서 공진 컨버터와 소프트-스위칭 컨버터를 각각 서술한다. 고 주파수 전자식 안정기 분야에 매우 중요한 주제인 공진 인버터 설계에 대해 검토하고 더 직관적인 방법으로 설명한다. 새로운 공진 인버터 설계 예를 10장에 추가하였다. 11장에서 스위칭 손실과정, 준-사각파와 다중 공진 컨버터의 특성을 보여주는 새로운 도표, 소프트 스위칭 컨버터에 관한 최근 동향과 영 전압 천이 전-브리지 컨버터, 보조 스위치 방법 등을 소개한다.

2판의 여러 장과 절을 선택하여 대학의 한 학기과정으로 사용할 수 있으며, 대학원 과정이나 현장 엔지니어를 위한 좀 더 고급의 과정을 만들 수 있다. 콜로라도 대학에서는 3학기 전력전자과정의 교재로 2판을 사용하고 있다. 4학년 또는 대학원 1학년 학생을 위한 첫 번째 과정에서 1권 전체와 2권 1장의 1.1, 1.2, 1.5, 1.6절, 2장과 3장을 공부한다. 이 과정과 병행하여 프로젝트-지향 전력전자설계실험을 개설하고 있다. 이 과정은 뒤따르는 두 과정의 선수과목이다. 두 번째 과정에서는 2권 1.4에서 시작하여 2권 부록 B와 C, 4, 5, 6장을 공부하고 7, 8, 9장으로 마무리된다. 세 번째 과정에서는 10장과 11장의 공진 컨버터와 소프트-스위칭 기법에 대해 공부한다.

2판에 대한 웹사이트에는 교수를 위한 강의 자료와 문제 해답을 포함하여 공부하는데 필요한 자료를 많이 포함하고 있다. 평균 스위치 모델의 PSpice 라이브러리와 시뮬레이션 예제 등 컴퓨터 시뮬레이션을 위한 파일을 내려 받을 수 있다.

이 책은 콜로라도 대학에서 17년에 걸쳐 전력전자를 가르치는 과정에서 만들어졌다. 존경하는 S. Ćuk 교수와 R. D. Moddlebrook 교수의 지도하에 캘리포니아 공과대학의 대학원생으로서 공부하면서 많은 영향을 받았다. 아리조나 대학의 Arthur Witulski 교수의 도움에 감사한다. 초판에 제언을 하고 오류를 지적해준 많은 독자, 학생과 교수에게 감사를 드린다. 가능하면 여러 조언을 반영하고자 노력하겠다.

지은이 Robert W. Erickson
Dragan Maksimović
Boulder, Colorado

옮긴이 신휘범, 정세교
경상대학교

차례

제1장 서 론 **13**

1.1 전력처리의 개요 13
1.2 전력전자의 응용 22
1.3 전력전자의 구성 요소 25

• 참고문헌 27

▌제1부▐ 정상상태에서의 컨버터

제2장 컨버터의 정상상태 해석 원리 **31**

2.1 개요 31
2.2 인덕터의 전압-시간 곱 평형과 커패시터의 전하 평형 및 미소 맥동 근사화 35
2.3 부스트 컨버터 예 44
2.4 Ćuk 컨버터 예 51
2.5 두 극점 저주파수 통과 필터를 포함한 컨버터에서 출력 전압의 맥동 추정 57

2.6 요약 ········· 60

• 참고문헌 ········· 61
• 연습문제 ········· 62

제3장 정상상태 등가회로 모델링 및 손실과 효율 ········· 67

3.1 직류 변압기 모델 ········· 68
3.2 인덕터 동손을 포함한 경우 ········· 71
3.3 등가회로 모델의 구성 ········· 76
3.4 모델의 입력포트 구하기 ········· 82
3.5 예: 반도체 스위치의 도통 손실을 포함하는 부스트 컨버터 모델 ········· 85
3.6 요약 ········· 91

• 참고문헌 ········· 92
• 연습문제 ········· 93

제4장 스위치 구현 ········· 99

4.1 스위치 응용 ········· 102
4.2 전력용 반도체 소자 ········· 115
4.3 스위칭 손실 ········· 141
4.4 요약 ········· 155

• 참고문헌 ········· 157
• 연습문제 ········· 159

제5장 불연속 전도모드 ········· 165

5.1 불연속 전도모드의 원인과 모드 경계 ········· 166
5.2 전압 변환비 분석 ········· 172
5.3 부스트 컨버터 예 ········· 178

5.4 요약 ... 187

• 연습문제 ... 189

제6장 다양한 컨버터 회로 ... 197

6.1 회로 다루기 ... 198
6.2 컨버터 종류 ... 212
6.3 변압기 분리 ... 215
6.4 컨버터 평가 및 설계 ... 246
6.5 요약 ... 254

• 참고문헌 ... 256
• 연습문제 ... 259

▌제2부▐ 자기소자 설계

제7장 기초 자기이론 ... 269

7.1 기초 자기이론 개요 ... 270
7.2 변압기 모델링 ... 282
7.3 자기소자에서 손실 과정 ... 289
7.4 권선 도체에서의 맴돌이 전류 ... 293
7.5 자기소자의 종류, *B-H* 곡선과 코어 손실 대 동손 ... 315
7.6 요약 ... 322

• 참고문헌 ... 325
• 연습문제 ... 326

제8장 인덕터 설계 ... 333

8.1 필터 인덕터 설계의 제약 조건 ··· 334
8.2 단계별 설계 절차 ··· 340
8.3 K_g방법에 의한 다중 권선의 자기 설계 ··· 342
8.4 예제 ··· 353
8.5 요약 ··· 363

• 참고문헌 ··· 364
• 연습문제 ··· 365

제9장 변압기 설계 ··· 369

9.1 변압기 설계의 기본 제약 조건 ··· 370
9.2 단계별 변압기의 설계 절차 ··· 376
9.3 예제 ··· 379
9.4 교류 인덕터 설계 ··· 388
9.5 요약 ··· 391

• 참고문헌 ··· 392
• 연습문제 ··· 393

부록

부록A. 컨버터 파형의 실효값 ··· 401

A.1 일반적인 파형 ··· 401
A.2 일반적인 구분 파형 ··· 406

부록B. 자기소자의 설계 표 ··· 411

B.1 POT 코어 데이터 ··· 413
B.2 EE 코어 데이터 ··· 414

B.3 EC 코어 데이터 ··· 415
B.4 ETD 코어 데이터 ··· 416
B.5 PQ 코어 데이터 ··· 417
B.6 미국 선 규격(AWG) 데이터 ··· 418

• 참고문헌 ··· 419

찾아보기 ··· 421

제1장

서론

1.1 전력처리의 개요

전력전자 분야는 전자소자를 사용한 전력처리(power processing)와 관련되어 있다[1-7]. 이러한 전력처리 과정에서 가장 중요한 요소는 그림 1.1에 나타낸 스위칭 컨버터이다. 일반적으로 스위칭 컨버터는 전원 입력과 제어 입력 그리고 전원 출력 단자로 구성되어

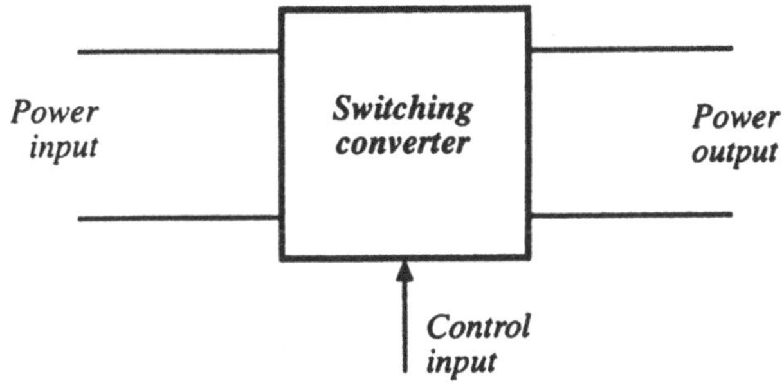

그림 1.1 스위칭 컨버터: 전력처리의 기본적인 블록

있다. 가공되지 않은 입력 전력은 제어 입력에서 지정된 처리 과정을 거쳐 잘 조절된 출력 전력으로 만들어 진다. 스위칭 컨버터에서 다음에 설명하는 전력 변환의 몇 가지 기본적인 기능 중 하나가 수행될 수 있다[2]. 직류-직류 컨버터는 직류 입력을 더 크거나 작은 크기의 직류 출력으로 변환하며, 극성을 바꾸거나 입력과 출력의 접지를 분리할 수 있다. 교류-직류 정류기는 입력 전압을 정류하여 직류 출력 전압을 만들어 내며, 이 때 직류 출력 전압 또는 교류 입력 전류 파형을 여러 방법으로 제어할 수 있다. 역변환 과정인 직류-교류 역변환은 직류 입력으로 부터 크기와 주파수를 제어할 수 있는 교류 출력 전원으로 변환한다. 교류-교류 사이클로 변환(cycloconversion)은 교류 입력 전원을 제어 가능한 크기와 주파수의 교류 출력 전원으로 변환한다.

스위칭 컨버터에서 제어는 항상 필요하다. 특히 입력 전압과 부하 전류가 변하는 상황에서도 잘 조절된 출력 전압을 얻기 위해서는 제어가 필수적이다. 그림 1.2와 같은 제어기 블록은 전력처리 시스템에서 필수적인 부분이다.

높은 효율은 전력처리 응용 시스템에서 필수적이다. 그 주된 이유는 전기 요금 또는 에너지 절약보다는 오히려 큰 출력의 전력을 만드는데 낮은 효율의 컨버터를 구성하는 것은 실제적이지 못하기 때문이다. 따라서 높은 효율의 컨버터가 필수적이다. 출력 전력이 P_{out}이고 입력 전력이 P_{in}인 컨버터의 효율은 다음과 같다.

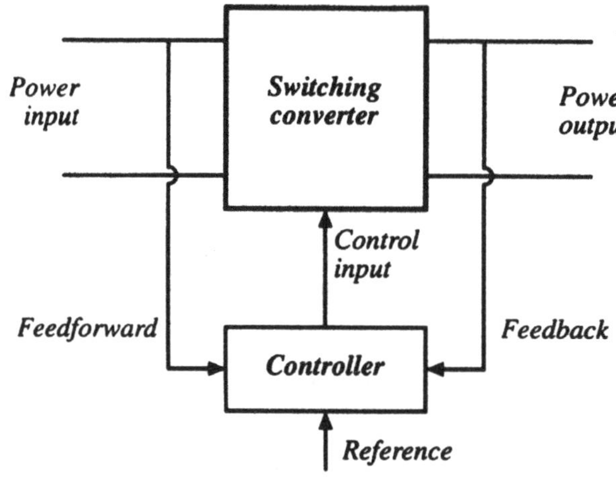

그림 1.2 전력처리 블록과 제어기

$$\eta = \frac{P_{out}}{P_{in}} \tag{1.1}$$

컨버터에서 전력 손실은 다음과 같다.

$$P_{loss} = P_{in} - P_{out} = P_{out}\left(\frac{1}{\eta} - 1\right) \tag{1.2}$$

식 (1.2)에 대한 그래프를 그림 1.3에 나타낸다. 50%의 효율을 가지는 컨버터에서 전력 손실 P_{loss}는 컨버터 소자들에서 소모되며 그 양은 출력 전력 P_{out}과 같다. 이 전력 손실은 열로 변환되며 컨버터로부터 제거해야 한다. 이러한 손실 전력은 크고 비싼 냉각 시스템을 필요로 하며 컨버터 내의 전자 소자가 높은 온도에서 동작하게 만들어 시스템의 신뢰도를 저하시킨다. 실제로 큰 출력에서 컨버터의 부품을 적절히 냉각시키는 것은 현재 기술로 불가능하다.

큰 출력을 얻기 위해 효율 향상은 필수적이다. 예를 들어 만약 컨버터 효율이 90%라면 컨버터 손실은 출력의 10%이다. 효율은 적용된 컨버터 기술의 성공을 가늠하는 좋은

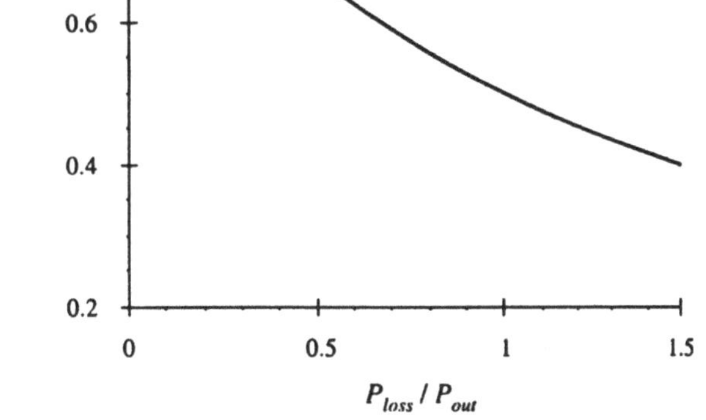

그림 1.3 컨버터의 전력 손실 대 효율

지표이다. 그림 1.4는 많은 양의 전력을 매우 높은 효율로 처리하는 컨버터를 나타낸다. 전력 소모가 매우 작으므로 컨버터 소자는 고밀도로 집적할 수 있고 작은 크기와 무게 그리고 낮은 온도 상승을 갖는 컨버터를 만들 수 있다.

무시할 만한 전력 손실을 갖는 전력 변환회로를 어떻게 만들 수 있을까? 기존에 사용하던 다양한 회로 소자들을 그림 1.5에 나타내었다. 사용 가능한 회로 소자들은 크게 저항 요소, 커패시터 요소, 인덕터와 변압기를 포함한 자기 요소, 선형 모드에서(예를 들면 A급 또는 B급 증폭기로) 동작하는 반도체 소자, 스위치 모드에서(트랜지스터가 포화 또는 차단 영역에서) 동작하는 반도체 소자로 분류할 수 있다. 효율이 중요하지 않은 기존의 신호처리 응용에서 자기소자들은 크기가 크고 회로에 집적하기 어려워 가급적 사용하지 않았다. 그러나 커패시터와 자기소자는 이상적인 경우 전력을 소모하지 않기 때문에 스위칭 컨버터에서 중요한 요소이다. 이와 달리 스위칭 컨버터에서 사용하기 어려운 것은 선형모드에서 동작하는 반도체 소자와 저항성 요소들이다[2]. 한편 스위치로 동작하는

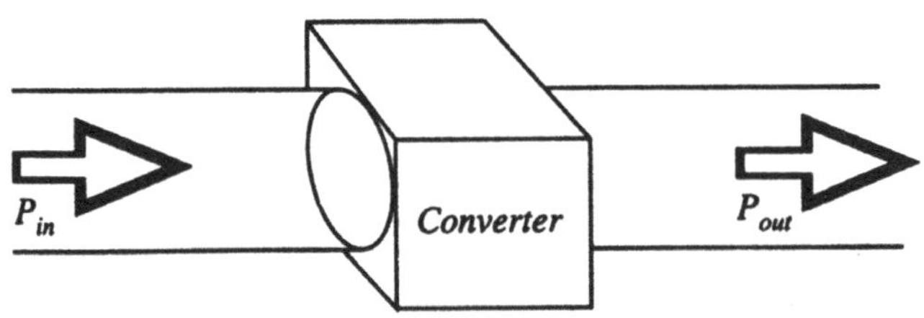

그림 1.4 컨버터 기술의 목표: 작은 크기와 무게, 높은 효율에서의 전력처리

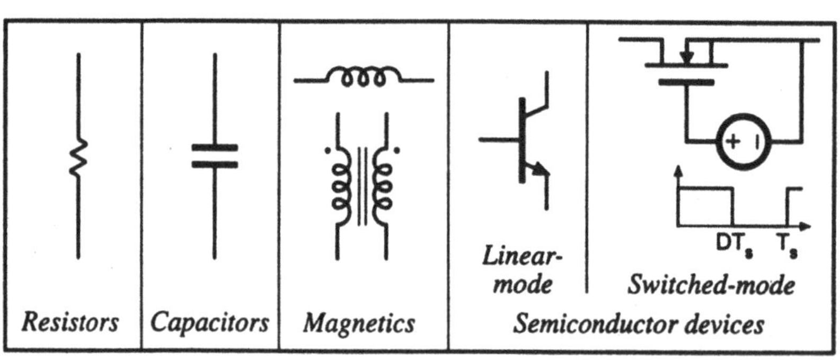

그림 1.5 회로 설계자에게 필요한 소자들

반도체 소자는 스위칭 컨버터에서 중요하게 사용된다. 반도체 소자가 오프 상태로 동작할 때 전류는 영이므로 소자의 전력 소모는 영이다. 반도체 소자가 온 상태(포화 상태)로 동작할 때 전압 강하는 작고 따라서 전력 소모 역시 작다. 즉, 온 또는 오프의 어떠한 경우에도 반도체 소자에 의한 전력 소모는 작다. 따라서 스위치로 동작하는 반도체 소자와 커패시터 및 인덕터 소자들은 고효율 컨버터를 구성하는데 유용하다.

그림 1.6에 나타낸 간단한 직류-직류 컨버터 예를 어떻게 구성하는지 생각해보자. 입력 전압 V_g는 100 V이다. 5 Ω 부하에 50 V의 전압 공급이 필요하며 이때 부하 전류는 10 A이다.

이러한 사양을 수행하는 낮은 효율의 방법으로 그림 1.7과 같은 전압 분배 회로가 회로 입문 교과서에 소개되어 있다. 이러한 직류-직류 컨버터는 가변 저항으로 간단히 구성할 수 있고 가변 저항을 조정하여 원하는 출력 전압을 얻을 수 있다. 부하 전류는 가변 저항을 통해 흐른다. 주어진 전압과 전류 값에서 가변 저항에서 소모되는 전력 P_{loss}는 부하 전력 $P_{out} = 500\text{ W}$와 같다. 이때 전원 V_g는 전력 $P_{in} = 1000\text{ W}$를 공급한다. 그림 1.7(b)는 선형 직렬 전압조절기로 알려진 좀 더 실용적인 회로를 나타낸다. 그림 1.7(a)의 가변 저항을 선형 모드로 동작하는 전력용 트랜지스터로 대체하고, 되먹임 시스템으로 베이스 전류를 제어하여 원하는 출력 전압을 얻는다. 그림 1.7(b)의 선형 모드 트랜지스터에서 소모하는 전력은 그림 1.7(a)의 가변 저항에서 소모되는 500 W와 거의 같다. 따라서 선형 전압 조절기는 일반적으로 수 W의 작은 전력 급에 주로 사용된다.

그림 1.8은 SPDT(single-pole double-throw) 형태로 스위치를 사용한 다른 방법을 나타낸다. 스위치의 출력 전압 $v_s(t)$는 스위치가 1의 위치에 있을 때 컨버터의 입력 전압 V_g와 같고 스위치가 2의 위치에 있을 때는 영이다. 스위치의 위치는 그림 1.9와 같이 주기

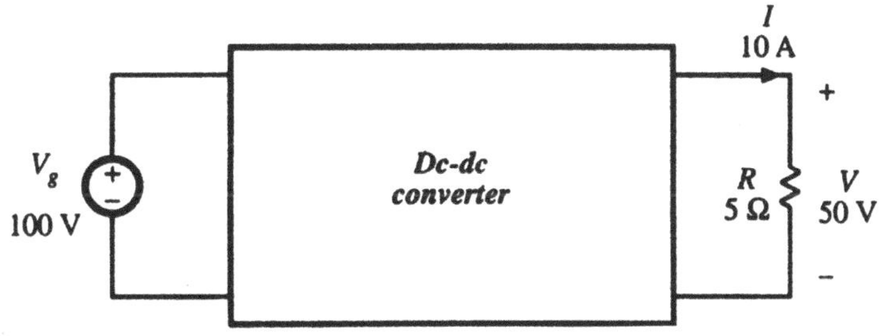

그림 1.6 간단한 전력처리의 예: 500 W 직류–직류 컨버터의 구성

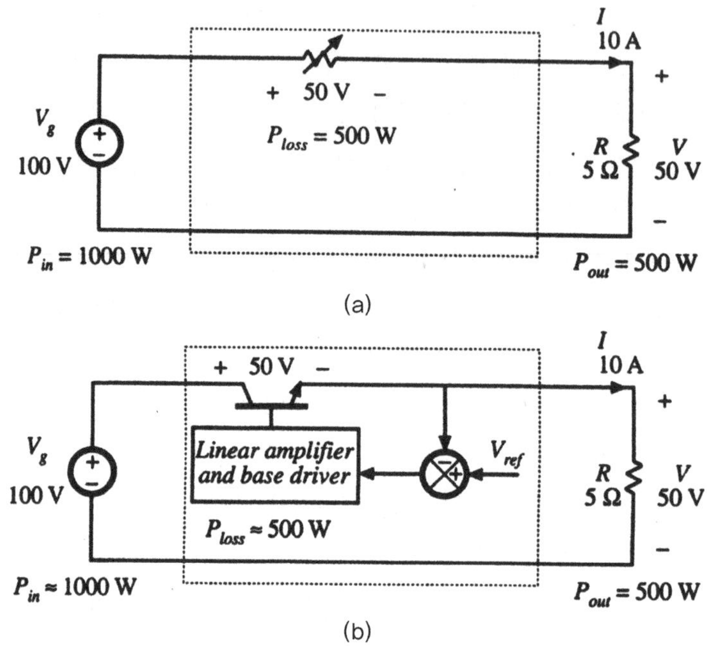

그림 1.7 손실이 큰 직류 전압 변환 방법 (a) 전압 분배기, (b) 직렬 전압 조절기

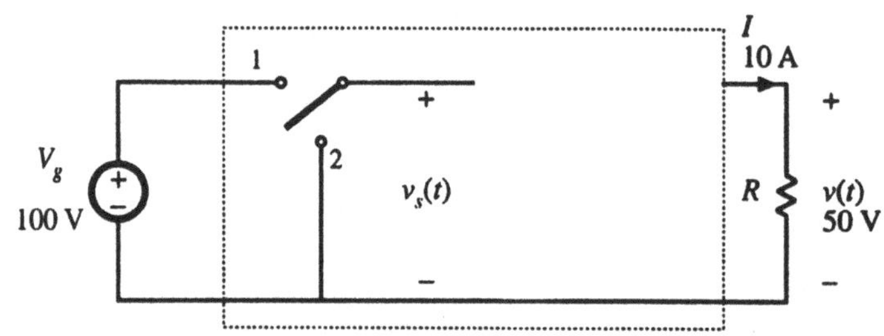

그림 1.8 전압의 직류 성분을 변환하는 SPDT 스위치로 교체

적으로 변하며 $v_s(t)$는 주파수 f_s를 가지는 사각파이고 주기는 $T_s = 1/f_s$이다. 시비율(duty cycle) D는 스위치가 1의 위치에 있는 시간을 주기로 나눈 것으로 $0 \le D \le 1$의 값을 가진다. 실제로 SPDT 스위치는 스위치 모드에서 동작하는 반도체 소자로 구현되며 SPDT 스위치의 기능을 반도체 소자를 제어하여 구현할 수 있다.

스위치는 전압의 직류 성분을 바꾼다. 푸리에 해석으로부터 주기적인 파형의 직류 성

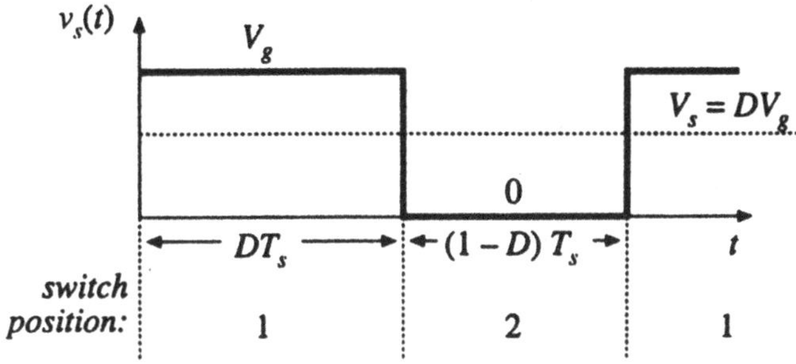

그림 1.9 스위치의 출력 전압 파형

분은 평균값과 같다는 것을 알 수 있다. 그러므로 $v_s(t)$의 직류 성분은 다음과 같다.

$$V_s = \frac{1}{T_s}\int_0^{T_S} v_s(t)dt = DV_g \tag{1.3}$$

따라서 스위치는 시비율 D에 비례해서 직류 전압을 바꾼다. 입력 전압 $V_g = 100$ V를 $V = 50$ V의 원하는 출력 전압으로 변환하기 위해서는 $D = 0.5$의 시비율이 필요하다.

스위치에서 소모되는 전력은 이상적으로 영이다. 스위치 접점이 닫혔을 때 전압은 영이므로 전력 손실은 영이다. 스위치 접점이 열렸을 때 전류는 영이므로 전력 손실은 역시 영이다. 따라서 이상적으로 손실이 없는 소자를 사용하여 직류 전압을 바꿀 수 있다.

스위치의 출력 전압 파형 $v_s(t)$는 원하는 직류 성분 V_s뿐만 아니라 원하지 않는 고조파도 포함한다. 대부분의 응용에서 이러한 고조파는 제거되어야 하며, 고조파가 제거된 후 출력 전압 $v(t)$는 직류 성분 $V = V_s$와 같다. 저주파수 통과 필터를 이러한 목적으로 사용할 수 있다. 그림 1.10은 단일 단의 *L-C* 저주파수 통과 필터를 나타내고 있다. 만약 필터의 모퉁이 주파수 f_o가 스위칭 주파수 f_s보다 충분히 작다면 필터는 $v_s(t)$의 직류 성분만을 통과시킨다. 범위를 좀 넓혀서 스위치, 인덕터, 그리고 커패시터 소자가 이상적이라고 하면 이러한 직류-직류 컨버터의 효율은 100 %에 근접할 수 있다.

그림 1.11에서 출력 전압의 안정화를 위한 제어 시스템을 추가한다. 출력 전압은 스위치 시비율의 함수이므로 출력 전압이 주어진 기준 값을 추종하도록 시비율을 변화시키는 형태로 제어 시스템을 구성할 수 있다. 또한 그림 1.11은 스위치 모드 반도체 소자를 사용하여 SPDT 스위치를 구현한 전형적인 방법을 설명하고 있다. 그림 1.8부터 1.11에서

구성된 컨버터의 전력단을 벅(buck) 컨버터라 부르며 컨버터는 직류 전압을 감소시킨다.

다른 전력처리 기능을 수행하는 컨버터 역시 같은 스위칭 방식으로 만들 수 있다. 한 예로 그림 1.12는 부스트(boost) 컨버터로 알려진 회로를 나타낸다. 이 회로에서는 인덕터와 SPDT 스위치의 위치가 서로 바뀌어져 있다. 이 컨버터에서 입력 전압보다 더 큰 크기의 출력 전압을 만들 수 있다. 일반적으로 리액턴스 회로에 내장된 스위칭 소자를 가진 컨버터를 이용하여 주어진 어떠한 입력 전압에서도 원하는 출력 전압을 만들 수 있다.

그림 1.13(a)는 간단한 직류-단상 교류 인버터 회로이다. 그림 1.13(b)에 나타낸 바와

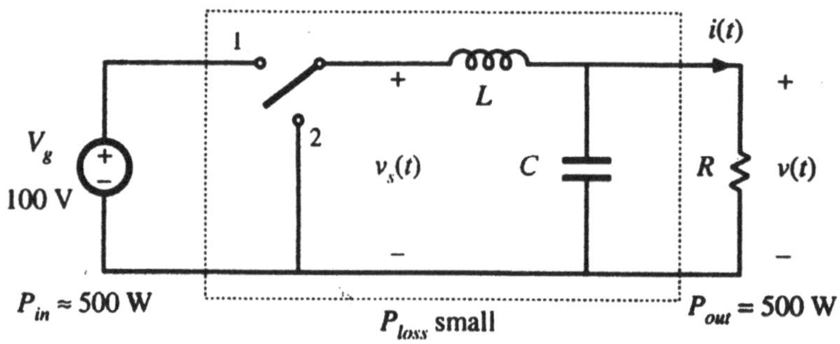

그림 1.10 스위칭 고조파 제거를 위한 *L*–*C* 저주파수 통과 필터의 추가

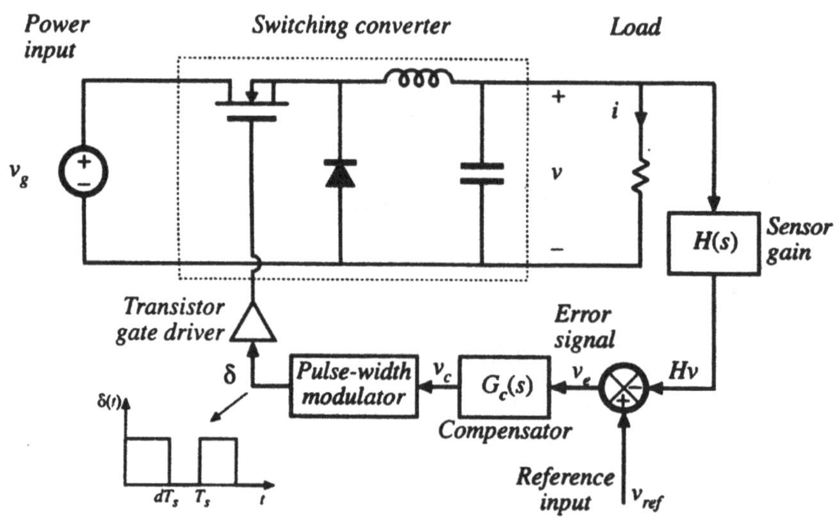

그림 1.11 출력 전압의 조절을 위해 제어 시스템 추가

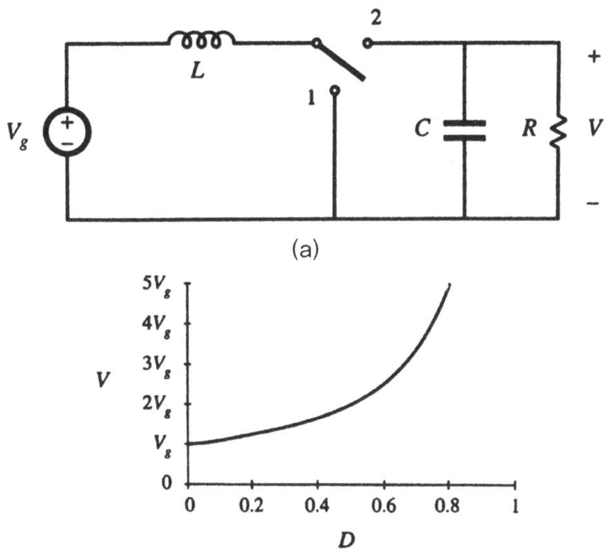

(b)

그림 1.12 부스트 컨버터: (a) 이상적인 컨버터 회로, (b) 출력 전압 V 대 트랜지스터 시비율 D

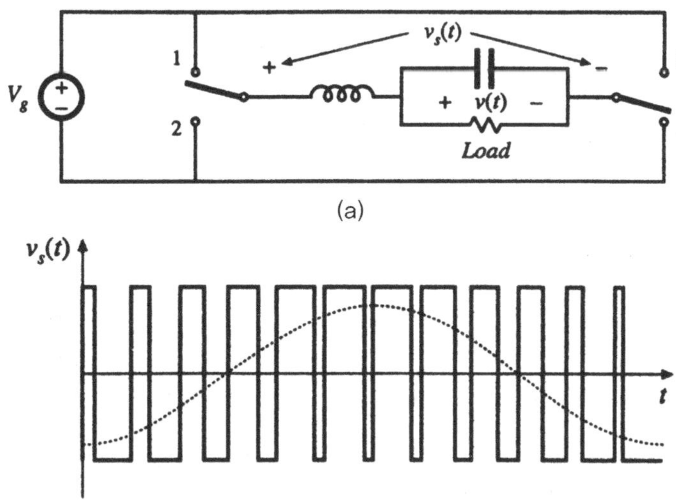

(b)

그림 1.13 브리지형의 직류 단상교류 인버터: (a) 이상적인 인버터 회로, (b) 전형적인 펄스폭 변조

같이 스위치의 시비율은 정현파로 변조된다. 따라서 스위치의 출력 전압 $v_s(t)$는 저주파의 정현파 성분을 가지게 된다. *L-C*필터의 차단 주파수 f_o는 $v_s(t)$의 저주파수 성분을 통과하고 고주파수의 스위칭 고조파를 감쇄하도록 설계한다. 제어기는 시비율을 변조해서 원하는 출력 주파수와 전압 크기를 얻도록 한다.

1.2 전력전자의 응용

고효율 스위칭 컨버터가 사용되는 전력 용량의 범위는 (1) 배터리를 사용하는 휴대장치의 1 W 미만의 직류-직류 컨버터로부터, (2) 컴퓨터와 사무실 장비에 사용되는 수십에서 수천 W 범위의 전원장치, (3) kW에서 MW까지 가변속 전동기 구동시스템, (4) 직류 송전선과 교류 전원을 연결하는 수천 MW급의 정류기와 인버터에 이르기까지 매우 다양하다. 이 절에서는 몇 개의 응용분야에 대한 컨버터 시스템을 설명한다.

그림 1.14는 휴대용 컴퓨터의 전원 시스템을 나타내고 있다. 리튬 배터리는 시스템에 전력을 공급하고 직류-직류 컨버터들은 이 배터리 전압을 부하에서 필요한 전압으로 변환

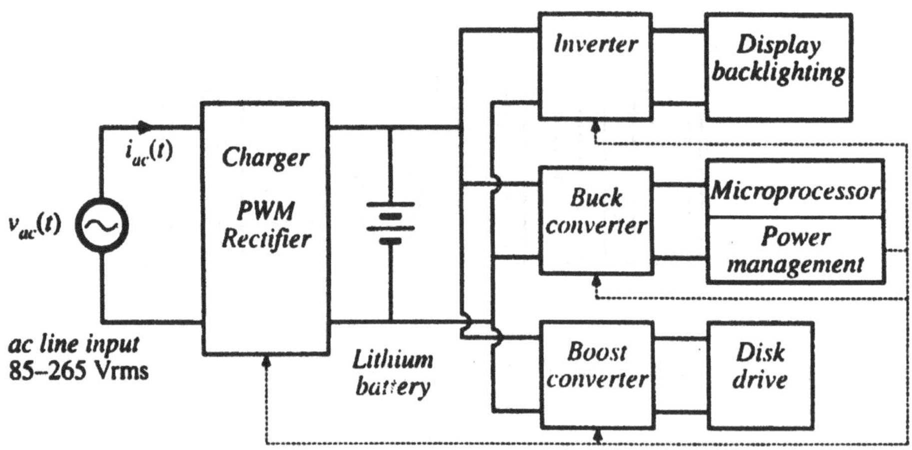

그림 1.14 랩톱 컴퓨터 전원 장치

한다. 벅 컨버터는 마이크로프로세서에 필요한 낮은 직류 전압을 만들고 부스트 컨버터는 디스크 드라이버에서 필요한 수준까지 배터리 전압을 증가시킨다. 인버터는 디스플레이 발광용 램프의 구동을 위해 고전압, 고주파수의 교류 전압을 만들어 낸다. 변압기로 분리된 충전기는 배터리를 충전하기 위해 교류 전압을 직류로 변환한다. 컨버터의 스위칭 주파수는 통상 수 백 kHz 정도이며 이와 같이 높은 주파수의 사용으로 리액턴스 소자(커패시터, 인덕터, 변압기)의 크기와 무게를 크게 줄일 수 있다. 전원관리 회로는 전력 소모를 줄이고 배터리 수명을 연장하기 위해 절전 모드를 사용한다. 분산 전력 시스템에서는 중간 단계의 직류 전압을 컴퓨터의 백 플레인에 공급하며, 백 플레인에 연결된 각각의 회로 보드는 고 전력밀도의 직류-직류 컨버터를 이용하여 각 보드에서 필요한 안정된 낮은 전압을 만들어 낸다. 전력전자의 상업적인 응용분야는 매우 광범위하며 컴퓨터, 사무실 및 실험실 장비를 위한 전원장치, 무정전 전원장치, 그리고 가스 방전등을 위한 전자식 안정기 등이 있다.

그림 1.15는 지구 궤도를 도는 우주선의 전력 시스템을 설명하고 있다. 태양전지 판이 주 전원의 버스 전압 V_{bus}를 만들어낸다. 직류-직류 컨버터는 V_{bus}를 우주선의 부하에 적합하게 조절된 전압을 만들어 낸다. 배터리 충/방전 제어기는 주 전력과 배터리를 접속하며 이러한 제어기 역시 직류-직류 컨버터를 가지고 있다. 전력전자의 항공우주분

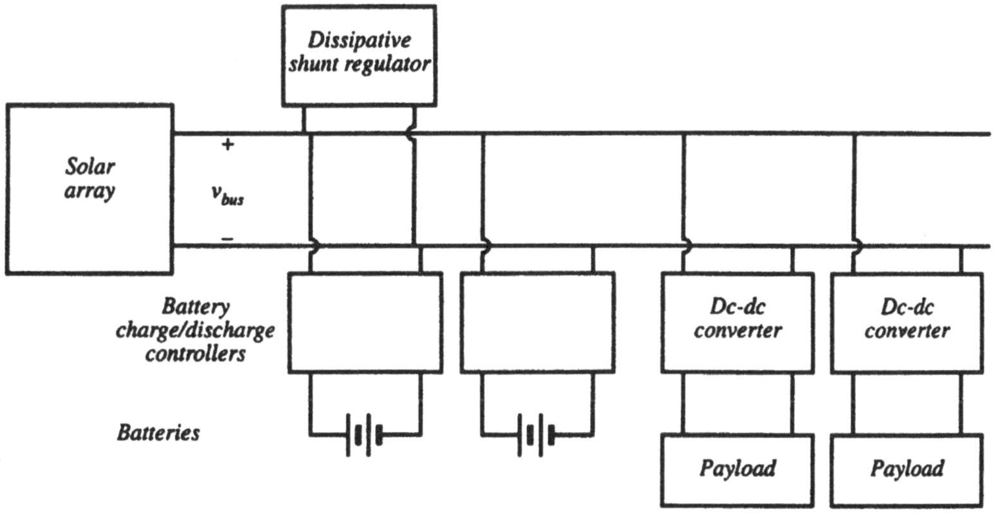

그림 1.15 인공 위성체의 전력 시스템

야 응용에는 항공기, 우주선 및 우주 비행체의 전력 시스템 등이 있다.

그림 1.16은 전기 자동차의 전원 장치와 구동 시스템을 나타내고 있다. 배터리는 단상 또는 삼상 교류 전원으로부터 높은 역률의 정현파 전류를 공급하는 컨버터에 의해 충전된다. 배터리는 자동차를 추진하기 위한 가변속 교류 전동기에 전력을 공급한다. 교류 전동기의 속도는 전기적인 입력 주파수의 변화에 의해 제어된다. 인버터는 교류 전동기와 자동차의 속도를 제어하기 위해 주파수와 크기를 조절할 수 있는 삼상의 교류 출력 전압을 만들어 낸다. 직류-직류 컨버터는 전자 장치에 필요한 전원의 공급을 위해 배터리 전압을 더 낮은 직류 전압으로 변환한다. 전동기 구동 시스템의 응용분야는 이외에도 매우 광범위하며, 압축기, 팬, 펌프의 제어와 같은 산업 공정의 속도 제어와 전기 자동차, 지하철, 기관차와 같은 수송기계의 응용 그리고 컴퓨터 주변 기기와 산업용 로봇과 같은 분야의 모션 제어 응용 등이 있다.

전력전자는 또 다른 다양한 산업 분야에 응용되고 있으며, 그 예로 통신 산업을 위한 직류 전원장치, 무정전 전원장치, 배터리 충전기와 풍력 또는 태양광과 같은 신재생 에너

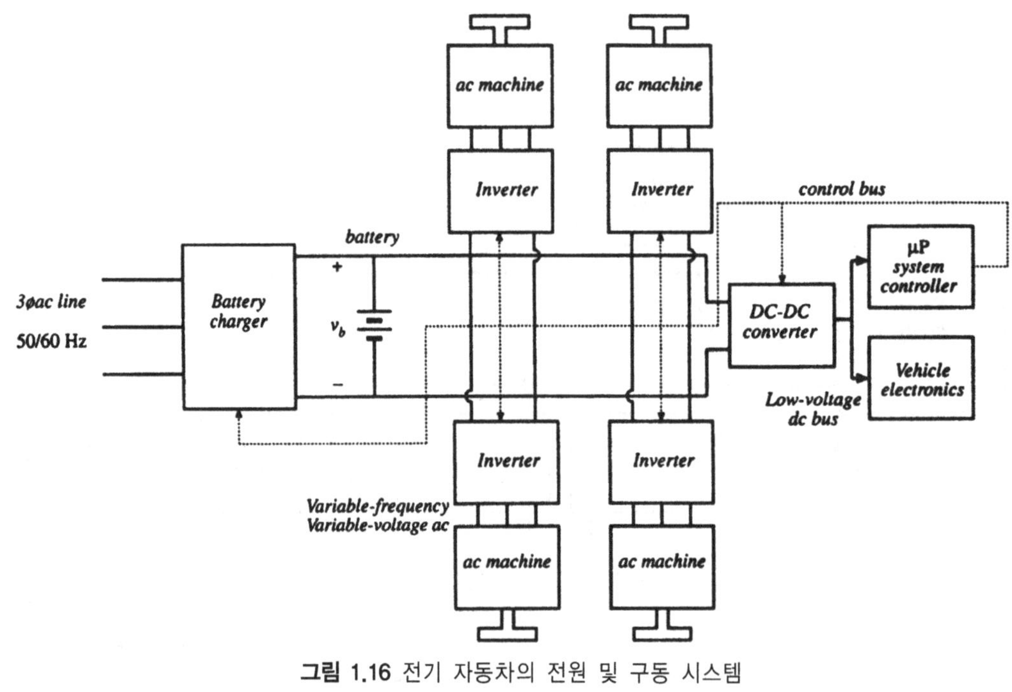

그림 1.16 전기 자동차의 전원 및 구동 시스템

지 발전을 위한 인버터 그리고 고압 직류 송전, 정지형 무효전력 보상기 등의 전력 설비 시스템 등이 있다.

1.3 전력전자의 구성 요소

전력전자 분야가 흥미로운 이유 중의 하나는 다음과 같이 다양한 분야의 개념이 결합되어 있기 때문이다.

- 아날로그 회로
- 전자 소자
- 제어 시스템
- 전력 시스템
- 자기학
- 전기 기기
- 수치 시뮬레이션

따라서 전력전자의 실험은 폭 넓은 전기공학의 배경 지식을 필요로 할 뿐만 아니라 전력전자 분야에서 유일하게 사용되는 특별히 고려해야 할 기본적인 개념들이 있다.

고주파수 스위칭 때문에 스위치 모드 컨버터를 직접적으로 이해하기는 어렵다. 따라서 컨버터의 모델링은 전력전자 연구의 중심이다. 식 (1.3)에서 나타낸 것과 같이 주기적인 파형의 직류 성분은 그것의 평균값과 같다. 이러한 이상적인 개념은 일반적으로 사용될 수 있으며 평균화를 통해 모든 컨버터 파형의 직류 성분을 예측할 수 있다. 이 책에서 정상상태에서 동작하는 컨버터의 평균 등가회로 모델을 유도한다. 이러한 모델들은 스위치 모드 컨버터의 기본적이고 이상적인 특성의 예측뿐만 아니라 효율과 손실을 모델링 하는데 사용된다. 전력용 반도체 소자를 사용하여 스위칭 요소를 실현하고 또한 검토한다.

자기소자는 모든 스위칭 컨버터에서 가장 중요한 요소이다. 높은 효율과 작은 크기와 무게를 가지는 고전력, 고주파수 자기소자의 설계는 모든 컨버터 기술의 핵심이다. 고주파수 전력용 자기소자의 설계를 이 책의 2부에서 다룬다.

컨버터 제어 시스템을 설계하기 위해서는 컨버터의 동적 모델이 필요하다. 이 책과 자매인 2권에서 컨버터 파형의 저주파수 변동을 표현할 수 있도록 평균화 기법을 확대 적용한다. 소신호 등가회로 모델을 개발하여 제어 입력과 출력 전달함수와 그 외의 중요한 소신호 특성을 해석한다. 이러한 모델들은 컨버터 제어 시스템을 설계하기 위해 사용되며 잘 알려진 전류 프로그램 제어기법을 이해하는 도구로 이용된다.

정류기의 고조파에 의한 교류 전력 시스템의 공해는 점점 중요하게 다루어지는 문제이다. 결론적으로 지금 많은 컨버터 시스템들이 저 고조파 정류기와 결합되고 있으며 이 시스템에는 전원으로부터 정현적인 전류가 공급된다. 이러한 현대적인 정류기들은 종래의 다이오드 브리지에 비해 상당히 정교하다. 이 정류기들은 교류 전원의 전류 파형을 안정화 시키는 제어 시스템이 내장된 고주파수의 스위치 모드 컨버터를 가지고 있다. 현대적인 정류기 기술에 대해서는 2권 2부에서 기술한다.

공진형 컨버터는 준정현파 파형을 가지고 있으며 이 파형은 그림 1.9에 나타낸 벅 컨버터의 사각파 파형과는 상반된다. 이들 공진형 컨버터는 고주파수의 인버터와 컨버터가 필요한 응용분야에 사용된다. 공진형 컨버터의 모델은 2권 3부에서 다루어지며 영 전압 및 영 전류 스위칭과 함께 이 컨버터의 손실 과정이 검토된다.

참고문헌

[1] W. E. Newell, "Power Electronics-Emerging from Limbo," IEEE Power Electronics Specialists Conference, 1973 Record, pp. 6-12.

[2] R. D. Middlebrook, "Power Electronics: An Emerging Discipline," IEEE International Symposium on Circuit and Systems, 1981 Proceedings, April 1981.

[3] R. D. Middlebrook, "Power Electronics: Topologies, Modeling, and Measurement," IEEE International Symposium on Circuit and Systems, 1981 Proceedings, April 1981.

[4] S. Ćuk, "Basics of Switched-Mode Power Conversion: Topologies, Magnetics, and Control," in Advances in Switched-Mode Power Conversion, vol. 2, pp. 279-310, Irvine: Teslaco, 1981.

[5] N. Mohan, "Power Electronics Circuits: An Overview," IEEE IECON, 1988 Proceedings, pp. 522-527.

[6] B. K. Bose, "Power Electronics-A Topology Review," Proceedings of the IEEE, vol. 80, no. 8, August 1992, pp. 1303-1334.

[7] M. Nishihara, "Power Electronics Diversity," International Power Electronics Conference (Tokyo), 1990 Proceedings, pp. 21-28.

제1부

정상상태에서의 컨버터

제2장 컨버터의 정상상태 해석 원리

제3장 정상상태 등가회로 모델링 및 손실과 효율

제4장 스위치 구현

제5장 불연속 전도모드

제6장 다양한 컨버터 회로

제2장 컨버터의 정상상태 해석 원리

2.1 개요

앞 장에서 손실이 없는 스위치와 인덕터 및 커패시터를 사용하여 직류 전압을 낮추는 방법으로 벅 컨버터를 소개하였다. 스위치는 그림 2.1과 같은 사각파 전압 $v_s(t)$를 만든다. 전압 $v_s(t)$는 스위치가 1의 위치에 있을 때 직류 입력 전압 V_g와 같고 스위치가 2의 위치에 있을 때 영이다. 실제로 트랜지스터와 다이오드와 같은 전력용 반도체 소자를 사용하여 스위치를 구현하며 이상적인 스위치의 기능을 수행하도록 턴 온 및 턴 오프 제어가 이루어진다. 스위칭 주파수 f_s는 스위칭 주기 T_s의 역수와 같으며 반도체 소자의 스위칭 속도에 의해 제한된다. 스위칭 주파수는 일반적으로 1 kHz에서 1 MHz의 범위에 있다. 시비율 D는 스위치가 1의 위치에 있는 시간을 주기로 나눈 것으로 0에서 1사이의 값을 갖는다. 시비율의 보수 D'를 $(1-D)$로 정의한다.

벅 컨버터에서 스위치의 동작은 전압의 직류 성분을 감소시킨다. 스위치 출력 전압 $v_s(t)$의 직류 성분은 직류 입력 전압 V_g보다 작다. 푸리에 해석으로부터 $v_s(t)$의 직류 성분은 평균값 $\langle v_s \rangle$로 다음 식으로 주어진다.

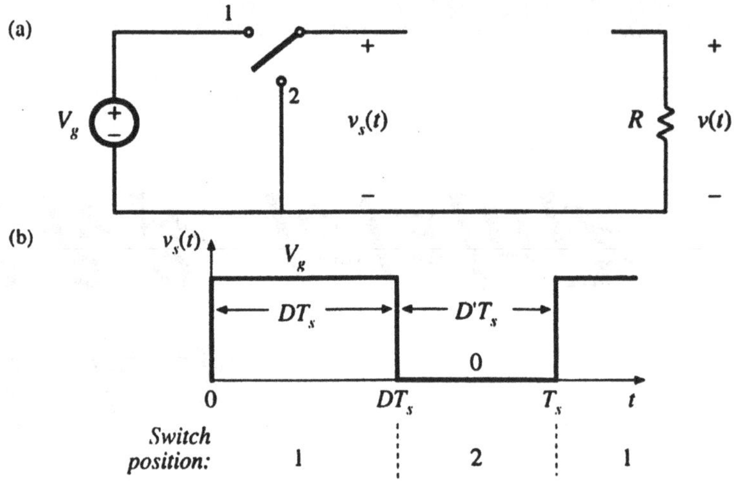

그림 2.1 이상적인 스위치: (a) 평균 전압을 낮추는 스위치 구성 (b) 출력 전압 파형 $v_s(t)$

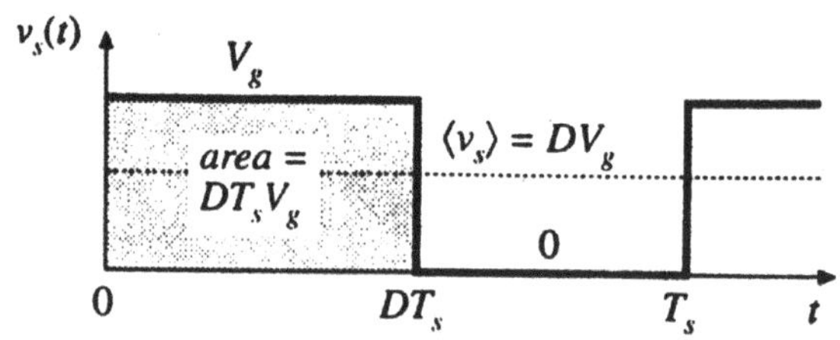

그림 2.2 적분 값을 스위칭 주기로 나누어 구한 스위치 출력 전압의 직류 성분

$$\langle v_s \rangle = \frac{1}{T_s}\int_0^{T_s} v_s(t)dt \tag{2.1}$$

그림 2.2에 나타낸 것과 같이 적분 값은 곡선 아래 부분의 면적 $DT_s V_g$로 주어지므로 평균값은 다음과 같다.

$$\langle v_s \rangle = \frac{1}{T_s}(DT_s V_g) = DV_g \tag{2.2}$$

따라서 $v_s(t)$의 평균값 또는 직류 성분은 시비율과 직류 입력 전압의 곱과 같다. 스위치는 D의 비만큼 직류 전압을 감소시킨다.

그 다음 남은 것은 그림 2.3에 나타낸 것과 같이 저주파수 통과 필터를 추가 하는 것이다. 필터는 $v_s(t)$의 직류 성분을 통과시키고 $v_s(t)$의 스위칭 주파수와 고조파 성분을 차단하도록 설계된다. 출력 전압 $v(t)$는 본질적으로 $v_s(t)$의 직류 성분과 같다.

$$v \approx \langle v_s \rangle = DV_g \tag{2.3}$$

그림 2.3의 컨버터는 손실이 없는 소자들을 사용하여 구현된 것이다. 각 소자가 이상적이라 가정하면 인덕터와 커패시터 및 스위치는 전력을 소모하지 않는다. 예를 들면 스위치가 닫혀 있을 때 스위치의 전압 강하는 영이고, 스위치가 열려 있을 때 스위치에 흐르는 전류는 영이다. 두 경우 모두 스위치에서 소모되는 전력은 영이다. 따라서 100%에 가까운 효율을 얻을 수 있다. 이와 같이 소자가 이상적이라고 가정하면 손실 없이 직류 전압의 크기를 바꿀 수 있다.

그림 2.3의 회로에서 출력 전압을 제어할 수 있다. 그림 2.4는 컨버터의 제어 특성을

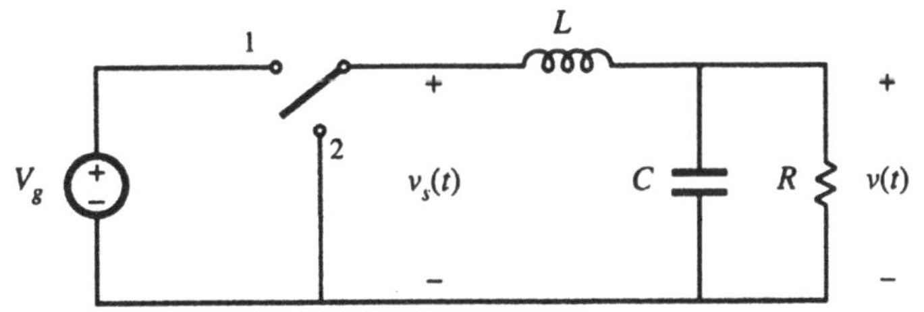

그림 2.3 스위칭 고조파를 제거하고 출력의 직류 성분만을 통과시키는 저주파수 통과

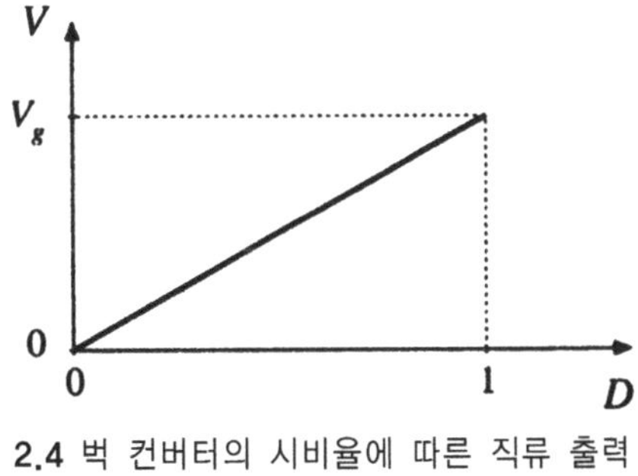

그림 2.4 벅 컨버터의 시비율에 따른 직류 출력 전압

나타낸다. 식 (2.3)에 주어진 출력 전압이 시비율의 함수로 그려져 있다. 벅 컨버터는 선형적인 제어 특성을 가진다. 또한 시비율의 범위가 $0 \le D \le 1$이므로 출력 전압은 입력 전압보다 작거나 같다. 컨버터의 출력 전압 제어를 위해 되먹임 시스템이 구성되며 시비율을 조정하여 출력 전압을 조절한다.

벅 컨버터는 여러 스위칭 컨버터들 중 하나이다. 전압을 다르게 변환하는 기본적인 다른 두 개의 컨버터를 벅 컨버터와 함께 그림 2.5에 나타낸다. 부스트 컨버터에서 인덕터와 스위치가 벅 컨버터에서와 반대로 위치한다. 부스트 컨버터의 출력 전압은 입력 전압

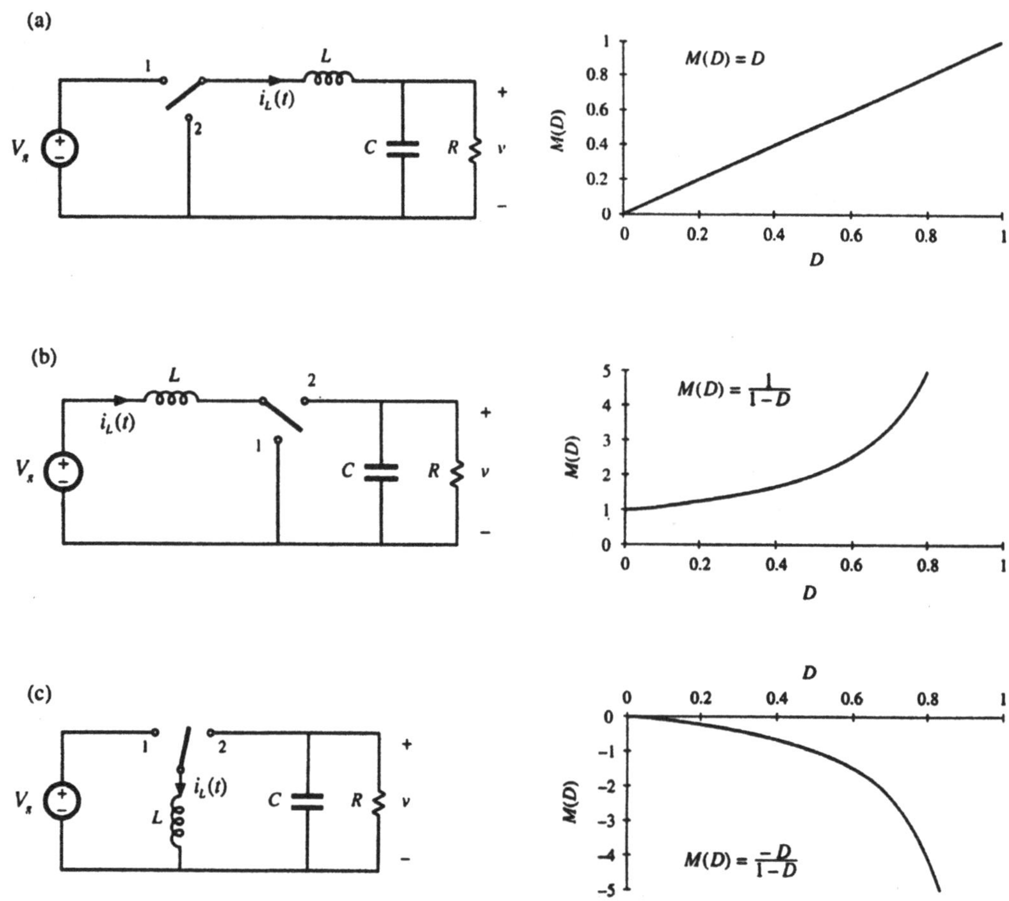

그림 2.5 세 개의 기본적인 컨버터와 직류 변환비 $M(D) = V/V_g$ (a) 벅 컨버터 (b) 부스트 컨버터 (c) 벅-부스트 컨버터

보다 큼을 이 장의 뒷부분에서 보인다. 즉, $V \geq V_g$. 벅-부스트 컨버터에서 출력 전압을 입력 전압보다 증가 및 감소시킬 수 있지만 출력 전압의 극성이 바뀐다. 따라서 이상적인 벅-부스트 컨버터는 양의 입력 전압에 대해 임의의 크기를 갖는 음의 출력 전압을 만들 수 있다. 입력 전압보다 더 큰 출력 전압 또는 반대의 극성을 가지는 전압을 만들어 낼 수 있다는 것에 대해 놀랄 수도 있다. 그러나 이것은 실제로 가능한 일이며 인덕터와 커패시터의 수동 회로와 내장된 스위치를 사용하여 필요로 하는 어떠한 출력 전압도 만들 수 있다.

이상의 논의에서 푸리에 해석을 통하여 벅 컨버터의 출력 전압에 대한 식 (2.3)을 유도할 수 있었다. 그러나 부스트, 벅-부스트 또는 다른 컨버터들의 직류 출력 전압을 구하기 위해 푸리에 해석을 어떻게 사용하는지 명확하지 않다. 따라서 이 장에서는 인덕터와 커패시터 및 스위치를 포함하는 스위칭 컨버터의 해석을 위해 좀 더 일반적인 방법을 소개한다[1-8].

이 장에서는 인덕터의 전압-시간 곱 평형과 커패시터의 전하 평형의 원리를 유도한다. 이 평형 식을 통해 스위칭 컨버터의 인덕터 평균 전류와 커패시터 평균 전압에 대한 해를 구할 수 있다. 미소 맥동 또는 선형 맥동 근사화와 같은 유용한 근사방법을 사용하면 컨버터의 정상상태를 매우 쉽게 해석할 수 있다. 또한 필터를 구성하는 소자의 값을 선정하는 간단한 방법을 소개한다.

2.2 인덕터의 전압-시간 곱 평형과 커패시터의 전하 평형 및 미소 맥동 근사화

그림 2.6의 벅 컨버터에서 인덕터와 커패시터의 파형을 더 자세하게 검토해보자. 직류 성분은 통과하고 스위칭 주파수와 고조파를 완벽하게 제거하는 저주파수 통과 필터를 만드는 것은 실제 불가능하다. 따라서 저주파수 통과 필터를 통과하더라도 스위치에서 발생하는 작은 양의 고조파는 남게 된다. 그러므로 실제의 경우 출력 전압 파형은 그림

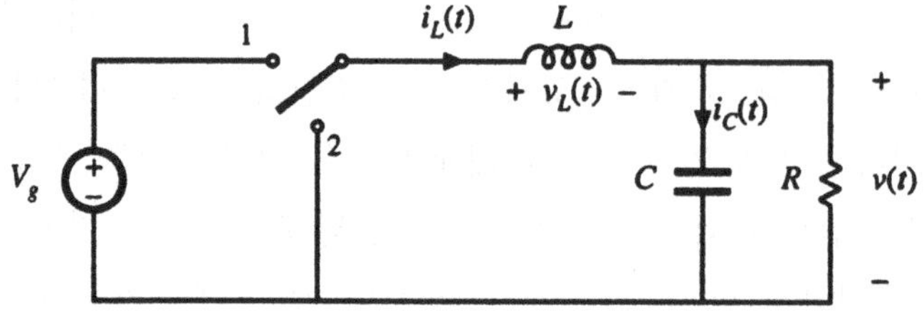

그림 2.6 벅 컨버터 회로에서 인덕터 전압 $v_L(t)$와 커패시터 전류 $i_C(t)$의 극성 약속

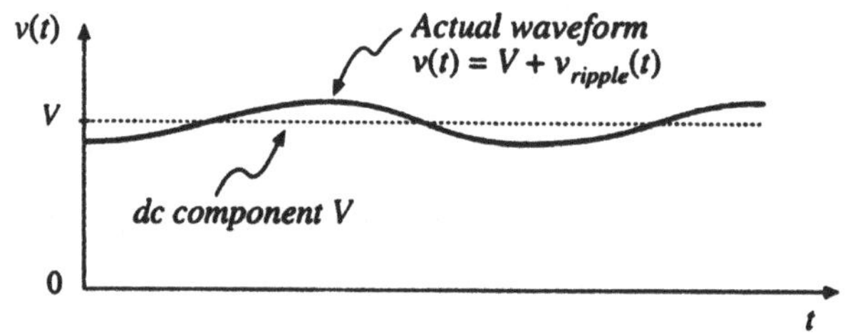

그림 2.7 직류 성분 V와 스위칭 맥동 v_{ripple}로 구성된 출력 전압 파형 $v(t)$

2.7과 같이 나타나며 다음 식과 같이 표현될 수 있다.

$$v(t) = V + v_{ripple}(t) \tag{2.4}$$

따라서 실제 출력 전압 $v(t)$는 직류 성분 V와 원하지 않는 교류 성분 즉, 저주파수 통과 필터에서 감쇄되지 않은 고조파 성분 $v_{ripple}(t)$로 구성된다. 그림 2.7에서 $v_{ripple}(t)$의 크기는 좀 과장되게 확대하여 그렸다.

컨버터의 목적은 직류 전압을 만드는 것이므로 잘 설계된 컨버터의 출력 전압에 포함된 스위칭 맥동은 매우 작아야 한다. 예를 들면 3.3 V 출력 전압을 가지는 컴퓨터 전원장치에서 스위칭 맥동은 일반적으로 수십 mV보다 작거나 직류 성분 V의 1%보다 작아야 한다. 따라서 대부분의 경우 스위칭 맥동의 크기가 직류 성분보다 충분히 작다는 가정을 설정해도 무방하다.

$$|v_{ripple}| \ll V \tag{2.5}$$

따라서 출력 전압 $v(t)$는 작은 맥동 성분 $v_{ripple}(t)$을 무시하고 직류 성분만으로 근사화될 수 있다.

$$v(t) \approx V \tag{2.6}$$

이러한 근사화 방법을 미소 맥동(small-ripple) 또는 선형 맥동(linear-ripple) 근사화라 부르며 컨버터 파형의 정상상태 해석을 매우 간단하게 해준다.

다음으로 인덕터의 전류 파형을 해석해보자. 인덕터 전류는 인덕터 전압 파형의 적분으로 구할 수 있다. 그림 2.6에서 스위치가 1의 위치에 있을 경우 인덕터의 왼쪽 부분은 입력 전압 V_g와 연결된다. 이 경우의 회로를 그림 2.8(a)와 같이 나타낼 수 있으며 인덕터 전압 $v_L(t)$를 다음과 같이 쓸 수 있다.

$$v_L = V_g - v(t) \tag{2.7}$$

앞에서 설명한 바와 같이 출력 전압 $v(t)$는 직류 성분 V와 작은 교류 맥동 $v_{ripple}(t)$로 구성된다. 여기서 미소 맥동 근사화를 적용할 수 있으며 식 (2.6)을 사용하여 $v(t)$를 직류 성분 V로 대치할 수 있다.

$$v_L \approx V_g - V \tag{2.8}$$

따라서 스위치가 1에 있는 경우 인덕터 전압은 그림 2.9와 같이 일정한 값이며 $V_g - V$와 같다. 인덕터 전압 파형을 알고 있다면 인덕터 전류는 다음 식으로부터 구할 수 있다.

$$v_L(t) = L\frac{di_L(t)}{dt} \tag{2.9}$$

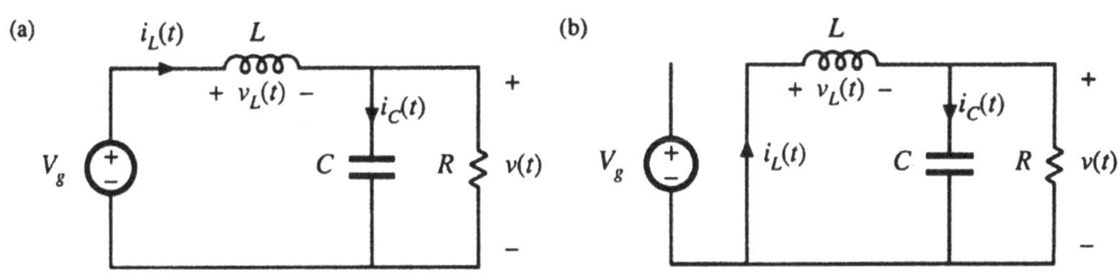

그림 2.8 벅 컨버터의 동작 회로: (a) 스위치가 1 위치에 있을 때, (b) 스위치가 2 위치에 있을 때

그러므로 첫 번째 세부구간 동안 $v_L(t)$가 근사적으로 $(V_g - V)$이므로 인덕터 전류 파형의 기울기는 다음과 같다.

$$\frac{di_L(t)}{dt} = \frac{v_L(t)}{L} = \frac{V_g - V}{L} \tag{2.10}$$

이 식은 식 (2.9)를 L로 나누고 식 (2.8)을 대입하여 유도한 결과이다. 스위치가 1의 위치에 있을 때 인덕터 전압 $v_L(t)$는 일정하므로 인덕터 전류의 기울기 역시 일정하고 인덕터 전류는 선형으로 증가한다.

스위치가 2의 위치에 있는 두 번째 세부구간에도 같은 방법을 적용한다. 이 경우 인덕터의 왼쪽이 접지되어 그림 2.8(b)의 회로와 같다. 여기서 인덕터 전류와 전압의 극성을 일관성 있게 정의하는 것이 중요하다. 특히 그림 2.7, 2.8(a) 그리고 2.8(b)에서 모두 $v_L(t)$의 극성을 같게 정의하였다. 두 번째 세부구간 동안 인덕터 전압은 다음과 같이 쓸 수 있다.

$$v_L(t) = -v(t) \tag{2.11}$$

식 (2.6)과 같이 미소 맥동 근사화를 사용하면 다음과 같이 나타낼 수 있다.

$$v_L(t) \approx -V \tag{2.12}$$

따라서 그림 2.9에 나타낸 바와 같이 스위치가 2의 위치에 있을 때에도 인덕터 전압은 역시 일정하다. 식 (2.12)를 식 (2.9)에 대입하고 인덕터 전류의 기울기를 구하면 다음과 같다.

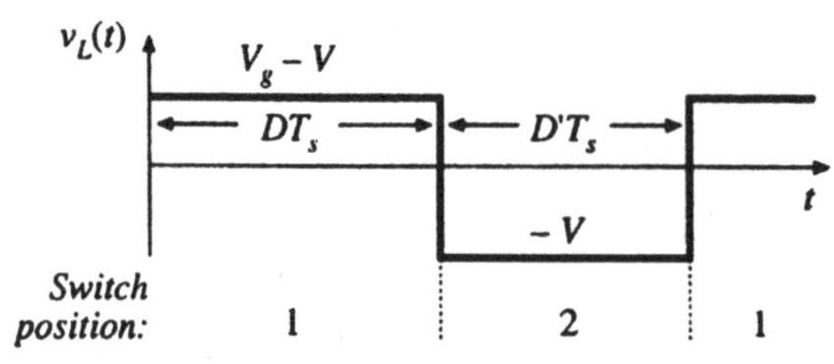

그림 2.9 벅 컨버터 인덕터 전압의 정상상태 파형

$$\frac{di_L(t)}{dt} \approx - \frac{V}{L} \tag{2.13}$$

그러므로 두 번째 구간 동안 인덕터 전류는 일정한 음의 기울기를 가지고 변한다.

위 식들로부터 인덕터 전류 파형을 그림 2.10과 같이 그릴 수 있다. 인덕터 전류는 초기 값 $i_L(0)$에서 시작한다. 스위치가 1의 위치에 있는 첫 번째 구간 동안 인덕터 전류는 식 (2.10)에 주어진 기울기로 증가한다. $t = DT_s$에서 스위치는 2의 위치로 바뀐다. 그러면 전류는 식 (2.13)에 주어진 기울기로 일정하게 감소한다. $t = T_s$에서 스위치는 다시 1의 위치로 돌아가고 전체 과정을 반복한다.

인덕터 전류 맥동 Δi_L의 계산은 중요한 관심사이다. 그림 2.10에서와 같이 인덕터 첨두 전류는 직류 성분 I에 첨두에서 평균까지의 맥동 Δi_L을 더한 것과 같다. 이 첨두 전류는 인덕터를 통해서 흐를 뿐만 아니라 스위치를 구성하는 반도체 소자에도 흐른다. 이러한 반도체 소자의 정격을 결정할 때 첨두 전류 값을 알아야 한다.

첫 번째 세부구간 동안 인덕터 전류의 기울기와 구간의 길이를 알고 있으므로 맥동 크기를 계산 할 수 있다. $i_L(t)$ 파형은 I에 대해 대칭이므로 첫 번째 세부구간 동안 전류는 $2\Delta i_L$만큼 증가 한다(Δi_L이 첨두 맥동이므로 첨두에서 첨두까지 맥동은 $2\Delta i_L$이다). 전류의 변화량 $2\Delta i_L$은 기울기(인가된 인덕터 전압을 L로 나눈 값)와 첫 번째 세부구간의 길이 DT_s를 곱한 값과 같다.

$$(i_L\text{의 변화량}) = (\text{기울기})(\text{세부구간의 길이})$$

$$(2\Delta i_L) = \left(\frac{V_g - V}{L}\right)(DT_s) \tag{2.14}$$

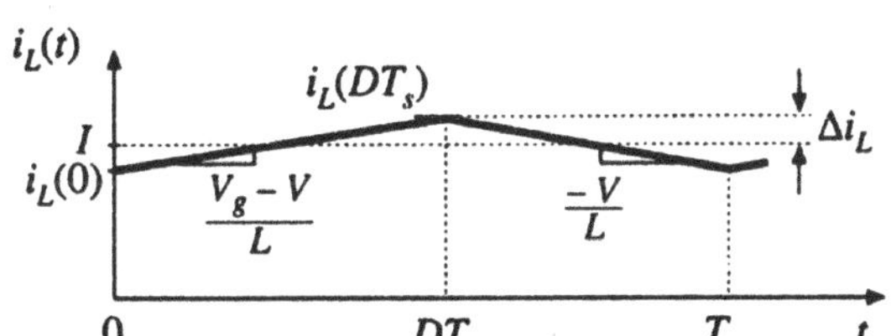

그림 2.10 벅 컨버터 인덕터 전류의 정상상태 파형

Δi_L에 대해 풀면 다음을 얻을 수 있다.

$$\Delta i_L = \frac{V_g - V}{2L} DT_s \tag{2.15}$$

일반적인 Δi_L 값은 전 부하에서 직류 성분 I 값의 10%에서 20%의 범위에 있다. 너무 큰 Δi_L 값은 좋지 않으며 인덕터와 반도체 스위칭 소자의 첨두 전류 정격을 증가시킨다. 또한 이로 인해 부피와 가격 역시 상승한다. 따라서 인덕터 전류 맥동은 직류 성분 I에 비해 충분히 작도록 설계된다. 그러므로 인덕터 전류에 대한 미소 맥동 근사화 $i_L(t) \approx I$ 은 일반적으로 타당하다고 볼 수 있다.

전류 맥동 Δi_L이 원하는 범위 안에 있도록 인덕터 값을 선정할 수 있다. 식 (2.15)를 인덕터에 대해 나타내면 다음과 같다.

$$L = \frac{V_g - V}{2\Delta i_L} DT_s \tag{2.16}$$

이 식은 벅 컨버터에서 인덕턴스 값을 선택할 때 공통적으로 사용된다.

미소 맥동 근사화를 사용하지 않고 컨버터를 정확하게 해석할 수도 있다. 예를 들면 그림 2.8(a)와 2.8(b)의 회로 파형에 대한 식을 나타내기 위해 라플라스 변환을 사용할 수 있다. 그 다음 역 변환을 하고 경계조건을 맞추고 회로의 주기적인 정상상태 해를 찾는다. 그렇게 하면 파형의 직류 값과 첨두 값을 찾을 수 있다. 그러나 이러한 방법은 매우 복잡하고 대부분의 경우 그 결과를 다루기 어렵다. 또한 맥동은 원하지 않는 성분으로 그 크기를 매우 작게 설계하므로 맥동에 관한 아주 정확한 식을 유도하는 일은 종종 시간 낭비일 수 있다. 미소 맥동 근사화는 적용하기 매우 쉽고 컨버터 파형의 직류 성분에 대한 간단한 표현식을 빠르게 만들 수 있는 장점이 있어 정상상태 해석에서 많이 사용된다.

그림 2.10의 인덕터 전류 파형은 컨버터의 동작이 평형상태에 있는 정상상태 조건에서 그려진 것이다. 다음으로 컨버터를 처음 켰을 때 인덕터 전류에 어떤 현상이 일어나는지 생각해 보자. 인덕터 전류와 출력 전압은 처음에는 영이고 스위치를 통해 입력 전압 V_g를 인가한다고 가정하자. 그림 2.11과 같이 $i_L(0)$는 영이다. 스위치가 1의 위치에 있는 첫 번째 세부구간 동안 인덕터 전류는 $(V_g - v)/L$의 기울기로 증가한다. 이 때 v의 초

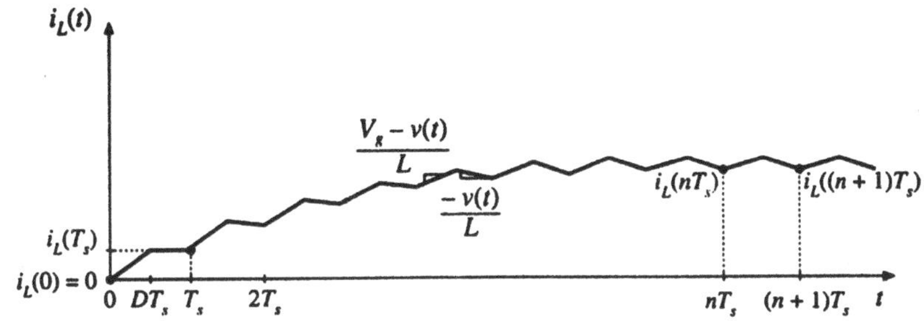

그림 2.11 컨버터의 시동 과도상태에서 인덕터 전류 파형

기 값은 영이다. 다음으로 스위치가 2의 위치에서 인덕터 전류는 $-v/L$의 기울기를 가지고 변한다. v의 초기 값이 영이므로 기울기는 영이다. $i_L(T_s)$의 값이 $i_L(0)$보다 크기 때문에 첫 번째 주기가 지나고 나서 인덕터 전류는 실질적으로 증가했음을 볼 수 있다. 인덕터 전류가 출력으로 흘러 출력 커패시터는 조금씩 충전되고 v는 조금씩 증가할 것이다. 이 과정은 계속되는 스위칭 주기 동안 반복되고 세부구간 1 동안은 인덕터 전류가 증가하고 세부구간 2 동안은 전류가 감소한다.

출력 커패시터가 계속 충전되고 v가 증가함에 따라 세부구간 1 동안의 인덕터 전류의 기울기는 감소하고 반면에 세부구간 2 동안은 더 큰 음수 값의 기울기를 가지게 된다. 결국 세부구간 1 동안 인덕터 전류의 증가와 세부구간 2 동안 인덕터 전류의 감소가 같아지는 점에 도달할 것이다. 그러면 완전한 한 주기 동안 인덕터 전류는 실질적으로 변화가 없고 컨버터는 정상상태에서 동작한다. 컨버터에서 나타나는 파형은 주기적이다. 즉, $i_L(nT_s) = i_L((n+1)T_s)$. 이 상태에서 인덕터 전류 파형은 그림 2.10과 같아진다.

평형상태에서 한 주기 동안 인덕터 전류의 알짜 변화가 영이라는 사실로 부터 여러 컨버터에서 정상상태 조건을 찾을 수 있다. 이를 인덕터의 전압-시간 곱 평형(voltage-second balance) 원리라 부른다. 인덕터에서 전압과 전류의 관계는 다음과 같다.

$$v_L(t) = L\frac{di_L(t)}{dt} \tag{2.17}$$

$t = 0$에서 $t = T_s$까지 한 주기 동안 적분 값은 다음과 같다.

$$i_L(T_s) - i_L(0) = \frac{1}{L}\int_0^{T_s} v_L(t)dt \tag{2.18}$$

이 식으로부터 한 주기 동안 인덕터 전류의 알짜 변화량은 한 주기 동안 인덕터에 인가한 전압의 적분에 비례함을 알 수 있다. 정상상태에서 인덕터 전류의 초기 값과 최종 값은 같으므로 식 (2.18)의 왼쪽 항은 영이다. 따라서 정상상태에서 인덕터에 인가된 전압의 적분은 영이 되어야 한다.

$$0 = \int_0^{T_s} v_L(t)dt \tag{2.19}$$

식 (2.19)의 오른쪽 항은 전압×시간(volt-second) 또는 쇄교 자속의 단위를 가진다. 식 (2.19)는 $v_L(t)$의 파형에서 한 주기 동안 면적의 합 또는 전압×시간이 영이어야 함을 나타낸다.

식 (2.19)의 양변을 스위칭 주기 T_s로 나누면 다음과 같이 나타낼 수 있다.

$$0 = \frac{1}{T_s}\int_0^{T_s} v_L(t)dt = \langle v_L \rangle \tag{2.20}$$

식 (2.20)의 오른쪽 항은 평균값 또는 $v_L(t)$의 직류 성분이라고 할 수 있다. 식 (2.20)은 평형상태에서 인가된 인덕터 전압의 직류 성분은 영임을 나타낸다.

그림 2.9의 인덕터 전압 파형은 그림 2.12과 같이 $v_L(t)$ 그래프 아래의 면적을 표시하여 다시 그릴 수 있다. 전체 면적 λ는 두 사각파의 면적으로 주어지며 다음과 같다.

$$\lambda = \int_0^{T_s} v_L(t)dt = (V_g - V)DT_s + (-V)D'T_s \tag{2.21}$$

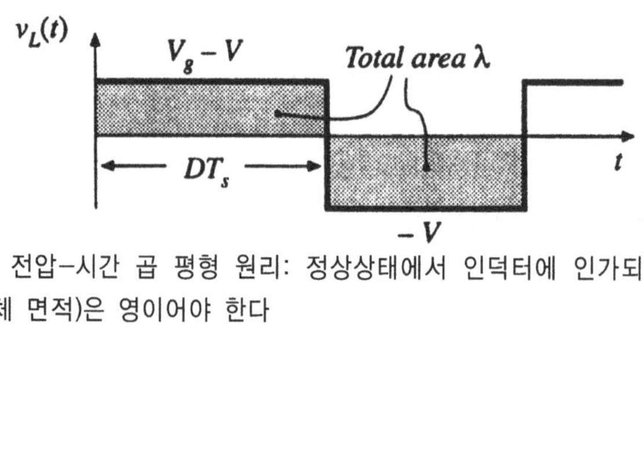

그림 2.12 인덕터의 전압-시간 곱 평형 원리: 정상상태에서 인덕터에 인가되는 알짜 전압×시간 양 (λ의 전체 면적)은 영이어야 한다

따라서 평균값은 다음과 같다.

$$\langle v_L \rangle = \frac{\lambda}{T_s} = D(V_g - V) + D'(-V) \tag{2.22}$$

$\langle v_L \rangle$을 영으로 두고 $D + D' = 1$이므로 다음과 같은 관계식을 얻을 수 있다.

$$0 = DV_g - (D + D')V = DV_g - V \tag{2.23}$$

V에 대해서 풀면 다음과 같다.

$$V = DV_g \tag{2.24}$$

이 식은 식 (2.3)에서 얻어진 결과와 일치한다. 따라서 인덕터의 전압-시간 곱 평형 원리는 컨버터 출력 전압의 직류 성분에 대한 관계를 유도하는데 사용될 수 있다. 이 방법은 어떠한 형태의 컨버터에도 적용될 수 있다는 장점을 가지고 있다. 인가된 인덕터 전압의 파형을 간단히 그리고 평균값이 영이 됨을 계산하면 된다. 이 방법은 이 장의 뒷부분에서 좀 더 복잡한 몇몇 컨버터를 해석하는데 쓰인다.

이와 비슷한 논리를 커패시터에 대해서도 적용할 수 있다. 커패시터에 대한 관계식은 다음과 같다.

$$i_C(t) = C\frac{dv_C(t)}{dt} \tag{2.25}$$

한 스위칭 주기 동안 이 식의 적분은 다음과 같다.

$$v_C(T_s) - v_C(t) = \frac{1}{C}\int_0^{T_s} i_C(t)dt \tag{2.26}$$

정상상태에서 한 스위칭 주기 동안 커패시터 전압의 알짜 변화량은 영이어야 하므로 식 (2.26)의 왼쪽 항은 영이다. 따라서 평형상태에서 한 주기 동안 커패시터 전류의 적분은 영이 되어야 한다. 이 때 적분 값은 전류×시간 또는 전하량의 단위를 가진다. 즉, 정상상태에서 커패시터 전하량의 알짜 변화는 없다. 이와 동등한 표현식은 다음과 같다.

$$0 = \frac{1}{T_s}\int_0^{T_s} i_C(t)dt = \langle i_C \rangle \tag{2.27}$$

평형상태에서 커패시터 전류의 평균값 또는 직류 성분은 영이다.

이와 같은 결과는 직관적으로도 알 수 있다. 만약 직류 전류가 커패시터에 인가된다면 커패시터는 계속 충전될 것이며 커패시터 전압 역시 무한정으로 증가할 것이다. 비슷하게 직류 전압이 인덕터에 인가된다면 자속은 계속 증가하고 인덕터의 전류도 무한정으로 증가할 것이다. 식 (2.27)은 커패시터의 전류-시간 곱 평형(current-second balance) 또는 전하 평형이라고 부르며 스위칭 컨버터의 정상상태 전류를 구하는데 사용된다.

2.3 부스트 컨버터 예

그림 2.13(a)의 부스트 컨버터는 또 다른 잘 알려진 스위치 모드 컨버터이며 직류 입력 전압보다 더 큰 직류 출력 전압을 만들 수 있다. MOSFET와 다이오드를 사용하여 스위치를 실제 구현하면 그림 2.13(b)와 같다. 미소 맥동 근사화, 인덕터 전압-시간 평형 및 커패시터 전하 평형을 적용하여 이 컨버터에 대한 정상상태의 출력 전압과 인덕터 전류를 구해보자.

스위치가 1의 위치일 때 인덕터의 오른쪽은 접지되어 결과적으로 그림 2.14(a)의 회로가 된다. 이 구간 동안 인덕터 전압과 커패시터 전류는 다음과 같이 쓸 수 있다.

$$\begin{aligned} v_L &= V_g \\ i_C &= -\frac{v}{R} \end{aligned} \tag{2.28}$$

$v \approx V$의 미소 맥동 근사화를 사용하면 이 식은 다음과 같다.

$$\begin{aligned} v_L &= V_g \\ i_C &= -\frac{V}{R} \end{aligned} \tag{2.29}$$

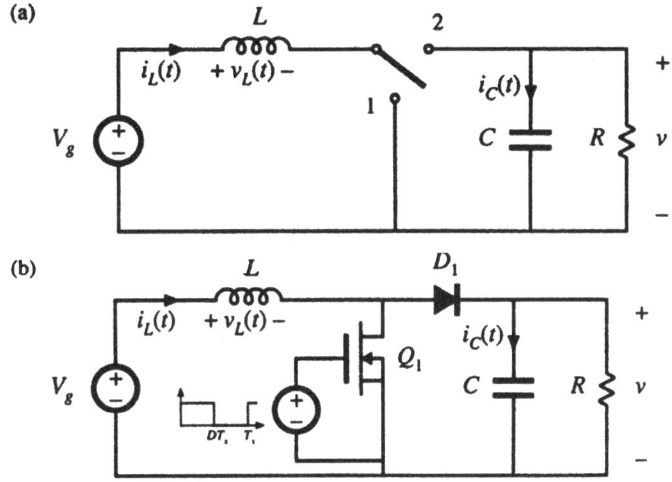

그림 2.13 부스트 컨버터: (a) 이상적인 스위치로 구현, (b) MOSFET과 다이오드를 이용한 실제적인 구현

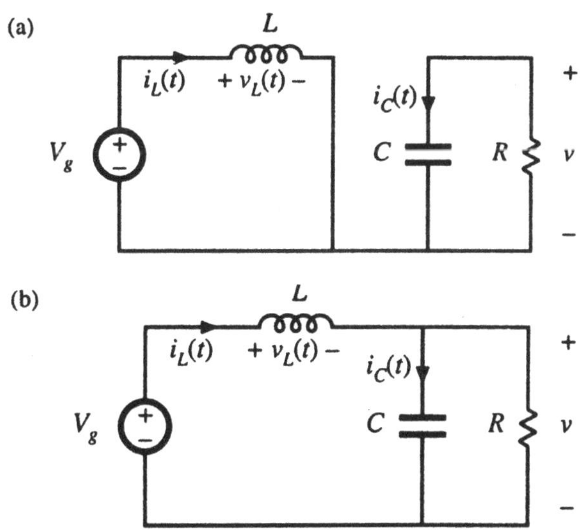

그림 2.14 부스트 컨버터의 동작 회로: (a) 스위치가 1의 위치에 있는 경우, (b) 스위치가 2의 위치에 있는 경우

스위치가 2의 위치에 있을 때 인덕터는 출력과 연결되어 그림 2.14(b)의 회로와 같다. 이때 인덕터 전압과 커패시터 전류는 다음과 같다.

$$v_L = V_g - v$$
$$i_C = i_L - \frac{v}{R} \tag{2.30}$$

미소 맥동 근사화를 사용하면 $v \approx V$ 이고 $i_L \approx I$ 이므로 위 식은 다음과 같이 근사화된다.

$$v_L = V_g - V$$
$$i_C = I - \frac{V}{R} \tag{2.31}$$

식 (2.29)와 (2.31)을 이용하여 그림 2.15에 나타낸 인덕터 전압과 커패시터 전류 파형을 그릴 수 있다.

그림 2.15(a)의 인덕터 전압 파형으로부터 직류 출력 전압 V가 입력 전압 V_g보다 크다는 것을 추측할 수 있다. 첫 번째 세부구간 동안 $v_L(t)$는 직류 입력 전압 V_g와 같고 인덕터에 인가되는 전압×시간은 양의 값이다. 정상상태에 한 스위칭 주기동안 전압×시간의 합은 영이어야 하므로 두 번째 세부구간 동안 음의 전압×시간 값이 인가되어야 한다. 따라서 두 번째 세부구간 동안 인가되는 전압 $(V_g - V)$는 음이 되어야 한다. 따라서 V는 V_g보다 큰 값임을 알 수 있다.

한 주기 동안 인덕터에 인가되는 전압×시간 값의 합은 다음과 같다.

$$\int_0^{T_s} v_L(t)dt = V_g DT_s + (V_g - V)D' T_s \tag{2.32}$$

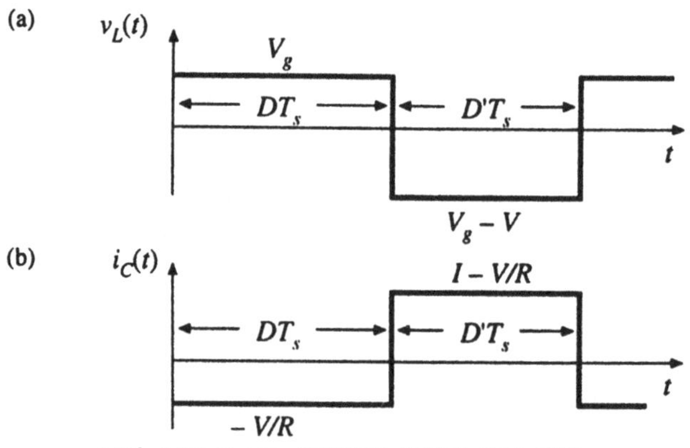

그림 2.15 부스트 컨버터의 전압과 전류 파형

이 식을 영으로 두고 계산하면 다음 관계식을 얻을 수 있다.

$$V_g(D+D')-VD'=0 \tag{2.33}$$

V에 대한 해와 $D+D'=1$의 관계로 부터 다음과 같이 출력 전압에 대한 식을 얻을 수 있다.

$$V=\frac{V_g}{D'} \tag{2.34}$$

전압 변환비 $M(D)$는 직류-직류 컨버터의 입력 전압에 대한 출력 전압의 비이다. 식 (2.34)로부터 전압 변환비가 다음과 같음을 알 수 있다.

$$M(D)=\frac{V}{V_g}=\frac{1}{D'}=\frac{1}{1-D} \tag{2.35}$$

이 식을 그림 2.16에 그린다. $D=0$에서 $V=V_g$이다. D가 증가함에 따라 출력 전압은 증가하고 이상적인 경우 D가 1로 접근함에 따라 출력 전압은 무한대가 된다. 따라서 이상적인 부스트 컨버터에서는 입력 전압보다 큰 어떠한 전압도 만들 수 있다. 물론 실제적인 부스트 컨버터에서는 출력 전압이 여러 가지 요인에 의해서 제한된다. 다음 장에서는 소자의 비이상적인 특성을 모델링하고 실제적인 부스트 컨버터의 출력 전압이 정말로 제한됨을 보인다. 그러나 비이상적인 특성이 매우 작으면 매우 큰 출력 전압을 얻을 수 있다.

인덕터 전류의 직류 성분은 커패시터의 전하 평형 원리를 사용하여 유도할 수 있다. 첫 번째 세부구간 동안 커패시터는 부하 전류를 공급하여 부분적으로 방전한다. 두 번째

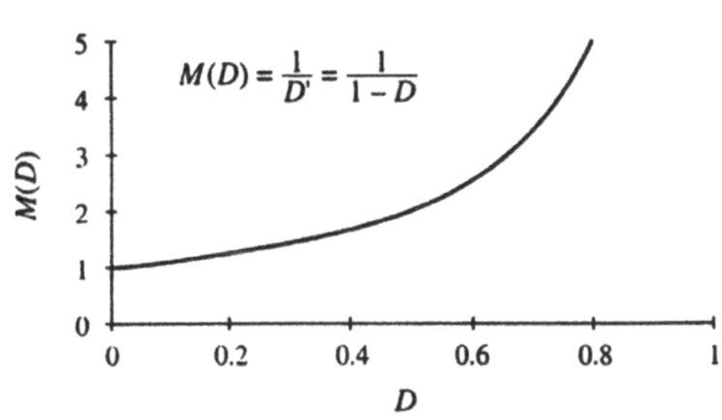

그림 2.16 부스트 컨버터의 전압 변환비

세부구간 동안 인덕터 전류는 부하로 공급되고 부가적으로 커패시터를 재충전한다. 한 스위칭 주기 동안 커패시터에 충전되는 알짜 전하량은 그림 2.15(b)의 $i_C(t)$ 파형을 적분한 값이다.

$$\int_0^{T_s} i_C(t)dt = \left(-\frac{V}{R}\right)DT_s + \left(I - \frac{V}{R}\right)D'T_s \tag{2.36}$$

이 식을 영으로 두고 계산하면 정상상태에서의 결과는 다음과 같다.

$$-\frac{V}{R}(D + D') + ID' = 0 \tag{2.37}$$

$D + D' = 1$이므로 인덕터 전류의 직류 성분 I에 대해서 풀면 다음을 얻을 수 있다.

$$I = \frac{V}{D'R} \tag{2.38}$$

따라서 인덕터 전류의 직류 성분 I는 부하 전류 V/R를 D'으로 나눈 것과 같다. V를 소거하기 위해 식 (2.34)를 대입하여 풀면 다음과 같다.

$$I = \frac{V_g}{D'^2 R} \tag{2.39}$$

이 식을 그림 2.17에 나타낸다. 그림에서 D가 1에 접근함에 따라 인덕터 전류가 커짐을

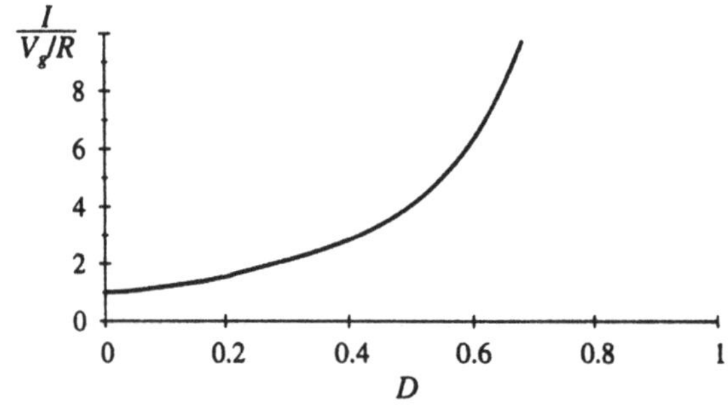

그림 2.17 부스트 컨버터에서 시비율에 따른 인덕터의 직류 전류

알 수 있다.

이 인덕터 전류는 부스트 컨버터의 직류 입력 전류와 같고 부하 전류보다 크다. 컨버터의 소자들이 이상적이라면 입력과 출력 전력은 같다. 컨버터의 출력 전압이 입력 전압보다 크기 때문에 입력 전류는 출력 전류 보다 반드시 커야한다. 실제의 경우 인덕터 전류는 반도체 순방향 전압 강하와 인덕터 권선 저항 그리고 전력 손실을 야기하는 다른 요인들을 통해서 흐른다. 시비율이 1에 가까워짐에 따라 인덕터 전류는 매우 커지게 되고 소자의 비이상적인 특성에 의해 큰 전력 손실이 발생한다. 결과적으로 부스트 컨버터의 효율은 높은 시비율에서 급격히 감소한다.

다음으로 인덕터 전류 $i_L(t)$ 파형을 그리고 인덕터 전류 맥동 Δi_L에 대한 식을 유도해 보자. 인덕터 전압 파형 $v_L(t)$는 이미 알고 있으므로(그림 2.5) 인덕터 전류 파형을 쉽게 그릴 수 있다. 스위치가 1의 위치에 있는 첫 번째 세부구간 동안 인덕터 전류의 기울기는 다음과 같다.

$$\frac{di_L(t)}{dt} = \frac{v_L(t)}{L} = \frac{V_g}{L} \tag{2.40}$$

마찬가지로 스위치가 2의 위치에 있을 때 인덕터 전류 파형의 기울기는

$$\frac{di_L(t)}{dt} = \frac{v_L(t)}{L} = \frac{V_g - V}{L} \tag{2.41}$$

이다. 인덕터 전류 파형을 그림 2.18에 나타낸다. 처음 세부구간 동안 인덕터 전류의 변화는 $2\Delta i_L$이고 이는 세부구간의 길이와 기울기의 곱과 같다.

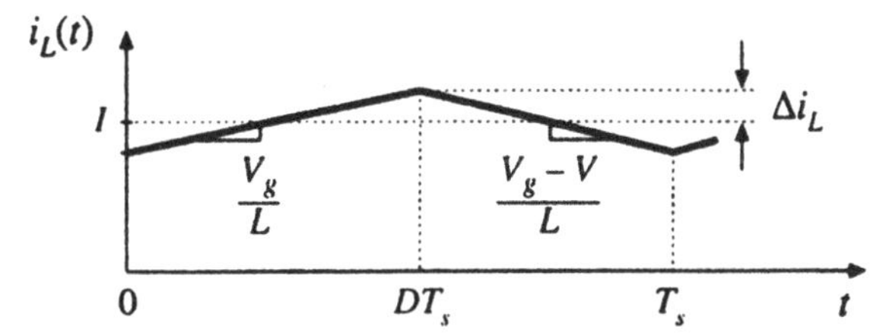

그림 2.18 부스트 컨버터의 인덕터 전류 파형 $i_L(t)$

$$2\Delta i_L = \frac{V_g}{L} DT_s \tag{2.42}$$

Δi_L에 대해 풀면 다음과 같다.

$$\Delta i_L = \frac{V_g}{2L} DT_s \tag{2.43}$$

이 식은 맥동 전류 Δi_L이 주어진 값 이내에 있도록 하는 인덕터 값 L을 결정하는데 사용할 수 있다.

비슷한 방법으로 커패시터 전압 $v(t)$ 파형도 그릴 수 있고 출력 전압 맥동의 첨두 값 Δv에 대한 식을 유도할 수 있다. 커패시터 전류 파형 $i_C(t)$를 그림 2.15에 주어져 있다. 첫 번째 세부구간 동안 커패시터 전압 파형 $v(t)$의 기울기는 다음과 같다.

$$\frac{dv_C(t)}{dt} = \frac{i_C(t)}{C} = -\frac{V}{RC} \tag{2.44}$$

두 번째 세부구간 동안 기울기는 다음과 같다.

$$\frac{dv_C(t)}{dt} = \frac{i_C(t)}{C} = \frac{I}{C} - \frac{V}{RC} \tag{2.45}$$

커패시터 전압 파형을 그림 2.19에 나타낸다. 첫 번째 세부구간 동안 커패시터 전압 변화는 $-2\Delta v$이고 이는 세부구간의 길이와 기울기의 곱과 같다.

$$-2\Delta v = \frac{-V}{RC} DT_s \tag{2.46}$$

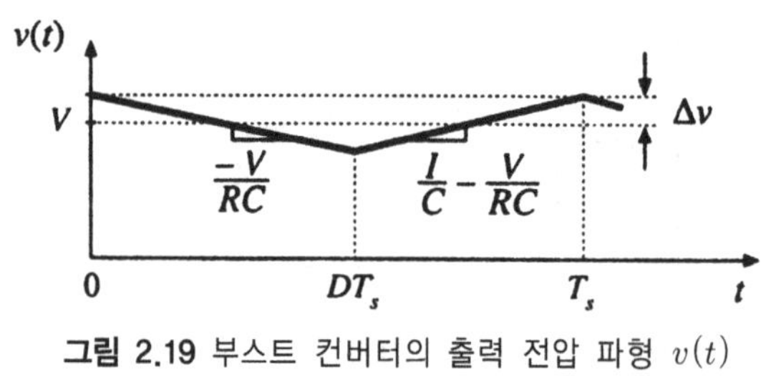

그림 2.19 부스트 컨버터의 출력 전압 파형 $v(t)$

Δv에 대한 해는 다음과 같다.

$$\Delta v = \frac{V}{2RC} DT_s \tag{2.47}$$

이 식으로부터 출력 전압 맥동 Δv가 주어진 값 이내에 있게 하기 위한 커패시터 값 C를 선정할 수 있다.

2.4 Ćuk 컨버터 예

두 번째 예로 그림 2.20(a)의 Ćuk 컨버터를 생각해보자. 이 컨버터는 벅-부스트 컨버터와 비슷한 직류 전압을 변환한다. 즉, 직류 전압 크기를 증가 또는 감소시킬 수 있고 전압의 극성을 바꾼다. 그림 2.20(b)는 트랜지스터와 다이오드를 사용하여 Ćuk 컨버터를 실제적으로 구현한 것이다.

이 컨버터는 커패시터를 통해 에너지를 전달한다. 그림 2.21에 도시한 바와 같이 스위치가 2의 위치에 있을 때는 커패시터 C_1이 L_1을 통해 입력 전원에 연결되어 입력 에너지가 C_1에 충전된다. 스위치가 1의 위치로 전환될 때 이 에너지는 L_2를 통해 부하로 방전된다.

그림 2.21(a)에서 인덕터 전류와 커패시터 전압의 극성은 임의로 설정하였다. 이 절에서는 인덕터의 전압-시간 곱 평형과 커패시터의 전하 평형 원리를 적용하여 인덕터 전류와 커패시터 전압의 직류 성분을 구한다. 그리고 전압과 전류의 맥동에 대해서도 알아본다.

스위치가 1의 위치에 있는 첫 번째 세부구간 동안에 컨버터 회로는 그림 2.21(a)와 같이 나타낼 수 있다. 이 때 인덕터 전압과 커패시터 전류는 다음과 같다.

$$\begin{aligned} v_{L1} &= V_g \\ v_{L2} &= -v_1 - v_2 \\ i_{C1} &= i_2 \\ i_{C2} &= i_2 - \frac{v_2}{R} \end{aligned} \tag{2.48}$$

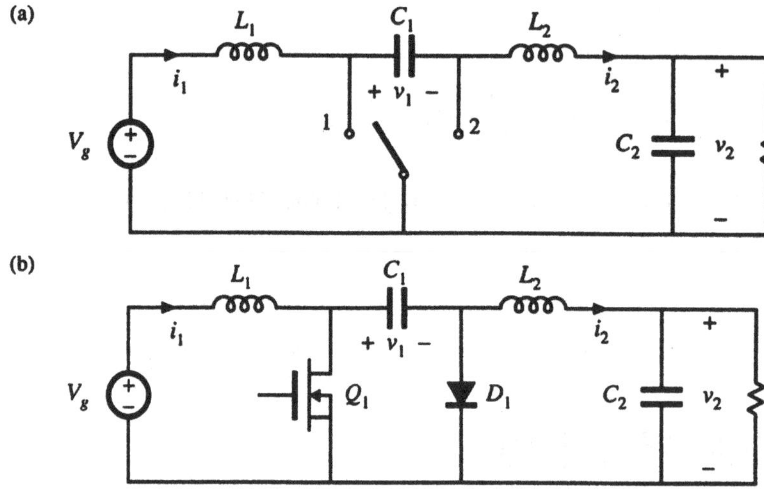

그림 2.20 Ćuk 컨버터: (a) 이상적인 스위치로 구현, (b) MOSFET과 다이오드를 이용한 실제적인 구현

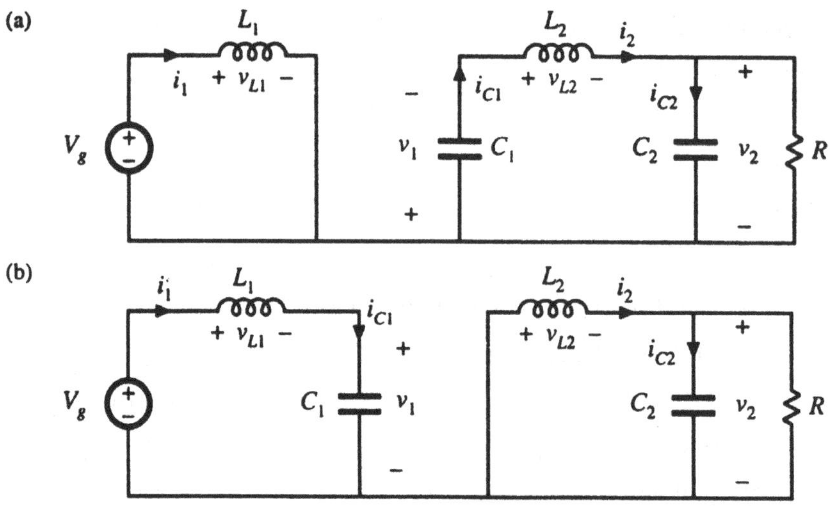

그림 2.21 Ćuk 컨버터의 동작 회로: (a) 스위치가 1의 위치에 있는 경우 (b) 스위치가 2의 위치에 있는 경우

다음으로 $i_1(t)$, $i_2(t)$, $v_1(t)$, $v_2(t)$의 스위칭 맥동 크기가 각각의 직류 성분 I_1, I_2, V_1, V_2와 비교하여 매우 작다고 가정하면 미소 맥동 근사화를 이용하여 식 (2.48)은 다음과

같이 나타낼 수 있다.

$$\begin{aligned} v_{L1} &= V_g \\ v_{L2} &= -V_1 - V_2 \\ i_{C1} &= I_2 \\ i_{C2} &= I_2 - \frac{V_2}{R} \end{aligned} \tag{2.49}$$

스위치가 2의 위치에 있는 두 번째 세부구간 동안에 컨버터 회로는 그림 2.21(b)와 같다. 이 때 인덕터 전압과 커패시터 전류는 다음과 같다.

$$\begin{aligned} v_{L1} &= V_g - v_1 \\ v_{L2} &= -v_2 \\ i_{C1} &= i_1 \\ i_{C2} &= i_2 - \frac{v_2}{R} \end{aligned} \tag{2.50}$$

다시 미소 맥동 근사화를 적용하면 식 (2.50)은 다음과 같이 된다.

$$\begin{aligned} v_{L1} &= V_g - V_1 \\ v_{L2} &= -V_2 \\ i_{C1} &= I_1 \\ i_{C2} &= I_2 - \frac{V_2}{R} \end{aligned} \tag{2.51}$$

식 (2.49)와 (2.51)을 이용하여 그림 2.22와 같은 인덕터 전압과 커패시터 전류 파형을 그릴 수 있다.

다음 단계로 그림 2.22 파형의 직류 성분 또는 평균값을 영으로 두고 컨버터의 정상상태 조건을 계산한다. 그 결과는 다음과 같다.

$$\begin{aligned} \langle v_{L1} \rangle &= DV_g + D'(V_g - V_1) = 0 \\ \langle v_{L2} \rangle &= D(-V_1 - V_2) + D'(-V_2) = 0 \\ \langle i_{C1} \rangle &= DI_2 + D'I_1 = 0 \\ \langle i_{C2} \rangle &= I_2 - \frac{V_2}{R} = 0 \end{aligned} \tag{2.52}$$

커패시터 전압과 인덕터 전류의 직류 성분에 대한 위 식들의 해는 다음과 같다.

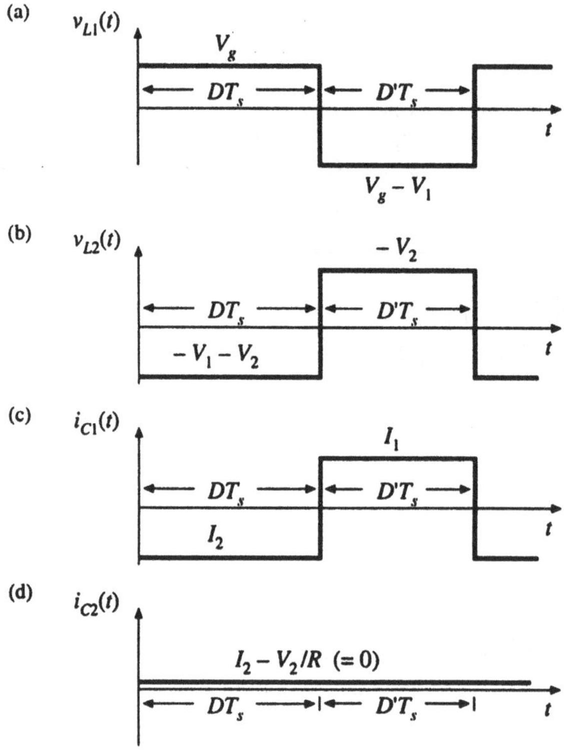

그림 2.22 Ćuk 컨버터 파형: (a) 인덕터 전압 $v_{L1}(t)$, (b) 인덕터 전압 $v_{L2}(t)$, (c) 커패시터 전류 $i_{C1}(t)$, (d) 커패시터 전류 $i_{C2}(t)$

$$
\begin{aligned}
V_1 &= \frac{V_g}{D'} \\
V_2 &= -\frac{D}{D'} V_g \\
I_1 &= -\frac{D}{D'} I_2 = \left(\frac{D}{D'}\right)^2 \frac{V_g}{R} \\
I_2 &= \frac{V_2}{R} = -\frac{D}{D'} \frac{V_g}{R}
\end{aligned}
\tag{2.53}
$$

시비율 D에 대한 직류 출력 전압 V_2의 관계를 그림 2.23과 같이 나타낼 수 있다.

인덕터 전류 파형은 그림 2.24(a)와 그림 2.24(b)에 그려져 있고 커패시터 C_1의 전압 파형 $v_1(t)$는 그림 2.24(c)에 그려져 있다. 첫 번째 세부구간 동안 파형의 기울기는 다음과 같다.

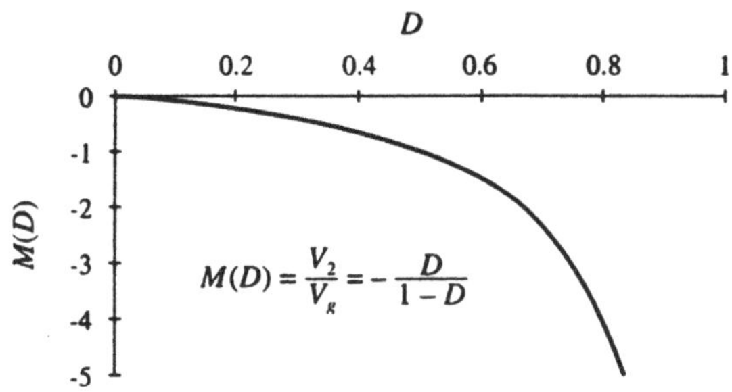

그림 2.23 Ćuk 컨버터의 직류 변환비 $M(D) = -V/V_g$

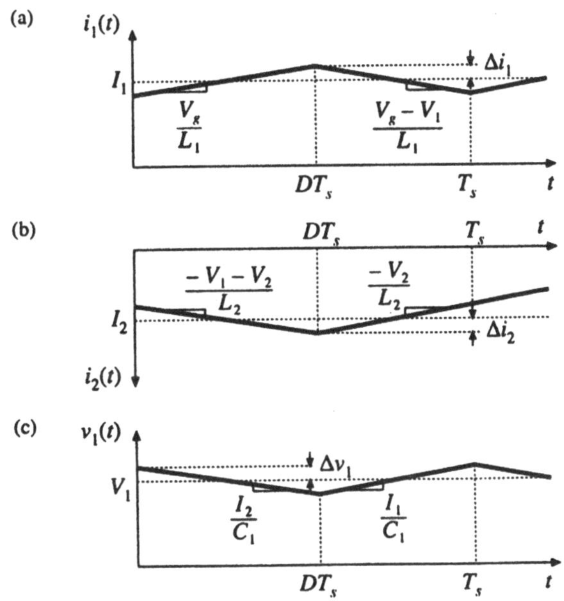

그림 2.24 Ćuk 컨버터 파형: (a) 인덕터 전류 $i_1(t)$, (b) 인덕터 전류 $i_2(t)$, (c) 커패시터 전압 $v_1(t)$

$$
\begin{aligned}
\frac{di_1(t)}{dt} &= \frac{v_{L1}(t)}{L_1} = \frac{V_g}{L_1} \\
\frac{di_2(t)}{dt} &= \frac{v_{L2}(t)}{L_2} = \frac{-V_1 - V_2}{L_2} \\
\frac{dv_1(t)}{dt} &= \frac{i_{C1}(t)}{C_1} = \frac{I_2}{C_1}
\end{aligned}
\tag{2.54}
$$

첫 번째 세부구간 동안 v_{L1}, v_{L2} 그리고 i_{C1}값으로 식 (2.49)를 사용하였다. 두 번째 세부구간 동안에 파형의 기울기는 다음과 같이 주어진다.

$$\frac{di_1(t)}{dt} = \frac{v_{L1}(t)}{L_1} = \frac{V_g - V_1}{L_1}$$
$$\frac{di_2(t)}{dt} = \frac{v_{L2}(t)}{L_2} = \frac{-V_2}{L_2}$$
$$\frac{dv_1(t)}{dt} = \frac{i_{C1}(t)}{C_1} = \frac{I_1}{C_1} \tag{2.55}$$

두 번째 세부구간 동안 v_{L1}, v_{L2} 그리고 i_{C1}값으로는 식 (2.51)의 값을 사용하였다.

첫 번째 세부구간 동안에 $i_1(t)$과 $i_2(t)$ 그리고 $v_1(t)$의 변화량은 각각 $2\Delta i_1$, $-2\Delta i_2$, 그리고 $-2\Delta v_1$이다. 이러한 변화는 식 (2.54)에 주어진 기울기에 세부구간의 길이 DT_s를 곱한 것과 같으므로 다음과 같이 주어진다.

$$\Delta i_1 = \frac{V_g DT_s}{2L_1}$$
$$\Delta i_2 = \frac{V_1 + V_2}{2L_2} DT_s$$
$$\Delta v_1 = \frac{-I_2 DT_s}{2C_1} \tag{2.56}$$

식 (2.53)의 직류 관계식을 이용하여 V_1, V_2, I_1을 소거하고 간단히 하면 다음과 같다.

$$\Delta i_1 = \frac{V_g DT_s}{2L_1}$$
$$\Delta i_2 = \frac{V_g DT_s}{2L_2}$$
$$\Delta v_1 = \frac{V_g DT_s}{2D' RC_1} \tag{2.57}$$

이 식들을 이용하여 맥동 값이 원하는 값 이내에 있도록 하는 L_1, L_2 그리고 C_1의 값을 선택하는데 사용할 수 있다.

하지만 위의 방법을 사용하여 출력 커패시터 전압 $v_2(t)$에 대한 스위칭 맥동의 크기를 추정하기는 어렵다. 그림 2.22(d)를 보면 전류 $i_{C2}(t)$는 연속적이다. v_{L1}, v_{L2}, i_{C1}과는 다르게 커패시터 전류 $i_{C2}(t)$에는 맥동이 없다. 만약 $i_2(t)$의 스위칭 맥동을 무시한다면 커패시터 전류 $i_{C2}(t)$는 교류 성분을 포함하지 않는다. 따라서 미소 맥동 근사화에 의해 Δv_2는 영이다.

물론 출력 전압의 스위칭 맥동은 영이 아니다. 이 컨버터에서 출력 전압 맥동의 크기를 추정하기 위해 인덕터 전류 $i_2(t)$에 존재하는 스위칭 맥동을 무시해서는 안 된다. 왜냐하면 이 전류 맥동은 출력 커패시터 C_2를 구동하는 유일한 교류 전류이기 때문이다. Ćuk 컨버터와 다른 유사한 컨버터에서 출력 전압의 맥동을 추정하는 간단한 방법을 다음 절에서 논의한다.

2.5 두 극점 저주파수 통과 필터를 포함한 컨버터에서 출력 전압의 맥동 추정

Ćuk 컨버터(그림 2.20) 또는 벅 컨버터(그림 2.25)의 출력에서와 같이 두 극점 저주파수 통과 필터를 가지는 컨버터에서 미소 맥동 근사화는 유용하지 않다. 이러한 컨버터에 있어서 미소 맥동 근사화를 적용하면 출력 필터의 커패시턴스 값과 관계없이 출력 전압 맥동은 영이다. 문제는 인덕터 전류의 맥동 성분이 출력 커패시터에 흐르는 유일한 전류 요소라는 점이다. 따라서 출력 커패시터의 전압 맥동을 계산할 때는 인덕터 전류의 맥동을 무시할 수 없으며 좀 더 정확한 근사 방법이 필요하다.

이러한 경우에 유용한 방법은 인덕터 전류 맥동을 고려하여 커패시터 전류 파형을 좀 더 정확하게 추정하는 것이다. 커패시터 전압 맥동은 $i_C(t)$ 파형의 양의 부분에 포함 된 전체 전하량과 관계가 있다.

그림 2.25의 벅 컨버터를 고려해 보자. 인덕터 전류 파형 $i_L(t)$는 그림 2.10과 같이 직류 성분 I와 첨두 크기 Δi_L의 선형 맥동을 포함한다. 직류 성분 I는 모두 부하 저항 R을 통해 흐르며, 교류 스위칭 맥동은 부하 저항 R과 필터 커패시터 C로 나누어져 흐른다. 커패시터가 스위칭 맥동을 필터링하는 잘 설계된 컨버터인 경우 스위칭 주파수에서

커패시터의 임피던스는 부하 임피던스 R보다 충분히 작도록 선정된다. 그러므로 거의 모든 인덕터 전류 맥동은 커패시터를 통해 흐르고 매우 작은 양만이 부하로 흐른다. 그림 2.26에 나타낸 바와 같이 커패시터 전류 파형 $i_C(t)$는 직류 성분이 제거된 인덕터 전류 파형과 같다. 전류 맥동은 직선 파형을 가지며 첨두 값은 Δi_L이다.

커패시터 전류 $i_C(t)$가 양일 때 커패시터는 충전되고 커패시터 전압 $v_C(t)$는 증가한다. 그러므로 커패시터 전류 파형이 영과 교차하는 두 지점 사이에서 커패시터 전압은 최소값과 최대값 사이에서 변한다. 전압 파형은 대칭이며 $v_C(t)$의 전체 변화는 첨두-첨두 출력 전압 맥동 또는 $2\Delta v$이다.

이러한 커패시터 전압의 변화는 커패시터 전류 파형의 양의 부분에 포함된 전체 전하

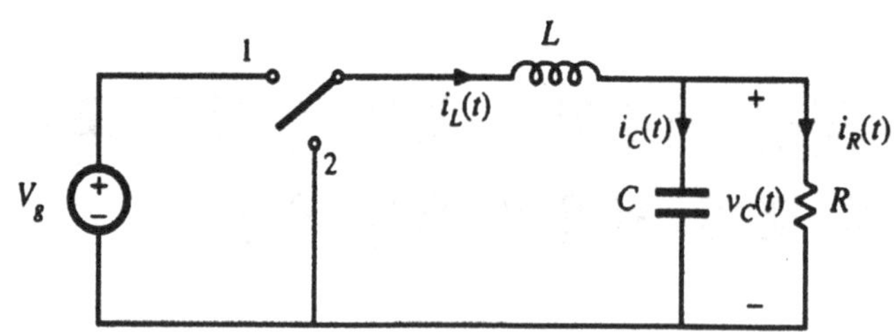

그림 2.25 두 극점 출력 필터를 갖는 벅 컨버터

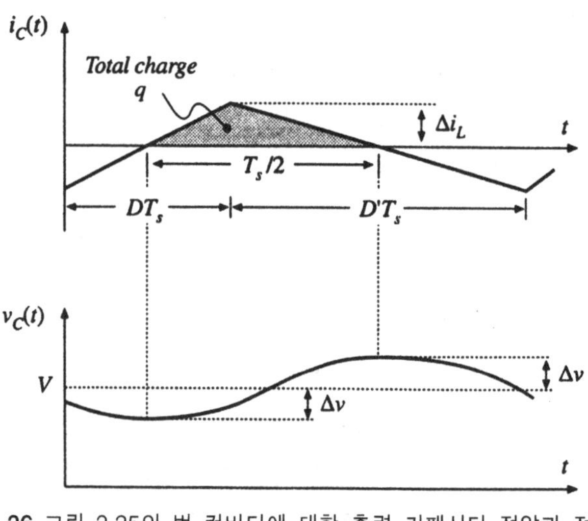

그림 2.26 그림 2.25의 벅 컨버터에 대한 출력 커패시터 전압과 전류 파형

q와 관련이 있다. 커패시터 관계식 $Q = CV$ 로부터 다음과 같이 나타낼 수 있다.

$$q = C(2\Delta v) \tag{2.58}$$

그림 2.26에 나타낸 전하 q는 영과 교차하는 두 점 사이에서 전류 파형의 적분이다.

예를 들면 적분 값은 진하게 나타낸 높이가 Δi_L인 삼각형의 면적으로 나타낼 수 있다. 전류 파형이 대칭이므로 영과 교차하는 두 지점은 각각 DT_s와 $D'T_s$의 중간에서 발생한다. 그러므로 삼각형의 밑변은 $T_s/2$이므로 전체 전하 q는 다음과 같이 쓸 수 있다.

$$q = \frac{1}{2}\Delta i_L \frac{T_s}{2} \tag{2.59}$$

식 (2.58)을 식 (2.59)에 대입하고 전압 맥동의 첨두 크기 Δv에 대해서 풀면 다음과 같다.

$$\Delta v = \frac{\Delta i_L T_s}{8C} \tag{2.60}$$

이 식은 주어진 Δv를 얻기 위해 필요한 커패시턴스 C의 값을 선정하는데 사용된다. 실제로는 커패시터 등가 직렬 저항에 의해 야기된 추가적인 전압 맥동을 고려해야 한다.

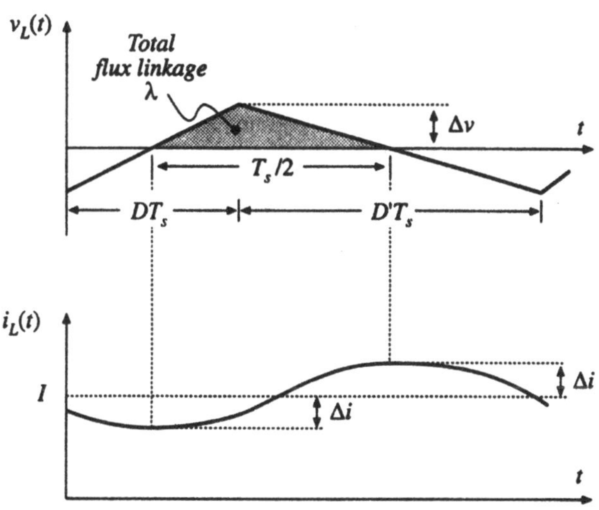

그림 2.27 인덕터 전압 파형이 연속일 때 인덕터 전류 맥동의 추정

비슷한 논리를 인덕터에도 적용할 수 있다. 그림 2.32와 같이 두 극점 입력 필터를 벅 컨버터의 입력단에 추가한 예제를 문제 2.9에 주어져 있다. 커패시터의 전압 맥동을 무시할 수 없다. 커패시터의 전압 맥동을 무시하면 입력 필터 인덕터 양단에 인가되는 교류 전압이 없으므로 입력 전류의 맥동은 영이라는 결론이 나온다. 실제 인덕터의 전압 파형은 그림 2.27에 나타낸 바와 같이 입력 필터 커패시터 전압의 교류 성분과 동일하며 직선 파형의 맥동과 Δv의 첨두 값을 가진다. 인덕터 관계식 $\lambda = Li$를 사용하면 식 (2.60)과 비슷한 결과를 유도할 수 있다. 유도 과정을 학생들을 위한 문제로 남겨둔다.

2.6 요약

1. 컨버터 파형의 직류 성분은 평균값, 즉 한 스위칭 주기 동안의 적분 값을 스위칭 주기로 나눈 값과 같다. 따라서 직류-직류 컨버터에서 직류 또는 정상상태 전압과 전류를 얻기 위해서는 파형의 평균이 필요하다.
2. 선형 또는 미소 맥동 근사화를 통해 매우 쉽게 정상상태 해석을 할 수 있다. 잘 설계된 컨버터인 경우 인덕터 전류와 커패시터 전압의 스위칭 맥동은 직류 성분에 비해 매우 작으므로 맥동 성분을 무시할 수 있다.
3. 인덕터의 전압-시간 곱 평형 원리를 사용하여 컨버터의 직류 전압 성분을 결정할 수 있다. 정상상태에서 인덕터에 인가되는 평균 전압은 영이어야 한다.
4. 커패시터의 전하 평형 원리를 사용하여 스위칭 컨버터에서 인덕터 전류의 직류 성분을 결정할 수 있다. 정상상태에서 커패시터에 인가되는 평균 전류는 영이어야 한다.
5. 인덕터 전류와 커패시터 전압 파형의 기울기에 대한 정보로부터 교류 스위칭 맥동 크기를 계산할 수 있다. 인덕턴스와 커패시턴스 값을 원하는 맥동의 크기로부터 결정할 수 있다.
6. 다 극점의 필터를 가지는 컨버터에서 하나 또는 그 이상의 인덕터 또는 커패시터에 연속적인(맥동이 없는) 전압과 전류가 인가된다. 이러한 요소에 대한 교류 스위칭 맥동의 크기를 미소 맥동 근사화를 적용하여 얻을 수 없고 커패시터 전하 또는 인

덕터 자속을 좀더 자세하게 다루어 얻을 수 있다.

7. 이 장에서 부스트와 벅 그리고 반대되는 전압 극성(벅-부스트, Ćuk)의 특징을 가지는 컨버터들을 논의하였다. 연습문제와 다음의 장에서 컨버터 회로에 대해 좀 더 깊이 있게 공부하기로 한다.

참고문헌

[1] S. Ćuk, "Basics of Switched-Mode Power Conversion: Topologies, Magnetics, and Control," in Advances in Switched-Mode Power Conversion, vol. 2, pp. 279-310, Irvine: Teslaco, 1981.

[2] N. Mohan, T. Undeland, and W. Robbins, Power Electronics: Converters, Applications, and Designs, 2nd edit., New York, John Wiley & Sons, 1995.

[3] J. Kassakian, M. Schlecht, and G. Vergese, Principles of Power Electronics, Reading, MA: Addison-Wesley, 1991.

[4] R. Severns and G. E. Bloom, Modern Dc-to-dc Switch Mode Power Converter Circuits, New York, Van Nostrand Reinhold, 1985.

[5] D. Hart, Introduction to Power Electronics, New York: Prentice Hall, 1997.

[6] M. Rashid, Power Electronics: Circuits, Devices, and Applications, 2nd edit., New York: Prentice Hall, 1993.

[7] P. Krein, Elements of Power Electronics, New York: Oxford University Press, 1998.

[8] K. Kit Sum, Switch Mode Power Conversion-Basic Theory and Design, New York: Marcel Dekker, 1984.

연 · 습 · 문 · 제

2.1 벅-부스트 컨버터의 해석과 설계: 벅-부스트 컨버터는 그림 2.28(a)와 같이 나타낼 수 있고 트랜지스터와 다이오드를 이용한 실제적인 회로는 그림 2.28(b)와 같다.

(a) 시비율 D, 입력 전압 V_g 그리고 부하 저항 R에 대한 평형상태 출력 전압 V와 인덕터 전류 I의 관계를 구하시오.

(b) (a) 문항에 대한 결과를 $0 \le D \le 1$의 범위에서 그래프로 그리시오.

(c) DC 설계: 다음의 주어진 조건에 대해서

$$V_g = 30\ \text{V} \qquad V = -20\ \text{V}$$

$$R = 4\ \Omega \qquad f_s = 40\ \text{kHz}$$

i. D와 I를 구하시오.

ii. 첨두 인덕터 전류 맥동 Δi가 평균 인덕터 전류 I의 10%가 되도록 하는 L 값을 계산하시오.

iii. 첨두 출력 전압 맥동 Δv가 0.1 V가 되는 C 값을 구하시오.

(d) (c)항의 설계에서 트랜지스터의 드레인 전류 파형 $i_T(t)$를 그리시오. i_T의 첨두값은 얼마인가? Δi가 I의 50%가 되도록 L의 값을 감소했을 때 $i_T(t)$의 파형

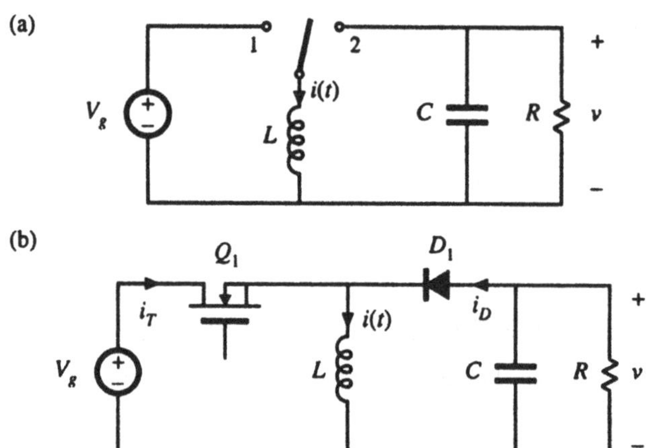

그림 2.28 문제 2.1의 벅 컨버터: (a) 이상적인 컨버터 회로, (b) MOSFET와 다이오드를 사용하여 구현한 회로

을 그리시오. 이 경우 i_T의 첨두 값은 어떻게 되는가?

(e) (d)항의 두 경우에 대해 다이오드 전류 파형 $i_D(t)$를 그리시오.

2.2 안정되지 않은 직류 입력 전압이 18 V에서 36 V 사이로 변하는 어떤 응용에서 부하에 2 A를 공급하는 28 V의 안정된 출력을 얻고자 한다. 따라서 컨버터는 전압을 증가 및 감소시킬 수 있는 기능이 필요하다. 입력과 출력 전압은 모두 양의 값이므로 전압 극성이 바뀌는 컨버터(기본적인 벅-부스트 컨버터와 같이)는 이 응용에 적합하지 않다.

이러한 요구 기능을 수행할 수 있는 컨버터는 그림 2.29에 나타낸 비분리 SEPIC(single-ended primary inductance converter)을 들 수 있다. 이 컨버터는 전압을 강압 및 승압할 수 있는 변환비 $M(D)$를 가지며 극성이 반전되지 않는다. 컨버터의 정상적인 동작모드에서 트랜지스터는 첫 번째 세부구간($0 < t < DT_s$), 다이오드는 두 번째 세부구간($DT_s < t < T_s$) 동안 도통된다. 모든 소자는 이상적이라고 가정한다.

(a) 시비율 D, 입력 전압 V_g 그리고 부하 저항 R의 함수로 각 커패시터 전압과 인덕터 전류의 직류 성분에 대한 식을 유도하시오.

(b) 컨버터 회로는 V=28 V의 일정한 전압을 유지하기 위해 컨버터의 시비율을 자동으로 조절한다. 입력 전압은 18 V≤ V_g ≤36 V의 범위로 천천히 변한다. 부하 전류는 일정하게 2 A이다. 시비율 D는 어떤 범위로 변하는가? 인덕터 전류의 직류 성분 I는 어떤 범위로 변하는가?

2.3 문제 2.2의 SEPIC에 대해서

(a) 각 인덕터 전류 맥동과 커패시터 전압 맥동에 대한 관계식을 유도하시오. 스

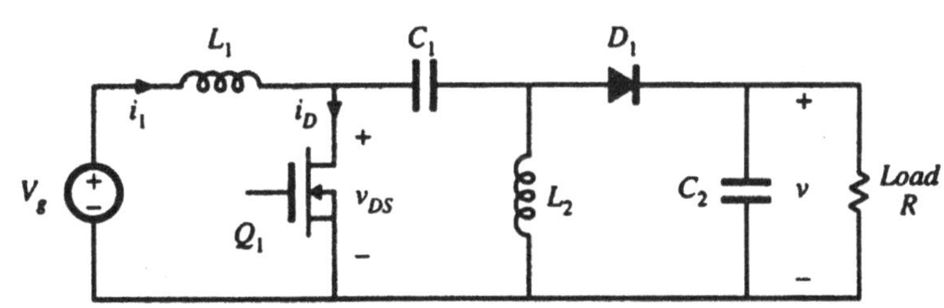

그림 2.29 문제 2.2와 2.3의 SEPIC 컨버터

위칭 주기 T_s의 함수로 이 값들을 나타내시오. 소자 값은 L_1, L_2, C_1, C_2, 시비율은 D, 입력 전압은 V_g 그리고 부하 저항은 R이다.

(b) 트랜지스터 전압 $v_{DS}(t)$와 트랜지스터 전류 $i_D(t)$의 파형을 그리고 각각의 첨두 값을 표시하시오.

2.4 그림 2.30의 컨버터에서 두 스위치는 동기화 되어 동작하여 $0 < t < DT_s$에서는 1의 위치에 $DT_s < t < T_s$에서는 2의 위치에 있다. 전압 변환비을 $M(D) = V/V_g$를 유도하시오. D에 대한 $M(D)$를 그리시오.

2.5 그림 2.31의 컨버터에서 두 스위치는 동기화 되어 동작하여 $0 < t < DT_s$에서는 1의 위치에 $DT_s < t < T_s$에서는 2의 위치에 있다. 전압 변환비을 $M(D) = V/V_g$를 유도하시오. D에 대한 $M(D)$를 그리시오.

2.6 그림 2.30의 컨버터에 대해서 인덕터 전류 맥동 Δi_L과 커패시터 전압 맥동 Δv_C에 대한 식을 유도하시오.

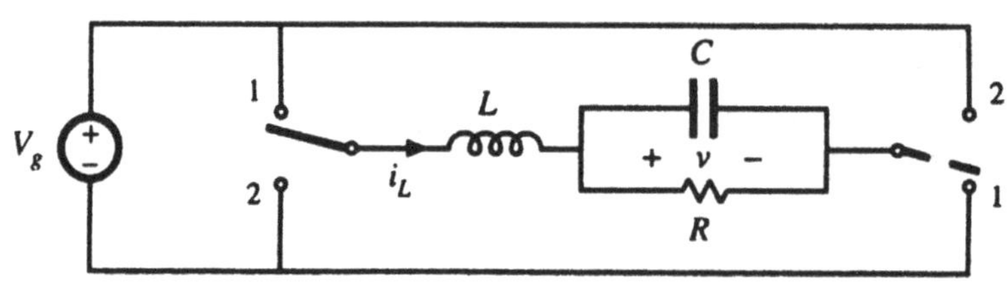

그림 2.30 문제 2.4와 2.6의 H-브리지 컨버터

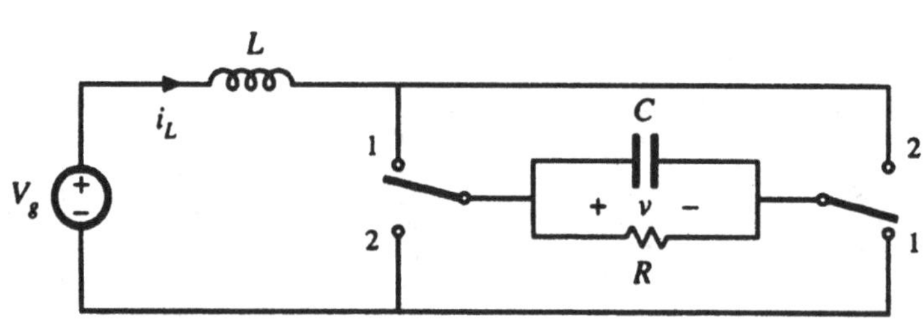

그림 2.31 문제 2.5, 2.7, 2.8의 전류원 브리지 컨버터

2.7 그림 2.31의 컨버터에 대해서 D, V_g 그리고 R의 함수로 인덕터 전류 I의 직류 성분에 대한 식을 유도하시오. 그리고 그 결과를 D에 대한 그래프로 그리시오.

2.8 그림 2.31의 컨버터에서 인덕터 전류 맥동 Δi_L과 커패시터 전압 맥동 Δv_C에 대한 식을 유도하시오.

2.9 어떤 벅 컨버터의 입력 전류에 나타난 스위칭 고조파를 줄이기 위해 그림 2.32와 같이 인덕터 L_1과 커패시터 C_1으로 구성된 입력 필터가 추가되었다. 이러한 필터는 전도성 전자파 장애를 제한하는 규정을 만족하기 위해 통상적으로 사용된다. 이 문제에서 모든 인덕턴스와 커패시턴스 값이 충분히 커서 모든 맥동의 크기가 작다고 가정한다.

(a) 트랜지스터 전류 파형 $i_T(t)$를 그리시오.

(b) 커패시터 전압과 인덕터 전류의 직류 성분에 대한 해석적인 표현식을 유도하시오.

(c) 입력 필터의 인덕터 전류와 커패시터 전압의 첨두 맥동 크기에 대한 해석적인 표현식을 구하시오.

(d) 다음의 주어진 값에 대해

입력 전압	V_g = 48 V
출력 전압	V = 36 V
스위칭 주파수	f_s =100 kHz
부하저항	R = 6 Ω

i. C_1과 Δv_{C1}에 대한 첨두 전압 맥동이 직류 성분 V_{C1}의 2%인 경우에 대해

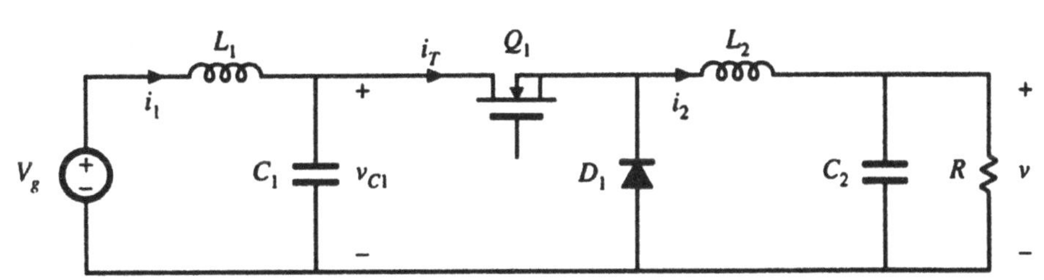

그림 2.32 문제 2.9의 $L-C$ 필터를 추가한 벅 컨버터

서 L_1과 C_1의 값을 구하시오.

ii. 입력 첨두 전류 맥동 Δi_1이 20 mA일 경우에 대해서 L_1과 C_1의 값을 구하시오.

추가 점수 문제 : 정상상태에서 동작하는 이상적인 벅-부스트 컨버터의 i. 출력 전압의 직류 성분, ii. 첨두-첨두 인덕터 전류 맥동에 대한 정확한 해석 식을 유도하시오. 미소-맥동 근사화를 사용하지 마시오.

제3장
정상상태 등가회로 모델링, 손실과 효율

스위칭 컨버터의 기본 기능에 대해서 생각해보고, 간단한 등가회로를 이용하여 이러한 기능을 표현하는 방법에 대해서 알아보자. 컨버터 전력단의 설계자는 회로의 전압과 전류를 계산해야 하고 이에 따라 전력 소자를 결정해야 한다. 여기서 손실과 효율은 가장 중요한 사양이다. 등가회로를 사용한 해석은 물리적이고 직관적인 접근 방법이며 이를 사용하여 잘 알려진 회로 해석 기술을 적용할 수 있다. 앞 장에서와 같이 작은 크기를 갖는 복잡한 스위칭 맥동을 무시하고 파형에서 중요한 직류 성분만을 모델링 한다.

이 장에서는 직류-직류 컨버터에서 수행되는 이상적인 기능을 모델링하기 위해 직류 변압기를 사용한다[1-4]. 컨버터의 직류 전압과 전류 사의의 관계를 간단한 모델을 이용하여 정확하게 표현할 수 있다. 이 모델에 손실, 반도체의 순방향 전압강하, 도통 저항, 인덕터의 동손 및 철손 등을 포함시켜 컨버터를 좀 더 자세히 모델링할 수 있으므로 실제의 비이상적인 컨버터에서 전압, 전류, 손실 그리고 효율을 구하는데 사용할 수 있다.

3.1 직류 변압기 모델

그림 3.1에 나타낸 바와 같이 모든 스위칭 컨버터는 3개의 포트, 즉 입력 전력 및 출력 전력과 제어 입력을 가진다. 입력 전력은 제어 입력에 의해 주어진 방법으로 처리되고 부하로 출력된다. 이상적으로 이러한 기능들은 100%의 효율로 수행되며 다음과 같이 나타낼 수 있다.

$$P_{in} = P_{out} \tag{3.1}$$

또는

$$V_g I_g = VI \tag{3.2}$$

이러한 관계식은 단지 평형 (정상상태) 조건 아래서만 타당하다. 과도상태 동안에는 인덕터와 커패시터에 저장된 알짜 에너지가 변하므로 식 (3.1)과 (3.2)가 위배된다.

앞 장에서 컨버터 출력 전압을 다음과 같이 표현할 수 있다는 것을 알았다.

$$V = M(D)\, V_g \tag{3.3}$$

여기서 $M(D)$는 평형상태에서 컨버터의 변환비로 벅 컨버터에서는 $M(D) = D$이고 부

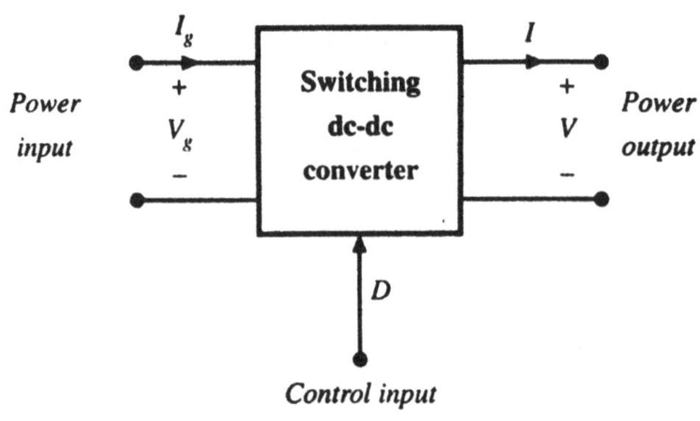

그림 3.1 스위칭 컨버터의 단자 변수

스트 컨버터에서는 $M(D) = 1/(1-D)$이다. 일반적으로 연속 전도모드에서 동작하고 같은 수의 독립적인 인덕터와 커패시터를 포함하는 이상적인 컨버터에서 평형상태의 변환비 M은 시비율 D만의 함수이고 부하에 독립적이다.

식 (3.2)에 식 (3.3)을 대입하여 풀면 다음과 같다.

$$I_g = M(D)I \tag{3.4}$$

따라서 컨버터의 입출력 포트 전류 역시 같은 변환비로 나타낼 수 있다.

식 (3.3)과 (3.4)는 그림 3.2와 같이 컨버터를 종속 전원을 사용하여 모델링할 수 있음을 나타낸다. 식 (3.1)에서 (3.4)까지는 이상적인 변압기의 관계식과 같으며 이를 이용하여 직류-직류 컨버터와 등가이며 물리적으로 의미 있는 그림 3.3과 같은 모델을 얻을 수 있다. 이상적인 변압기에서는 식 (3.1)과 (3.2)에서 나타낸 바와 같이 입력과 출력 전력이 같다. 또한 출력 전압은 입력 전압에 권선비를 곱한 것과 같다. 이는 권선비가 평형 변환비 $M(D)$와 같다고 보면 식 (3.3)과 일치한다. 그리고 입력과 출력 전류는 식 (3.4)와 같이 동일한 권선비와 관련이 있다.

그러므로 그림 3.3의 이상적인 직류 변압기 모델을 사용하여 이상적인 직류-직류 컨버터를 모델링할 수 있다. 이 회로 기호는 스위칭 직류-직류 컨버터의 일차 직류 특성을 나타낸다. 즉, 시비율 D로 제어가 가능하고 이상적으로 100%의 효율을 가지고 직류 전압과 전류의 크기를 변환하는 특성을 나타낸다. 가로 실선은 구성 요소들이 이상적이고 직류 전압과 직류 전류가 통과할 수 있다는 것을 의미한다. 실제의 자기 코어 변압기에서는 직류 신호(직류 전압에 인가되면 자기 코어는 포화된다)를 변환할 수 없다 하더라도 여기서는 직류-직류 컨버터의 모델링을 위해 그림 3.3의 이상적인 모델로 정의하였음을 알아야 한다. 실제로 직류 변압기를 물리적으로 구현할 수 없다는 점이 직류-직류 스

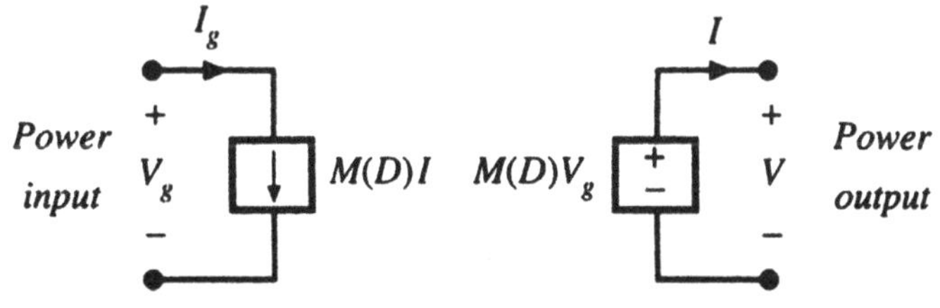

그림 3.2 식 (3.3)과 (3.4)에 대응하는 종속 전원을 사용한 스위칭 컨버터 등가회로

위칭 컨버터를 만들게 된 한 가지 이유이다. 따라서 그림 3.1의 직류-직류 컨버터의 특성을 그림 3.3의 등가회로를 사용하여 모델링할 수 있다. 이 등가회로는 일정한 시비율에 대해서 시간적으로 변하지 않으며, 파형에서 스위칭 또는 스위칭 맥동을 무시하고 직류 성분만을 단지 모델링한다는 점에 유의하기 바란다.

직류 변압기 모델을 사용하면 변압기가 포함된 회로를 다루거나 단순화하는 여러 법칙들을 직류-직류 컨버터가 포함된 회로에도 똑같이 적용할 수 있다. 예를 들어 그림 3.4(a)의 회로를 생각해보자. 이 회로에는 저항 부하가 컨버터의 출력에 연결되어 있고 전원은 테브난 등가 전원 V_1과 저항 R_1으로 모델링되어 있다. 컨버터를 그림 3.4(b)에서 직류 변압기로 대체하였다. 구성 요소 V_1과 R_1을 그림 3.4(c)와 같이 직류 변압기의 2차 측 등가회로로 나타낼 수 있다. 여기서 V_1에 변환비 $M(D)$가 곱해지고 저항 R_1에 $M^2(D)$가 곱해진다. 이 회로에 전압 분배 공식을 사용하여 출력 전압을 구할 수 있다.

$$V = M(D)\, V_1 \frac{R}{R + M^2(D) R_1} \tag{3.5}$$

이와 같이 직류 변압기 등가회로 방법은 컨버터를 포함하는 회로를 이해하는데 있어 강력하고 효과적인 수단이다.

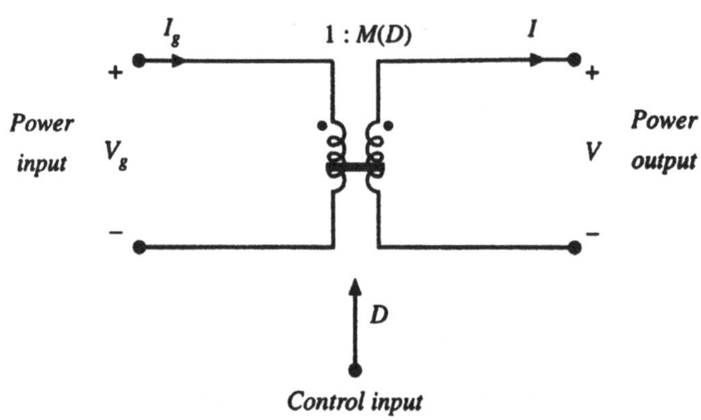

그림 3.3 식 (3.1)에서 (3.4)에 대응하는 연속 전도모드에서 동작하는 직류–직류 컨버터의 이상적인 직류 변압기 모델

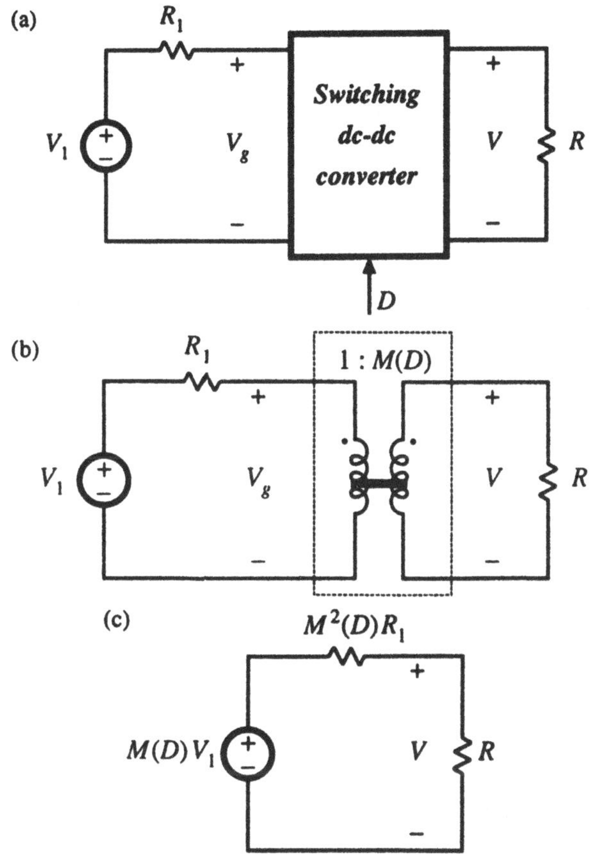

그림 3.4 직류 변압기 모델의 사용 예: (a) 원래 회로, (b) 직류 변압기 모델로 교체한 스위칭 컨버터, (c) 이차 측으로 모든 요소를 환산하여 단순화한 모델

3.2 인덕터 동손을 포함한 경우

그림 3.3의 직류 변압기 모델을 이용하여 컨버터의 다른 특성을 모델링할 수 있다. 저항을 적절히 추가하여 전력 손실과 같은 비이상적인 특성을 모델링할 수 있다. 다음 장에서는 등가회로에 인덕터와 커패시터를 추가하여 컨버터의 동특성 역시 모델링할 수 있음을 알 수 있다.

부스트 컨버터의 인덕터 동손에 대해 생각해보자. 실제 인덕터에는 두 가지 형태의 손실이 발생한다. (1) 권선 저항에 의한 동손 (2) 자기 코어의 히스테리시스와 맴돌이 전류 손실이다. 인덕터 동손을 잘 표현한 모델이 그림 3.5에 주어져 있으며 저항 R_L이 인덕터에 직렬로 연결되어 있다. 실제 인덕터는 이상적인 인덕터와 동손을 표현하는 저항 R_L의 직렬 연결로 구성된다.

그림 3.5의 인덕터 모델을 그림 3.6의 부스트 컨버터에 적용해보자. 인덕터의 전압-시간 평형, 커패시터의 전하 평형, 미소 맥동 근사화를 이용하여 이상적인 무손실 컨버터를 해석한 바와 같이 이 회로를 해석할 수 있다. 먼저 컨버터 회로를 스위치의 위치에 따라 그림 3.7과 같이 두개의 등가회로로 나타낼 수 있다.

스위치가 $0 < t < DT_s$ 동안 1의 위치에 있으면 회로는 그림 3.7(a)와 같다. 이상적인 인덕터 L 양단의 전압 v_L을 다음과 같이 쓸 수 있다.

$$v_L(t) = V_g - i(t)R_L \tag{3.6}$$

그리고 커패시터 전류 $i_C(t)$는 다음과 같다.

$$i_C(t) = -\frac{v(t)}{R} \tag{3.7}$$

전류와 전압의 스위칭 맥동이 직류 성분 I와 V에 비교해서 작다고 가정하여 이 식들을

그림 3.5 직렬 저항 R_L을 이용한 인덕터 동손의 모델

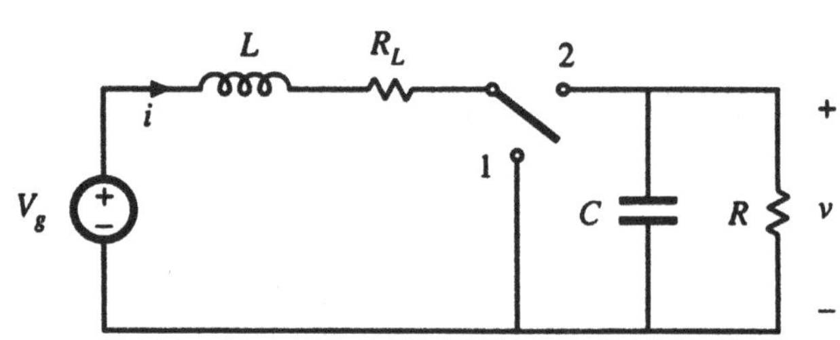

그림 3.6 인덕터 동손 R_L을 포함한 부스트 컨버터 회로

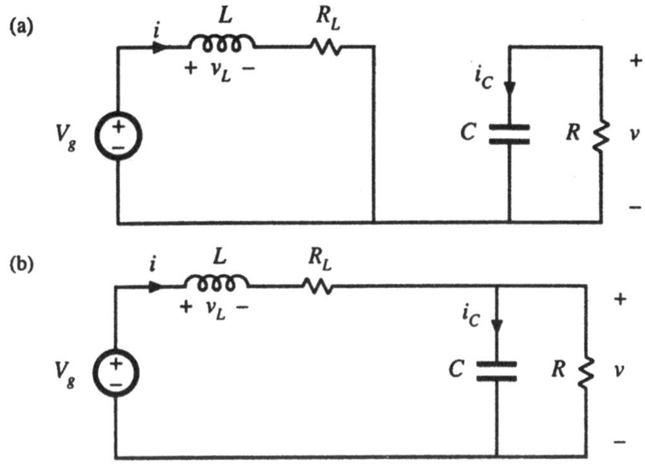

그림 3.7 인덕터 동손 저항 R_L을 포함한 부스트 컨버터의 등가회로: (a) 스위치가 1의 위치에 있을 경우 (b) 스위치가 2의 위치에 있을 경우

단순화할 수 있다. 따라서 $i(t) \approx I$이고 $v(t) \approx V$이며 식 (3.6)과 식 (3.7)을 다음과 같이 나타낼 수 있다.

$$\begin{aligned} v_L(t) &= V_g - IR_L \\ i_C(t) &= -\frac{V}{R} \end{aligned} \tag{3.8}$$

스위치가 $DT_s < t < T_s$ 동안 2의 위치에 있으면 회로를 그림 3.7(b)와 같이 나타낼 수 있다. 미소 맥동 근사화를 적용하면 인덕터 전류와 커패시터 전압은 다음과 같이 주어진다.

$$\begin{aligned} v_L(t) &= V_g - i(t)R_L - v(t) \approx V_g - IR_L - V \\ i_C(t) &= i(t) - \frac{v(t)}{R} \approx I - \frac{V}{R} \end{aligned} \tag{3.9}$$

여기에서 인덕터 전압-시간 평형 원리를 적용할 수 있다. 그림 3.8에 주어진 인덕터 전압 파형을 그리는데 식 (3.8)과 (3.9)를 이용하였다. 인덕터 전압의 직류 성분 또는 평균값을 다음과 같이 나타낼 수 있다.

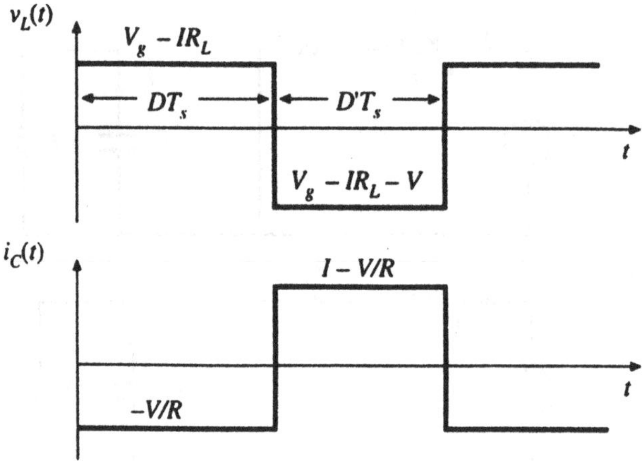

그림 3.8 그림 3.6의 비이상적인 부스트 컨버터에 대한 인덕터 전압과 커패시터 전류 파형

$$\langle v_L(t) \rangle = \frac{1}{T_s}\int_0^{T_s} v_L(t)dt = D(V_g - IR_L) + D'(V_g - IR_L - V) \tag{3.10}$$

위 식에서 $\langle v_L \rangle$을 영으로 두고 $D + D' = 1$임을 이용하여 정리하면 다음을 얻을 수 있다.

$$0 = V_g - IR_L - D'V \tag{3.11}$$

인덕터의 권선 저항에 의해 인덕터 전압-시간 평형 식에 부가적인 항이 추가되었음을 볼 수 있다. 2장의 이상적인 부스트 컨버터($R_L = 0$)의 예에서는 전압 변환비 V/V_g를 바로 계산할 수 있었다. 그러나 식 (3.11)은 이러한 방법으로 바로 풀 수 없다. 왜냐하면 인덕터 전류 I의 값을 모르기 때문이다. 따라서 I를 소거하기 위해 두 번째 식이 필요하다.

커패시터 전하 평형을 이용하여 두 번째 식을 얻을 수 있다. 커패시터 전류 $i_C(t)$의 파형을 그림 3.8에 나타낸다. 커패시터 전류 파형의 직류 성분 또는 평균값은 다음과 같다.

$$\langle i_C(t) \rangle = D\left(-\frac{V}{R}\right) + D'\left(I - \frac{V}{R}\right) \tag{3.12}$$

마찬가지로 위 식에서 $\langle i_C \rangle$을 영으로 두고 정리하면 다음을 얻을 수 있다.

$$0 = D'I - \frac{V}{R} \tag{3.13}$$

두 개의 식 (3.11)과 (3.13)을 이용하여 I를 소거하고 V에 대하여 풀면 다음 관계식을 얻을 수 있다.

$$\frac{V}{V_g} = \frac{1}{D'} \frac{1}{\left(1 + \frac{R_L}{D'^2 R}\right)} \tag{3.14}$$

이 식을 몇 개의 R_L/R값에 대해 그래프로 나타내면 그림 3.9와 같다. 식 (3.14)는 두 개의 항을 포함하고 있음을 알 수 있다. 첫 번째 항 $1/D'$은 $R_L = 0$일 경우 이상적인 변환비를 나타낸다. 그리고 두 번째 항 $1/(1 + R_L/D'^2 R)$은 인덕터 권선 저항의 영향을 나타낸다. 만약 R_L이 $D'^2 R$보다 매우 작으면 두 번째 항은 근사적으로 1과 같으며 변환비도 거의 이상적인 값 $1/D'$과 같다. 그러나 R_L이 증가하면 두 번째 항의 값은 감소하며 V/V_g 역시 감소한다.

시비율 D가 1에 접근함에 따라 인덕터 권선 저항 R_L은 V/V_g 그래프에 큰 영향을 준

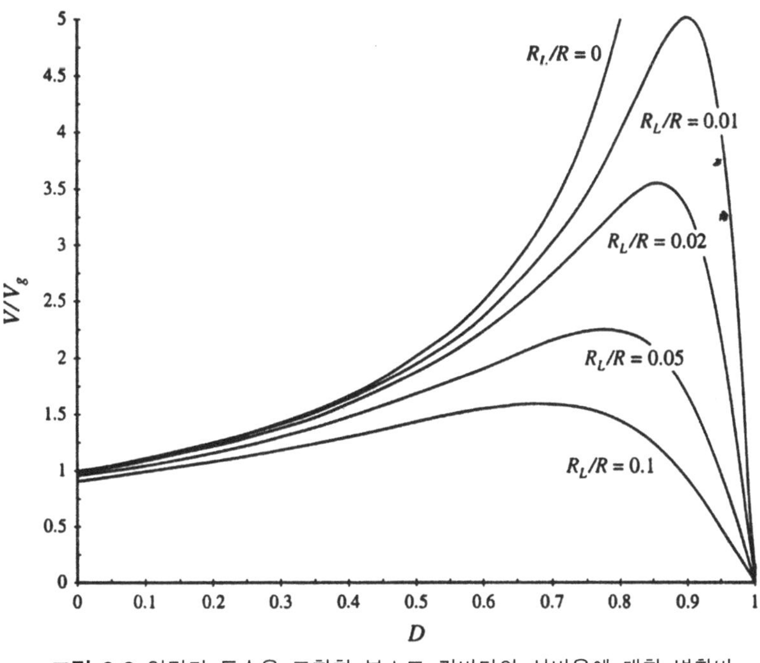

그림 3.9 인덕터 동손을 포함한 부스트 컨버터의 시비율에 대한 변환비

다. $D=1$에서 곡선이 무한대로 가기보다는 0으로 접근한다. 물론 컨버터가 무한대 전압을 만들 수 있다고 기대하는 것은 이치에 맞지 않으며 이번 해석에서 사용된 모델이 좀 더 실제에 가깝다. $D=1$일 경우 스위치는 항상 1의 위치에 있다. 인덕터는 출력과 연결되지 않으며 출력으로 전달되는 에너지 또한 영이다. 인덕터 전류는 큰 값이 되고 인덕터 저항 R_L에 의해서 그 크기가 제한된다. 인덕터 권선 저항에서 V_g^2/R_L과 같은 큰 손실이 발생하며 전력이 부하로 전달되지 않는다. 따라서 $D=1$일 경우 컨버터의 효율은 영이라고 예측할 수 있다.

그림 3.9가 함축적으로 나타내는 다른 사실은 인덕터의 권선 저항 R_L이 컨버터가 만들 수 있는 최대 전압을 제한한다는 것이다. 예를 들면 $R_L/R=0.02$일 때 최대 V/V_g는 근사적으로 3.5임을 알 수 있다. 만약 $V/V_g=5$가 요구된다면 그림 3.9에 따라 인덕터 권선 저항 R_L이 부하 저항 R의 1%보다 작아야 한다. 문제는 인덕터 권선 저항을 감소하기 위해서는 더 크고 더 무거우며 더 비싼 인덕터가 필요하다는 것이다. 따라서 R_L과 같은 손실 요소의 영향을 정확하게 모델링하여 사용 목적에 적합한 최소의 인덕터를 사용할 수 있도록 최적 설계를 하는 것이 매우 중요하다.

3.3 등가회로 모델의 구성

다음으로 컨버터의 손실을 설명할 수 있도록 직류 변압기 모델을 다듬어보자. 이 모델로부터 기본적인 회로해석 기법을 사용하여 컨버터의 전압, 전류 그리고 효율을 알아낼 수 있다.

앞 절에서 식 (3.11)과 (3.13)을 유도하기 위해 인덕터의 전압-시간 평형과 커패시터의 전하 평형 원리를 사용하였다. 여기에 이 식을 다시 쓰면

$$\begin{aligned}\langle v_L\rangle &= 0 = V_g - IR_L - D'V \\ \langle i_C\rangle &= 0 = D'I - \frac{V}{R}\end{aligned} \tag{3.15}$$

이고, 이 식들은 인덕터 전압과 커패시터 전류의 직류 성분이 영임을 나타낸다. 이 절에서는 앞 절에서처럼 대수적으로 이 방정식들을 풀기보다는 이 식들을 이용하여 회로 모

델을 재구성한다. 이 회로 모델은 인덕터의 동손을 포함하는 부스트 컨버터의 직류 특성을 나타낸다. 식 (3.15)와 동일한 키르히호프의 루프 및 절점 방정식을 사용하여 회로 모델을 구성한다.

3.3.1 인덕터 전압 방정식

$$\langle v_L \rangle = 0 = V_R - IR_L - D'V \tag{3.16}$$

그림 3.8에서 각 세부구간 동안 인덕터 전압을 구하기 위해 키르히호프 전압 법칙을 사용하여 위의 식을 유도하였다. 식 (3.16)은 우변의 세 항이 인덕터의 평균 전압과 같으므로 결과가 영이어야 함을 나타내며 루프 방정식과 같은 모양이다. 특히 인덕터가 포함된 루프에서 전압의 직류 성분을 나타내며 이 때 루프 전류는 인덕터 직류 전류 I와 같다.

식 (3.16)과 같이 전류 I가 루프에 흐르는 회로를 구성해 보자. 식 (3.16)의 첫 번째 항은 직류 입력 전압 V_g이므로 그림 3.10과 같이 V_g의 값을 갖는 전압원을 포함해야 한다. 두 번째 항은 IR_L 값을 갖는 전압 강하를 나타내며 루프 전류 I에 비례한다. 세 번째 항은 전압 $D'V$이며 컨버터의 출력 전압에 종속적인 값이다. 이 항을 종속 전압원으로 모델링할 수 있으며 극성을 식 (3.16)을 만족하도록 표시하였다.

3.3.2 커패시터 전류 방정식

$$\langle i_C \rangle = 0 = D'I - \frac{V}{R} \tag{3.17}$$

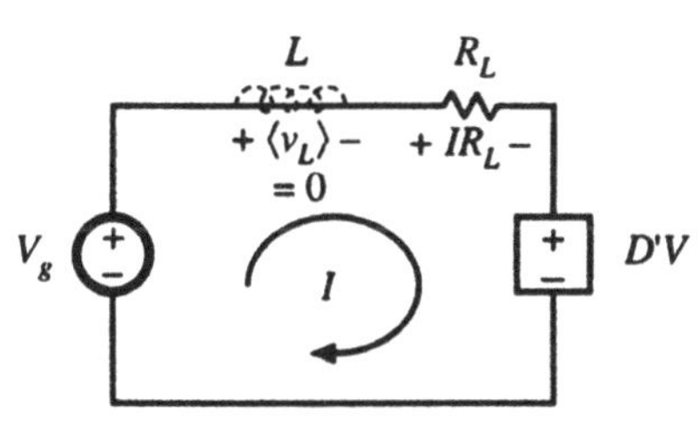

그림 3.10 식 (3.16)의 루프 방정식에 대응하는 회로

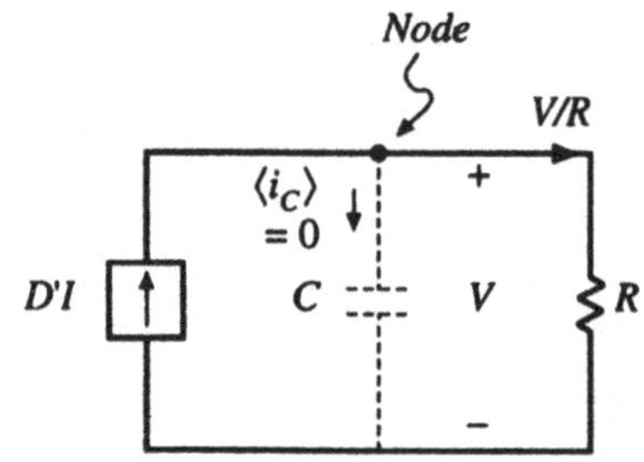

그림 3.11 식 (3.17)의 절점 방정식에 대응하는 회로

이 식은 각 세부구간 동안 커패시터 전류를 구하기 위해 키르히호프의 전류 법칙을 사용하여 유도되었다. 이 식 역시 평균적인 값이므로 결과는 영이어야 한다.

식 (3.17)은 두 직류 전류의 합은 $\langle i_C \rangle$와 같으며 영임을 나타낸다. 따라서 식 (3.17)은 절점 방정식과 같은 형태이다. 즉 이 방정식은 커패시터에 연결된 절점으로 흘러 들어가는 전류의 직류 성분을 나타낸다. 여기서 직류 커패시터 전압은 V이다.

그림 3.11과 같이 식 (3.17)을 만족하는 회로를 구성해보자. 식 (3.17)에서 두 번째 항은 크기가 V/R인 전류이며 직류 커패시터 전압 V에 비례한다. 이 항은 저항에 흐르는 전류를 나타내며 병렬로 연결된 커패시터 전압이 V이므로 저항 R에 흐르는 전류는 V/R이다. 첫 번째 항은 직류 인덕터 전류에 종속적인 전류 $D'I$를 나타낸다. 여기서도 마찬가지로 종속 전류원을 사용하여 이 항을 모델링할 수 있다. 전류원의 극성은 식 (3.17)을 만족하도록 결정된다.

3.3.3 완성된 회로 모델

다음 단계는 그림 3.10과 3.11을 그림 3.12와 같이 하나의 회로로 결합하는 것이다. 종속 전압원과 전류원을 3.1절에서 논의되었던 이상적인 변압기로 대치하여 이 회로를 더 단순화할 수 있다. 종속 전압원 $D'V$는 종속 전류원의 양단 전압 V에 종속된다. 마찬가지로 종속 전류원 $D'I$는 종속 전압원을 통해 흐르는 I에 종속된다. 각각의 경우에서 계수는 D'이다. 그러므로 종속 전원은 그림 3.2와 유사한 회로를 형성한다. 그림 3.2와 다르게 그림 3.12에서는 변압기의 대칭성에 의해 전압원을 이차 측이 아니라 일차 측에 놓아도 괜찮다. 따라서 이 종속 전원들은 그림 3.3에 나타낸 $D':1$의 권선비를 가진 직류 변

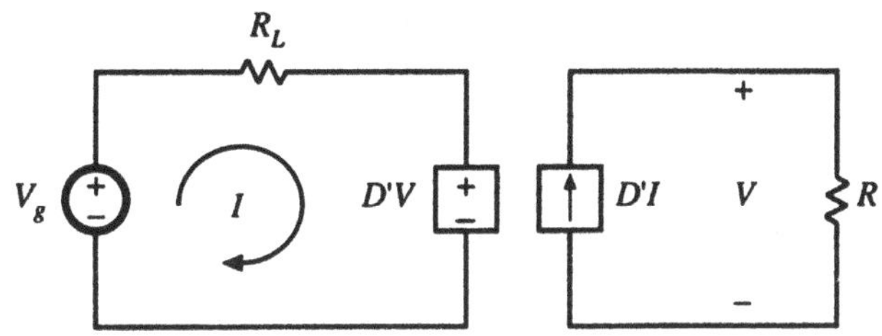

그림 3.12 그림 3.10과 3.11을 함께 그린 회로

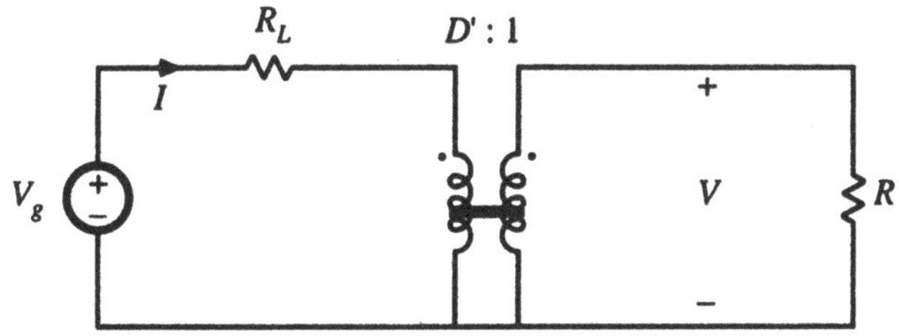

그림 3.13 D' : 1의 직류 변압기와 인덕터 권선 저항 R_L을 포함하는 부스트 컨버터의 등가회로 모델

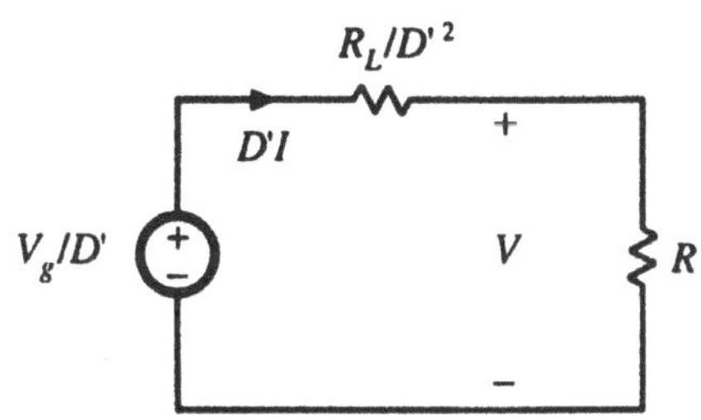

그림 3.14 모든 요소를 이차 측으로 환산한 그림 3.13 등가회로의 단순화된 모델

압기 모델과 동일하다. 종속 전원을 이상적인 직류 변압기로 교체하면 그림 3.13과 같은 등가회로를 얻을 수 있다.

컨버터 전압과 전류를 구하기 위해 이 등가회로 모델을 변형하여 해석할 수 있다. 예를 들면 전압원 V_g와 저항 R_L을 이차 측으로 환산하여 변압기를 제거할 수도 있다. 이 경우 그림 3.14와 같이 전압원은 실효 권선비 D'로 나누어지며 저항 R_L은 권선비의 제곱 D'^2으로 나누어진다. 이 회로는 전압 분배 공식을 사용하여 출력 전압 V에 대해 직접 풀 수 있다.

$$V = \frac{V_g}{D'}\frac{R}{R + \frac{R_L}{D'^2}} = \frac{V_g}{D'}\frac{1}{1 + \frac{R_L}{D'^2 R}} \tag{3.18}$$

이 결과는 식 (3.14)와 동일하다. 또한 이 회로에서 모든 소자를 일차 측으로 환산하여 인덕터 전류 I에 대해서 직접 풀 수도 있다. 그 결과는 다음과 같다.

$$I = \frac{V_g}{D'^2 R + R_L} = \frac{V_g}{D'^2 R}\frac{1}{1 + \frac{R_L}{D'^2 R}} \tag{3.19}$$

3.3.4 효율

등가회로 모델을 이용하여 컨버터 효율을 구할 수 있다. 그림 3.13에서 컨버터 입력 전력은 다음과 같음을 알 수 있다.

$$P_{\text{in}} = V_g I \tag{3.20}$$

부하 전류는 이상적인 직류 변압기의 이차 측 전류 또는 $D'I$와 같다. 따라서 모델로부터 컨버터 출력 전력이 다음과 같음을 예측할 수 있다.

$$P_{out} = (V)(D'I) \tag{3.21}$$

그러므로 컨버터 효율은

$$\eta = \frac{P_{out}}{P_{\text{in}}} = \frac{VD'I}{V_g I} = \frac{V}{V_g}D' \tag{3.22}$$

이다. 식 (3.18)을 식 (3.22)에 대입하여 V를 소거하고 풀면 다음과 같다.

$$\eta = \frac{1}{1 + \frac{R_L}{D'^2 R}} \tag{3.23}$$

이 식을 그림 3.15에 몇 개의 R_L/R 값에 대해 그린다. 식 (3.23)으로부터 높은 효율을 얻기 위해서는 인덕터의 권선 저항 R_L의 값이 이상적인 변압기의 일차 측으로 환산된 부하 저항 값 D'^2R보다 훨씬 작아야 함을 알 수 있다. 따라서 D'이 영에 가까운 높은 시비율에서보다 D'이 1에 가까운 낮은 시비율에서 효율은 더 높다. 그림 3.15를 보면 효율은 낮은 시비율에서는 높고 $D=1$ 근처에서 빠르게 영으로 감소함을 알 수 있다.

이와 같이 기본적인 직류 변압기 모델에 인덕터 동손과 같은 다른 요소들을 포함시킬 수 있다. 컨버터 회로 모델은 (a) 직류 전압과 전류의 크기 변환, (b) 전력 손실과 같은 이차적인 효과, (c) 변환비 M 등 컨버터의 기본적인 특성들을 나타낸다. 이러한 모델을 이용하여 출력 전압 V뿐만 아니라 인덕터 전류 I와 효율 η를 구할 수 있다. 등가회로 모델에 잘 알려진 회로 해석 방법을 적용하여 이러한 값들을 구할 수 있으며 이러한 접근 방법은 매우 강력하여 다목적으로 사용될 수 있다.

앞서 생각한 예는 단지 하나의 손실 요소 R_L만을 포함한 비교적 간단한 것이었다. 물론 실제 컨버터들은 상당히 복잡하고 많은 손실 요소들을 포함한다. 출력 전압과 효율을 구하기 위해 복잡한 회로를 풀 때 엔지니어들은 가능한 가장 단순하며 물리적으로 의미 있는 방법을 찾고자 한다. 많은 수의 루프 또는 절점 방정식을 쓰는 것은 가장 좋은 방법이 아니다. 왜냐하면 이 해법은 보통 여러 장의 대수적인 지식이 필요하고 엔지니어들

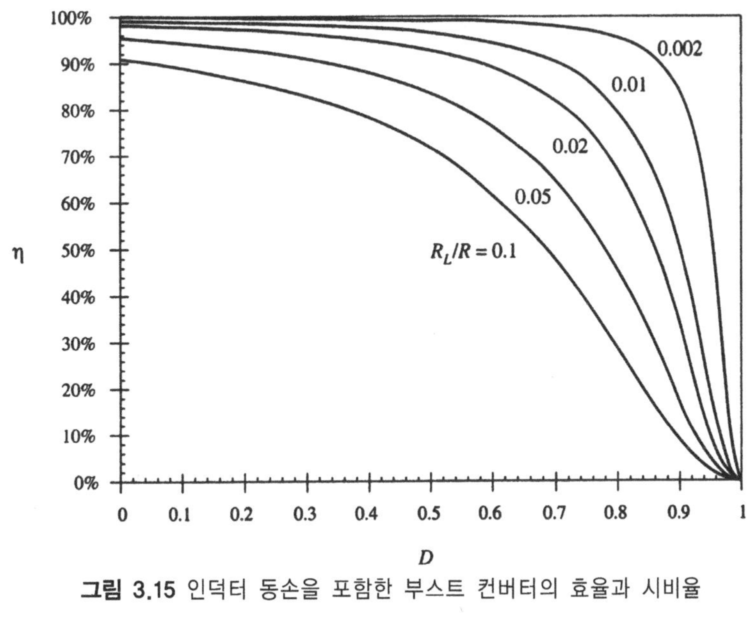

그림 3.15 인덕터 동손을 포함한 부스트 컨버터의 효율과 시비율

도 대수적인 실수를 범하기 쉽다. 현장 기술자들은 종종 정확한 해를 찾기 전에 포기하기도 한다. 등가회로를 사용한 해법에서는 이러한 상황을 피할 수 있다. 왜냐하면 변압기의 이차 측으로 회로를 환산하는 것처럼 우리가 잘 알고 있는 방법으로 회로를 단순화할 수 있기 때문이다. 이러한 방법으로 얻은 해답을 전압 분배 법칙 등과 같은 간단한 방법으로 검증할 수 있다. 따라서 엔지니어들은 결과의 정확성에 대해 확신할 수 있고 대수적인 실수를 피할 수 있다.

3.4 모델의 입력포트 구하기

3.3절의 방법을 사용하여 그림 3.16의 벅 컨버터에 대한 등가모델을 유도해 보자. 인덕터의 권선 저항을 직렬 저항 R_L로 모델링한다. 인덕터의 평균 전압은 다음과 같다.

$$\langle v_L \rangle = 0 = DV_g - I_L R_L - V_C \tag{3.24}$$

이 식은 직류 인덕터 전류 I_L이 흐르는 루프를 나타낸다. 이 루프를 형성하는 전압의 직류 성분은 (i) 종속 전압원으로 모델링되는 DV_g항, (ii) 저항으로 모델링되는 $I_L R_L$, (iii) 직류 출력 전압 V_C이다.

커패시터 전류의 평균값은 다음과 같다.

$$\langle i_C \rangle = 0 = I_L - \frac{V_C}{R} \tag{3.25}$$

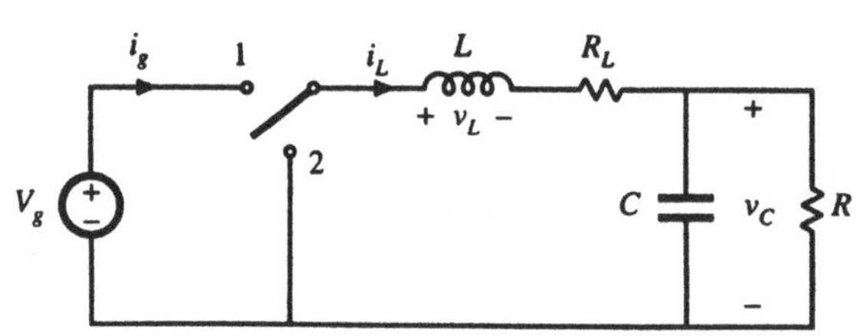

그림 3.16 벅 컨버터 예

이 식은 커패시터가 연결된 절점으로 흘러 들어가는 직류 전류들을 나타낸다. 인덕터 전류 I_L의 직류 성분은 이 절점으로 흘러 들어간다. 직류 부하 전류 V_C/R(즉, 부하 저항 R을 통해 흐르는 전류)는 이 절점에서 흘러나온다. 식 (3.24)와 (3.25)을 모델링한 등가회로를 그림 3.17에 나타낸다. 이 회로로부터 직류 출력 전압 V_C를 구할 수 있다.

그런데 그림 3.17의 모델에서는 왜 직류 변압기가 없는가? 권선비가 변환비 $1:D$를 갖는 직류 변압기를 포함해야 하지 않는가? 그림 3.2에 따르면 이 변압기의 이차 측은 DV_g의 값을 갖는 종속 전압원과 같다. 그림 3.17에서 이러한 전원을 볼 수 있다. 그러면 일차 측 회로는 어디에 있는가? 그림 3.2로부터 직류 변압기의 일차 측은 종속 전류원과 등가임을 알 수 있다. 일반적으로 이러한 전원을 유도하기 위해서는 컨버터 입력 전류 $i_g(t)$의 직류 성분을 알아야 한다.

컨버터 입력 전류 $i_g(t)$의 파형을 그림 3.18에 나타낸다. 스위치가 1의 위치에 있을 때 $i_g(t)$는 인덕터 전류와 같다. 인덕터의 전류 맥동을 무시하면 $i_g(t) \approx I_L$이다. 스위치가 2의 위치에 있을 때 $i_g(t)$는 영이다. $i_g(t)$의 직류 성분 또는 평균값은 다음과 같다.

$$I_g = \frac{1}{T_s}\int_0^{T_s} i_g(t)dt = DI_L \tag{3.26}$$

$i_g(t)$의 적분은 그림 3.18에서 $i_g(t)$ 곡선의 아래 면적과 같으며 DT_sI_L이다. 따라서 직류 성분 I_g는 $(DT_sI_L)/T_s = DI_L$이다. 식 (3.26)은 전압원 V_g에 흐르는 전류의 직류 성분이 DI_L임을 의미한다. 이에 대한 등가회로를 그림 3.19에 나타낸다.

그림 3.17과 3.19를 조합하여 그림 3.20과 같은 벅 컨버터의 완성된 모델을 얻을 수 있다. 종속 전압원 DV_g는 D와 종속 전류원 양단 전압 V_g의 곱이고, 전류원은 D와 종속 전압원에 흐르는 전류 I_L을 곱한 것이기 때문에 종속 전류원과 전압원을 결합하여 변

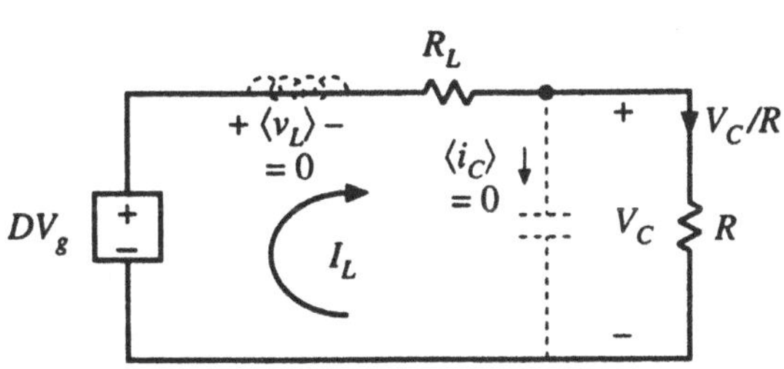

그림 3.17 식 (3.24)와 (3.25)로부터 유도된 등가회로

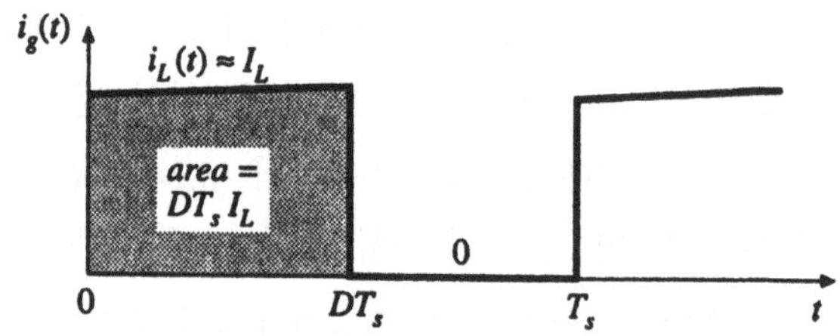

그림 3.18 컨버터 입력의 전류 파형 $i_g(t)$

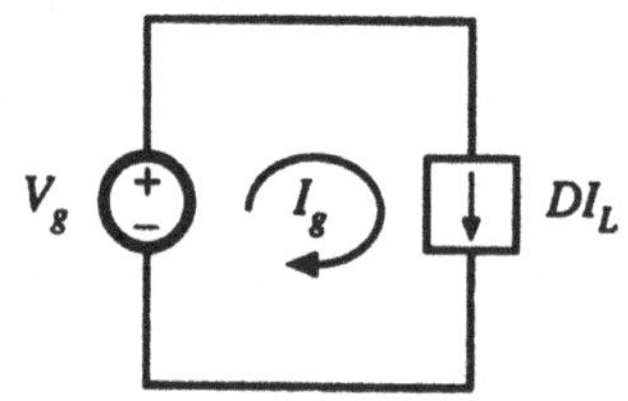

그림 3.19 컨버터 입력 포트의 등가회로

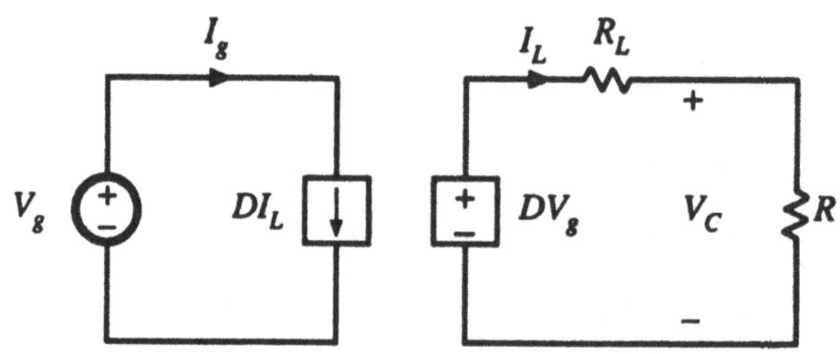

그림 3.20 그림 3.17과 3.19를 함께 그린 회로

압기로 나타내었다. 그림 3.2에 따라 전원들을 그림 3.21과 같이 권선비 $1:D$의 직류 변압기로 교체 하였다.

일반적으로 컨버터의 입력 포트를 모델링하여 완성된 직류 등가회로를 얻기 위해서는 컨버터 입력 전류의 직류 성분에 대한 식이 필요하다. 벅 컨버터뿐만 아니라 입력 전류에 맥동을 가지는 다른 컨버터의 등가회로에서 직류 변압기 모델의 일차 측이 종속 전류원이 된다. 3.3절의 부스트 컨버터 예에서는 입력 전류의 직류 성분에 대한 식이 불필요했다. 여기서는 입력 전류 $i_g(t)$가 인덕터 전류 $i_L(t)$와 같기 때문에 인덕터 전압과 커패

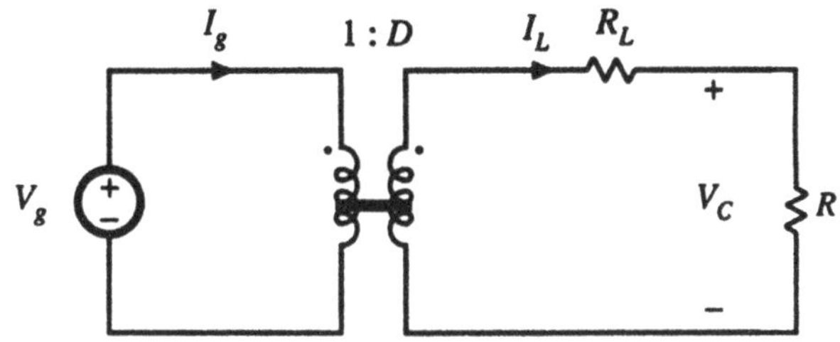

그림 3.21 $1:D$의 직류 변압기와 인덕터 권선 저항 R_L을 포함하는 벅 컨버터의 등가회로

시터 전류 방정식만으로 완전한 등가회로를 유도할 수 있었다.

3.5 예: 반도체 스위치의 도통 손실을 포함하는 부스트 컨버터 모델

마지막 예로 그림 3.22에 주어진 부스트 컨버터에서 반도체 도통 손실을 모델링하는 것에 대해 생각해 보자. 손실을 야기하는 또 다른 주요 원인 중의 하나가 반도체 소자의 순방향 전압 강하에 의한 도통 손실이다. MOSFET 또는 BJT의 순방향 전압을 도통 저항 R_{on}으로 모델링할 수 있다. 다이오드, IGBT 또는 싸이리스터의 경우 전압원과 도통 저항으로 매우 정확한 모델을 산출할 수 있다. 만약 컨버터를 하나의 동작점에서 모델링하면 도통 저항을 무시할 수 있다.

게이트 구동 신호가 켜지면 MOSFET는 턴 온되고 다이오드는 역방향으로 치우친다. 이때 회로는 그림 3.23(a)와 같다. 도통 상태에서 MOSFET는 도통 저항 R_{on}으로 모델링되고 인덕터 권선 저항을 그림 3.5와 같이 다시 모델링한다. 인덕터 전압과 커패시터 전류는 다음과 같다.

$$
\begin{aligned}
v_L(t) &= V_R - iR_L - iR_{on} \approx V_g - IR_L - IR_{on} \\
i_C(t) &= -\frac{v}{R} \approx -\frac{V}{R}
\end{aligned}
\tag{3.27}
$$

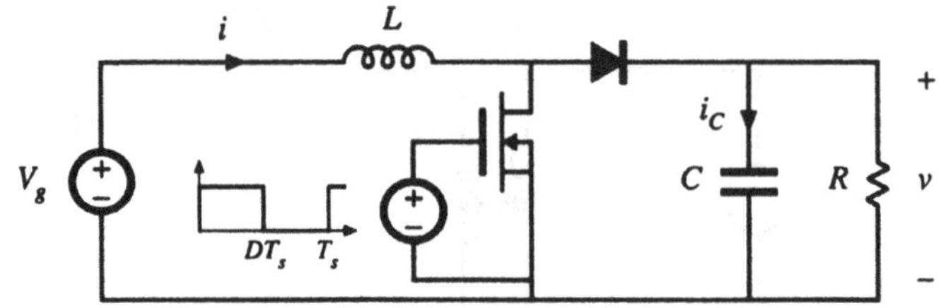

그림 3.22 부스트 컨버터 예

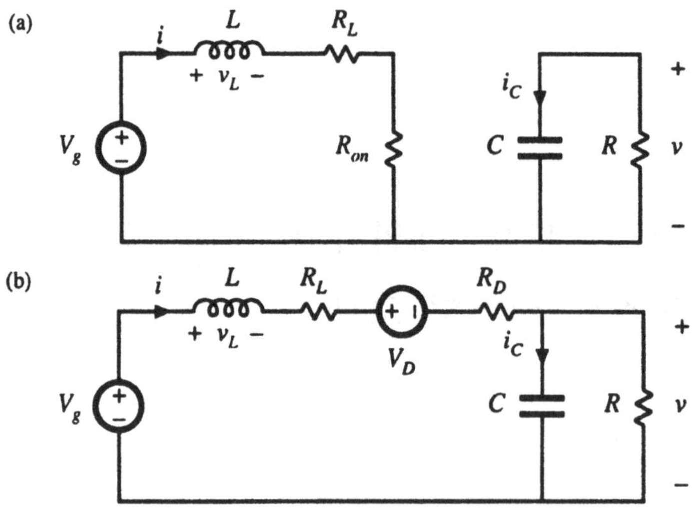

그림 3.23 부스트 컨버터 동작 회로, (a) MOSFET가 도통할 때, (b) 다이오드가 도통할 때

인덕터 전류와 커패시터 전압에 미소 맥동 근사화를 적용하였다.

게이트 구동 신호가 꺼지면 MOSFET는 턴 오프된다. 다이오드는 인덕터 전류에 의해 순방향으로 치우치고 회로는 그림 3.23(b)와 같다. 도통 상태에서의 다이오드를 전압 V_D와 저항 R_D로 모델링한다. 인덕터의 권선 저항을 R_L로 모델링한다. 이 세부구간 동안 인덕터 전압과 커패시터 전류는 다음과 같다.

$$\begin{aligned} v_L(t) &= V_g - iR_L - V_D - iR_D - v \approx V_g - IR_L - V_D - IR_D - V \\ i_C(t) &= i - \frac{v}{R} \approx I - \frac{V}{R} \end{aligned} \tag{3.28}$$

인덕터 전압과 커패시터 전류 파형을 그림 3.24에 나타낸다.

인덕터 전압의 직류 성분을 다음과 같다.

$$\langle v_L \rangle = D(V_g - IR_L - IR_{on}) + D'(V_g - IR_L - V_D - IR_D - V) = 0 \tag{3.29}$$

이 식을 정리하고 $D + D' = 1$임을 이용하면 다음을 얻는다.

$$V_g - IR_L - IDR_{on} - D'V_D - ID'R_D - D'V = 0 \tag{3.30}$$

이 식은 인덕터를 포함한 루프 주변 전압들의 직류 성분을 나타낸다. 인덕터의 루프 전류는 직류 전류 I와 같다. 이 식에 대한 등가회로는 그림 3.25와 같다.

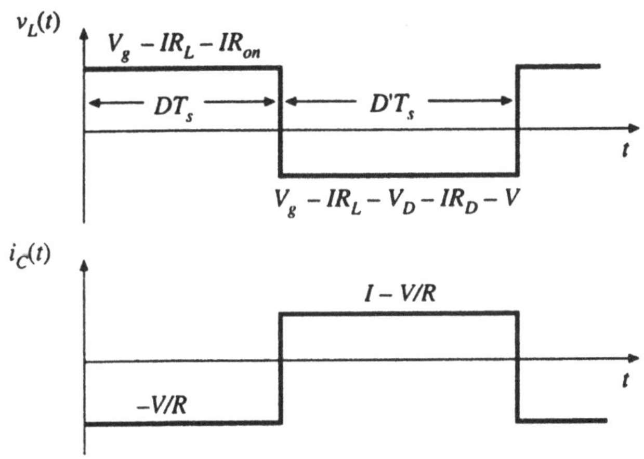

그림 3.24 그림 3.22의 컨버터에 대한 인덕터 전압 $v_L(t)$과 커패시터 전류 $i_C(t)$ 파형

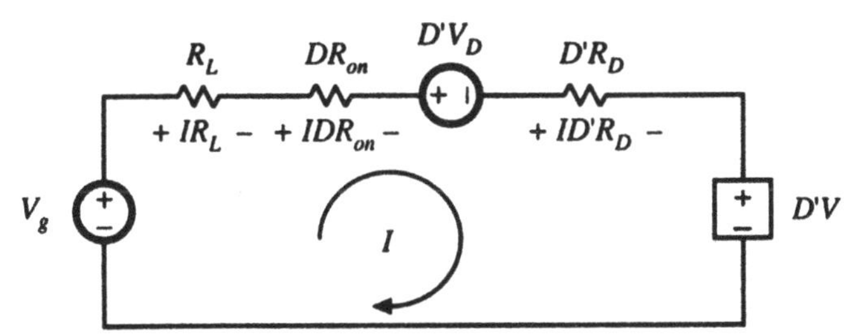

그림 3.25 식 (3.30)에 대응하는 등가회로

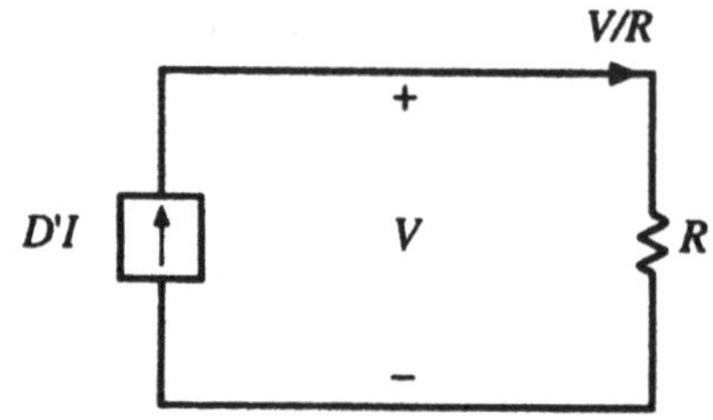

그림 3.26 식 (3.32)를 나타내는 등가회로

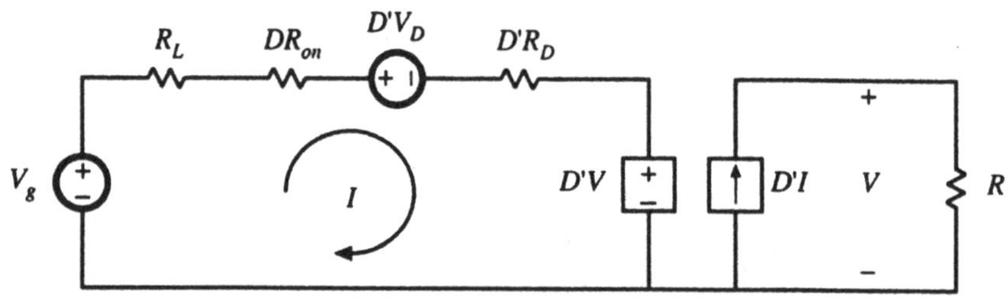

그림 3.27 그림 3.25와 3.26을 함께 그린 회로

커패시터 전류의 직류 성분은 다음과 같다.

$$\langle i_C \rangle = D\left(-\frac{V}{D}\right) + D'\left(I - \frac{V}{R}\right) = 0 \tag{3.31}$$

이식의 항을 정리하면 다음과 같다

$$D'I - \frac{V}{R} = 0 \tag{3.32}$$

이 식은 커패시터에 연결된 절점에 흐르는 전류의 직류 성분을 나타내며 커패시터의 직류 전압은 V이다. 등가회로는 그림 3.26과 같다.

두 회로를 그림 3.27과 같이 함께 그릴 수 있다. 여기서 종속 전원들을 권선비 $D' : 1$을 가진 이상적인 변압기로 나타낼 수 있고 그림 3.28과 같은 완성된 직류 등가회로 모델을 얻을 수 있다.

출력 전압 V에 대한 그림 3.28의 해는 다음과 같다.

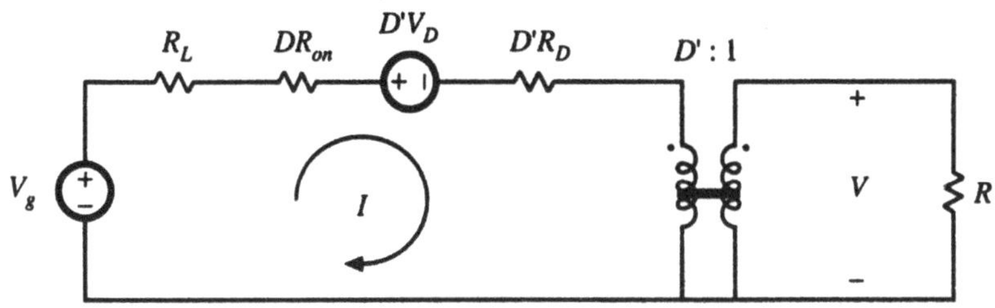

그림 3.28 이상적인 직류 변압기, 인덕터 권선 저항, MOSFET과 다이오드의 도통 손실을 포함하여 그린 그림 3.22의 부스트 컨버터 등가회로 모델

$$V=\left(\frac{1}{D'}\right)(V_g-D'V_D)\left(\frac{D'^2}{D'^2R+R_L+DR_{on}+D'R_D}\right) \tag{3.33}$$

이 식을 V_g로 나누면 전압 변환비를 구할 수 있다.

$$\frac{V}{V_g}=\left(\frac{1}{D'}\right)\left(1-\frac{D'V_D}{V_g}\right)\left(\frac{1}{1+\dfrac{R_L+DR_{on}+D'R_D}{D'^2R}}\right) \tag{3.34}$$

이 식으로부터 손실 요소 V_D, R_L, R_{on} 그리고 R_D의 영향 때문에 전압 변환비가 이상적인 값 $(1/D')$보다 작아짐을 알 수 있다.

효율은 $\eta=P_{out}/P_{in}$으로 주어진다. 그림 3.28로부터 $P_{in}=V_gI$ 이고 $P_{out}=VD'I$ 이다. 따라서

$$\eta=D'\frac{V}{V_g}\frac{\left(1-\dfrac{D'V_D}{V_g}\right)}{\left(1+\dfrac{R_L+DR_{on}+D'R_D}{D'^2R}\right)} \tag{3.35}$$

이고, 이 식에서 효율을 높이기 위해서 다음의 조건이 필요하다.

$$\begin{aligned} &V_g/D'\gg V_D\\ &D'^2R\gg R_L+DR_{on}+D'R_D \end{aligned} \tag{3.36}$$

그림 3.28의 등가회로 모델이 시비율에 따라 값이 변하는 등가 저항 DR_{on}과 $D'R_D$를

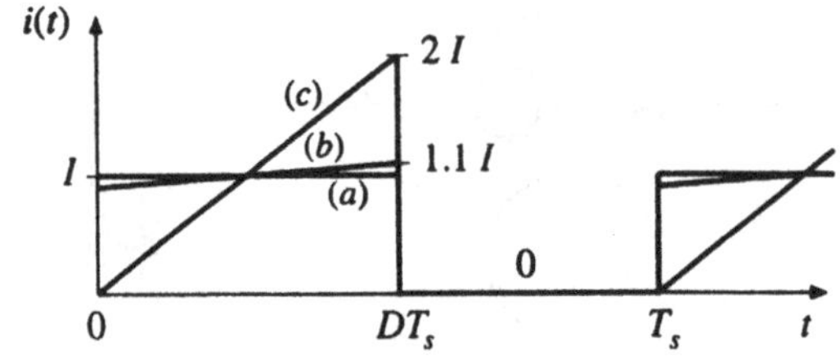

그림 3.29 여러 가지 필터 인덕터 값에 대한 트랜지스터의 전류 파형: (a) 매우 큰 인덕터인 경우 $\Delta i \approx 0$, (b) 일반적인 인덕터 값인 경우 $\Delta i = 0.1I$, (c) 작은 인덕터 값인 경우 $\Delta i = I$

표 3.1 인덕터 전류 맥동이 MOSFET의 도통 손실에 미치는 영향

Inductor current ripple	MOSFET rms current	Average power loss in R_{en}
(a) $\Delta i = 0$	$I\sqrt{D}$	$D\,I^2\,R_{en}$
(b) $\Delta i = 0.1\,I$	$(1.00167)I\sqrt{D}$	$(1.0033)\;D\,I^2\,R_{en}$
(c) $\Delta i = I$	$(1.155)I\sqrt{D}$	$(1.3333)\;D\,I^2\,R_{en}$

포함하는 것이 이상하게 보일 수 있다. 이 종속성에 대한 이유는 반도체 소자의 도통 저항이 반도체 소자가 도통할 때만 유효하기 때문이다. 예를 들면 $D=0$에서 MOSFET는 도통되지 않고 실효 저항 DR_{on}은 모델에서 사라진다. 이러한 실효 저항을 사용하여 평균 전력 손실을 정확하게 모델링할 수 있다. 이를테면 등가회로에서 MOSFET의 도통 저항에 의한 손실은 I^2DR_{on}으로 예측할 수 있다. 실제 회로에서 MOSFET가 도통할 때 손실은 I^2R이고 MOSFET가 꺼졌을 때의 손실은 영이다. MOSFET는 시비율 D만큼 도통되기 때문에 평균 도통 손실은 DI^2R_{on}로 모델에서 예측한 것과 같다.

일반적으로 저항 R에서의 손실을 예측하기 위해 평균 전류보다 저항을 통해 흐르는 실효 전류 I_{rms}를 알아야 한다. 이때 평균 전력 손실은 $I_{rms}^2 R$로 주어진다. 또한 인덕터의 전류 맥동이 작을 경우 그림 3.28의 평균 모델로부터 평균 전력 손실을 예측할 수 있다. 일 예로 벅 컨버터에서 MOSFET의 도통 손실을 고려해 보자. 여러 인덕터 전류 맥동 Δi에 대한 실제 트랜지스터 전류 파형을 그림 3.29에 나타내었다. (a)의 경우 인덕턴스 L이 매우 커서 인덕터 전류 맥동이 영인 경우를 나타낸다. 표 3.1에 나타낸 바와 같이 MOSFET 도통 손실은 $I_{rms}^2 R_{on} = DI^2R_{on}$으로 주어지고 이 값은 평균 모델에서 예측한 것과 정확히 일치한다. (b)의 경우는 통상적인 인덕턴스 값으로 인덕터 전류 맥동이 $\Delta i = 0.1I$인 경우를 나타낸다. MOSFET 전류의 실효값을 사용하여 계산한 정확한 도통 손실은 평균 모델에서 예측한 것 보다 단지 0.33%가 크다. (c)는 $\Delta i = I$인 극단적인 경우로 실제 도통 손실은 평균 모델에서 예측된 것 보다 33%가 크다. 따라서 직류(평균) 모델을 이용하면 소자의 비이상적인 특성이 존재하고 실효 전류를 계산하지 않더라도 손실을 예측할 수 있다. 이 모델은 인덕터 전류 맥동이 작을 경우 더 정확하다.

3.6 요약

1. 직류-직류 컨버터의 직류 변압기 모델은 다음의 기능을 나타낸다. 이상적으로 100%의 효율을 가지는 직류 전압 및 전류 크기의 변환과 시비율 D에 의한 변환비 M의 제어. 잘 알려진 회로해석 기법을 이용하여 이 모델로부터 해를 구할 수 있다.
2. 인덕터 권선 저항, 반도체 소자의 도통 저항, 순방향 전압 강하와 같은 손실 요소를 포함하여 모델을 재구성할 수 있다. 이러한 모델로부터 실제 비선형 컨버터의 전압, 전류 그리고 효율을 예측할 수 있다.
3. 일반적으로 인덕터 전압-시간 곱 평형과 커패시터 전하 평형 방정식으로부터 컨버터의 직류 등가회로를 유도할 수 있다. 전압-시간 및 전하 평형 방정식이 루프 및 절점 방정식과 일치하도록 등가회로를 구성한다. 입력 전류에 맥동이 있는 컨버터에서는 컨버터 입력 포트를 모델링하기 위한 추가적인 식이 필요하다. 이 식은 컨버터 입력 전류를 평균하여 얻을 수 있다.

참고문헌

[1] R. D. Middlebrook, “A Continuous Model for the Tapped-Inductor Boost Converter,” IEEE Power Electronics Specialists Conference, 1975 Record, pp. 63-79, June 1975.

[2] S. M. Ćuk, “Modeling, Analysis, and Design of Switching Converters,” Ph.D. thesis, California Institute of Technology, November 1976

[3] G. Wester and R. D. Middlebrook, “Low-Frequency Characterization of Switched Dc-Dc Converters,” IEEE Transactions on Aerospace and Electronic Systems, Vol. AES-9, pp. 376-385, May 1973.

[4] R. D. Middlebrook and S. M. Ćuk, "Modeling and Analysis Methods for Dc-to-Dc Switching Converters," IEEE International Semiconductor Power Converter Conference, 1977 Record, pp. 90-111.

연 · 습 · 문 · 제

3.1 그림 3.30의 벅-부스트 컨버터에서 인덕터는 권선 저항 R_L을 가지며 다른 모든 손실 요소는 무시되었다.

(a) 비이상적인 전압 변환비 V/V_g를 유도하시오.

(b) (a)의 결과를 $0 \le D \le 1$의 범위에서 $R_L/R = 0.01$과 0.05에 대해서 그래프로 그리시오.

(c) 식 (3.35) 형태를 가진 효율에 대한 식을 유도하시오.

3.2 그림 3.30의 벅-부스트 컨버터에서 인덕터는 권선 저항 R_L을 가진다. 다른 모든 손실은 무시한다. 이 컨버터의 등가회로 모델을 유도하시오. 이 모델에서 컨버터의 입력 포트를 나타내야 하고 두 개의 직류 변압기를 포함해야 한다.

3.3 그림 3.31의 컨버터에서 인덕터는 권선 저항 R_L을 가진다. 다른 모든 손실은 무시한다. 두 스위치는 동기적으로 동작하며 $0 < t < DT_s$ 동안에는 1의 위치에 $DT_s < t < T_s$ 동안에는 2의 위치에 있다.

(a) 비이상적인 전압 변환비 V/V_g를 유도하시오.

(b) (a)의 결과를 $0 \le D \le 1$의 범위에서 $R_L/R = 0.01$과 0.05에 대해서 그래프로 그리시오.

(c) 식 (3.35) 형태를 가진 효율에 대한 식을 유도하시오.

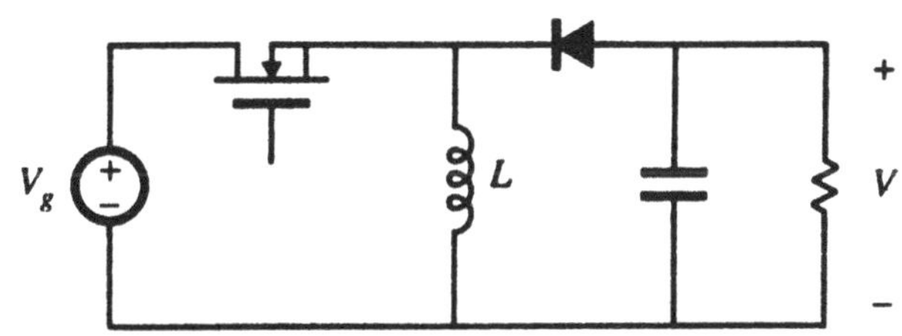

그림 3.30 비이상적인 벅-부스트 컨버터, 문제 3.1과 3.2

3.4 그림 3.31의 컨버터에서 인덕터는 권선 저항 R_L을 가진다. 다른 손실은 무시한다. 이 컨버터의 등가회로 모델을 유도하시오.

3.5 그림 3.32의 벅 컨버터에서 MOSFET는 도통 저항 R_{on}을 갖고 다이오드의 순방향 전압 강하는 정 전압원 V_D로 모델링할 수 있다. 다른 모든 손실은 무시할 수 있다.

(a) 이 컨버터에 대한 완성된 등가 회로 모델을 유도하시오.

(b) 모델로부터 출력 전압 V를 구하시오.

(c) 식 (3.35) 형태를 가진 효율에 대한 식을 유도하시오.

3.6 벅 컨버터의 입력 전류에 나타나는 스위칭 고조파를 줄이기 위해 그림 3.33과 같이 입력 필터가 추가 되었다. 인덕터 L_1과 L_2는 권선 저항 R_{L1}과 R_{L2}를 각각 가진다. MOSFET는 도통 저항 R_{on}을 갖고 다이오드의 순방향 전압 강하는 정 전압원 V_D과 저항 R_D로 모델링할 수 있다. 다른 모든 손실은 무시할 수 있다.

(a) 이 컨버터에 대한 완성된 등가회로 모델을 유도하시오.

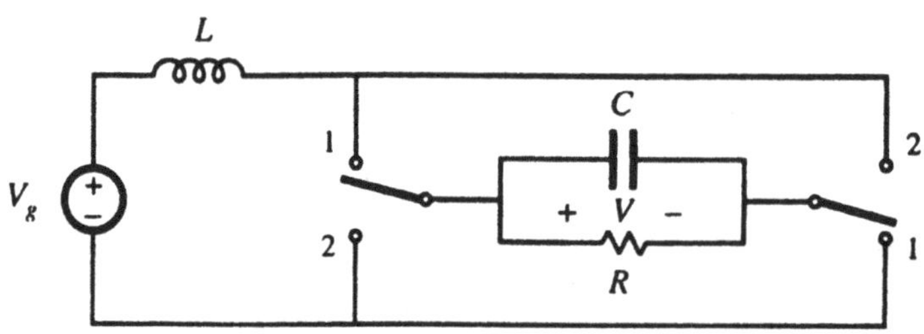

그림 3.31 비이상적인 전류원 브리지 컨버터, 문제 3.3과 3.4

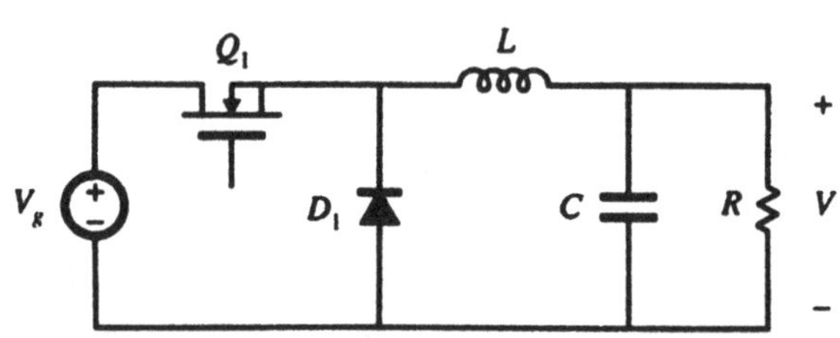

그림 3.32 비이상적인 벅 컨버터, 문제 3.5

(b) 모델로부터 출력 전압 V를 구하시오.

(c) 식 (3.35) 형태를 가진 효율에 대한 식을 유도하시오.

3.7 1.5 V 배터리가 5 V, 1 A의 부하에 전력을 공급하기 위해 사용된다. 여기에는 벅-부스트 컨버터를 사용하기로 결정하였다. 고려된 반도체 소자는 35 mΩ의 도통 저항을 가진 트랜지스터와 0.5 V의 순방향 전압 강하를 가진 쇼트키 다이오드이다. 쇼트키 다이오드의 도통 저항은 무시한다. 전력단의 구성은 그림 3.34와 같다.

(a) 이 컨버터의 직류 특성을 모델링하는 등가회로를 유도하시오. 여기서 트랜지스터와 다이오드의 도통 손실과 인덕터의 동손을 포함하고 다른 손실 요인은 무시한다. 유도된 모델은 컨버터의 직류 입력 단자를 정확하게 묘사해야 한다.

(b) 정상 동작 조건(즉, 1.5 V 입력 전압과 5 V/1 A 출력 조건)에서 컨버터는 적어도 70%이상의 효율로 동작해야 한다. 인덕터의 권선 저항은 어느 정도가 허용될 수 있으며 이 때 컨버터가 동작하는 시비율은 얼마인가? 주의: 이 문제에 대한 쉬운 해법이 있으며 해석적인 방법은 쉬운 해법이 아니다.

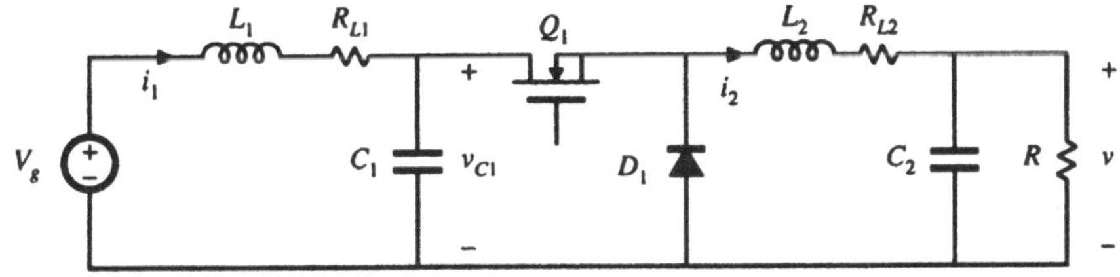

그림 3.33 입력 필터를 가지는 벅 컨버터, 그림 3.6

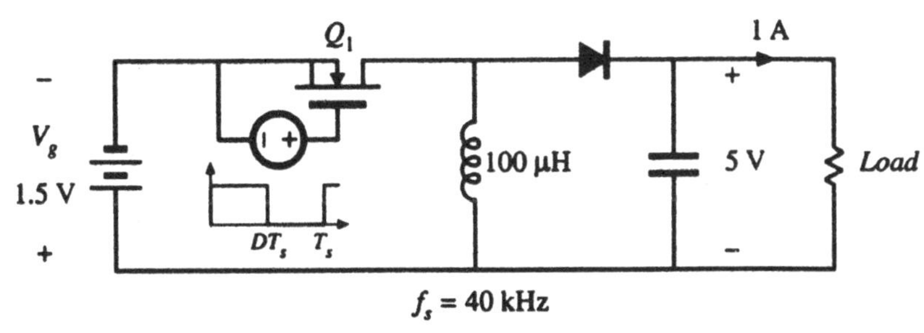

그림 3.34 1.5 V 배터리로 5 V 부하의 전원을 공급하는 비이상적인 벅-부스트 컨버터, 문제 3.7

(c) (b)의 설계에 대해서 각 소자의 손실을 계산하시오.

(d) (b)에서 선정한 인덕터의 권선 저항 값을 사용하여 $0 \le D \le 1$의 범위에서 컨버터의 출력 전압과 효율에 대한 그래프를 그리시오.

(e) (d)의 그림에 대해 검토하시오. 원하던 특성을 가지는지 설명하시오.

연습문제 3.8과 3.9에서 0.5 Ω의 도통 저항을 갖는 트랜지스터가 사용된다. 문제를 단순화하기 위해서 트랜지스터의 도통 손실 외에는 모두 무시한다. 또한 MOSFET의 정격 저지 전압에서 도통 저항의 종속성을 무시할 수 있다. 이렇게 단순화하기 위한 가정을 세우면 컨버터 간의 차이점을 줄여준다. 이러한 가정은 주어진 조건에서 컨버터가 최상으로 동작한다는 결론에 영향을 주지 않는다.

3.8 500 V의 직류 전압을 400 V, 10 A 부하에 직류-직류 변환기를 사용하여 연결하고자 한다. 이러한 응용에는 그림 3.35와 같은 벅 또는 벅-부스트 컨버터를 사용할 수 있다. 위에서 언급한 가정들을 사용하시오.

(a) 두 컨버터의 등가회로 모델을 유도하시오. 컨버터 모델은 컨버터의 입출력 포트와 트랜지스터의 도통 손실을 포함해야 한다.

(b) 컨버터가 주어진 조건에서 동작하는 시비율을 구하시오.

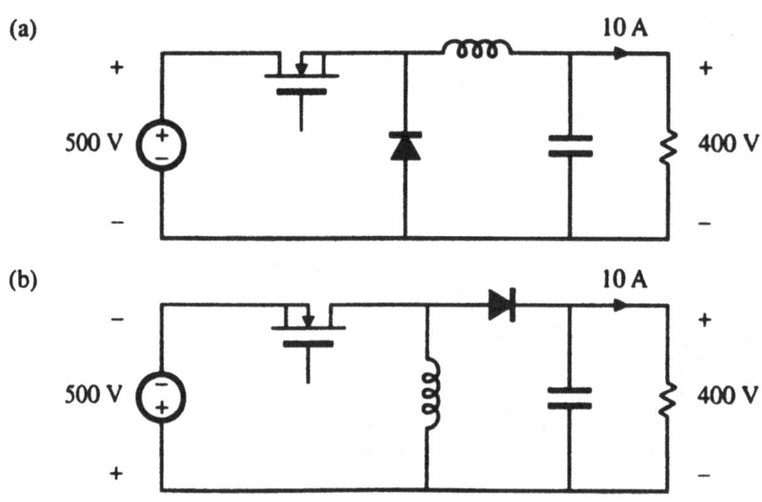

그림 3.35 400 V 부하에 500 V 전원의 연결 (a) 벅 컨버터 사용 (b) 벅-부스트 컨버터 사용, 문제 3.8

(c) 두 컨버터에 대해 트랜지스터의 도통 손실과 효율을 비교하시오. 그리고 이 응용 분야에 어떠한 컨버터가 적합한지를 논하시오.

3.9 300 V 배터리를 400 V/10 A 부하에 직류-직류 컨버터를 이용하여 연결하고자 한다. 그림 3.36에 나타낸 부스트와 벅-부스트 컨버터가 사용 가능한 방법이다. 위에 나타낸 가정들을 사용하여 각 컨버터의 효율과 손실을 구하시오. 이 응용에는 어떤 컨버터가 적합한가?

3.10 벅 컨버터가 정류된 230 V 교류 전원에 의하여 동작한다. 컨버터의 직류 입력 전압은 다음과 같다.

$$V_g = 325\ \ V \pm\ 20\ \%$$

$V = 240$ Vdc의 정전압을 유지하기 위해 제어회로가 자동적으로 컨버터 시비율 D를 조절한다. 부하 전류는 10:1 범위로 변할 수 있다. 즉, $10\ \text{A} \le I \le 1\ \text{A}$. MOSFET는 0.8 Ω의 도통 저항을 가진다. 다이오드의 도통 손실은 0.7 V의 전원과 0.2 Ω 저항으로 모델링할 수 있다. 다른 모든 손실은 무시할 수 있다.

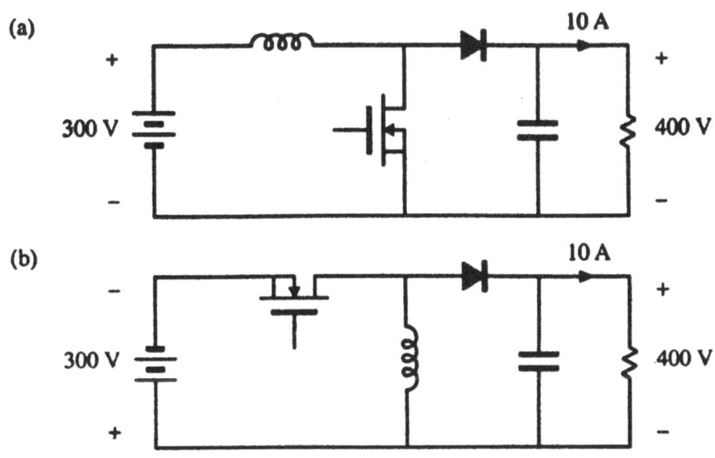

그림 3.36 400 V 부하에 300 V 배터리 전원의 연결 (a) 벅 컨버터 사용, (b) 벅-부스트 컨버터 사용, 문제 3.9

(a) 위에서 열거한 손실 요소뿐만 아니라 컨버터의 입출력 단자를 모델링하는 등가회로를 유도하시오.

(b) 위에서와 같은 범위로 V_g와 I가 변할 때 시비율이 변하는 범위는 어떻게 되는가?

(c) 어떤 동작점(어떤 V_g와 I)에서 컨버터의 전력 손실이 최대가 되는가? 이 동작점에서 효율은 얼마인가?

3.11 그림 3.37의 Ćuk 컨버터에서 MOSFET는 도통 저항 R_{on}을 갖고 다이오드의 순방향 전압 강하는 전압원 V_D로 모델링할 수 있다. 다른 모든 손실은 무시할 수 있다.

(a) 이 컨버터에 대한 등가회로 모델을 유도하시오. [힌트 : 만약 직류 방정식에서 몇 개의 항들을 어떻게 다루어야 할지 모른다면 임시로 그것들을 종속 전원으로 남겨두라. 이 항들에 대한 좀 더 물리적인 표현 방법은 직류 변압기가 모델에 포함될 때 명백해질 것이다.]

(b) 컨버터의 출력 전압과 효율에 대한 해석적인 식을 유도하시오.

(c) $V_D = 0$일 경우 $0 \le D \le 1$의 범위에서 (i) $R_{on}/R = 0.01$, (ii) $R_{on}/R = 0.05$에 대한 V/V_g와 D의 그래프를 그리시오.

(d) $V_D = 0$일 경우 $0 \le D \le 1$의 범위에서 (i) $R_{on}/R = 0.01$, (ii) $R_{on}/R = 0.05$에 대한 컨버터 효율의 그래프를 그리시오.

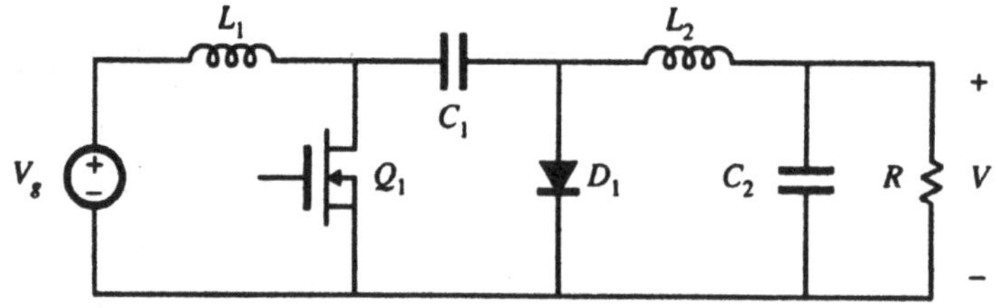

그림 3.37 Ćuk 컨버터, 문제 3.11

제4장 스위치 구현

앞 장에서 벅, 부스트 그리고 다른 직류-직류 컨버터의 스위칭 요소들을 트랜지스터와 다이오드를 이용하여 구현할 수 있음을 보았다. 어떤 독자들은 왜 그렇게 되는지 또한 반도체 스위치를 일반적으로 어떻게 구현하는지 의문을 가질 것이다. 이것은 매우 중요한 질문이며 스위치의 구현 방법은 수행할 전력 처리의 기능에 따라서 달라진다. 인버터와 사이클로컨버터에는 직류-직류 컨버터보다 좀 더 복잡한 스위치가 필요하다. 또한 반도체 스위치를 어떻게 구현하느냐에 따라 앞 장에서처럼 이상적인 스위치로 가정하여 컨버터의 동작을 해석한 것과 결과가 다르게 나타날 수 있다. 한 예가 다음 장에서 다루어질 불연속 전도모드이다. 이 장에서는 트랜지스터와 다이오드를 이용하여 이상적인 스위치를 구현한다.

전력용 반도체 소자는 이상적으로 그림 4.1과 같은 한 극－한 접점(single-pole single-throw: SPST) 스위치로 나타낼 수 있다. 그래서 우리가 종종 그림 4.2(a)와 같은 한 극－두 접점(single-pole double-throw: SPDT) 스위치를 이용하여 컨버터 회로를 나타내곤 하지만 그림 4.2(b)와 같이 SPST 스위치를 이용하여 컨버터 회로를 나타내는 것이 좀 더 실제적이다. 두 개의 SPST 스위치를 이용하여 SPDT 스위치를 구현하는 것은 쉬운 일이 아니다. 왜냐하면 그림 4.2(a)와 4.2(b)는 정확하게 같지 않기 때문이다. SPDT 스위치와는 달리

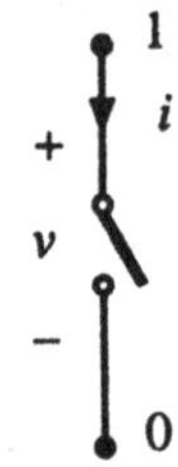

그림 4.1 SPDT 스위치와 전압, 전류의 극성 정의

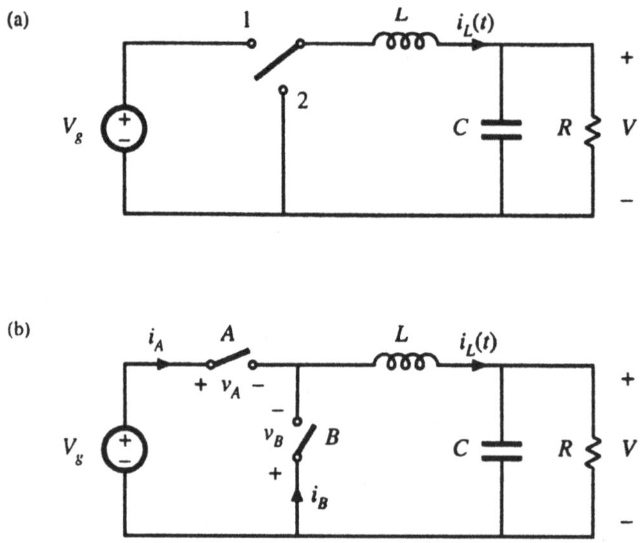

그림 4.2 벅 컨버터: (a) SPDT 스위치에 의한 구현 (b) 두 개의 SPST 스위치에 의한 구현

두 SPST 스위치는 동시에 온 상태나 오프 상태가 될 수 있다. 그리고 스위치의 상태가 인가되는 전압과 전류에 따라 바뀔 수도 있다. 다이오드가 좋은 예이다. 실제로 작은 부하(또는 종종 큰 부하)에서 동작하는 컨버터에서 이러한 현상은 일반적이며 앞서 언급한 불연속 전류모드를 야기한다. 그리고 이때 컨버터의 특성은 크게 바뀌게 된다.

반도체 스위치를 이용하여 이상적인 스위치를 구현하는 방법은 오프 상태에서 저지해야할 전압과 온 상태에서 도통해야 할 전류의 극성에 따라 달라진다. 예를 들면 그림 4.2(b)의 직류-직류 벅 컨버터에서 스위치 A는 오프 상태에서 전압 V_g를 저지해야 하며 온 상태에서 양의 전류 i_L을 흐르게 해야 한다. 컨버터의 동작점 전류와 저지 전압이 그림 4.3과 같이 1상한에 있다면 스위치는 트랜지스터와 다이오드를 이용하여 간단하게 구현될 수 있다. 직류-직류 컨버터에서는 1상한 스위치가 공통적으로 사용된다. 이 장에서는 그 동작에 대해서 간단히 논의한다.

인버터 회로에서는 2상한 스위치가 필요하다. 인버터의 출력 전류는 교류로 양과 음의 전류가 번갈아 나타난다. 만약 이 전류가 스위치를 통해 흐른다면 스위치 전류는 역시 교류이며 반도체 스위치의 구현은 좀 더 복잡해진다. 2상한 SPST 스위치는 트랜지스터와 다이오드를 이용하여 구현할 수 있다. 이와 반대로 스위치 전류가 항상 양의 극성이며 저지 전압이 교류인 경우도 생각할 수 있으며, 이 경우 2상한 스위치는 트랜지스터와 다이오드의 다른 조합으로 구현할 수 있다. 사이클로컨버터에는 일반적으로 4상한 스위치가 필요하며 교류 전압의 저지와 교류 전류의 도통 능력을 가져야 한다. 이들의 구현에 대해서도 이 장에서 논의한다.

다음으로 동기 정류기에 대해서도 논의한다. 동기 정류기에는 MOSFET의 역방향 도통 능력을 이용하여 다이오드가 사용되는 곳에 대신 MOSFET가 사용된다. 만약 MOSFET의 온 저항이 충분히 작다면 도통 손실이 다이오드를 사용할 때보다 작아진다. 동기 정류기는 저전압 고전류 응용에서 효율 향상을 위해 사용된다. 1, 2 및 4상한 스위치를 다루는 여러 가지 기본적인 참고문헌들을 이 장의 끝에 열거한다[1-8].

4.2절에서는 여러 전력용 반도체 소자들에 대해서 간략하게 논의한다. MOSFET와 쇼트

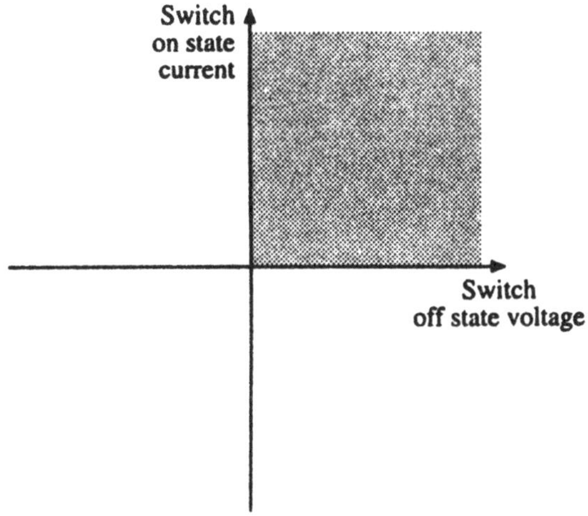

그림 4.3 1 상한 스위치의 동작 영역(한 방향의 전류를 도통하고 한 방향의 전압을 저지한다)

키 다이오드와 같은 다수 캐리어 소자들은 매우 빠른 스위칭 시간을 나타내므로 오프 상태 저지 전압이 매우 크지 않은 응용에 적합하다. BJT(bipolar junction transistor), IGBT (insulated-gate bipolar transistor)와 GTO(gate turn-off thyristor), MCT(MOS-controlled thyristor) 등과 같은 소수 캐리어 소자들은 스위칭 속도가 느리지만 낮은 순방향 전압 강하와 높은 저지 전압을 나타낸다.

반도체 소자를 이용하여 이상적인 스위치를 구현한 다음에 스위칭 손실에 대해서 논의한다. 스위칭 순간에 에너지 손실을 발생하는 여러 가지 과정이 있다. 트랜지스터가 전압이 제한된 유도성 부하를 구동할 때 스위칭 순간에 높은 순시 전력 손실이 발생한다. 다이오드에 저장된 전하는 다음 턴 온 상태에서 손실을 증가시킨다. 기생 커패시턴스와 인덕턴스에 저장된 에너지는 스위칭 순간에 손실로 나타난다. 스위칭 순간에 발생하며 한 스위칭 주기 내에 감쇄되는 기생 진동 역시 스위칭 손실을 야기한다. 스위칭 손실은 스위칭 주파수에 비례하여 증가하며 실제 컨버터에서 최대 동작 주파수를 제한하는 요인이다.

4.1 스위치 응용

4.1.1 1상한 스위치

그림 4.1은 이상적인 SPST 스위치를 나타낸다. 이 스위치는 1과 0의 단자를 가지며 전류와 전압의 극성은 그림에서와 같다. 온 상태에서 전압 v는 영이며 오프 상태에서 전류 i는 영이다. 제어신호가 인가될 경우에 별도의 제어단자 C를 가진다. SPST 스위치는 제어방법(능동형 혹은 수동형)과 $i-v$ 평면에서 스위치의 동작 영역으로 특징지워진다.

수동형 스위치에는 제어단자 C가 없다. 스위치의 상태는 단자 0과 1에 인가되는 $i(t)$와 $v(t)$의 파형에 의해 결정된다. 가장 일반적인 예는 그림 4.4와 같은 다이오드이다. 이상적인 다이오드에서 필요한 조건은 $v(t) \le 0$과 $i(t) \ge 0$이다. $v < 0$일 경우 다이오드는 오프($i = 0$)이며 $i > 0$일 경우 다이오드는 온($v = 0$)이다. 다이오드는 음의 전압을 저지할 수 있으며 양의 전압을 저지할 수 없다. 그림 4.4(b)의 특성 곡선위에 동작점을 갖는 다이오드를 이용하여 수동형 SPST 스위치를 구현할 수 있다. 여기서 동작점은 온 또는 오

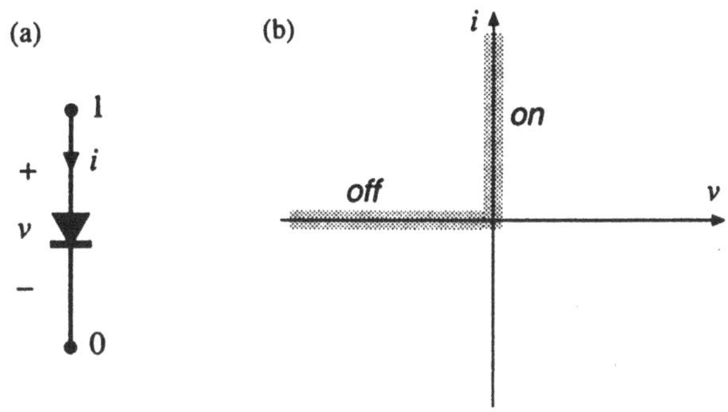

그림 4.4 다이오드 기호 (a)와 이상적인 다이오드 특성 (b)

프 상태에서 $v(t)$와 $i(t)$의 값을 말한다.

능동형 스위치의 도통 상태는 제어단자 C에 인가되는 신호에 의해 결정된다. 즉, 스위치의 상태가 단자 0과 1에 인가되는 $v(t)$와 $i(t)$에 의해서 바로 결정되지는 않는다. 능동형 스위치의 예로 BJT, MOSFET, IGBT, GTO, MCT 등을 들 수 있다. BJT와 IGBT에 대한 이상적인 $i-v$ 특성을 그림 4.5에 나타낸다. 제어단자에 의해 트랜지스터가 오프되면 $i=0$이고 소자는 양의 전압($v \geq 0$)을 저지하게 된다. 제어단자에 의해 트랜지스터가 온 상태가 되면 $v=0$이고 소자는 양의 전류($i \geq 0$)를 도통하게 된다. BJT와 IGBT의 역방향 도통 및 저지 특성은 좋지 않거나 존재하지 않으며, 이러한 역방향 특성은 전력 변환기 분야에서 필수적인 것은 아니다.

전력용 MOSFET(그림 4.6)는 역방향으로 전류를 도통할 수 있으며 이를 제외하면 트랜지스터와 유사한 특성을 가진다. 동기 정류기와 같은 특수한 예를 제외하면 MOSFET는 통상적으로 BJT 및 IGBT와 같이 $i \geq 0$인 상태에서 동작된다. 따라서 동작점이 그림 4.5(b)의 트랜지스터 특성 곡선위에 위치한다면 BJT, IGBT 또는 MOSFET를 이용하여 능동형 SPST 스위치를 구현할 수 있다.

트랜지스터 또는 다이오드를 사용하여 SPST 스위치를 구현하기 위해서는 그림 4.4(b), 4.5(b), 그리고 4.6(b)의 $i-v$ 특성을 가지는 스위치들의 동작점을 비교할 필요가 있다. 예를 들면 그림 4.2(a)의 SPDT 스위치가 1의 위치에 있다고 하면 그림 4.2(b)의 SPST 스위치 A는 닫히고 SPST 스위치 B는 열리게 된다. 그리고 스위치 A는 양의 인덕터 전류 $i_A = i_L$을 도통시키고 스위치 B는 음의 전압 $v_B = -V_g$를 저지해야 한다. 그림 4.7에 이 동작점을 표시한다. 마찬가지로 그림 4.2(a)의 SPDT 스위치가 2의 위치에 있다고 하면

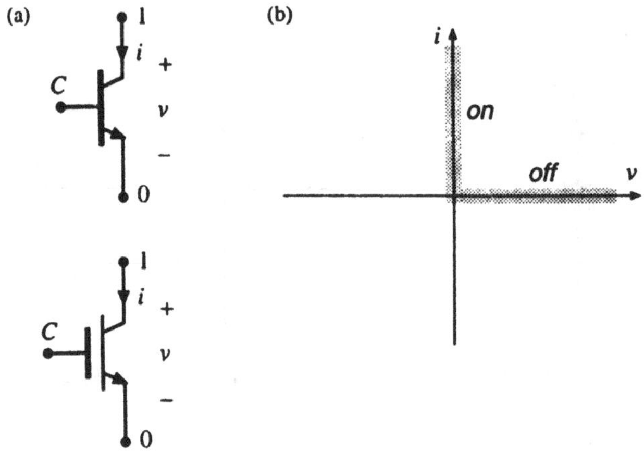

그림 4.5 BJT와 IGBT 기호 (a)와 이상적인 스위치 특성 (b)

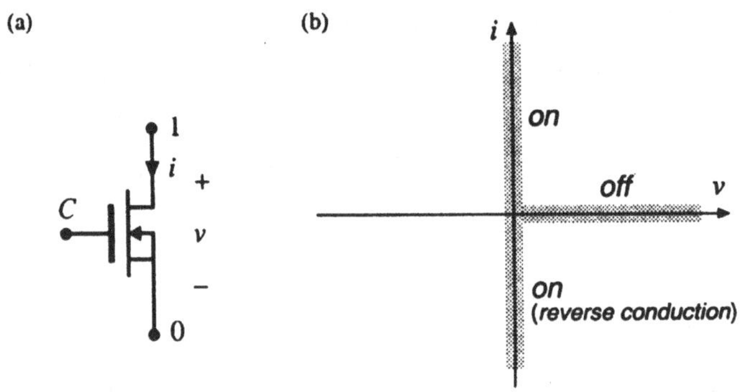

그림 4.6 전력용 MOSFET 기호 (a)와 이상적인 스위치 특성 (b)

SPST 스위치 A는 열리고 SPST 스위치 B는 닫힌다. 그리고 스위치 B는 양의 인덕터 전류 $i_B = i_L$을 도통시키고 스위치 A는 양의 전압 $v_A = V_g$를 저지한다.

그림 4.5(b)와 4.6(b)를 그림 4.7(a)에 나타낸 스위치 A의 동작점과 비교해 보면 스위치 A는 양의 전압을 저지하고 양의 전류를 도통해야 하므로 트랜지스터 종류(BJT, IGBT 또는 MOSFET)를 스위치로 사용할 수 있음을 알 수 있다. 이와 비슷하게 그림 4.4(b)와 그림 4.7(b)를 비교하면 스위치 B는 음의 전압을 저지하고 양의 전류를 도통해야 하므로 다이오드를 이용하여 스위치 B를 구현할 수 있다. 따라서 그림 4.2의 회로에 대해 반도

체 스위치를 사용한 적절한 회로는 그림 4.8과 같이 나타낼 수 있다.

그림 4.8은 1상한 스위치를 실제적으로 구현한 예이다. 이 회로에 사용된 소자들은 한 방향으로만 전류를 흘릴 수 있고 한 방향의 전압만을 저지할 수 있다. 제어회로가 트랜지스터를 온시킨 경우 $v_B = -V_g$이므로 다이오드는 역방향으로 치우친 상태가 된다. 여기서 V_g는 양의 전압이어야 하며 그렇지 않으면 다이오드는 순방향으로 치우친 상태가 된다. 온 상태에서 트랜지스터에는 전류 i_L이 흐르고 이 전류 역시 양의 전류이어야 하며 결과적으로 트랜지스터는 순방향으로 도통된다.

제어회로가 트랜지스터를 오프시킬 경우 다이오드는 도통되어야 하며 그 결과 인덕터의 전류는 다이오드를 통해 계속 흐를 수 있게 된다. 트랜지스터가 오프되면 인덕터 전류 $i_L(t)$는 감소한다. 인덕터 양단의 전압은 $v_L(t) = Ldi_L(t)/dt$ 이므로 인덕터 양단 전압은 다이오드가 순방향으로 치우칠 수 있을 정도로 충분히 큰 음의 전압이 되고 따라서 다이

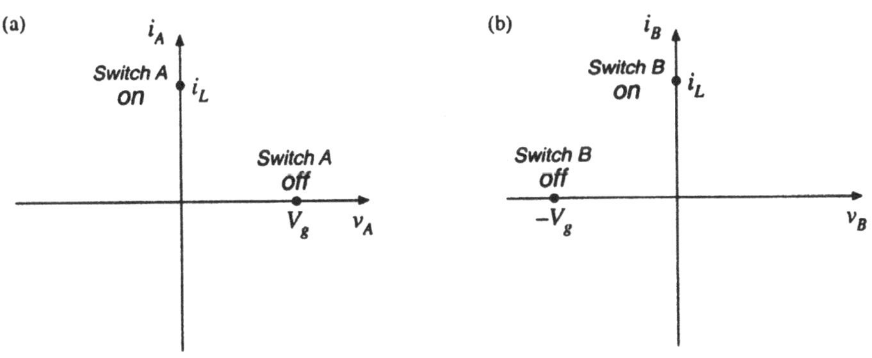

그림 4.7 그림 4.2(b)의 벅 컨버터에서 스위치 A의 동작점(a)와 스위치 B의 동작점(b)

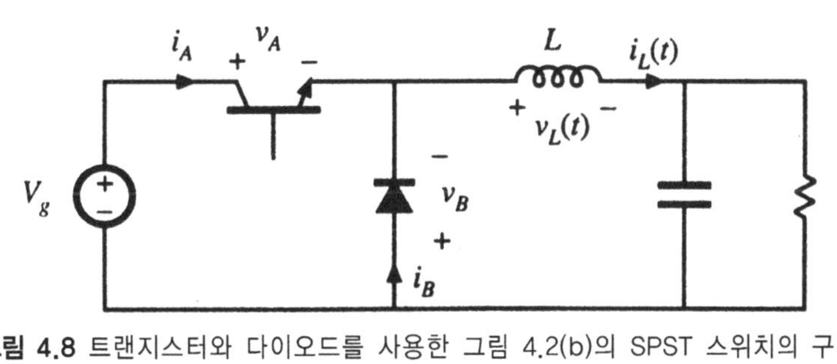

그림 4.8 트랜지스터와 다이오드를 사용한 그림 4.2(b)의 SPST 스위치의 구현

오드는 켜지게 된다. 이러한 방법으로 동작하는 다이오드를 환류 다이오드(freewheeling diode)라 부른다. 여기서 i_L은 양의 전류이어야 하며 만약 그렇지 않다면 $i_B = i_L$이므로 다이오드는 순방향으로 치우칠 수 없다. 이 때 트랜지스터는 전압 V_g를 저지하며 이 전압은 트랜지스터가 역방향 저지 모드에서 동작하는 것을 방지하기 위해 양의 전압이 되어야 한다.

4.1.2 양방향 전류 2상한 스위치

직류-교류 인버터와 서보 증폭기와 같은 여러 응용분야에서는 양의 전압만을 저지하고 전류를 양방향으로 흘릴 수 있는 스위칭 소자가 필요하다. 이러한 양방향 전류 2상한 스위치를 그림 4.9와 같이 트랜지스터에 다이오드를 역병렬로 연결한 구조로 만들 수 있다.

그림 4.6의 MOSFET도 2상한 스위치의 특성을 가지고 있다. 실제 전력용 MOSFET는 그림 4.10과 같이 구조적으로 자연히 생성된 다이오드를 내장하고 있으며 이를 내장 다이오드라 부른다. 이 다이오드의 스위칭 속도는 매우 느리며 다이오드가 턴 오프되는 동안 큰 첨두 전류가 흐를 가능성이 있다. 대부분의 MOSFET의 정격은 이러한 전류를 고려하지 않고 주어지므로 소자의 손상이 일어날 수 있다. 이러한 상황을 방지하기 위한 방법으로 그림 4.10(b)와 같이 고속의 다이오드를 직 · 병렬로 연결하여 사용할 수 있다.

전력용 MOSFET의 내장 다이오드가 빠른 역방향 회복시간을 갖고 정격의 MOSFET

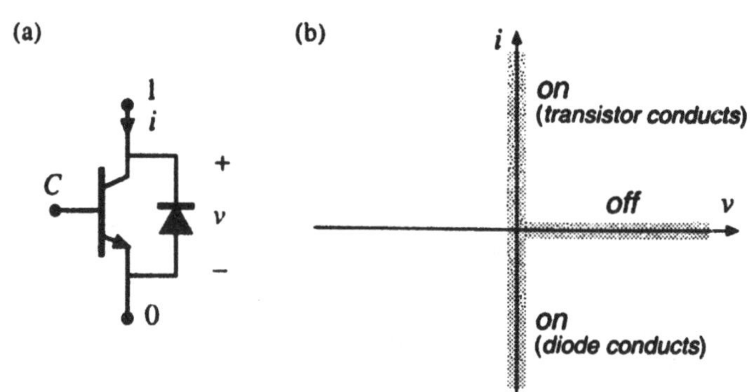

그림 4.9 양방향 전류 2상한 SPST 스위치: (a) 트랜지스터와 역병렬 다이오드를 이용한 구현 (b) 이상적인 스위치 특성

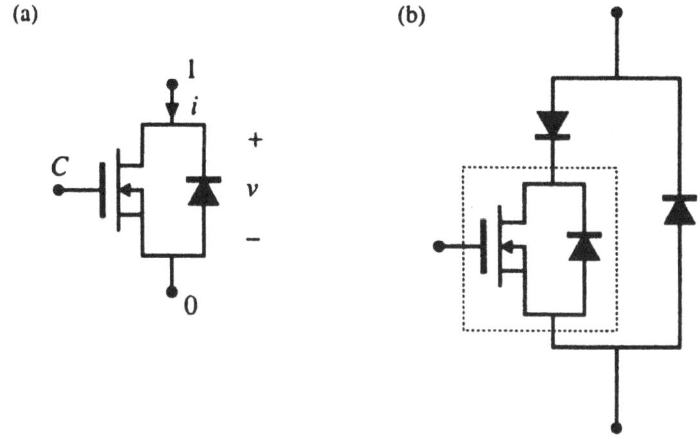

그림 4.10 전력용 MOSFET의 내장 다이오드: (a) 등가회로 (b) 내장 다이오드의 도통을 방지하기 위한 외부 다이오드 추가

전류를 신뢰성이 있게 흘릴 수 있도록 MOSFET를 특수하게 설계할 수 있다. 그러나 이러한 경우에도 내장 다이오드의 스위칭 속도는 다소 느리며 다이오드에 저장된 전하 때문에 스위칭 손실이 발생 할 수 있다(이 장의 후반부에서 다룬다).

SPDT 양방향 전류 2상한 스위치는 그림 4.2(b)와 같이 두 개의 SPST로 나타낼 수 있다. 이 스위치를 사용한 예가 그림 4.11에 주어져 있다. 이 컨버터는 양과 음의 전압을 가진 직류 전원에 의해 동작하며 양과 음의 극성을 갖는 출력 전압 $v_0(t)$를 만들어 낸다. 트랜지스터 Q_2는 Q_1 구동 신호와 보수 관계로 동작하며 Q_1은 첫 번째 구간 $0 < t < DT_s$ 동안 도통되고 Q_2는 두 번째 구간 $DT_s < t < T_s$ 동안 도통된다.

그림 4.11로부터 스위치는 $2V_g$의 전압을 저지해야 함을 알 수 있다. V_g는 양의 전압이어야 하며 그렇지 않을 경우 다이오드 D_1과 D_2가 동시에 도통되어 전원이 단락된다.

인덕터의 전압-시간 평형으로부터 이 컨버터의 입출력 관계를 다음과 같이 나타낼 수 있다.

$$v_o = (2D - 1)V_g \tag{4.1}$$

이 식을 그림 4.12와 같이 나타낼 수 있으며 컨버터의 출력전압 v_o는 $D > 0.5$인 경우 양의 값, $D < 0.5$인 경우 음의 값을 가진다. 시비율을 다음 식과 같이 정현적으로 변화

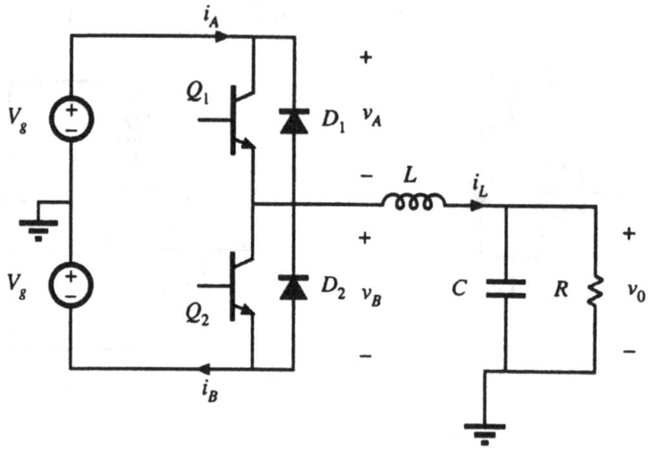

그림 4.11 2상한 스위치를 사용한 인버터 회로

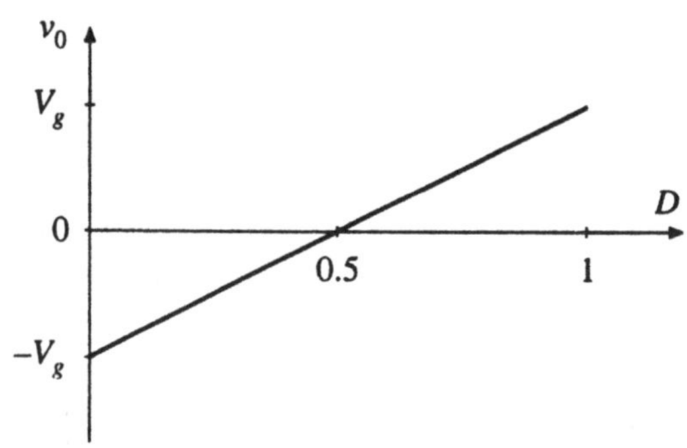

그림 4.12 그림 4.11의 인버터에 대한 출력 전압과 시비율

시키면 출력 전압은 정현파가 된다.

$$D(t) = 0.5 + D_m \sin(\omega t) \tag{4.2}$$

여기서 D_m은 0.5보다 작은 상수이다. 따라서 이 컨버터는 직류-교류 인버터로 사용될 수 있다.

부하 전류는 평형상태에서 v_o/R로 주어지며 이 전류는 인덕터 전류 i_L과 같다.

$$i_L = \frac{v_o}{R} = (2D-1)\frac{V_g}{R} \tag{4.3}$$

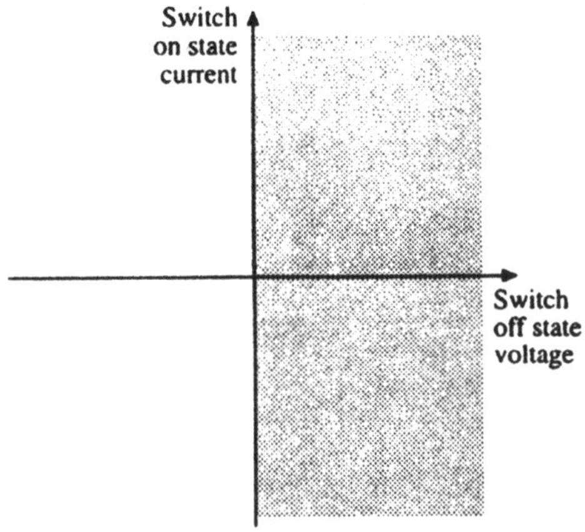

그림 4.13 그림 4.11에 필요한 스위치의 특성 (양극성 전류 도통과 양의 전압 저지)

스위치에는 이 식과 같은 전류가 흘러야 하며 스위치 전류는 $D > 0.5$인 경우 양의 값, $D < 0.5$인 경우 음의 값을 가진다. 빠른 주파수로 시비율이 변할 경우 *L-C* 필터에 의해 인덕터 전류파형에 위상 지연이 발생하지만 이 경우에도 스위치 전류는 양방향으로 흐른다. 따라서 스위치는 그림 4.13에 나타낸 것과 같은 두 개의 상한에서 동작해야 한다. 인덕터 전류 i_L이 양의 값일 경우 전류는 Q_1 또는 D_2를 통해 흐르고 음의 값일 경우 Q_2 또는 D_1을 통해서 흐른다.

직류-3상 교류 전압원 인버터(voltage source inverter : VSI) 회로도 비슷한 방법으로 동작된다. 그림 4.14와 같이 3상 전압원 인버터는 상 당 하나씩 세 개의 2상한 SPDT 스위치를 가지고 있다. 이들 스위치는 직류 입력 전압 V_g를 저지하고 출력 교류 상전류 i_a, i_b, i_c가 흐른다.

또 다른 양방향 전류 2상한 스위치의 예로 그림 4.15와 같은 양방향 배터리 충/방전기가 있다. 이 컨버터는 배터리를 우주선의 주 전력선에 인터페이스하는데 사용할 수 있다. 직류 버스 전압 v_{bus}와 배터리 전압 v_{batt}는 항상 양의 값을 가진다. 반도체 스위치들은 양의 전압 v_{bus}를 저지해야 한다. 배터리가 충전될 때 i_L은 양의 값이며 Q_1 또는 D_2를 통해 전류가 흐른다. 반대로 배터리가 방전될 때는 i_L은 음의 값이며 Q_2 또는 D_1을 통해 전류가 흐른다. 이 회로는 직류-직류 컨버터지만 양방향으로 전력의 흐름을 가지므로 2상한 스위치가 필요하다.

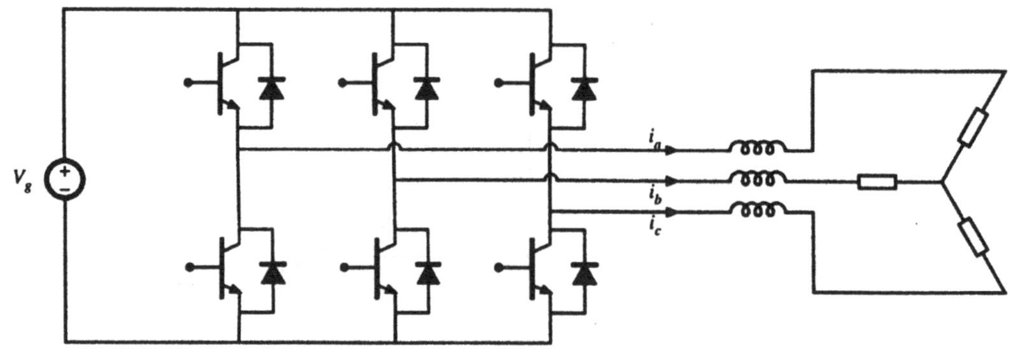

그림 4.14 2상한 스위치가 필요한 직류-3상 전압원 인버터

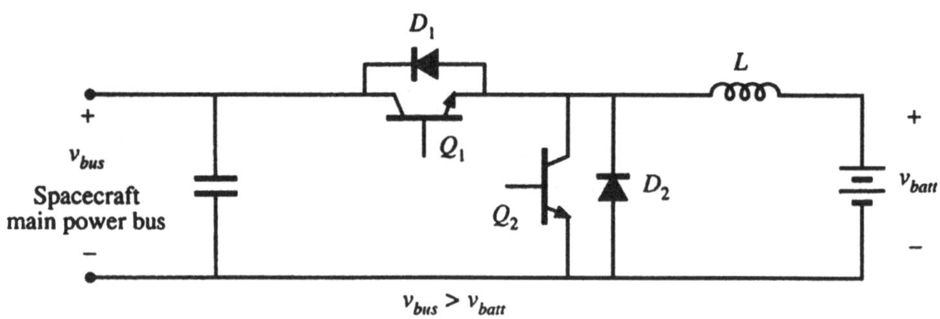

그림 4.15 직류-직류 벅 컨버터를 이용한 양방향 배터리 충/방전기

4.1.3 양방향 전압 2상한 스위치

그림 4.16과 같은 양방향 전압 저지 특성을 가진 2상한 스위치가 필요한 경우가 종종 있다. 스위치가 양과 음의 전압 모두를 저지해야 하고 양의 전류만 흐르게 해야 하는 응용 시스템에서는 그림 4.17과 같이 트랜지스터와 다이오드의 직렬 결합으로 스위치를 구현할 수 있다. 이러한 스위치를 오프 상태로 만들려면 제어회로에서 트랜지스터를 오프시키면 된다. 이 때 다이오드는 음의 전압을 트랜지스터는 양의 전압을 차단하게 된다. 이렇게 직렬 연결된 스위치는 다이오드의 정격까지 음의 전압을, 트랜지스터의 정격까지 양의 전압을 저지할 수 있다. SCR과 같은 소자는 단일 소자로 양방향 전압 2상한 스위치의 특성을 나타내는 예라고 할 수 있다.

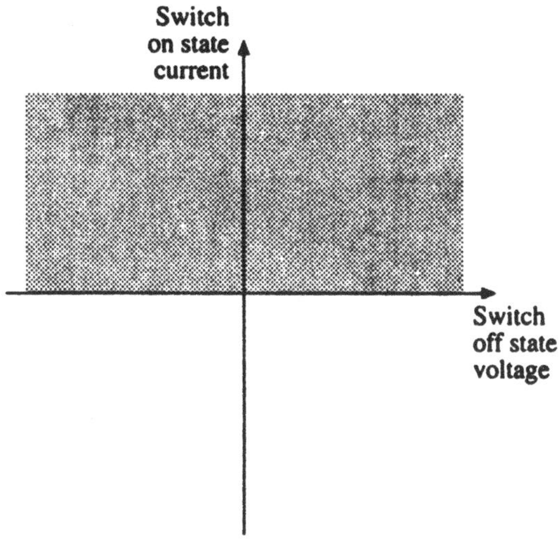

그림 4.16 양방향 전압 2상한 스위치의 특성

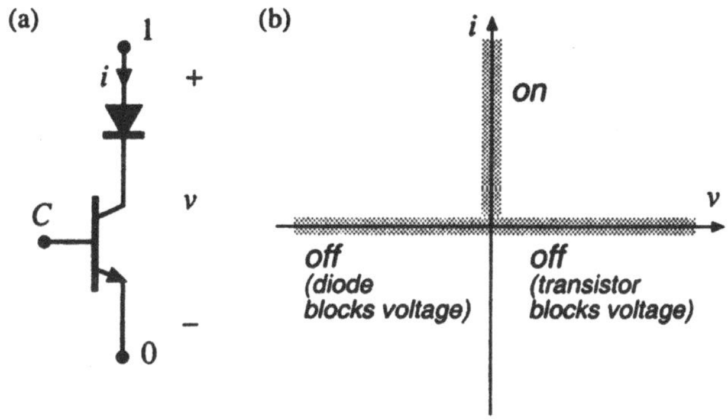

그림 4.17 양방향 전압 2상한 SPST 스위치: (a) 트랜지스터와 직렬 다이오드 구현 (b) 이상적인 스위치 특성

그림 4.18은 이러한 형태의 2상한 스위치가 필요한 직류-3상 교류 벅-부스트 인버터를 나타낸다[4]. 만약 컨버터가 인버터 모드로 동작하면 인덕터 전류 $i_L(t)$는 항상 양의 값을 가지게 되며 모든 스위치에 양의 전류가 흐르게 된다. 각 스위치는 양과 음의 전압을 번갈아 갖는 교류 출력 선간 전압을 저지해야 한다. 따라서 양방향 전압 2상한 스위치가 필요하다.

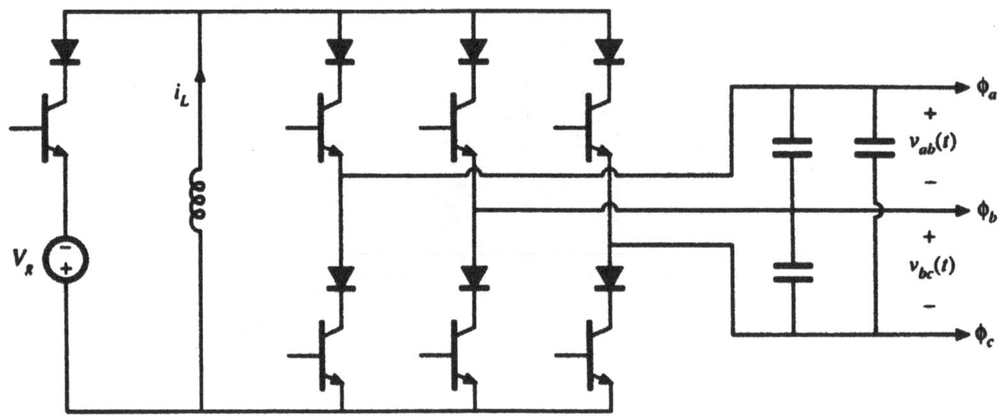

그림 4.18 직류-3상 벅-부스트 컨버터

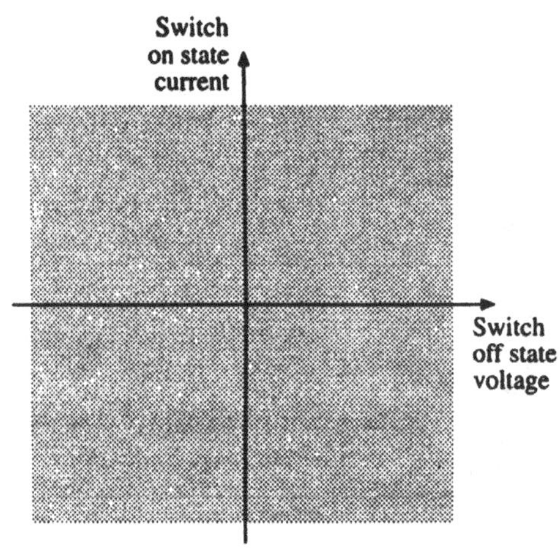

그림 4.19 4상한 스위치의 특성

4.1.4 4상한 스위치

가장 만능의 스위치는 그림 4.19와 같이 양방향의 전압과 전류를 저지 또는 도통할 수 있는 4상한 스위치이다. 4상한 스위치를 구성하는데는 몇 가지 방법이 있다. 그 중 하나는 그림 4.20(b)에 나타낸 것처럼 4.1.2절에 언급한 두 개의 양방향 전류 2상한 스위치를 역으로 연결한 것이다. 이 경우 두 트랜지스터는 동시에 온 또는 오프된다. 또 다른 구

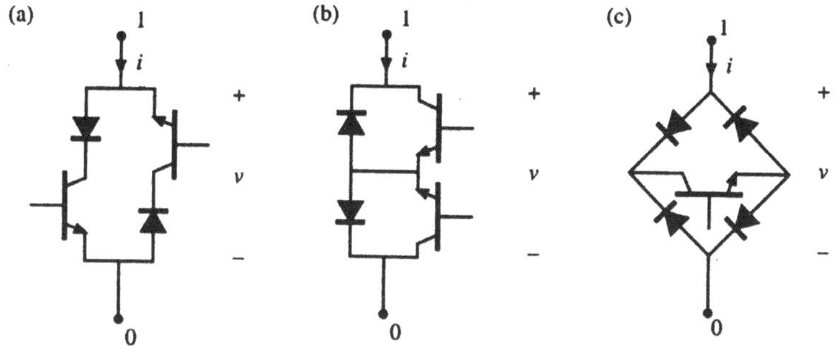

그림 4.20 4상한 SPST 스위치의 세 가지 구현 방법

현 방법은 4.1.3절에서 다룬 두 개의 양방향 전압 2상한 스위치를 그림 4.20(a)와 같이 역 병렬로 연결한 것이다. 세 번째 방법은 하나의 트랜지스터와 4개의 다이오드를 사용한 것으로 그림 4.20(c)와 같다.

사이클로컨버터는 4상한 스위치를 필요로 하는 컨버터 중 하나이다. 한 예로 그림 4.21과 같은 3상 교류-3상 교류 행렬 컨버터를 들 수 있다. 9개의 각 스위치들은 그림 4.20에 주어진 반도체 스위치 회로들 중 하나로 구현된다. 스위치를 적절히 제어하여 주어진 3상의 교류 입력으로부터 가변 주파수 및 가변 전압의 3상 출력을 얻을 수 있다. 이 컨버터에는 직류가 없으며 입출력 전압과 전류 모두 교류로 구성된다. 따라서 4상한 스위치가 필수적이다.

4.1.5 동기 정류기

MOSFET에서는 드레인-소스 사이에 형성된 채널로 역방향으로 전류가 흐를 수 있으므로 다이오드가 필요한 곳에 MOSFET를 대신 사용할 수 있다. 그림 4.22(a)와 같이 MOSFET의 소스와 드레인을 그림 4.6(a)와 반대로 연결하면 그림 4.22(b)의 특성을 얻을 수 있다. 이 소자는 음의 전압을 차단하고 양의 전류를 도통하므로 그림 4.4의 다이오드와 유사한 특성을 가진다. 다만 이러한 특성을 얻기 위해서 MOSFET를 다이오드의 도통 조건에서 온 상태가 되도록, 다이오드의 역방향 치우침 조건에서 오프 상태가 되도록 제어해야 한다.

따라서 그림 4.8의 벅 컨버터에서 그림 4.23과 같이 MOSFET를 다이오드를 교체하여 사용할 수 있다. 이 그림에서 BJT 역시 MOSFET로 대체하였다. MOSFET Q_2는 Q_1의 제

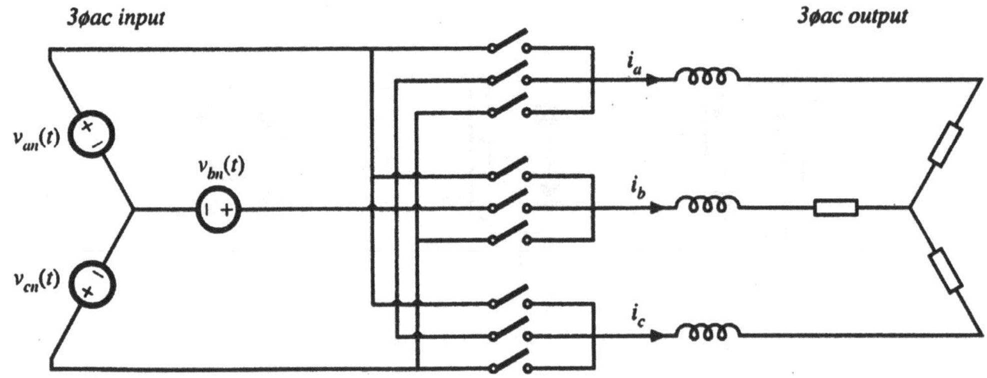

그림 4.21 3상 교류-3상 교류 행렬 컨버터, 9개의 SPST 4상한 스위치 필요

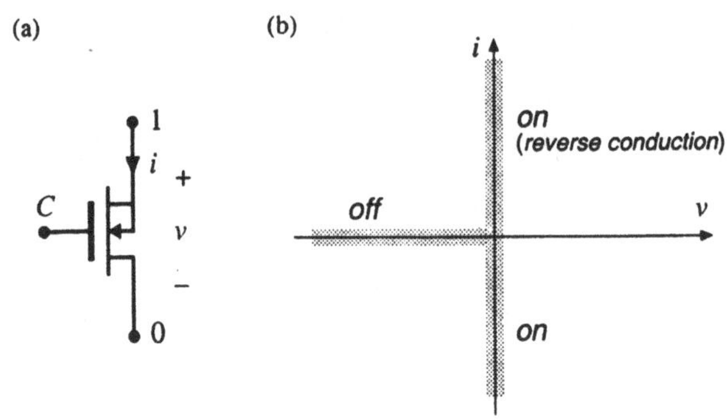

그림 4.22 동기 정류기로 사용된 전력용 MOSFET(a)와 이상적인 스위치 특성(b)

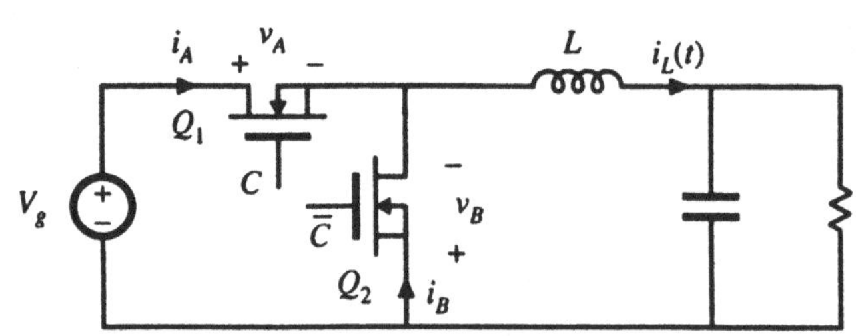

그림 4.23 동기 정류기를 사용하여 구현한 벅 컨버터

어신호와 보수로 동작한다.

현재 컴퓨터용 전원장치 경향은 전압이 5 V에서 3.3 V로 또는 그 이하로 낮아지고 있

다. 전압이 낮아짐에 따라 다이오드의 도통 손실은 상대적으로 증가한다. 결과적으로 다이오드의 도통 손실이 3.3 V 전원장치에서 전체 손실의 가장 큰 원인이 된다. 불행히도 다이오드 접합의 접촉 전위는 다이오드의 순방향 전압 강하를 줄이는데 제한요소로 작용한다. 낮은 접합 전위를 가지는 쇼트키 다이오드를 사용하면 이를 줄일 수 있지만 저 전압 전원장치에서 출력 전류가 흐르는 경로에 다이오드를 사용하면 효율이 낮아지게 된다.

이러한 문제점을 해결하기 위한 방법으로 다이오드 대신에 동기 정류기로 동작하는 MOSFET로 교체할 수 있다. 도통 저항이 R_{on}이고 실효 전류가 I_s라면 MOSFET의 도통 손실은 $I_s^2 R_{on}$로 나타낼 수 있다. MOSFET의 도통 저항은 큰 용량의 소자를 사용하면 줄일 수 있다. 따라서 충분히 큰 용량의 소자를 사용한다면 도통 손실을 우리가 원하는 만큼 낮출 수 있다. 현재 동기 정류기는 저 전압 전원장치에 널리 쓰이고 있다.

4.2 전력용 반도체 소자

전력용 반도체 소자의 설계에 있어서 가장 기본적인 관심사는 순방향 전압 강하와 도통 저항을 낮게 유지하면서 절연파괴 전압을 높이는 것이다. 그리고 이와 관련된 또 다른 고려 사항은 소자의 스위칭 시간이다. 그러나 실제 전력용 반도체 소자에서는 절연파괴 전압, 도통 저항 그리고 스위칭 시간들을 절충하여야 하며 이로부터 여러 전력용 반도체 소자의 독특한 특성들이 얻어진다.

역방향으로 치우친 p−n 접합의 파괴 전압과 공핍층은 도핑 수준(doping level)의 함수이다. 높은 절연파괴 전압을 얻기 위해서는 적어도 접합의 한쪽 면의 물질에서는 도핑 농도를 낮추어 저항률을 높여야 한다. 소자의 도통 저항은 저항률이 높은 영역에 의해 좌우되므로 고 전압 소자는 저 전압 소자보다 높은 도통 저항을 갖는다. MOSFET, 쇼트키 다이오드와 같은 다수 캐리어 소자에서는 정격 전압과 도통 저항이 일차 함수의 관계를 가진다. 그러나 확산 접합 다이오드, BJT, IGBT, 싸이리스터 종류(SCR, GTO, MCT) 등과 같은 소수 캐리어 소자에서는 도전율 변조라 불리는 또 다른 현상이 나타난다. 소수 캐리어 소자가 도통 상태에서 동작할 때 소수 캐리어는 낮은 농도로 도핑된 높은 저항률 영역으로 주입된다. 그 결과 이 영역의 소수 캐리어 농도가 높아지므로 저항률이 낮아져 소자의 도통 저항이 감소하게 된다. 따라서 소수 캐리어 소자는 동등한 수준의 다수 캐리어 소자에 비해 낮은 도통 저항을 가진다.

그러나 소수 캐리어 소자는 도통 저항이 작다는 장점이 있지만 반대로 스위칭 속도가 늦다는 단점이 있다. 모든 반도체 소자에서 온 상태는 소자 내의 주요 전하의 유무에 의해 제어되며, 턴 온과 턴 오프 스위칭 시간은 이러한 제어 전하의 주입과 제거에 필요한 시간이라고 할 수 있다. 도전율 변조를 수반하는 소자는 소자에 주입되는 소수 캐리어에 의해 제어된다. 소수 캐리어 소자에서 제어하는 소수 전하의 전체 양은 동등한 수준의 다수 캐리어 소자에서 필요한 전하량보다 매우 많다. 여러 소자들에서 제어 전하를 주입하고 제거하는 방법이 다를 수 있지만 많은 양의 소수 전하때문에 소수 캐리어 소자의 스위칭 시간은 다수 캐리어의 경우보다 매우 느리다. 결과적으로 다수 캐리어 소자는 낮은 전압과 높은 스위칭 주파수를 가지는 응용 분야에, 소수 캐리어 소자는 그 반대의 경우에 주로 쓰인다.

현대의 전력용 반도체 소자는 최신 기법을 이용하여 제조된다. 소자들은 누설 성분이 문제되지 않는 한도에서 작은 크기로 단단하게 깍지 낀 구조로 되어 있다. 따라서 최근의 반도체 소자들은 종래의 소자들 보다 견고하고 좋은 특성을 가지고 있다.

전력용 반도체 소자의 자세한 물리적 특성과 스위칭 구조는 이 책의 범위를 벗어나므로 다루지 않는다. 전력용 반도체 소자에 대한 몇몇 참고문헌을 뒤에 첨부하였다[9-19].

4.2.1 전력용 다이오드

앞서 논의한 바와 같이 확산 접합 p−n 다이오드는 도핑 수준을 낮게 하여 저항률이 높은 영역을 포함하고 있으므로 높은 절연파괴 전압 특성을 보인다. 그림 4.24(a)에 나타낸 바와 같이 이 영역은 $p-n^-$ 접합에서 n^-로 표시된 부분이다. 역방향 치우침 조건에서 모든 전압은 n^- 영역의 공핍층 양단에 인가된다. 온 상태 조건을 그림 4.24(b)에 나타낸다. 정공은 순방향으로 치우친 접합에 주입되며 n^- 영역에서 소수 캐리어가 된다. 이들 소수 캐리어는 도전율 변조를 통해 n^- 영역의 도전율을 실제적으로 감소시킨다. 순방향 전류 $i(t)$는 정공에 의해 발생되며 정공은 $p-n$ 접합을 가로질러 확산되어 n 영역에서 온 전자와 재결합한다.

다이오드에 대한 전형적인 파형을 그림 4.25에 나타낸다. 정상상태에서 $p-n$ 접합 다

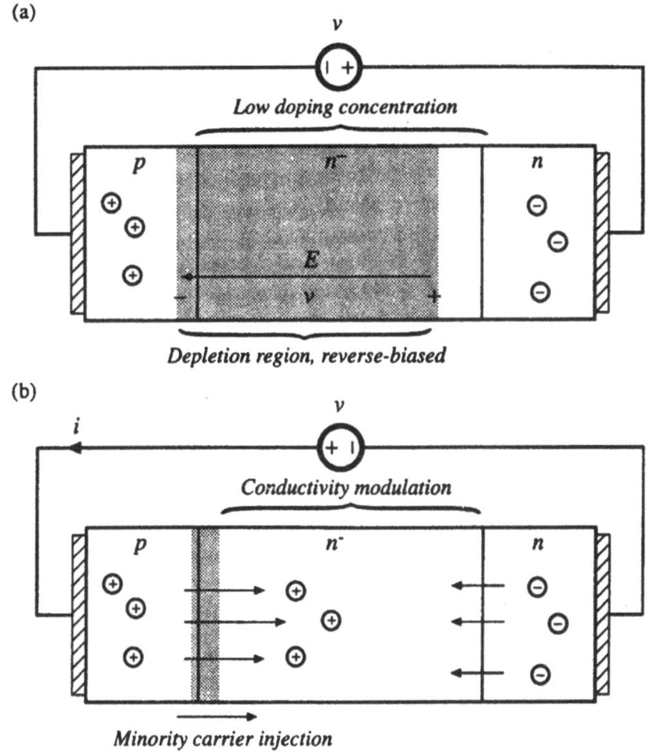

그림 4.24 전력용 다이오드: (a) 역방향 치우침 조건 (b) 순방향 치우침 조건

이오드는 잘 알려진 지수적 $i-v$ 특성을 가진다. 그러나 과도상태 동안에는 지수적인 특성으로부터 큰 편차를 가진다. 이러한 편차는 저장된 소수 전하의 변화와 관련이 있다. 그림 4.25에서 볼 수 있는 바와 같이 다이오드는 구간 (1) 동안 영 전류와 음의 전압을 가지고 오프 상태에서 동작한다. 구간 (2)의 시작에서 전류는 양의 값으로 증가한다. 이 전류는 역방향으로 치우친 다이오드의 실효 커패시터를 충전한다. 즉, 공핍층에 전하를 공급하여 전압 $v(t)$가 증가한다. 결국 전압은 양의 값이 되어 다이오드의 접합은 순방향으로 치우치고, 다이오드 전압은 낮은 수준으로 도핑된 n^- 영역의 큰 저항이 반영되어 수 볼트 또는 수십 볼트의 첨두 값까지 증가한다. 그 이후에도 순방향으로 치우친 $p-n^-$ 접합에서 소수 캐리어가 n^- 영역으로 계속 주입되면 n^- 영역에서 총 소수 전하가 증가하여 n^- 영역에서 도전율 변조가 일어난다. 이로 인해 실효 저항이 감소하게 되고 순방향 전압 강하가 줄어든다. 결국 다이오드는 정상상태에 도달하며 이 때 소수 캐리어의

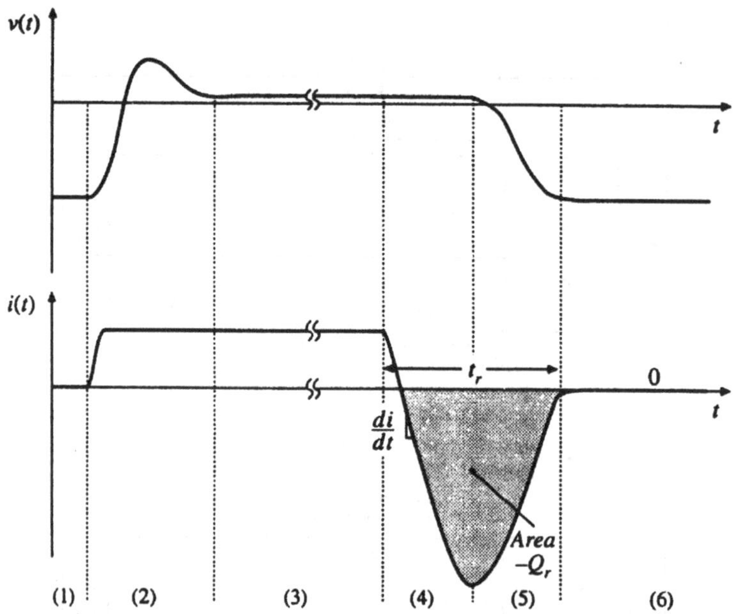

그림 4.25 다이오드의 전압과 전류 파형, 구간 (1): 오프 상태, 구간 (2): 턴 온 과도 상태, 구간 (3): 온 상태, 구간 (4)와 (5): 턴 오프 천이 과정, 구간 (6): 오프 상태

주입과 재결합 비율은 같아진다. 구간 (3) 동안 다이오드는 온 상태가 되며 순방향 전압 강하는 다이오드의 정적인 지수적 $i-v$ 특성에 주어진 것과 같게 된다.

턴 오프 과도상태는 구간 (4)의 처음에서 시작된다. 다이오드는 $p-n^-$ 접합 부근에 소수 캐리어가 존재하는 동안 순방향으로 치우친다. 저장된 소수 캐리어는 음의 단자 전류에 의한 능동적인 방법과 재결합에 의한 수동적인 방법에 의해 감소되며 일반적으로 두 방법이 동시에 일어난다. 다이오드의 턴 오프 전류 파형에서 음의 영역인 전하 Q_r을 회복 전하라 부른다. 구간 (4)에서의 Q_r은 능동적으로 제거되는 소수 전하이다. 구간 (4)의 끝에서 $p-n^-$ 접합 부근에 저장된 소수 전하가 제거되며 이로 인해 다이오드 접합은 역방향으로 치우쳐 음의 전압을 저지할 수 있게 된다. 그 다음 구간 (5) 동안 공핍 영역의 실효 커패시턴스는 음의 오프 상태 전압으로 충전된다. 구간 (5) 동안의 Q_r은 다이오드 접합으로부터 먼 영역에서 능동적으로 제거되는 소수 전하와 공핍 영역에 공급된 전하로 구성된다. 구간 (5)의 끝에서 인가된 역방향 전압을 완전히 저지할 수 있게 된다. 여기서 구간 (4)와 (5)의 길이를 역방향 회복시간(reverse recovery time) t_r이라 부른다. 구간 (6) 동안 다이오드는 오프 상태에서 동작한다. 다이오드의 턴 오프 과도상태와 이로 인해 PWM 컨버터에서 일어나는 스위칭 손실에 대한 영향을 4.3.2 절에서 논의한다.

역방향 회복시간 t_r의 길이는 다이오드의 성능을 평가하는 하나의 기준이다. 표준 회복 시간을 갖는 다이오드는 50 Hz 또는 60 Hz 동작을 위해 만들어진 다이오드이다. 통상 이러한 소자들의 역방향 회복시간은 사양에 잘 표시되지 않는다. 컨버터 응용분야에는 고속 회복 시간 또는 초고속 회복 시간을 갖는 다이오드가 사용된다. 이러한 소자들의 역방향 회복시간 t_r과 회복 전하 Q_r은 제조회사에서 주요 사양으로 주어진다. 몇몇 상용 소자들에 대한 사양을 표 4.1에 나타낸다.

쇼트키 다이오드는 기본적으로 다수 캐리어 소자이며 금속-반도체 접합의 정류 특성을 기반으로 동작한다. 이 소자에서 소수 캐리어 저장 전하를 무시할 수 있으며, 공핍 영역

표 4.1 상용 전력용 정류 다이오드의 특성 예

Part number	*Rated maximum voltage*	*Rated average current*	V_F *(typical)*	t_r *(max)*
Fast recovery rectifiers				
1N3913	400 V	30 A	1.1 V	400 ns
SD453N25S20PC	2500 V	400 A	2.2 V	2 μs
Ultra-fast recovery rectifiers				
MUR815	150 V	8 A	0.975 V	35 ns
MUR1560	600 V	15 A	1.2 V	60 ns
RHRU100120	1200 V	100 A	2.6 V	60 ns
Schottky rectifiers				
MBR6030L	30 V	60 A	0.48 V	
444CNQ045	45 V	440 A	0.69 V	
30CPQ150	150 V	30 A	1.19 V	

의 커패시턴스와 정상 상태의 지수적 $i-v$ 특성으로 스위칭 특성을 적절히 모델링할 수 있다. 따라서 쇼트키 다이오드의 장점은 빠른 스위칭 속도이다. 이와 더불어 쇼트키 다이오드의 중요한 장점은 낮은 순방향 전압 강하(특히 45 V 또는 이하의 전압을 가진 소자에서)이다. 그러나 쇼트키 다이오드는 낮은 절연파괴 전압이 큰 제약 요소이다. 100 V 또는 그 이상의 전압을 차단할 수 있는 상용 소자는 매우 드물다. 그리고 오프 상태의 역 방향 전류는 $p-n$ 접합 다이오드보다 상당히 크다. 몇몇 상용 쇼트키 정류기의 특성 역시 표 4.1에 주어져 있다.

전력용 반도체 소자의 또 다른 중요한 특성은 소자의 도통 저항과 순방향 전압 강하에 대한 온도 계수이다. 양의 온도 계수를 가지고 있는 MOSFET와 IGBT 같은 소자는 전류 용량을 높이기 위해 쉽게 병렬 연결을 할 수 있다는 장점이 있다. 이들 소자는 열점 형성과 이차 절연파괴 문제에 덜 민감하다. 다이오드는 음의 온도 계수를 가지고 있기 때문에 쉽게 병렬로 연결할 수 없다. 만약 다이오드 특성이 불균일 하다면 한 소자에 흐르는 전류가 다른 소자보다 커지게 된다. 이 때 큰 전류가 흐르는 다이오드는 온도가 상승하게 되고, 도통 저항이 음의 온도 계수를 가지므로 저항이 더 작아져 점점 더 큰 전류가 흐르게 된다. 따라서 병렬 연결에 의해서 전류를 동등하게 분배할 수 없으며 한 쪽의 다이오드가 정격 용량을 초과하게 된다. BJT와 사이리스터 역시 다이오드 접합을 가지므로 음의 온도 계수를 가지고 있어 병렬로 동작할 때 비슷한 문제가 발생한다. 물론 어떠한 형태의 소자도 병렬로 동작시킬 수 있다. 그러나 소자의 도통 전류를 동일하게 하기 위해서는 정합된 소자, 열적으로 동일한 기판과 외부 회로의 사용이 필요하다.

4.2.2 MOSFET

전력용 MOSFET(Metal Oxide Semiconductor Field-Effect Transistor)는 1미크론 정도의 게이트 길이를 갖는 현대적인 전력용 반도체 소자이다. 전력용 MOSFET 소자는 실리콘 기판 위에 병렬 연결된 여러 개의 작은 증식형 MOSFET 셀들로 구성된다. 한 셀의 단면을 그림 4.26에 나타낸다. 전류는 실리콘 웨이퍼를 통해 수직으로 흐른다. 드레인의 금속 접점은 칩의 아래에 있고 소스의 금속 접점과 복합 실리콘 게이트는 칩의 상부 표면에 만들어져 있다. 정규 동작 조건에서 $v_{ds} \geq 0$이고 $p-n$과 $p-n^-$ 접합은 역방향으로 치우친다. 그림 4.27(a)는 오프 상태에서 소자의 동작을 나타낸다. 이때 드레인과 소스에 인

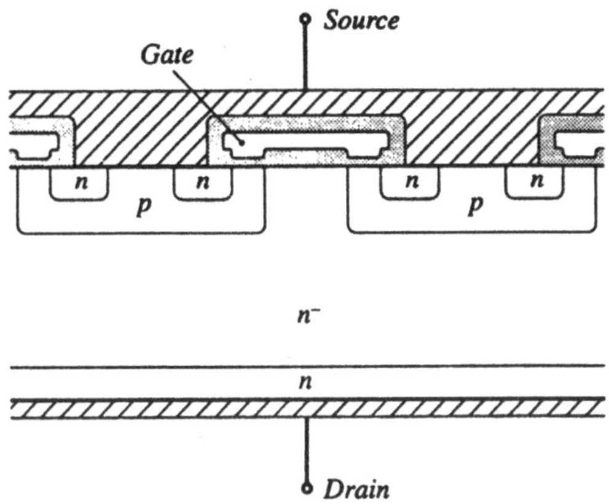

그림 4.26 DMOS n채널 전력용 MOSFET 구조의 단면 (빗금 부분은 금속 접점이고 음영 부분은 실리콘 산화물로 절연층이다)

가된 전압은 $p-n^-$ 접합의 공핍 영역 양단에 나타난다. n^-영역은 낮게 도핑되어 있으며 이로부터 원하는 절연파괴 전압이 정격을 얻을 수 있다. 그림 4.27(b)는 충분히 큰 게이트-소스 전압을 갖는 온 상태 동작을 나타낸다. 이때 채널은 게이트 밑의 p영역 표면에 형성된다. 드레인 전류는 n 영역, n^-영역과 채널을 통해 소스 접점으로 흘러나온다. 소자의 도통 저항은 n^-영역, 채널, 소스와 드레인 접점 등의 저항을 합한 것이다. 절연파괴 전압이 높을 경우 도통 저항은 n^-영역의 저항에 의해 좌우된다. 이 소자에서는 도전율 변조를 일으키는 소수 캐리어가 없으므로 절연파괴 전압을 수백 볼트 이상으로 증가시키면 도통 저항은 급속이 커진다.

그림 4.27(c)에 나타낸 바와 같은 $p-n^-$ 접합을 내장 다이오드라 부르고 이 접합은 MOSFET와 역병렬로 실효적인 다이오드를 형성한다. 내장 다이오드는 드레인-소스 전압 $v_{ds}(t)$가 음의 전압일 때 순방향으로 치우친다. 이 다이오드에는 MOSFET의 정격 전류가 흐를 수 있다. 그러나 대부분의 MOSFET에서는 내장 다이오드의 스위칭 속도가 느려 다이오드가 역방향 회복 동안에 큰 전류가 흘러 소자에 손상을 입을 수 있다. 몇몇 반도체 제조회사에서는 고속의 내장 다이오드를 가진 MOSFET를 생산하고 있으며 이러한 소자는 내장 다이오드의 역방향 회복 동안에 큰 전류에 견딜 수 있는 정격을 가지고 있다.

그림 4.28은 전형적인 n채널 MOSFET 스위치의 정적 특성을 나타낸다. 여러 값의 드레인-소스 전압에 대해 드레인-소스 전류를 게이트-소스 전압의 함수로 나타낸다. 게이트-소스 전압이 문턱 전압(threshold voltage) V_{th}보다 작을 때 소자는 오프 상태가 된다. 문

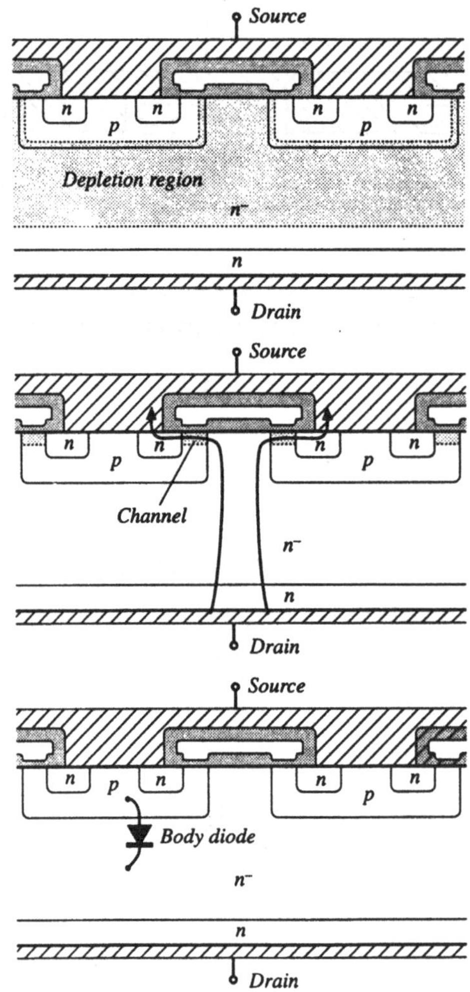

그림 4.27 전력용 MOSFET의 동작: (a) 오프 상태에서 n^- 영역의 공핍 영역에 v_{ds}가 인가 (b) 온 상태에서 도통 채널을 통해 전류가 흐름 (c) p–n^-에 의한 내장 다이오드

턱 전압 V_{th}는 통상 3 V 정도이다. 게이트-소스 전압이 6 V 또는 7 V 이상일 경우 소자는 온 상태가 된다. 일반적으로 게이트는 순방향 전압 강하를 최소화하기 위해 12 V에서 15 V 정도의 전압으로 구동한다. 온 상태에서 드레인-소스 전압 V_{DS}는 드레인 전류 I_D에 근사적으로 비례한다. MOSFET는 평균 전류 정격을 초과하는 첨두 전류에도 좋은 특성을 나타내며 큰 전류에서도 정적 특성이 변하지 않는다. 일반적인 MOSFET외에 5 V의

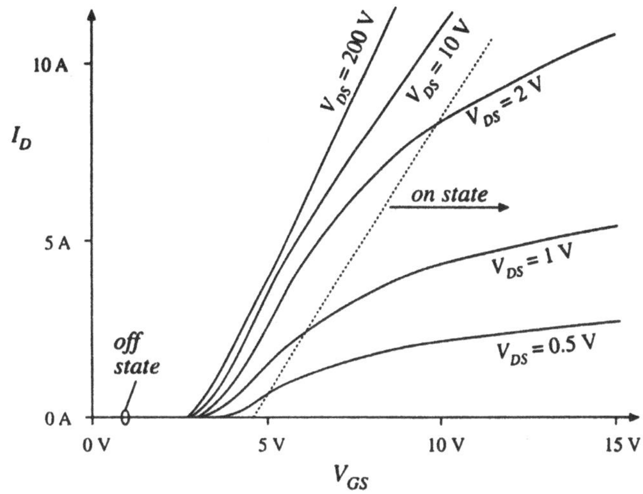

그림 4.28 전력용 MOSFET의 전형적인 정적 특성 (I_D vs. V_{GS})

게이트-소스 전압에서 동작하는 논리신호 전압 수준의 전력용 MOSFET도 있으며 *p*채널 MOSFET도 제조되고 있다. 그러나 *p*채널 소자의 경우 동등한 *n*채널 소자에 비해 특성이 좋지 않다.

MOSFET의 도통 저항과 순방향 전압 강하는 양의 온도 계수를 나타낸다. 이러한 특성 때문에 MOSFET은 병렬 연결이 상대적으로 용이하다. 따라서 몇 개의 소자를 병렬 연결하여 높은 전류의 정격을 지닌 MOSFET 모듈이 생산되고 있다.

그림 4.29는 MOSFET의 주요 기생 커패시터 성분을 나타낸 모델이다. MOSFET의 스위칭 특성을 정성적으로 이해하는데 이 모델이면 충분하다(그러나 좀 더 정확한 모델링을 하기 위해서는 DMOS 구조에 나타나는 기생 접합 전계효과 트랜지스터 모델이 필요하다). MOSFET의 스위칭 시간은 게이트 구동회로가 이러한 기생 커패시턴스를 충전하는데 걸리는 시간에 의해 결정된다. 드레인 전류는 게이트-소스 전압의 함수이므로 드레인 전류의 변화율은 게이트 구동회로에 의해 게이트-소스 커패시턴스가 충전되는 속도에 의해 결정된다. 마찬가지로 드레인 전압의 변화율 역시 게이트-소스 커패시턴스 충전 속도의 함수이다. 드레인-소스 커패시턴스는 PWM 컨버터에서 직접적으로 스위칭 손실을 야기하며 이 커패시턴스에 저장된 에너지는 트랜지스터가 턴 온될 때 소모된다. 스위칭 손실에 대해서는 4.3절에서 다룬다.

게이트-소스 커패시턴스는 본질적으로 선형적이다. 그러나 드레인-소스 및 게이트-드레

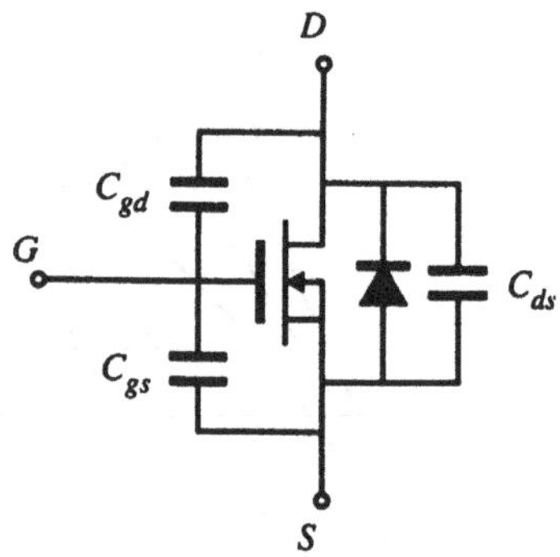

그림 4.29 내장 다이오드와 단자 커패시터를 포함하는 등가회로

인 커패시턴스는 큰 비선형 특성을 보인다. 드레인-소스 커패시턴스는 커패시터 인가 전압에 따라 변화하며 다음 식과 같이 나타낼 수 있다.

$$C_{ds}(v_{ds}) = \frac{C_0}{\sqrt{1 + \dfrac{v_{ds}}{V_0}}} \tag{4.4}$$

여기서 C_0와 V_0는 소자의 구조에 관계되는 상수이다. 이 커패시턴스는 v_{ds}가 정규적인 동작 범위를 벗어날 경우 크게 변할 수 있다. $v_{ds} \gg V_0$인 조건에서 식 (4.4)를 다음과 같이 근사적으로 나타낼 수 있다.

$$C_{ds}(v_{ds}) \approx C_0\sqrt{\frac{V_0}{v_{ds}}} = \frac{C_0'}{\sqrt{v_{ds}}} \tag{4.5}$$

이 식은 4.3.3절에서 C_{ds}에 저장된 에너지에 의한 스위칭 손실을 정의하는데 사용된다.

몇몇 상용의 전력용 MOSFET의 특성을 표 4.2에 나타낸다. 게이트 전하량 Q_g는 특정 드레인-소스 전압(일반적으로 정격 V_{DS}의 80%)에서 게이트 전압을 영에서 특정 값 (일반적으로 10 V)으로 상승시키기 위해 게이트 구동회로가 공급해야 하는 전하량을 나타낸다. 전체 게이트 전하량은 게이트-드레인 및 게이트-소스 전하량의 합이다. 전체 게이트 전하량은 MOSFET의 크기와 스위칭 속도를 어느 정도 가늠할 수 있는 척도이다.

다른 전력용 반도체 소자와 다르게 MOSFET에서는 일반적으로 평균 정격 전류를 기

표 4.2 상용 n채널 전력용 MOSFET의 특성 예

Part number	*Rated maximum voltage*	*Rated average current*	R_{on}	Q_g (*typical*)
IRFZ48	60 V	50 A	0.018 Ω	110 nC
IRF510	100 V	5.6 A	0.54 Ω	8.3 nC
IRF540	100 V	28 A	0.077 Ω	72 nC
APT10M25BNR	100 V	75 A	0.025 Ω	171 nC
IRF740	400 V	10 A	0.55 Ω	63 nC
MTM15N40E	400 V	15 A	0.3 Ω	110 nC
APT5025BN	500 V	23 A	0.25 Ω	83 nC
APT1001RBNR	1000 V	11 A	1.0 Ω	150 nC

준으로 소자를 선택하지 않는다. 오히려 도통 저항과 도통 손실이 주된 제한 요소이다. MOSFET는 일반적으로 평균 정격 값보다 다소 작은 평균 전류에서 동작한다.

MOSFET는 약 400 V에서 500 V 정도 또는 이보다 작은 전압에서 주로 사용되는 소자이다. 이 전압 범위에서 순방향 전압 강하가 소수 캐리어 소자에 비해 낮으며 스위칭 속도는 매우 빠르다. 일반적으로 스위칭 속도는 50 ns에서 200 ns 정도의 범위를 가진다. 400 V에서 500 V 이상의 전압에서는 IGBT와 같은 소수 캐리어 소자가 낮은 순방향 전압 강하를 가지며 더 적합하다. 그러나 예외적인 경우 즉, 전압이 높고 빠른 스위칭 속도가 요구되는 응용에 MOSFET를 사용할 수 있으나 사용 가능한 낮은 도통 손실을 얻기 위해서는 다수 소자를 병렬로 연결하게 되어 가격이 크게 상승한다.

4.2.3 BJT

NPN 전력용 트랜지스터(Bipolar Junction Transistor : BJT)의 단면을 그림 4.30에 나타낸다. 다른 소자와 마찬가지로 전류는 실리콘 웨이퍼를 통해 수직으로 흐른다. 적당한 절연파괴 전압 정격을 얻기 위해서 낮은 농도로 도핑된 n^- 영역이 컬렉터에 삽입되어 있

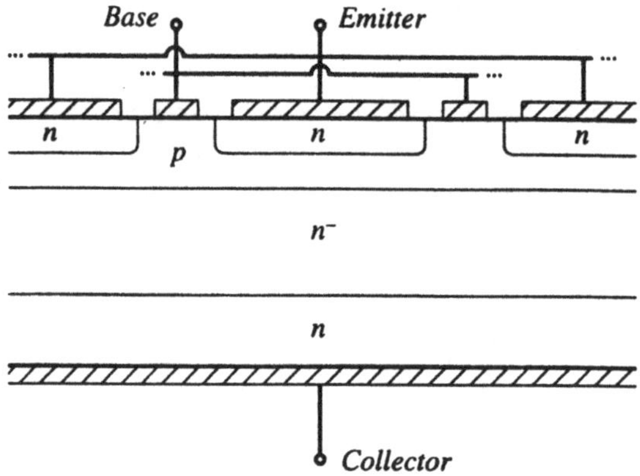

그림 4.30 전력용 BJT의 구조 (빗금 부분은 금속 접점)

다. 베이스-이미터 pn 접합과 베이스-컬렉터의 $p-n^-$ 접합이 역방향으로 치우치면 트랜지스터는 오프 상태(저지 영역)가 된다. 이 때 컬렉터-이미터에 인가된 전압은 본질적으로 $p-n^-$접합의 공핍 영역 양단에 걸린다. 두 접합 모두가 순방향으로 치우칠 때 트랜지스터는 온 상태(포화 영역)가 된다. 이 때 실질적인 소수 전하는 p와 n^- 영역에 있다. 이 소수 전하는 도전율 변조 효과에 의해 n^- 영역이 낮은 도통 저항을 갖도록 한다. 온과 오프 상태 사이에는 잘 알려진 활성 영역이 있으며 이때 베이스-이미터 pn 접합은 순방향, 베이스-컬렉터 pn^- 접합은 역방향으로 치우친다. BJT가 활성 영역에서 동작할 때 컬렉터 전류는 베이스 영역의 소수 전하의 양에 비례하며 또한 정상 상태에서 베이스 전류에 비례한다. 이 세 영역에 부가적으로 준 포화 영역이라고 불리는 네 번째 영역이 활성 영역과 포화 영역 사이에 존재한다. 준 포화는 베이스 전류가 소자를 완전히 포화시키기에는 충분하지 못할 때 일어난다. 따라서 n^- 영역의 소수 전하가 불충분하여 이 영역의 저항을 충분히 낮출 수 없으므로 트랜지스터 도통 저항이 높게 나타난다.

그림 4.31의 간단한 BJT 스위칭 회로에 대한 턴 온과 턴 오프 과도상태의 파형을 그림 4.32에 나타낸다. 구간 (1) 동안 트랜지스터는 오프 상태에 있고 이때 베이스-이미터 접합은 전압원 $v_s(t) = -V_{s1}$에 의해 역방향으로 치우쳐 있다. 구간 (2)의 시작점에서 전압원은 $v_s(t) = V_{s2}$로 바뀌며 턴 온 과도상태가 시작된다. 이때 전압원으로 부터 BJT의 베이스에 양의 전류가 공급된다. 이 전류는 먼저 역방향으로 치우친 베이스-이미터와 베이스-컬렉터 접합의 공핍 영역 커패시턴스를 충전한다. 구간 (2)의 끝에서 베이스-이미터

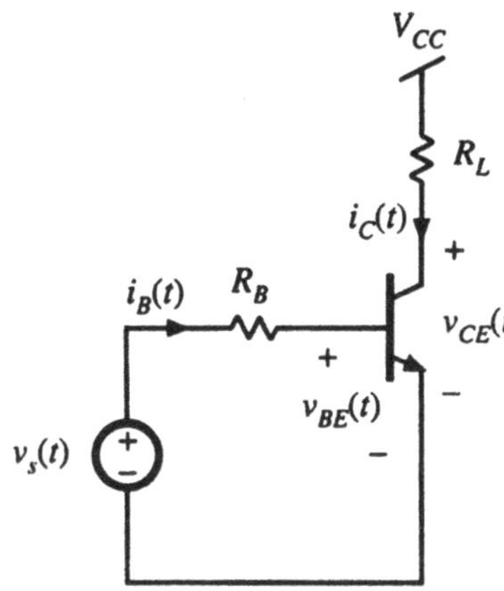

그림 4.31 BJT 스위칭 시간 예를 위한 회로

전압은 영보다 커지며 베이스-이미터 접합은 순방향으로 치우친다. 구간 (2)의 시간을 턴 온 지연 시간이라 부른다. 구간 (3) 동안 소수 전하는 베이스-이미터 접합을 가로질러 이미터로부터 베이스 영역으로 주입된다. 이때 컬렉터 전류는 이 베이스 소수 전하에 비례한다. 따라서 구간 (3) 동안 컬렉터 전류는 증가한다. 트랜지스터가 저항 부하 R_L을 구동하므로 컬렉터 전압은 구간 (3) 동안 감소한다. 이로 인해 역방향으로 치우친 베이스-컬렉터 공핍 영역(밀러: Miller) 커패시턴스의 양단 전압이 감소하게 된다. R_B를 감소시키거나 V_{s2}를 증가시켜 전류 I_{B1}을 키우면 베이스 영역의 소수 전하와 밀러 커패시턴스 전하의 변화율이 증가하게 된다. 따라서 I_{B1}의 증가는 턴 온 스위칭 시간을 감소시키게 된다.

구간 (3)의 끝 부근에서 베이스-컬렉터 $p-n^-$ 접합은 순방향으로 치우친다. 이때 소수 캐리어는 n^- 영역에 주입되고 이 영역의 실효 저항률을 낮추게 된다. 구간 (4)에서는 도전율 변조에 따른 n^- 영역의 저항 감소로 꼬리 전압(tail voltage)이 나타나며, 이 전압은 소자의 기하학적 구조와 베이스 전류의 크기에 따라 달라진다. 구간 (5)의 시작점에서 BJT는 안정된 온 상태에 도달하며, 이때 온 저항은 낮아지고 실질적인 소수 전하가 n^-과 p 영역 모두에 나타난다. 이 소수 전하는 컬렉터 전류 I_{Con}을 흐르게 하는데 필요한 전하보다 충분히 많으며 그 크기는 $I_{B1}-I_{Con}/\beta$의 함수이다. 여기서 β는 활성 영역의 전류 이득이다.

구간 (6)의 시작에서 전압원이 $v_s(t)=-V_{s1}$으로 변하며 턴 오프 과정이 시작된다. 소수 캐리어가 접합의 근처에 존재하는 동안 베이스-이미터 접합은 순방향으로 치우쳐 있

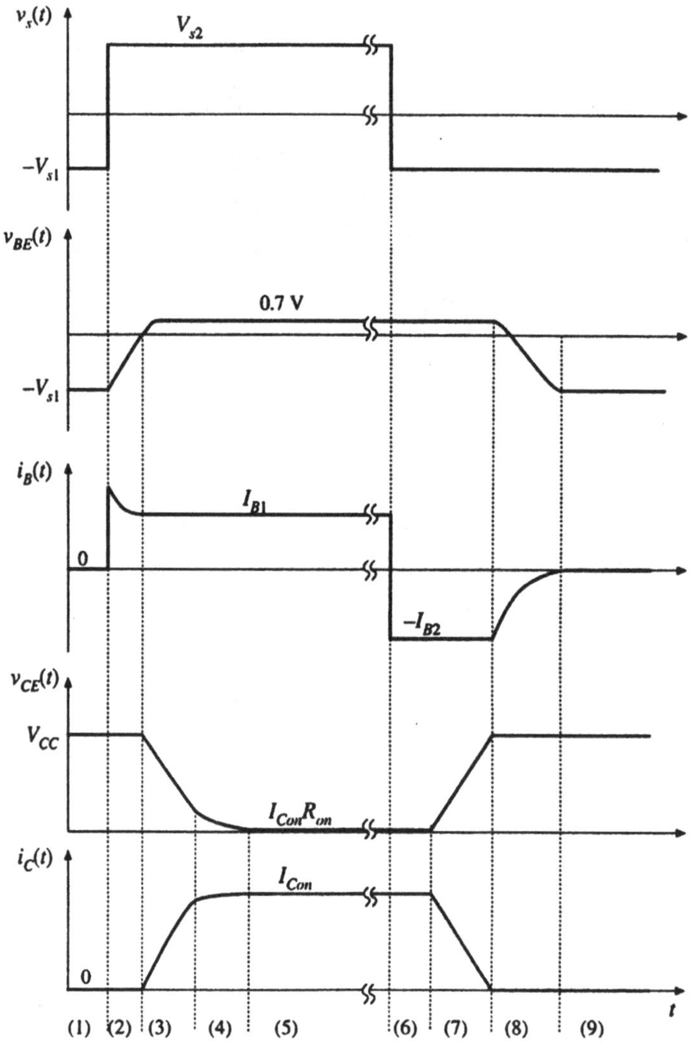

그림 4.32 BJT의 턴 온 및 턴 오프 과도상태 파형

다. 또한 소수 전하가 I_{Con}의 활성 영역 도통을 유지하는데 필요한 전하량을 초과할 때까지 즉, 잉여 전하가 존재하는 한 컬렉터 전류는 $i_C(t) = I_{Con}$을 유지한다. 구간 (6) 동안 $-I_{B2} = (-V_{s1} - v_{BE}(t))/R_B$와 같은 음의 베이스 전류가 흐른다. 이 음의 베이스 전류는 저장된 전체 소수 전하를 감소시키며 재결합도 소수 전하를 감소시킨다. 모든 잉여 소수 전하가 제거되면 구간 (6)은 끝나게 된다. 구간 (6) 동안의 시간을 저장 시간(storage time)

이라 부른다. 구간 (7) 동안 트랜지스터는 활성 영역에서 동작한다. 이때 컬렉터 전류 $i_C(t)$는 저장된 소수 전하에 비례한다. 재결합과 음의 베이스 전류는 소수 베이스 전하를 계속 감소시키고 이로 인해 컬렉터 전류 또한 감소한다. 게다가 컬렉터 전압은 전류의 감소로 증가하게 되고 베이스 전류는 밀러 커패시터를 충전해야 한다. 구간 (7)의 끝에서 저장된 소수 전하는 영이 되고 베이스-이미터 접합은 역방향으로 치우친다. 구간 (7) 동안의 시간을 턴 오프 시간 또는 하강 시간(fall time)이라고 부른다. 구간 (8) 동안 역방향으로 치우친 베이스-이미터 접합 커패시턴스는 전압 $-V_{s1}$으로 방전된다. 구간 (9)에서 트랜지스터는 안정된 오프 상태로 동작한다.

위와 달리 $I_{B2}=0$ 일 경우에도(V_{s1}이 근사적으로 영일 경우) 트랜지스터를 오프할 수 있다. 그러나 이 경우에는 저장 시간과 턴 오프 시간이 매우 길어지게 된다. 만약 $I_{B2}=0$ 이라면 저장된 모든 소수 전하가 재결합을 통해 수동적으로 제거되어야 한다. 스위칭 시간을 최소화 하는 관점에서 보면 그림 4.33과 같은 베이스 전류 파형이 가장 이상적이다. 초기 베이스 전류 I_{B1}은 크기가 크며, 이로 인해 베이스에 전하를 빠르게 주입할 수 있고 턴 온 스위칭 시간이 빨라진다. 온 상태의 전류 I_{Bon}은 두 가지 점에서 절충된 값이 필요하다. 즉, 충분한 베이스 전류로 컬렉터-이미터 전압 강하를 줄이는 한편 잉여 소수 전하의 양이 적절히 유지되도록 베이스 전류를 조절하여 스위칭 시 저장 시간을 가능한 짧도록 해야 한다. 전류 $-I_{B2}$는 베이스로부터 전하를 빨리 제거하고 스위칭 시간이 빨라지도록 전류의 크기가 커야 한다.

그러나 대부분의 BJT에서 과도한 크기의 I_{B1}과 I_{B2}가 소자에 손상을 야기하므로 그 크기는 제한되어야 한다. 그림 4.34와 같이 베이스 전류는 p 영역을 통해 측면으로 흐른다. 이 전류는 p형 물질의 저항에 의해 전압 강하를 일으키며 베이스-이미터 접합 양단

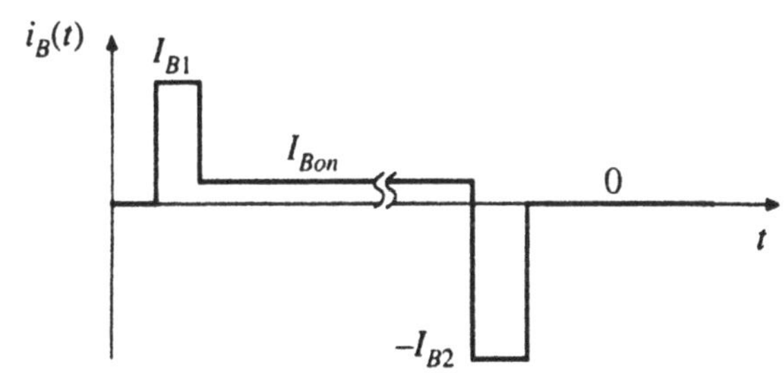

그림 4.33 스위칭 시간을 최소화하기 위한 이상적인 전류 파형

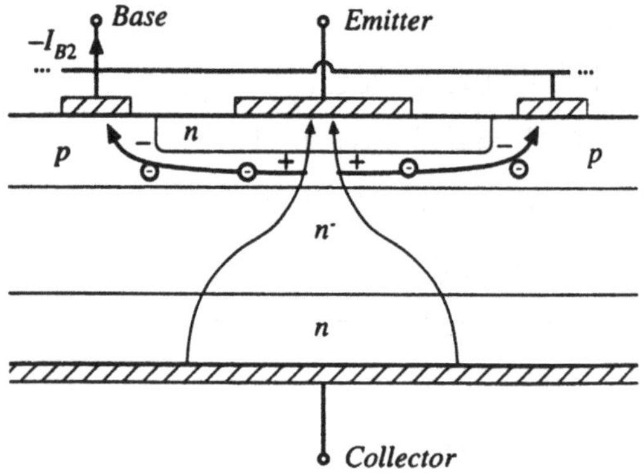

그림 4.34 측면 베이스 전류에 의한 이미터 전류의 집중 현상

의 전압에 영향을 준다. 턴 오프 과도상태 동안에 베이스 전류 $-I_{B2}$에 의해 베이스-이미터 접합 전압은 베이스 영역의 가운데서 가장 크고 베이스 접점 근처의 모서리 영역에서 작아지게 된다. 따라서 컬렉터 전류는 베이스 영역의 가운데로 집중되게 된다. 이와 유사하게 큰 I_{B1}은 턴 온 과도상태 동안에 컬렉터 전류가 베이스 영역의 모서리에 집중되도록 만든다. 컬렉터-이미터 전압과 컬렉터 전류는 스위칭 과정에서 동시에 커지므로 실질적인 전력 손실은 이러한 전류의 집중에 연관될 수 있다. 따라서 열점이 베이스 영역의 중심 또는 모서리에서 발생되며 베이스-이미터 접합 전류의 양의 온도 계수(접합 전압의 음의 온도 계수에 상응하는)는 열 폭주와 소자의 파괴를 일으킬 수 있다. 그래서 안정된 동작을 위해서는 I_{B1}와 I_{B2}의 크기에 대한 제한이 필요하다. 또한 스위칭 과도상태 동안 순간적인 트랜지스터 전력 손실을 줄이기 위해 외부에 스너버(snubber) 회로를 부가할 필요가 있다.

BJT의 정상상태 특성을 그림 4.35에 나타낸다. 그림 4.35(a)에 여러 값의 컬렉터-이미터 전압 V_{CE}에 대해 컬렉터 전류 I_C를 베이스 전류 I_B의 함수로 나타내었다. 그리고 저지, 활성, 준 포화 및 포화 영역이 그림에 정의되어 있다. 주어진 컬렉터 전류 I_C에서 최소의 순방향 포화 전압으로 동작하기 위해서는 베이스 전류 I_B가 충분히 커야한다. 활성 영역에서 기울기 dI_C/dI_B는 전류 이득 β를 의미한다. 여기서 β가 BJT 정격 부근의 큰 전류에서 급격히 감소됨을 볼 수 있다. 따라서 소자를 완전하게 포화시키는 것은 어렵다. 그림 4.35(b)에는 컬렉터 전류 I_C가 여러 값의 I_B에 대해 컬렉터-이미터 전압 V_{CE}의 함수로 그려져 있다. 절연파괴 전압들을 나타내는 BV_{sus}, BV_{CEO}, BV_{CBO}가 그림 4.35(b)

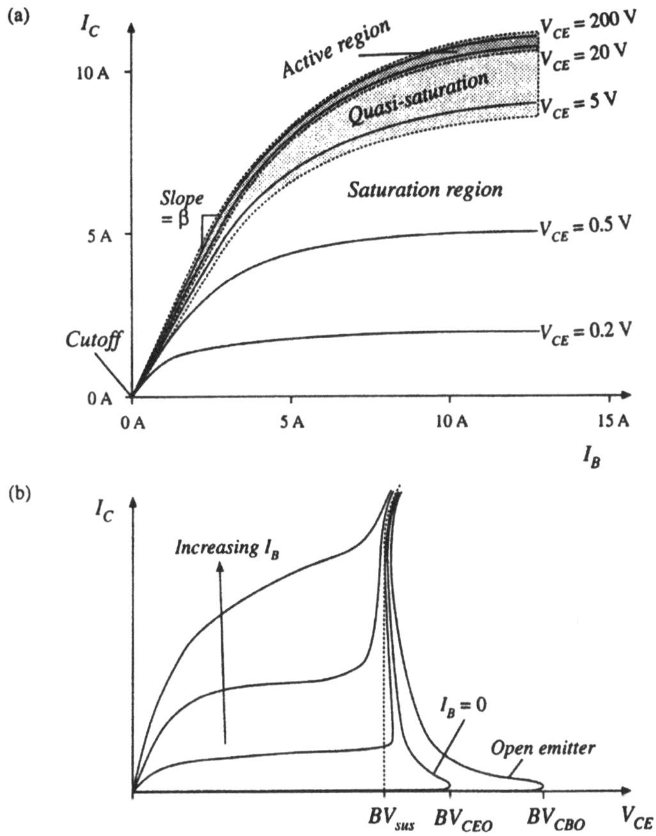

그림 4.35 BJT의 정적 특성: (a) 동작 영역을 나타내는 I_C vs. I_B (b) 절연파괴 전압을 나타내는 I_C vs. V_{CE}

에 표시되어 있다. BV_{CBO}는 이미터 회로가 개방되어 있거나 충분히 큰 음의 베이스 전류가 흐르고 있을 경우 베이스-컬렉터 접합의 사태 절연파괴 전압(avalanche breakdown voltage)이다. BV_{CBO}는 베이스 전류가 영일 때 볼 수 있는 다소 작은 컬렉터-이미터 절연파괴 전압이다. 사태 절연파괴에 도달함에 따라 생성된 자유 전자 및 정공은 양의 베이스 전류와 같은 효과를 가지며 절연파괴 전압을 감소시킨다. BV_{sus}는 양의 베이스 전류에서 볼 수 있는 절연파괴 전압이다. 통상 절연파괴 시 순간적인 큰 전력의 소모에 의해 BJT는 파괴된다. 대부분의 경우 오프 상태에서 트랜지스터에 걸리는 전압이 BV_{CBO}를 넘지 않게 회로를 설계해야 한다.

고전압 BJT의 전류 이득은 일반적으로 낮으므로 그림 4.36과 같은 달링턴(Darlington)

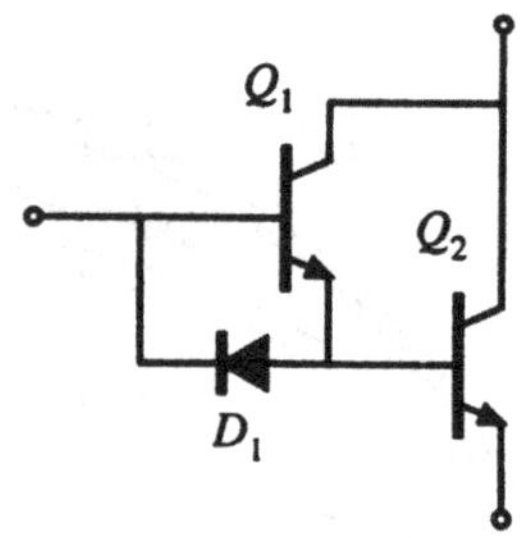

그림 4.36 턴 오프 시간을 개선하기 위해 다이오드가 포함된 달링턴 연결 BJT

방식으로 연결된 소자가 사용된다. 만약 트랜지스터 Q_1과 Q_2가 각각 β_1과 β_2의 전류 이득을 가진다면 달링턴 식으로 연결된 소자는 실질적으로 증가된 $\beta_1+\beta_2+\beta_1\beta_2$의 전류 이득을 가진다. 모놀리식(monolithic) 달링턴 소자에서는 트랜지스터 Q_1과 Q_2가 하나의 실리콘 웨이퍼에 집적된다. 다이오드 D_1은 턴 오프 시 속도 증가를 위한 것으로 턴 오프 시 Q_1과 Q_2 모두에 저장된 전하를 베이스 구동회로에서 제거할 수 있도록 해 준다.

현재 BJT는 500 V 이하의 전압을 갖는 응용 분야에서 MOSFET에 의해 거의 대체되었으며 고전압 응용 분야에서도 고속 IGBT 또는 다른 소자들에 의해 교체되어지고 있다.

4.2.4 IGBT

IGBT(Insulated Gate Biploar Transistor)의 단면을 그림 4.37에 나타낸다. 그림 4.26과 비교해 보면 IGBT와 전력용 MOSFET는 매우 비슷한 구조를 가짐을 알 수 있다. 가장 큰 차이점은 IGBT의 컬렉터에 연결된 p 영역이다. 그러므로 IGBT는 MOS 게이트를 갖는 현대적인 4층 구조의 전력용 반도체 소자라고 할 수 있다.

첨가된 p 영역의 역할은 그림 4.37과 같이 소자가 온 상태로 동작할 때 소수 전하를 n^- 영역으로 주입하는 것이다. IGBT가 도통할 때 $p-n^-$ 접합은 순방향으로 치우치고 n^- 영역에 주입된 소수 전하는 도전율 변조를 일으킨다. 이로 인해 n^- 영역의 도통 저항은 감소하게 되어 낮은 순방향 전압 강하를 갖는 고전압 IGBT를 만들 수 있다. 1999년의 경우 쉽게 구할 수 있는 IGBT의 정격은 최저 600 V 최고 3300 V 정도이다. 이들 소자의 순방향 전압 강하는 통상 2~4 V이며, 이 전압은 동일한 실리콘 면적을 갖는 등가

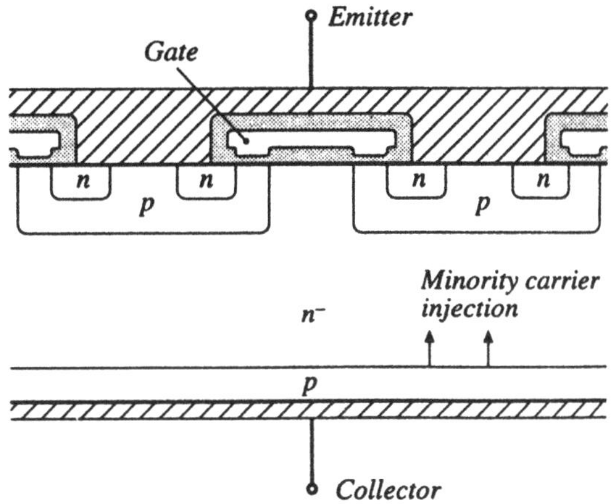

그림 4.37 IGBT의 구조 (빗금 영역은 금속 접점이고 음영 영역은 실리콘 산화물 절연층)

MOSFET의 순방향 전압 강하보다 아주 작은 값이다.

현재 사용되고 있는 IGBT의 회로 기호는 몇 가지가 있지만 그림 4.38(a)가 가장 일반적이다. 두 개의 트랜지스터를 사용한 IGBT의 등가회로는 그림 4.38(b)와 같다. IGBT는 PNP 이미터-폴로우 BJT와 직결된 n채널 전력용 MOSFET와 사실상 같은 기능을 갖는다. 이 두 실효적인 소자의 물리적인 배치를 그림 4.39와 같이 나타낼 수 있다. 이 그림에서 두 실효 전류, 즉 실효 MOSFET 채널 전류 i_1과 실효 PNP 컬렉터 전류 i_2가 존재함을 볼 수 있다.

IGBT는 낮은 순방향 전압 강하를 갖는 대신 스위칭 시간(특히 턴 오프 과정에서)이 길다. IGBT의 턴 오프 과도상태에서 꼬리 전류가 발생한다. IGBT 내의 실효 MOSFET은 게이트-이미터 전압을 음으로 인가하여 게이트 전하를 제거함으로써 빠르게 턴 오프시킬 수 있다. 이로 인해 채널 전류 i_1은 빠르게 영이 된다. 그러나 PNP 컬렉터 전류 i_2는 n^- 영역에 소수 전하가 존재하는 동안 계속 흐른다. 저장된 소수 전하를 실질적으로 제거하는 방법이 없으므로 이는 재결합을 통해 서서히 감소한다. 그래서 i_2는 소수 전하에 비례해서 서서히 감소하며 꼬리 전류가 나타난다. 꼬리 전류의 길이는 도통 저항이 다소 증가하는 것을 감수한다면 n^- 영역에 재결합 중심(recombination center)를 첨가하여 감소시킬 수 있다. 실효 PNP 트랜지스터의 전류 이득은 i_2보다 큰 i_1에 의해 역시 최소화될 수 있다. 그럼에도 불구하고 IGBT의 턴 오프 스위칭 시간은 통상 0.5 μs에서 5 μs 범위로 MOSFET에 비해 매우 길다. IGBT의 꼬리 전류에 의해 발생하는 스위칭 손실을

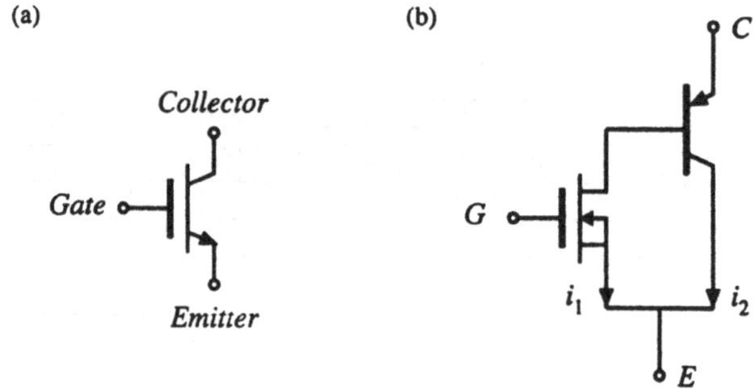

그림 4.38 IGBT (a) 회로 기호 (b) 등가회로

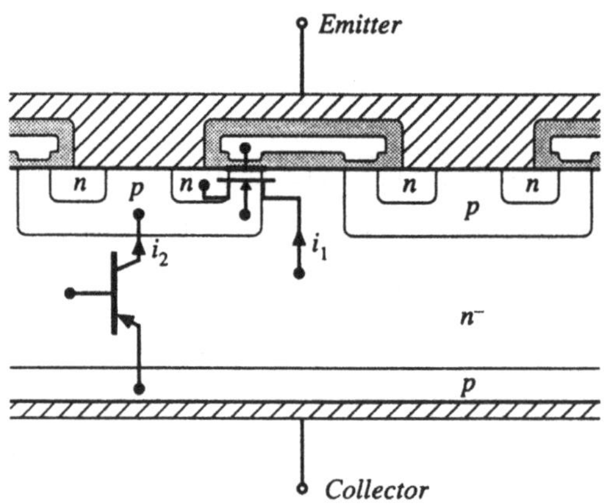

그림 4.39 IGBT에 실효 MOSFET와 PNP 소자의 물리적 구성

4.3.1절에서 논의한다. IGBT를 사용한 PWM 컨버터의 스위칭 주파수는 통상 1~30 kHz의 범위이다.

IGBT의 부가적인 $p-n^-$ 다이오드 접합은 보통 큰 전압을 차단하도록 설계하지 않으므로 IGBT는 역방향 전압 저지 능력이 거의 없다.

IGBT는 4층 구조의 소자이기 때문에 SCR에서 나타나는 래치업(latchup) 현상이 나타날 수 있어 게이트 전압을 제어하여 IGBT를 턴 오프할 수 없는 경우가 발생한다. 그러나 현재 사용되고 있는 IGBT 소자는 이 문제를 상당히 개선하고 있다. 그리고 열점과 전류 집중 현상도 일어나지 않으며 외부 스너버 회로에 대한 필요성도 크지 않다.

IGBT의 온 상태 순방향 전압 강하는 순방향 다이오드 접합과 실효 도통 저항의 직렬

표 4.3 상용 전력용 IGBT의 특성 예

Part number	*Rated maximum voltage*	*Rated average current*	V_F (*typical*)	t_r (*typical*)
Single-chip devices				
HGTP12N60A4	600 V	23 A	2.0 V	70 ns
HGTP32N60E2	600 V	32 A	2.4 V	0.62 μs
HGTP30N12D2	1200 V	30 A	3.2 V	0.58 μs
Multiple-chip modules				
CM400HA-12E	600 V	400 A	2.7 V	0.3 μs
CM300HA-24E	1200 V	300 A	2.7 V	0.3 μs
CM800HA-34H	1700 V	800 A	3.3 V	0.63 μs
High voltage modules				
CM800HB-50H	2500 V	800 A	3.15 V	1.0 μs
CM600HB-90H	4500 V	900 A	3.3 V	1.2 μs

연결로 모델링될 수 있다. 다이오드 접합 전압은 음의 온도 계수를, 도통 저항은 양의 온도 계수를 가지므로 IGBT 순방향 전압 강하의 온도 계수는 매우 복잡하다. 다행스럽게도 정격 전류 근처에서 도통 저항이 지배적이므로 전체적으로 양의 온도 계수를 가진다. 따라서 다수의 소자를 병렬 연결한 대용량 모듈이 상용으로 사용되고 있다. 상용으로 사용되는 몇 가지 종류의 단일 칩 IGBT 또는 IGBT 모듈의 특성을 표 4.3에 나타낸다.

4.2.5 싸이리스터(SCR, GTO, MCT)

기존의 모든 전력용 반도체 소자 중에서 실리콘 제어 정류기(silicon-controlled rectifier: SCR)는 가장 오래 되었으며 가격 대 전력비가 가장 낮다. 그리고 가장 큰 전력을 제어할 수 있는 소자이며 5000에서 7000 V 정도의 전압과 수천 암페어의 전류 용량을 가진 상용 소자도 있다. 한 예로 직류 전력전송 응용에서 교류 설비와 1 kA/1 MV의 직류 송전선을 인터페이스하기 위한 인버터와 정류기에는 직렬 연결된 광-트리거(light-triggered) SCR을 사용한다. 하나의 큰 SCR은 몇 인치의 직경을 가진 실리콘 웨이퍼를 가득 채우며 하키

퍽 모양의 케이스에 실장된다.

SCR의 회로 기호는 그림 4.40(a)에 나타낸 것과 같으며, NPN과 PNP BJT 소자로 나타낸 등가회로는 그림 4.40(b)와 같다. 실리콘 칩의 단면을 그림 4.41에 나타낸다. 그림과 같이 실효 트랜지스터 Q_1은 n, p와 n^- 영역으로 구성되어 있고 Q_2는 p, n^-와 p 영역으로 구성된다.

이 소자는 양과 음의 애노드-캐소드 전압 모두를 저지할 수 있는 능력을 가진다. 인가된 전압의 극성에 따라 $p-n^-$ 접합 중의 하나가 역방향으로 치우친다. 이 모든 경우에 공핍 영역은 저 농도로 도핑된 n^- 영역 내로 확대된다. 다른 소자들과 마찬가지로 n^- 영

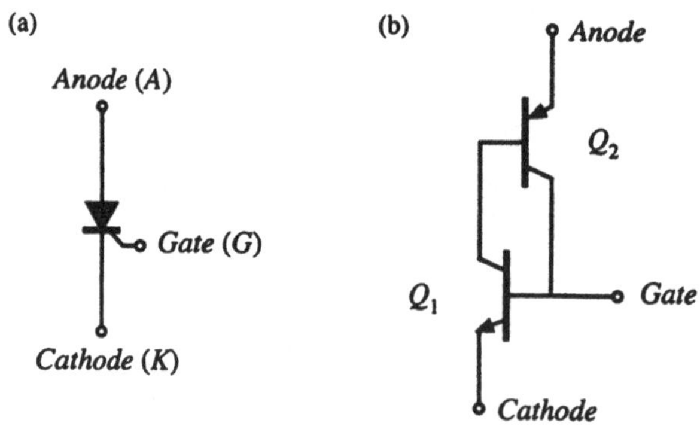

그림 4.40 SCR: (a) 회로 기호, (b) 등가회로

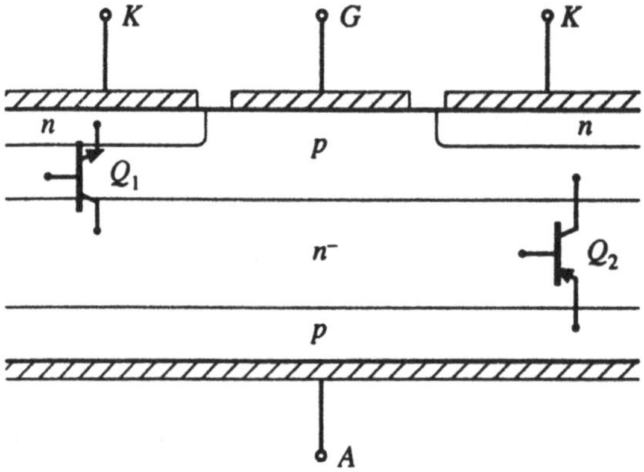

그림 4.41 SCR에서 실효 NPN 및 PNP 소자의 물리적 구성

역의 두께와 도핑 농도를 적절하게 설계하여 원하는 절연파괴 전압 정격을 얻을 수 있다.

SCR은 애노드와 캐소드 사이의 전압 v_{AK}가 양의 값일 때 온 상태가 될 수 있다. 그리고 양의 게이트 전류 i_G는 실효 트랜지스터 Q_1을 턴 온시킨다. 이로부터 실효 트랜지스터 Q_2의 베이스 전류를 공급하게 되고 Q_2 역시 턴 온된다. 트랜지스터 Q_1의 컬렉터 영역과 Q_2의 베이스 영역이 실효적으로 연결되어 양의 되먹임 루프를 형성한다. 두 트랜지스터의 전류 이득 곱은 1보다 크므로 트랜지스터 전류는 계속 증가할 것이다. 온 상태에서 애노드 전류는 외부 회로에 의해 제한되고 두 실효 트랜지스터는 완전히 포화상태로 동작한다. 소수 캐리어는 네 영역 모두에 주입되어 도전율 변조에 의해 매우 낮은 순방향 전압 강하를 나타낸다. 온 상태에서 SCR은 작은 값의 온 저항과 순방향으로 치우친 다이오드가 직렬로 연결된 회로로 모델링할 수 있다. 게이트 전류와 무관하게 SCR은 온 상태에서 그대로 유지된다. 즉, 애노드 전류가 음이거나 애노드-캐소드 전압이 음으로 인가되지 않으면 소자는 턴 오프될 수 없다. 위상제어 컨버터에서 SCR은 컨버터의 교류 입력 또는 출력 파형이 영과 교차할 때 턴 오프된다. 강제 환류식 컨버터(forced commutation converter)에서는 외부 회로가 애노드 전류 또는 애노드-캐소드 전압을 역으로 만들어 SCR의 턴 오프를 제어한다.

일반적인 SCR의 정적 $i_A - v_{AK}$ 특성을 그림 4.42에 나타낸다. SCR은 양방향 전압 2상한 스위치임을 그림에서 알 수 있다. 그리고 턴 온 과정은 게이트 전류에 의해 능동적으로 제어되며 턴 오프는 게이트로 제어할 수 없고 수동적이다.

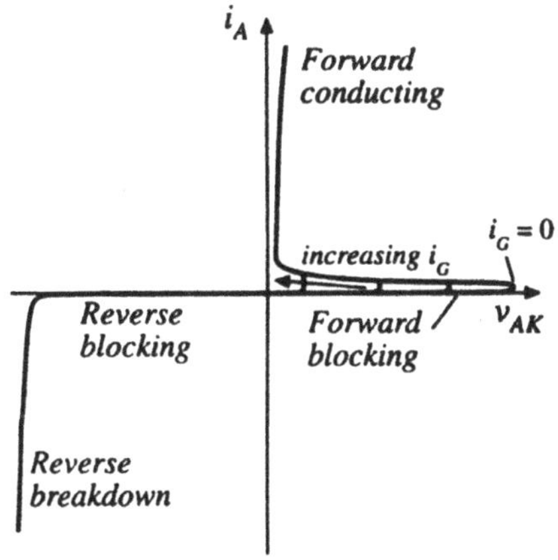

그림 4.42 SCR의 정적 $i_A - v_{AK}$ 특성

턴 오프 과정에서 순방향 애노드-캐소드 전압이 다시 인가될 때 SCR이 다시 트리거되는 것을 방지하기 위해 인가 전압의 상승률을 제한해야 한다. 턴 오프 시간은 저장된 소수 전하가 음의 애노드 전류를 통해 제거되거나 재결합하는데 필요한 시간을 말한다. 턴 오프 과도 과정에서 음의 애노드 전류는 저장된 소수 전하를 능동적으로 제거하며 그림 4.25의 다이오드 턴 오프 파형과 유사한 파형을 가진다. 따라서 애노드 전류가 첫 번째로 영과 교차한 후에 양의 애노드-캐소드 전압을 다시 인가하기 위해서는 턴 오프 시간동안 기다릴 필요가 있다. 그리고 애노드-캐소드 전압이 증가할 때 소자가 다시 트리거되는 것을 방지하기 위해 그 증가율의 제한이 필요하다. 인버터에 사용되는 SCR은 빠른 스위칭 시간을 가지도록 최적화 되어 있으며 작은 턴 오프 시간 값을 가진다.

기존의 SCR 웨이퍼는 게이트와 캐소드 접점의 깍지 낀 구조가 느슨하거나 없으므로 배선 폭이 넓다. 이러한 큰 배선 폭으로부터 생성되는 기생 성분들에 의해 몇 가지 제한 요소들이 나타난다. 턴 온 과도상태 동안 애노드 전류의 증가율은 안전한 값 이하로 제한되어야 한다. 그렇지 않으면 캐소드 전류의 집중이 일어날 수 있어 열점이 형성되어 소자가 파괴될 수 있다.

또한 게이트와 캐소드 구조에서 큰 배선 폭 때문에 게이트를 통해 SCR을 능동적으로 제어할 수 없다. 음의 게이트 전류를 인가해서 저장된 모든 소수 전하를 능동적으로 제거하고 게이트-캐소드 전압을 역방향으로 치우치게 만드는 것은 불가능하다. 그 이유는 그림 4.43으로 설명할 수 있다. 큰 음의 게이트 전류가 p 영역 부근을 측면으로 흐르면 전압 강하가 발생한다. 이로 인해 게이트-캐소드 접합 전압은 게이트 접점 부근에서 작아지고 게이트 접점에서 멀수록 커진다. 따라서 음의 게이트 전류는 단지 게이트 접점 부근의 게이트-캐소드 접합의 일부만 역방향으로 치우치게 만들 수 있고 나머지 부분은 계속 순방향으로 치우쳐 캐소드 전류는 계속 흐르게 된다. 사실상 게이트 접점은 단지 게이트 접점 부근의 캐소드 영역에만 영향을 줄 수 있다.

GTO 싸이리스터(gate turn-off thyristor)는 작은 배선 폭을 가지는 현대적인 전력용 반도체 소자이다. 게이트와 캐소드 접점은 강하게 깍지 낀 구조를 하고 있어 턴 오프 과도 동안 음의 게이트 전류를 통해 게이트-캐소드 $p-n$ 접합이 완전히 역방향으로 치우칠 수 있다. SCR과 비슷하게 하나의 큰 GTO는 실리콘 웨이퍼 하나를 완전히 채울 수 있다. 상용 GTO의 최대 전압과 전류 정격은 SCR보다는 작다.

GTO의 턴 오프 이득은 온 상태 전류와 소자를 턴 오프하는데 필요한 게이트 전류 크기의 비율이다. 통상적인 이득은 2에서 5 정도이다. 이는 1000 A를 온 상태인 GTO를

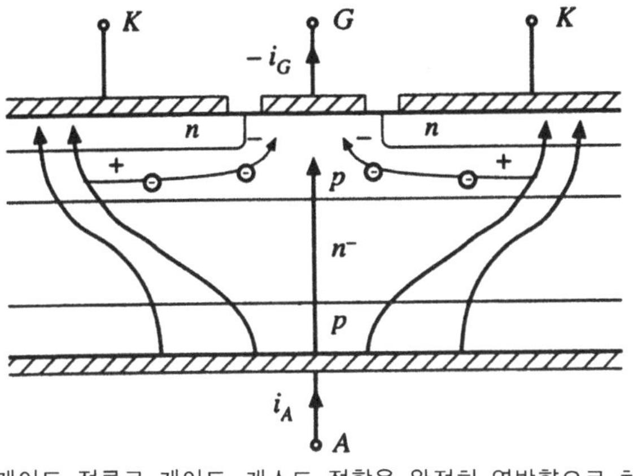

그림 4.43 역방향 게이트 전류로 게이트–캐소드 접합을 완전히 역방향으로 치우치게 할 수 없음

끄기 위해서 수백 A의 음의 게이트 전류가 필요함을 의미한다. 또한 관심의 대상은 제어 가능한 최대 온 상태 전류이다. GTO는 평균 정격 전류보다 매우 큰 첨두 전류를 흐르게 할 수 있다. 그러나 이러한 큰 첨두 전류가 흐를 때는 게이트 제어로 소자를 끄지 못할 수도 있다.

MOS-제어 싸이리스터(MOS-controlled thyristor: MCT)는 강하게 깍지 낀 구조의 SCR 위에 턴 온과 턴 오프 과정을 제어하기 위해 MOSFET를 집적한 최신의 전력용 반도체 소자이다. MOSFET및 IGBT와 유사하게 MCT는 1상한 소자이며 턴 온과 턴 오프가 MOS 게이트 단자에 의해서 제어된다. 상용 MCT는 p형 소자이다. 양방향 전압 2상한 MCT와 n형 MCT 역시 제조 가능하다.

턴 온과 턴 오프를 제어하기 위한 MOSFET를 포함하는 MCT의 단면을 그림 4.44에 나타낸다. 이러한 구조를 갖는 소자의 동작을 설명하기 위한 등가회로를 그림 4.45에서 볼 수 있다. 소자를 턴 온하기 위해 게이트-애노드 전압은 음의 값으로 주어진다. 이 전압은 p 채널 MOSFET Q_3와 BJT Q_1의 베이스-이미터 접합을 순방향으로 치우치게 한다. 그 다음 트랜지스터 Q_1과 Q_2는 온 상태를 유지한다. 소자를 턴 오프하기 위해서는 게이트-애노드 전압이 양의 값으로 주어진다. 이 전압은 n 채널 MOSFET Q_4에 순방향으로 치우치게 하고 이로 인해 BJT Q_2의 베이스-이미터 접합은 역방향으로 치우친다. 따라서 BJT는 턴 오프된다. 이 소자에서는 캐소드 전류에 충분히 영향을 발휘할 수 있도록 n채널 MOSFET의 도통 저항을 충분히 작게 만드는 것이 매우 중요하다. 이 저항은 제어 가능한 최대 온 상태 전류(즉, 게이트 제어로 차단 가능한 최대 전류)를 제한하게 된다.

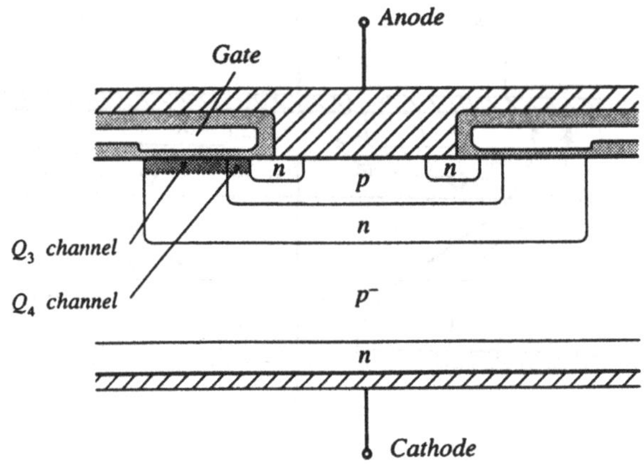

그림 4.44 MCT 구조(빗금 영역은 금속 접점이고 엷은 음영은 실리콘 산화물 절연층)

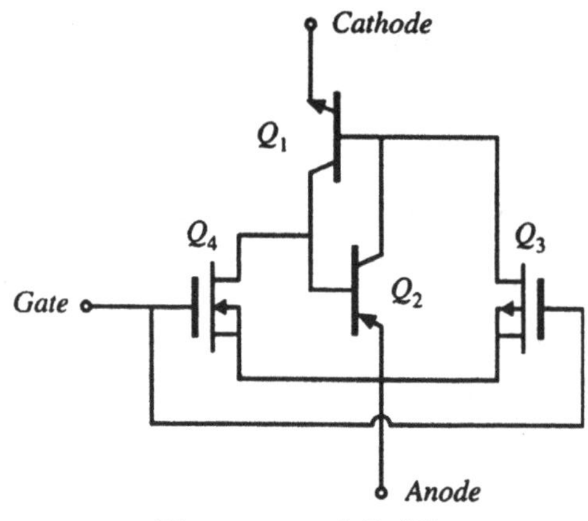

그림 4.45 MCT의 등가회로

고 전압 MCT는 비슷한 전압 정격과 실리콘 면적을 갖는 IGBT보다 낮은 순방향 전압 강하와 높은 전류 밀도를 보여준다. 그러나 스위칭 시간은 더 길다. GTO와 비슷하게 MCT에는 상당한 써지(surge) 전류가 흐를 수 있다. 그러나 게이트 제어로 차단할 수 있는 최대 전류는 제한된다. 신뢰성이 있는 턴 오프 과정을 위해서는 첨두 애노드-캐소드 전압의 제한을 위한 외부 스너버 회로가 필요하다. 그리고 게이트 전압 상승 시간이 충분히 빨라야 한다. MCT는 아직도 개발 중인 새로운 소자이며 차세대 MCT에서는 성능과 용량에서 상당한 개선이 이루어질 것으로 예측된다.

4.3 스위칭 손실

이 절에서는 반도체 소자로 스위치를 구현한 컨버터의 효율을 저하시키는 주요 원인인 스위칭 손실에 대해서 논의한다. 앞 절에서 논의된 바와 같이 반도체 소자의 턴 온과 턴 오프에는 수십 ns에서 1 μs 정도의 시간이 필요하다. 이러한 스위칭 과정 동안 반도체 소자에 매우 큰 순시 전력 손실이 발생할 수 있다. 반도체 소자의 스위칭 시간이 매우 짧더라도 스위칭에 의한 평균 전력 손실은 큰 값이 될 수 있다.

반도체 소자는 전하로 제어되는 소자이다. 예를 들면 MOSFET의 도통 상태는 게이트와 채널의 전하에 의해 결정된다. 그리고 실리콘 다이오드와 BJT의 도통 상태는 소자 내부의 반도체 접합 부근에 저장된 소수 전하의 존재 여부에 의해 결정된다. 반도체 소자를 온/오프 상태로 스위칭하기 위해서는 제어 전하를 주입 또는 제거해야 한다. 이로 인해 제어 전하의 양은 스위칭 시간과 스위칭 손실에 영향을 준다. 전하와 에너지는 반도체 소자의 출력 커패시턴스에 저장된다. 또한 회로의 누설 또는 기생 인덕턴스에도 에너지가 저장된다. 대부분의 컨버터 회로에서 이들 저장된 에너지 역시 스위칭 과도 과정에서 소모된다.

이 절에서는 스위칭 손실의 주된 요인에 대해 알아보고 이러한 손실의 크기를 추정하는 간단한 방법을 배운다. 전개의 명료성을 위해 도통 손실과 반도체의 순방향 전압 강하는 이 논의에서 무시하기로 한다.

4.3.1 제한된 유도성 부하에서 트랜지스터의 스위칭

그림 4.46의 벅 컨버터에 대한 스위칭 파형을 생각해보자. 다이오드는 이상적으로 가정하고 단지 MOSFET의 스위칭 시간에 의한 스위칭 손실을 조사한다. MOSFET의 드레인-소스 커패시턴스 역시 무시한다.

그림에서 보면 다이오드와 인덕터는 트랜지스터의 제한된(clamped) 유도성 부하가 된다. 이러한 부하에 대해 트랜지스터 전압 $v_A(t)$와 전류 $i_A(t)$는 동시에 바뀔 수 없다. 한 예로 확대한 트랜지스터의 턴 오프 파형을 그림 4.47에 나타낸다. 단순화를 위해 파형을 각 구간에서 선형으로 근사화하였다. 스위칭 시간이 짧으므로 인덕터 전류 $i_L(t)$는

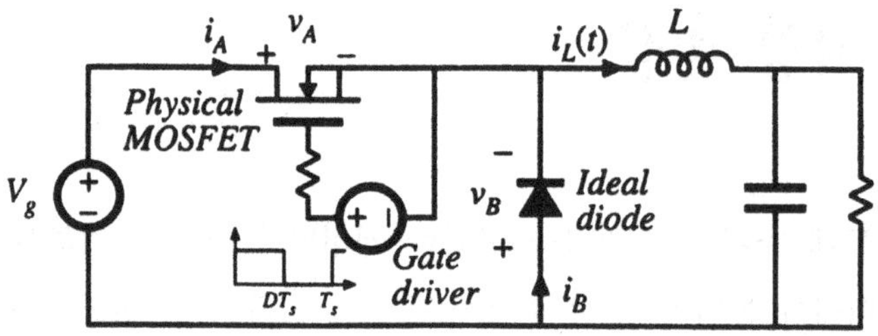

그림 4.46 MOSFET로 구동되는 제한된 유도성 부하를 가진 벅 컨버터 예

전체 스위칭 과도 구간 $t_0 < t < t_2$에서 일정하다. 다이오드가 역방향으로 치우칠 때 다이오드를 통해서 전류가 흐르지 않으며, 다이오드 전압 $v_B(t)$가 음의 값이면 다이오드는 순방향으로 치우칠 수 없다. 그래서 먼저 트랜지스터 양단 전압 $v_A(t)$는 영에서 V_g로 상승해야 한다. 기간 $(t_1 - t_0)$는 게이트 구동회로가 MOSFET의 게이트-드레인 커패시턴스를 충전하는데 필요한 시간이다. 트랜지스터 전류 $i_A(t)$는 일정한 값이며 이 구간에서 i_L과 크기가 같다.

다이오드 전압 $v_B(t)$와 전류 $i_B(t)$는 다음과 같이 주어진다.

$$
\begin{aligned}
v_B(t) &= v_A(t) - V_g \\
i_A(t) + i_B(t) &= i_L
\end{aligned}
\tag{4.6}
$$

$t = t_1$에서 $v_A = V_g$일 때 다이오드는 순방향으로 치우친다. 전류 i_L은 트랜지스터에서 다이오드로 전환하기 시작한다. 기간 $(t_2 - t_1)$은 MOSFET를 오프 상태로 만들기 위해 게이트 구동회로가 게이트-소스 커패시턴스 전압을 문턱 전압 이하로 방전하는데 걸리는 시간이다.

트랜지스터에서 소모되는 순시 전력 손실 $p_A(t)$는 $v_A(t) i_A(t)$이다. 이 값 역시 그림 4.47에 그려져 있다. 트랜지스터의 턴 오프 과도 동안 소모되는 에너지 W_{off}는 이 파형 아래의 면적과 같다. 파형을 구간적인 선형으로 가정하여 단순화하면 에너지 손실은 음영으로 표시한 삼각형의 면적이고 다음과 같다.

$$
W_{off} = \frac{1}{2} V_g i_L (t_2 - t_0) \tag{4.7}
$$

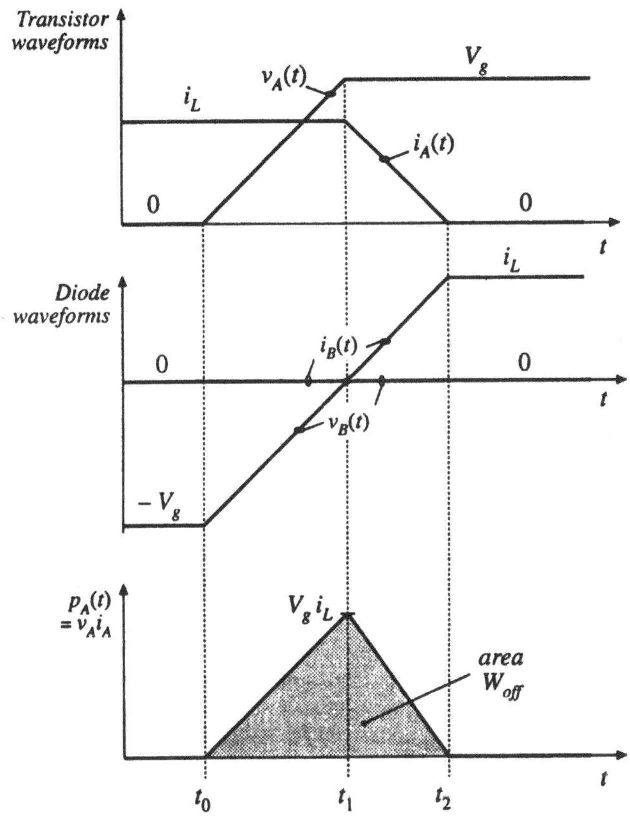

그림 4.47 그림 4.46 회로에서 트랜지스터 턴 오프 과도 과정을 확대한 파형

이 값은 그림 4.46의 단순화된 회로에서 트랜지스터가 매 턴 오프 과정에서 발생하는 에너지 손실이다.

그림 4.46의 단순화된 회로에 대한 트랜지스터 턴 온 파형은 시간 축을 반대로 한다면 정성적으로 그림 4.47과 유사하다. 트랜지스터 전류는 먼저 0에서 i_L로 증가해야 한다. 그 다음 다이오드는 역방향으로 치우치고 트랜지스터 전압은 V_g에서 0으로 떨어진다. 트랜지스터의 순시 전력 손실은 $V_g i_L$의 첨두 값을 가진다. 만약 파형이 구간적으로 선형이면 턴 온 과도 동안 에너지 손실은 0.5 $V_g i_L$과 트랜지스터 턴 온 시간을 곱한 값으로 주어진다.

따라서 한 스위칭 주기동안 턴 온과 턴 오프 과도에서 전체 에너지 손실은 $(W_{on} + W_{off})$이다. 만약 스위칭 주파수가 f_s이면 스위칭으로 일어나는 평균 전력 손실은 다음과 같다.

$$P_{sw} = \frac{1}{T_s} \int_{\substack{switching \\ transitions}} p_A(t)dt = (W_{on} + W_{off})f_s \tag{4.8}$$

이 식에서 스위칭 손실 P_{sw}는 스위칭 주파수에 직접 비례함을 알 수 있다.

트랜지스터의 스위칭 시간에 기인하는 손실이 특히 중요한 예로 IGBT의 턴 오프 과도 동안 볼 수 있는 꼬리 전류 현상이 있다. 4.2.4절에서 논의 된 바와 같이 꼬리 전류는 IGBT의 n^- 영역에 저장된 소수 전하의 느린 재결합에 의해 발생한다. 이로 인해 게이트 전압이 제거된 후에도 컬렉터 전류가 느리게 감소하게 된다.

그림 4.48은 이상적인 다이오드와 실제적인 IGBT를 이용하여 구성한 벅 컨버터이다. 이 컨버터에 대한 턴 오프 과도 파형을 그림 4.49로 설명할 수 있다. 이 파형은 그림 4.47에 주어진 MOSFET의 파형과 유사하다. 다이오드는 초기에 역방향으로 치우쳐 있고 전압 $v_A(t)$는 근사적으로 0에서 V_g로 상승한다. 구간 $(t_1 - t_0)$는 게이트 구동회로가 IGBT의 게이트-컬렉터 커패시턴스를 충전하는데 걸리는 시간이다. 시간 $t = t_1$에서 다이오드는 순방향으로 치우치고 전류는 IGBT에서 다이오드로 전환을 시작한다. 구간 $(t_2 - t_1)$은 게이트 구동회로가 IGBT의 게이트-이미터 커패시턴스 전압을 문턱 값 이하로 방전하여 그림 4.38(b)의 실효 MOSFET를 오프 상태로 만드는데 필요한 시간이다. 이 시간은 게이트 커패시턴스를 빨리 방전할 수 있는 큰 전류 용량의 게이트 구동회로를 사용하여 최소화할 수 있다. 그러나 실효 MOSFET를 오프 상태로 만드는 것으로 IGBT 전류 $i_A(t)$를 완전히 차단할 수는 없다. 그림 4.38(b)의 실효 PNP BJT에서 베이스 영역의 소수 전하가 존재하는 동안 전류 $i_2(t)$는 계속 흐른다. 기간 $t_2 < t < t_3$ 동안 전류는 이 저장된 소수 전하에 비례하고 전류의 꼬리 기간 $(t_3 - t_2)$은 이 나머지 소수 전하가 재결합하는데 필요한 시간이다.

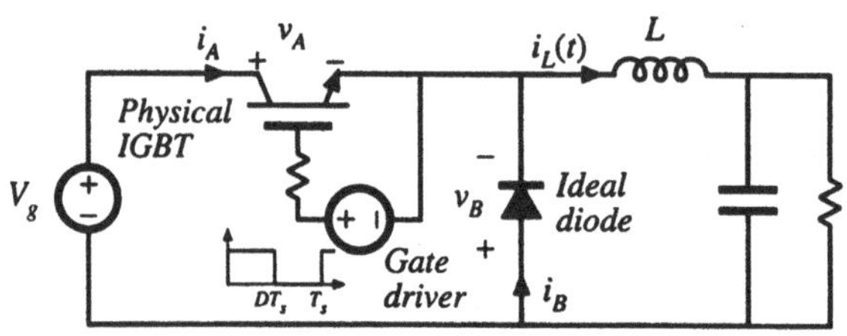

그림 4.48 IGBT 스위칭 손실 예

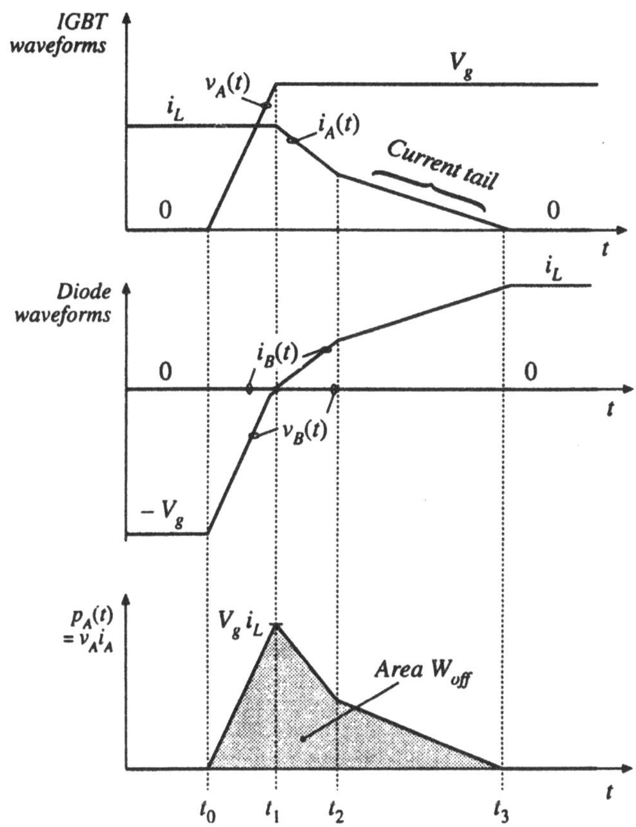

그림 4.49 그림 4.48의 회로에 대한 IGBT 턴 오프 과도 파형

IGBT의 턴 오프 과도 동안 에너지 손실 W_{off}는 그림 4.49에 나타낸 것과 같이 순시 전력 손실 파형의 아래 면적이다. 스위칭 손실은 역시 식 (4.8)을 사용하여 구할 수 있다.

IGBT의 스위칭 시간은 통상 0.2에서 2 μs 부근에 있으며 전력용 MOSFET보다 몇 배 길다. 이러한 스위칭 손실은 IGBT를 사용한 일반적인 컨버터에서 최대 스위칭 주파수를 1~30 kHz 정도로 제한하는 요인이 된다.

4.3.2 다이오드 회복 전하

앞서 언급한 바와 같이 확산 접합 $p-n$ 다이오드의 잘 알려진 지수적 i−υ 특성은 정상 상태의 관계를 나타낸 것이다. 스위칭 과도 동안 이 특성과는 많은 편차가 발생하고 이는 스위칭 손실을 야기할 수 있다. 특히 다이오드의 턴 오프 과도 동안 다이오드에 저장된 소수 전하는 음의 전류 $i_B(t)$를 이용하는 능동적인 방법 또는 소자 내부의 재결합을 통한 수동적인 방법으로 제거되어야 한다. 다이오드는 반도체 접합 부근에 소수 전하가 존재하는 동안은 순방향으로 치우친 상태로 남아있다. 소수 전하의 초기량은 순방향의 치우침에서 순방향 전류와 그 변화율의 함수이다. 턴 오프 스위칭 시간은 이 전하 모두를 제거하고 역방향으로 치우친 동작점이 형성되는데 필요한 시간이다. 이렇게 다이오드를 순방향 치우침으로부터 역방향 치우침 상태로 스위칭하는 과정을 역방향 회복(reverse recovery)라 한다.

대부분의 확산-접합 전력용 다이오드는 실제적으로 $p-n^{-}-n^{+}$ 또는 $p-i-n$ 소자이다. 다이오드나 다른 전력용 반도체 소자에서 저 농도로 도핑되거나 진성인 영역은 높은 절연파괴 전압을 얻을 수 있게 한다. 온 상태에서 저장된 전하의 많은 양이 이 영역에 존재하며 도전율을 높이고 낮은 도통 저항이 되도록 한다. 이러한 전하를 주입 또는 제거하는 데는 시간이 필요하며 따라서 높은 절연파괴 전압, 낮은 도통 저항, 빠른 스위칭 시간 사이에는 절충이 필요하다.

다이오드에 저장된 전하가 어떻게 트랜지스터에 스위칭 손실을 일으키는지 이해하기 위해 그림 4.50의 벅 컨버터를 고려하자. 논의를 위해 트랜지스터의 스위칭 시간은 다이오드의 스위칭 시간보다 매우 빠르다고 가정하면 다이오드의 역방향 회복 과정이 스위칭 손실의 가장 중요한 요인이다. 그림 4.51은 이러한 조건에서 트랜지스터 턴 온 과도상태를 확대한 파형이다.

초기에 다이오드에는 인덕터와 동일한 전류가 흐른다고 가정하면 다이오드에 소수 전하의 일부가 저장된다. 트랜지스터는 초기에 오프 상태이다. 트랜지스터가 턴 온될 때 다이오드를 통해 음의 전류가 흐른다. 이 전류는 다이오드에 저장된 소수 전하의 일부 또는 대부분을 능동적으로 제거하며 나머지 소수 전하는 다이오드 내에서 재결합된다. 전류의

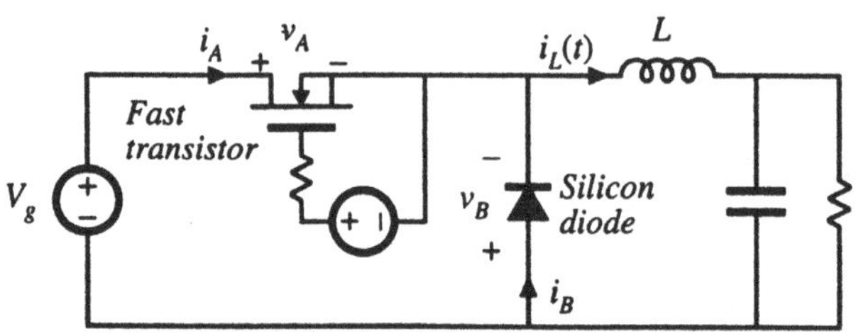

그림 4.50 다이오드 저장 전하에 의한 손실 예

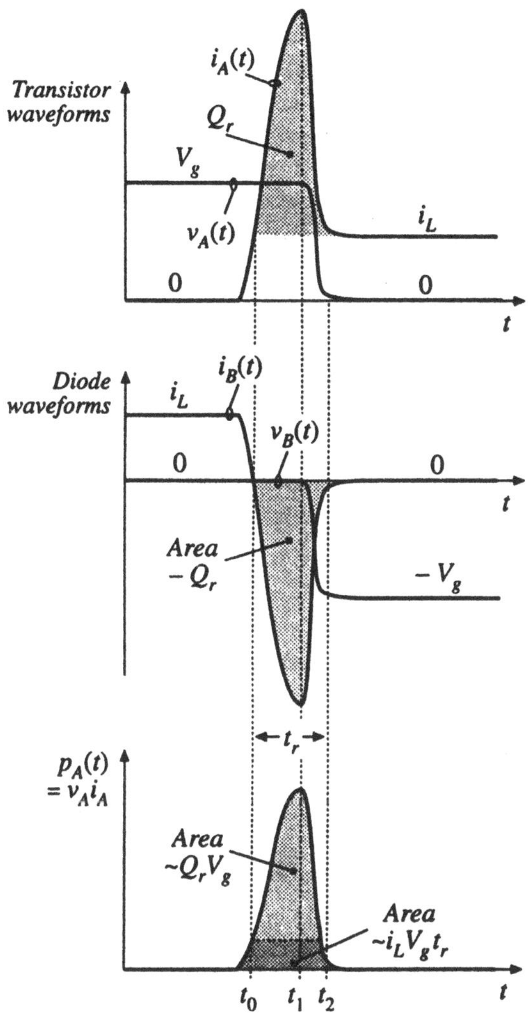

그림 4.51 그림 4.50의 회로에 대한 트랜지스터 턴 온 과도 파형

변화율은 통상 반도체 소자의 용기(package)의 인덕턴스와 외부 회로에 존재하는 누설 인덕턴스에 의해 제한된다. 따라서 역방향 전류의 최대값은 외부 회로에 의해 결정되고 순방향 전류 i_L보다 매우 크다. 다이오드 전류 파형에서 음의 부분의 면적은 회복 전하 Q_r이다. 여기서 시간 $(t_2 - t_0)$이 역방향 회복 시간 t_r이다. Q_r의 크기는 회로에서 제한되는 다이오드 전류의 변화율 $di_B(t)/dt$뿐만 아니라 턴 오프 과정의 시작점에서 온 상태 순방

향 전류 i_L의 함수이다. 구간 $t_0 < t < t_1$ 동안 다이오드는 순방향으로 치우쳐 있고 트랜지스터 전압은 V_g이다. 시간 $t = t_1$에서 $p - n^-$ 또는 $p - i$ 접합 부근의 저장된 전하는 고갈된다. 이때 접합은 역방향으로 치우치고 전압을 저지하기 시작한다. 구간 $t_1 < t < t_2$ 동안 다이오드 전압은 $-V_g$로 감소한다. 이 기간에서도 음의 다이오드 전류는 계속 흐르며 이 전류는 공핍층 커패시턴스를 충전할 뿐만 아니라 남아 있는 소수 전하를 제거한다. 시간 $t = t_2$에서 이 전류는 영이 되고 다이오드는 역방향 치우침 조건으로 정상 상태가 된다.

시간 $(t_2 - t_1)$이 $(t_1 - t_0)$ 보다 짧은 다이오드를 돌연 회복(abrupt recovery) 또는 가파른(snappy) 다이오드라 부른다. 소프트 회복 다이오드는 $(t_2 - t_1)/(t_1 - t_0)$ 값이 매우 크다. 반도체 소자 용기의 인덕턴스 및 누설 인덕턴스가 다이오드와 직렬로 존재할 때 이들 인덕턴스와 공핍 영역 커패시턴스와의 공진이 나타난다. 만약 이것이 심하면 이러한 공진은 소자를 손상시키는 과도한 역방향 전압을 야기한다. 종종 신뢰성 있는 동작을 위해 외부에 *R-C* 스너버 회로가 필요하다. 소프트 회복 다이오드의 역방향 회복 특성은 작은 공진과 전압 오버슈트를 가지고 있다. 이러한 다이오드에는 스너버를 줄이거나 없앨 수 있다.

트랜지스터에서 소모되는 순시 전력 $p_A(t)$ 역시 그림 4.51에 그려져 있다. 턴 온 과도 동안 에너지 손실은 다음과 같다.

$$W_D = \int_{\substack{switching \\ transition}} v_A(t) i_A(t) dt \tag{4.9}$$

$(t_2 - t_1) \ll (t_1 - t_0)$인 돌연 회복 다이오드에서는 이 적분 식을 간단하게 계산할 수 있다. 트랜지스터 전압 $v_A(t)$는 다이오드 회복 시간의 전체 기간 동안 V_g이다. 또한 $i_A = i_L - i_B$이므로 식 (4.9)를 다음과 같이 나타낼 수 있다.

$$\begin{aligned} W_D &\approx \int_{\substack{switching \\ transition}} V_g (i_L - i_B(t)) dt \\ &= V_g i_L t_r + V_g Q_r \end{aligned} \tag{4.10}$$

여기서 회복 전하 Q_r은 구간 $t_0 < t < t_2$ 동안에 다이오드 전류 $-i_B(t)$의 적분으로 정의된다. 따라서 다이오드의 역방향 회복 과정은 직접적으로 스위칭 손실 $W_D f_s$를 야기한다. 이 손실은 종종 일반적인 스위칭 컨버터의 스위칭 손실에서 가장 큰 손실 부분이 된

다. 이 손실은 저장된 소수 전하를 최소가 되도록 설계된 고속 다이오드를 사용하여 줄일 수 있다.

4.3.3 소자의 커패시턴스와 누설 인덕턴스, 반도체 용기 및 기생 인덕턴스

스위치의 리액턴스 성분들도 스위칭 손실을 일으킬 수 있다. 스위칭 요소와 병렬로 연결된 커패시턴스는 스위치가 턴 온될 때 단락되며 커패시턴스에 저장된 에너지가 소모된다. 스위칭 요소가 턴 오프될 때 커패시터는 에너지 손실이 없이 충전되고 식 (4.7)로 계산되는 트랜지스터의 턴 오프 손실 W_{off}는 감소한다. 마찬가지로 스위칭 소자와 직렬로 연결된 인덕턴스는 스위치가 턴 오프될 때 저장된 에너지를 소모한다. 따라서 턴 오프 과도 동안 직렬 인덕턴스에 의해 부가적인 스위칭 손실이 생기지만 이 인덕턴스에 의해 트랜지스터의 턴 온 손실을 줄일 수 있다.

위와 같은 과정에 의해서 발생하는 한 주기 동안의 총 스위칭 손실을 무효 소자들에 저장된 에너지를 합하여 구할 수 있다. 선형 커패시터와 인덕터에 대해 저장된 에너지는 다음과 같다.

$$W_C = \sum_{\substack{cacitive \\ elements}} \frac{1}{2} C_i V_i^2$$
$$W_L = \sum_{\substack{inductive \\ elements}} \frac{1}{2} L_j I_j^2 \tag{4.11}$$

이러한 형태의 스위칭 손실의 공통적인 원인은 반도체 스위칭 소자의 출력 커패시턴스이다. 역방향으로 치우친 반도체 소자의 공핍층은 커패시턴스를 가지며 에너지를 저장한다. 트랜지스터가 턴 온될 때 저장된 에너지는 트랜지스터에서 소모된다. 예를 들어 그림 4.52의 벅 컨버터에서 MOSFET은 드레인-소스 커패시턴스 C_{ds}를 가지며 역방향으로 치우친 다이오드에는 접합 커패시턴스 C_j가 나타난다. 스위칭 과도기간 동안 직류 전압원 V_g는 고주파에서 단락 회로이므로 이 두 커패시턴스는 실질적으로 병렬로 연결되어 있다. 이 커패시턴스가 선형이라면 MOSFET가 턴 온될 때 에너지 손실은 다음과 같다.

$$W_C = \frac{1}{2}(C_{ds} + C_j) V_g^2 \tag{4.12}$$

보통 이러한 형태의 스위칭 손실은 100 V 이상의 전압에서 중요하다. MOSFET의 게이트 커패시턴스를 충전하고 방전해야 하는 MOSFET의 게이트 구동회로 역시 이러한 형태의 손실을 수반한다.

4.2.2절에서 언급한 바와 같이 전력용 MOSFET의 증분형 드레인-소스 커패시턴스 C_{ds}는 드레인-소스 전압 v_{ds}의 함수이다. $C_{ds}(v_{ds})$는 식 (4.5)에 주어진 것과 같이 근사적으로 v_{ds}의 역 자승근에 비례한다. 드레인-소스 전압이 $v_{ds} = V_{DS}$에서 C_{ds}에 저장된 에너지는 다음과 같다.

$$W_{Cds} = \int v_{ds} i_C dt = \int_0^{V_{DS}} v_{ds} C_{ds}(v_{ds}) dv_{ds} \tag{4.13}$$

여기서 C_{ds}에 흐르는 전류는 $i_C = C_{ds}(v_{ds}) dv_{ds}/dt$이다. 식 (4.13)에 식 (4.5)를 대입하면 다음을 얻을 수 있다.

$$W_{Cds} = \int_0^{V_{DS}} C_0'(v_{ds}) \sqrt{v_{ds}}\, dv_{ds} = \frac{2}{3} C_{ds}(V_{DS}) V_{DS}^2 \tag{4.14}$$

이러한 에너지 손실은 MOSFET 스위치가 턴 온될 때마다 매번 발생한다. 스위칭 손실의 관점으로부터 드레인-소스 커패시턴스는 $4/3 \cdot C_{ds}(V_{DS})$ 값을 가지는 선형 커패시턴스와 같다.

쇼트키 다이오드는 본질적으로 다수 캐리어 소자이며 그림 4.51과 같은 역방향 회복 과도 과정이 나타나지 않는다. 그러나 역방향으로 치우친 쇼트키 다이오드는 그림 4.52

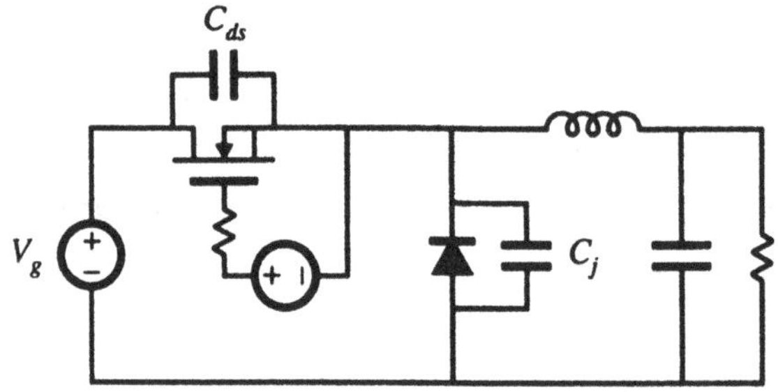

그림 4.52 턴 온 과도 과정에서 손실을 야기하는 반도체 소자의 출력 커패시턴스

와 같이 병렬 커패시턴스 C_j로 모델링되는 큰 접합 커패시턴스를 가지며 이로 인해 트랜지스터의 턴 온 과도기간에서 에너지 손실이 발생한다.

스위칭 소자의 직렬 인덕턴스를 형성하는 공통적인 요인은 반도체 소자의 상호 연결에 의한 인덕턴스와 소자의 용기에 의한 인덕턴스 그리고 컨버터 변압기의 누설 인덕턴스(6장에서 논의된다)이다. 이 요소들은 스위칭 손실을 초래할 뿐만 아니라 트랜지스터의 턴 오프 과정에서 과도한 첨두 전압 스트레스를 만들 수 있다. 상호 연결 및 용기 인덕턴스는 고전류 응용에서 큰 스위칭 손실을 야기한다. 그리고 누설 인덕턴스는 변압기로 접지를 분리한 많은 컨버터에서 스위칭 손실의 가장 큰 요인이다.

다이오드에 저장된 소수 전하는 컨버터의 리액턴스 성분과 결합되어 스위칭 손실을 일으킨다. 예를 들면 이상적인 전압원 $v_i(t)$, 인덕터 L, 커패시터 C와 실리콘 다이오드로 구성된 그림 4.53의 회로를 생각하자(커패시터 C는 다이오드 접합 커패시턴스 또는 외부 커패시턴스에 병렬로 연결된 접합 커패시턴스이다). 많은 컨버터에서 다이오드의 스위칭 과정은 이 형태의 회로로 모델링될 수 있다. SCR을 사용하는 여러 정류기 회로도 비슷한 파형을 보인다. 전압원은 그림 4.54와 같은 사각파를 만든다. 전압은 초기에 양의 값이고 다이오드를 순방향으로 치우치게 인덕터 전류 $i_L(t)$를 V_1/L 기울기로 선형적으로 증가시킨다. 전류가 증가하기 때문에 다이오드 내에 저장된 소수 전하 역시 증가한다. 시간 $t=t_1$에서 진원 진압 $v_i(t)$는 음이 되고 인덕터 전류는 $di_L/dt=-V_2/L$의 기울기로 감소한다. 다이오드의 저장 전하 역시 감소하지만 그 감소율은 더 느리다. 이 감소율은 i_L뿐만 아니라 다이오드 실리콘 재료의 소수 전하 재결합 수명에 의존한다. 따라서 시간 $t=t_2$에서 $i_L(t)$이 영이 될 때 일부 저장된 소수 전하는 다이오드 내부에 남아있다. 그래서 다이오드는 계속 순방향으로 치우치고 인덕터 전류는 같은 기울기를 가지고 계속 감소한다. $t>t_2$에서 음의 전류는 역방향 다이오드 전류를 구성하며 이 전류는 다이오드

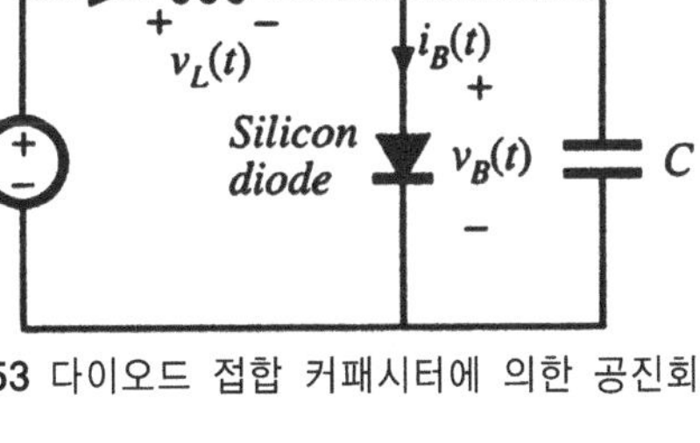

그림 4.53 다이오드 접합 커패시터에 의한 공진회로

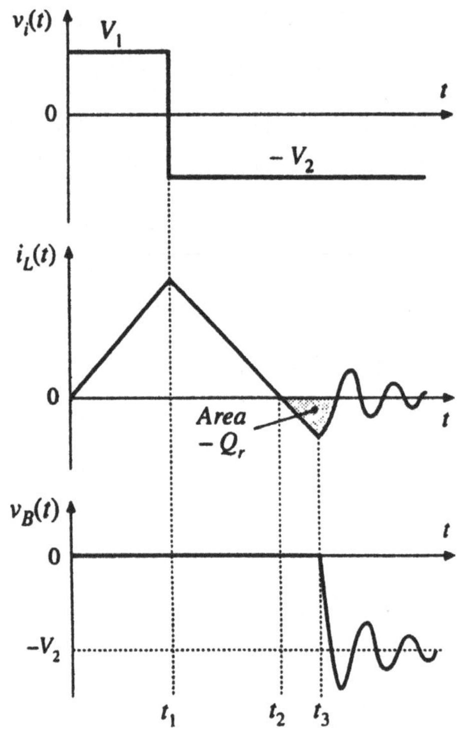

그림 4.54 그림 4.53의 회로에 대한 파형

저장 전하를 능동적으로 제거한다. 그 뒤 $t=t_3$에서 다이오드 접합 근처에 저장된 전하는 영이 되고 다이오드 접합은 역방향으로 치우친다. 이때 인덕터 전류는 음의 값이 되고 커패시터를 통해 흘러야 한다. 따라서 인덕터와 커패시터는 직렬 공진회로를 형성하고 그림과 같이 정현적으로 감쇄하며 공진한다. 이러한 공진은 결국 인덕터의 권선 저항, 인덕터의 코어 손실, 커패시터의 ESR과 같은 회로 소자의 기생 손실에 의해 감쇄된다.

다이오드 회복 전하 역시 이 회로에 손실을 유발한다. 구간 $t_2 < t < t_3$ 동안 다이오드로부터 회복되는 소수 저장 전하 Q_r은 다음과 같다.

$$Q_r = -\int_{t_2}^{t_3} i_L(t)dt \tag{4.15}$$

이 전하는 이 구간 동안 인덕터에 저장된 전하와 직접적으로 관계된다. 인덕터에 저장된 에너지 W_L은 인덕터로 흡수되는 전력의 적분이다.

$$W_L = \int_{t_2}^{t_3} v_L(t) i_L(t) dt \tag{4.16}$$

이 구간 동안 인가된 인덕터 전압은 다음과 같다.

$$v_L(t) = L\frac{di_L(t)}{dt} = - V_2 \tag{4.17}$$

식 (4.17)을 (4.16)에 대입하면 다음 식이 얻어진다.

$$W_L = \int_{t_2}^{t_3} L\frac{di_L(t)}{dt} i_L(t) dt = \int_{t_2}^{t_3} (- V_2) i_L(t) dt \tag{4.18}$$

위 식에서 첫 번째 적분 식은 $t = t_3$에서 인덕터에 저장된 에너지 $Li_L^2(t_3)/2$이다. 그리고 두 번째 적분 식은 V_2가 상수이고 식 (4.15)를 대입하면 $V_2 Q_r$이 된다. 따라서 $t = t_3$에서 인덕터에 저장된 에너지는 회복 전하와 전원 전압의 곱으로 다음과 같이 나타낼 수 있다.

$$W_L = \frac{1}{2} Li_L^2(t_3) = V_2 Q_r \tag{4.19}$$

$t > t_3$일 경우 인덕터와 커패시터에 의해 형성된 공진회로의 진동은 이 에너지가 인덕터와 커패시터 사이를 순환하게 한다. 만약 회로의 기생 손실 요소들이 이러한 진동의 크기를 영으로 감쇄시킨다면 에너지는 기생 요소들에서 열로 소모된다.

따라서 다이오드에 저장된 소수 전하는 능동형 스위치가 포함되지 않은 회로에서 손실을 야기할 수 있다. 또한 스위칭 주기가 끝나기 전에 감쇄하는 진동파형은 스위칭 손실이 존재함을 나타낸다.

4.3.4 효율과 스위칭 주파수

위에서 논의한 스위칭에 따른 모든 에너지 손실을 포함하면 다음과 같이 나타낼 수 있다.

$$W_{tot} = W_{on} + W_{off} + W_D + W_C + W_L + \dots \tag{4.20}$$

이는 한 스위칭 주기의 스위칭 과정에서 발생하는 에너지 손실이다. 평균 스위칭 전력 손실은 다음과 같다.

$$P_{sw} = W_{tot} f_{sw} \tag{4.21}$$

컨버터에서의 또 다른 손실은 도통 손실 P_{cond}이며 3장에서 모델링되고 분석되었다.

그리고 또 다른 손실은 주파수에 무관한 고정 손실 P_{fixed}로 제어회로 등에서 발생하는 손실이다. 따라서 전체 손실은

$$P_{loss} = P_{cond} + P_{fixed} + W_{tot} f_{sw} \tag{4.22}$$

이고, 이는 주파수에 대해 선형으로 증가한다. 임계 주파수

$$f_{crit} = \frac{P_{cond} + P_{fixed}}{W_{tot}} \tag{4.23}$$

에서 스위칭 손실은 다른 컨버터 손실과 같다. 임계 주파수 이하에서 전체 손실은 도통 손실과 고정 손실이 지배적이며 전체 손실과 컨버터 효율은 스위칭 주파수와 큰 관련이

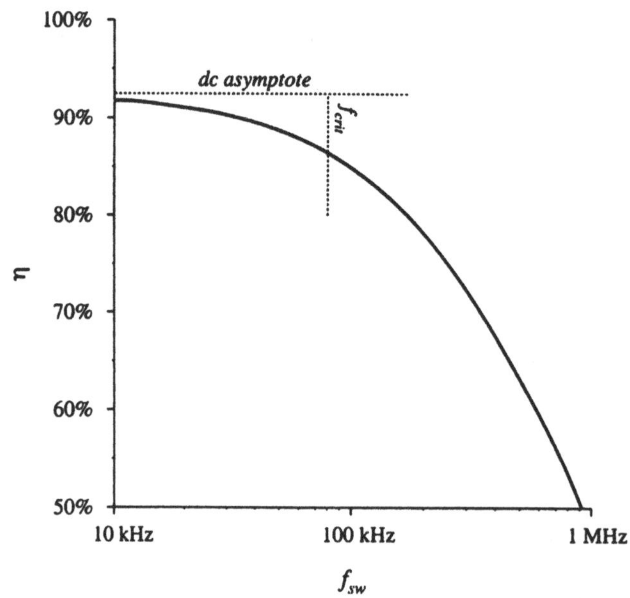

그림 4.55 식 (4.22)에 의한 효율 대 스위칭 주파수 특성

없다. 임계 주파수 이상에서 스위칭 손실은 전체 손실의 가장 큰 요인이며 컨버터 효율은 스위칭 주파수가 증가함에 따라 급격히 감소한다. 임의의 파라미터 값에서 스위칭 주파수에 대한 전형적인 전 부하 컨버터 효율을 그림 4.55에 나타낸다. 임계 주파수 f_{crit}는 실제 컨버터에서 스위칭 주파수의 제한 값으로 사용할 수 있다.

4.4 요약

1. 반도체 소자를 이용하여 이상적인 SPST 스위치를 구현하는 방법은 소자가 오프 상태에서 저지해야 할 전압의 극성과 온 상태에서 소자가 흘려야 할 전류의 극성에 따라 다르다.
2. 오프 상태 전압과 온 상태 전류의 상대적인 극성에 따라 하나의 트랜지스터 또는 하나의 다이오드로 1상한 SPST 스위치를 구현할 수 있다.
3. 2상한 SPST 스위치는 트랜지스터와 다이오드로 구현될 수 있으며 양방향 전압의 경우 직렬로, 양방향 전류의 경우 역병렬로 연결된다. 몇몇 4상한 스위치의 구성도 본문에 주어졌다.
4. 동기 정류기는 역방향으로 전류가 흐르도록 연결된 MOSFET이며 게이트 구동 제어가 필요하다. 이 소자는 다이오드가 사용되는 곳에 사용될 수 있으며, 만약 MOSFET의 도통 저항이 충분히 작으면 도통 손실이 감소된다.
5. MOSFET와 쇼트키 다이오드와 같은 다수 캐리어 소자는 매우 빠른 스위칭 속도를 가지며 소자 커패시턴스의 충전에 의해 제어된다. 그러나 순방향 전압 강하는 절연파괴 전압이 증가함에 따라 급하게 증가한다.
6. BJT, IGBT, 싸이리스터와 같은 소수 캐리어 소자는 높은 절연파괴 전압과 상대적으로 낮은 순방향 전압 강하를 가진다. 그러나 이들 소자의 스위칭 시간은 상대적으로 길며 소수 저장 전하의 주입과 제거에 필요한 시간에 의해서 제어된다.
7. 다양한 원인과 과정에 의해서 스위칭 과도기간 동안 에너지 손실이 일어난다. 결과적인 평균 전력 손실 또는 스위칭 손실은 에너지 손실과 스위칭 주파수의 곱이다. 실제적인 컨버터에서 스위칭 주파수는 스위칭 손실에 의해 제한된다.

8. 다이오드와 인덕터는 트랜지스터에 제한된 유도성 부하가 된다. 트랜지스터가 이러한 부하를 구동할 때 스위칭 과도 동안 큰 순시 전력 소모가 일어난다. 이러한 예는 IGBT와 턴 오프 과도 동안 나타나는 꼬리 전류이다.
9. 스위칭 손실의 또 다른 중요한 원인은 다이오드 저장 전하와 기생 커패시턴스와 인덕턴스에 저장된 에너지이다. 기생 진동 역시 스위칭 손실의 존재를 나타낸다.

참고문헌

[1] R. D. Middlebrook, S. Ćuk, and W. Behen, "A New Battery Charger/Discharger Converter," IEEE Power Electronics Specialists Conference, 1978 Record, pp. 251-255, June 1978.

[2] H. Matsuo and F. Kurokawa, "New Solar Cell Power Supply System Using Boost Type Bidirectional Dc-Dc Converter," IEEE Power Electronics Specialists Conference, 1982 Record, pp. 14-19, June 1982.

[3] M. Venturini, "A New Sine-Wave-In Sine-Wave-Out Conversion Technique Eliminates Reactive Elements," Proceedings Seventh International Solid-State Power Conversion Conference (Powercon 7), pp. E3.1-E3.13, 1980.

[4] K. D. T. Ngo, S. Ćuk, and R. D. Middlebrook, "A New Flyback Dc-to-Three-Phase Converter with Sinusoidal Outputs," IEEE Power Electronics Specialists Conference, 1983 Record, pp. 377-388, June 1983.

[5] S. M. Ćuk, "Basics of Switched-Mode Power Conversion: Topologies, Magnetics, and Control," in Advances in Switched-Mode Power Conversion, vol. 2, pp. 279-310, Irvine: Teslaco, 1981.

[6] L. Gyugi and B. Pelly, Static Power Frequency Changers: Theory, Performance, and Applications, New York: Wiely-Interscience, 1976.

[7] R. S. Kagan and M. Chi, "Improving Power Supply Efficiency with MOSFET Synchronous Rectifiers," Proceedings Ninth International Solid-State Power Conversion Conference (Powercon 9), pp. D4.1-D4.9, July 1982.

[8] R. Blanchard and P. E. Thibodeu, "The Design of a High Efficiency, Low Voltage Power Supply Using MOSFET Synchronous Rectification and Current Mode Control," IEEE Power Electronics Specialists Conference, 1985 Record, pp. 355-361, June 1985.

[9] N. Mohan, T. Undeland, and W. Robbins, Power Electronics: Converters, Applications, and Designs, 2nd edit., New York, John Wiley & Sons, Chapter 19-26, 1995.

[10] C. L. Ma and P. O. Lauritzen, "A Simple Power Doide Model with Forward and Reverse Recovery," IEEE Power Electronics Specialists Conference, 1991 Record, pp. 411-415, June 1991.

[11] M. Schlecht and L. Casey, "A Comparison of the Square Wave and Quasi-Resonant Topologies," IEEE Applied Power Electronics Conference, 1987 Record, pp. 124-134, March 1987.

[12] B. J. Baliga, Modern Power Devices, New York: John Wiely & Sons, 1987.

[13] P. Gray, D. DeWitt, A. Boothroyd, and J. Gibbons, Physical Electronics and Circuit Models of Transistors, Semiconductor Electronics Education Committee, vol. 2, New York: John Wiely & Sons, 1964.

[14] E. Oxner, Power FETs and Their Applications, Englewood, New Jersey: Prentice-Hall, 1982.

[15] M. Rashid, Power Electronics: Circuits, Devices, and Applications, 2nd edit., New York: Prentice Hall, Chapter 3, 4, and 8, 1993.

[16] B. J. Baliga, M. S. Adler, R. P. Love, P. V. Gray, and N. D. Zammer, "The Insulated Gate Transistor-A New Three Terminal MOS-Controlled Bipolar Power Device," IEEE Transactions on Electron. Devices, vol. 31, no. 6, pp. 821-828, June 1984.

[17] V. Temple, "MOS-Controlled Thyristors-A New Class of Power Devices," IEEE Transactions on Electron. Devices, vol. 33, no. 10, pp. 1609-1618, October 1986.

[18] S. Sul, F. Profumo, G. Cho, and T. Lipo, "MCTs and IGBTs: A Comparison of Performance in Power Electronics Circuits," IEEE Power Electronics Specialists Conference, 1989 Record, pp. 163-169, June 1989.

[19] V. Temple, S. Arthur, D. Watrous, R. De. Doncker, and H. Metha, "Megawatt MOS Controlled Thyristor for High Voltage Power Circuits," IEEE Power Electronics Specialists Conference, 1992 Record, pp. 1018-1025, June 1992.

연 · 습 · 문 · 제

문제 4.1부터 4.6에서 입력 전압 V_g는 직류이고 극성이 양이다. 최소한의 다이오드와 트랜지스터를 가지고 컨버터의 스위치를 어떻게 구현할 수 있는지 나타내시오. 여기서 컨버터는 $0 \le D \le 1$의 완전한 시비율 범위에서 동작한다. 스위치 상태는 그림 4.56과 같이 변한다. 인덕터 전류와 커패시터 전압의 맥동은 작다고 가정할 수 있다.

각 문제에 대하여 다음에 답하시오.

(a) 이상적인 SPST 스위치를 이용하여 스위치들을 구현하고 각 스위치의 전압과 전류를 명백히 정의하시오.

(b) 각 SPST 스위치의 온 상태 전류와 오프 상태 전압을 컨버터의 인덕터 전류, 커패시터 전압 그리고/또는 입력 전압으로 표현 하시오.

(c) 2장에서와 같이 컨버터를 해석하여 인덕터 전류와 커패시터 전압을 구하시오.

(d) 스위치의 온 상태 전류와 오프 상태 전압의 극성을 결정하시오. 시비율에 따라 극성이 변하는가?

(e) 각 스위치를 트랜지스터와 다이오드를 이용하여 어떻게 구현할 수 있는지, 1상한, 양방향 전류 2상한, 양방향 전압 2상한, 또는 4상한 스위치 중 어떤 것이 필요한지 논하시오.

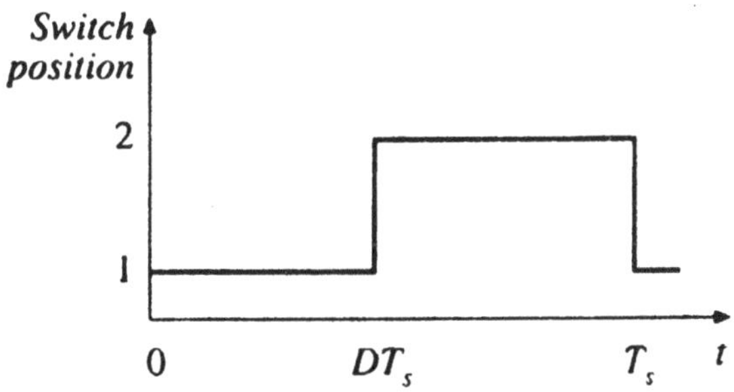

그림 4.56 문제 4.1에서 4.6에 대한 스위치 제어 방법

4.1

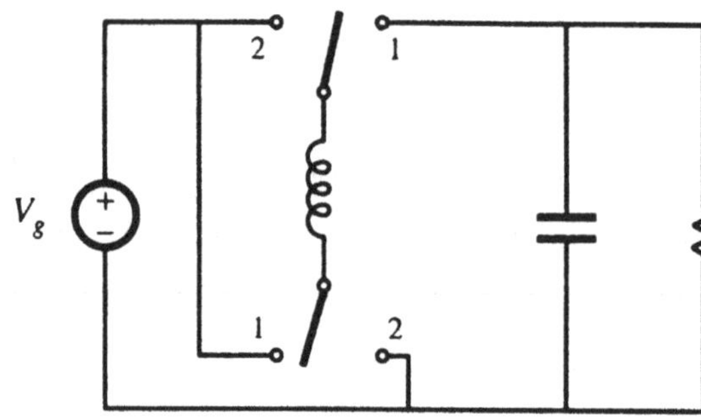

4.2

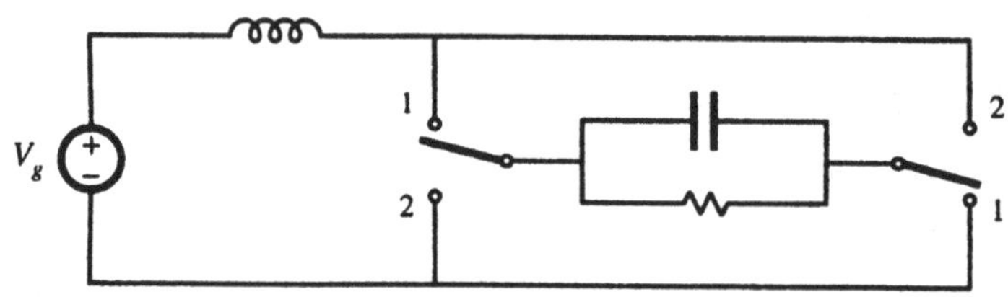

4.3

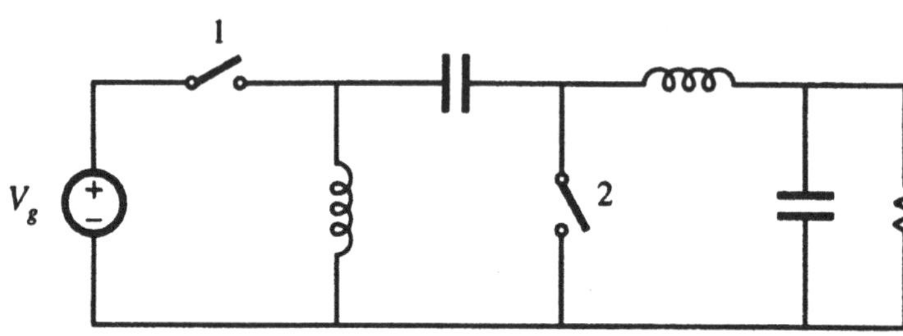

4.4

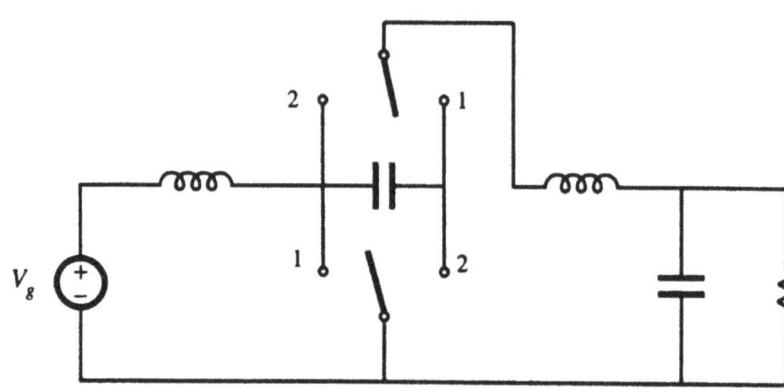

4.5

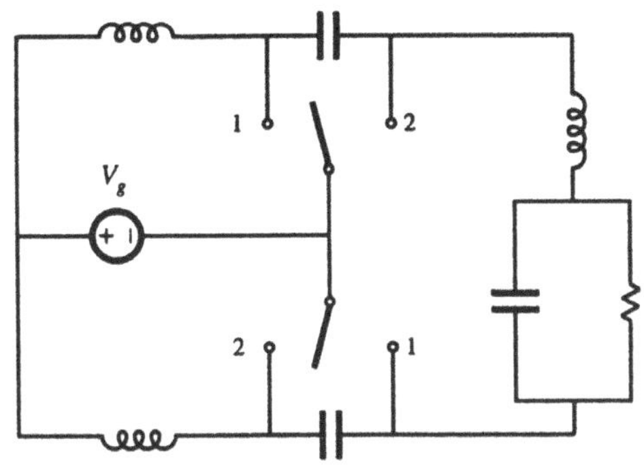

4.6

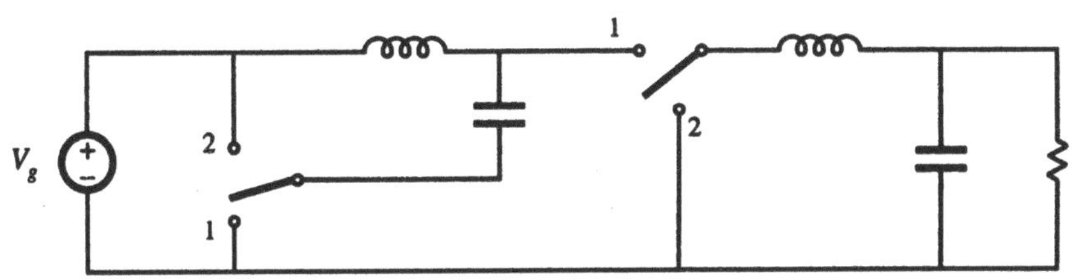

4.7 IGBT와 실리콘 다이오드가 벅 컨버터에 적용되었다. IGBT의 스위칭 파형은 그림 4.57과 같다. 컨버터는 입력 전압 $V_g = 400$ V, 출력 전압은 $V = 200$ V, 그리고 부하 전류 $I = 10$ A로 동작한다.

(a) 스위칭 과정 동안 에너지 손실을 추정하시오.

(b) IGBT의 순방향 전압 강하는 2.5 V이고 다이오드는 1.5 V의 전압 강하를 가지

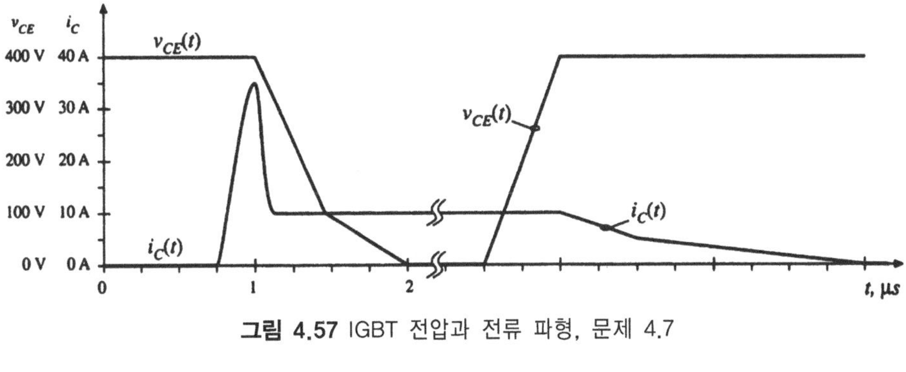

그림 4.57 IGBT 전압과 전류 파형, 문제 4.7

고 있다. 모든 다른 손실 요인과 고정 손실은 무시할 수 있다. 반도체의 도통 손실을 추정하시오.

(c) 스위칭 주파수 1 kHz $\le f_s \le$ 100 kHz의 범위에 대해서 컨버터의 효율을 그리고 수치적인 값을 표시하시오.

4.8 직류-직류 벅 컨버터를 기반으로 한 양방향 배터리 충/방전기 회로에서 양방향 전류 2상한 스위치로 두 개의 MOSFET가 사용되었다. 이 컨버터는 16 V 배터리를 28 V 주 전원 버스에 인터페이스한다. 최대 배터리 전류는 40 A이고 MOSFET는 35 mΩ의 도통 저항을 가지고 있다. MOSFET의 내장 다이오드는 1.0 V의 순방향 전압 강하를 가지고 있으며 주어진 회로에서 25 μC의 회복 전하 Q_r과 200 ns의 역방향 회복시간 t_r을 가지고 있다. 이 문제에 사용된 모든 다이오드는 가파른 회복 특성을 가지고 있고, 이 회로에서 다이오드 저장 전하가 스위칭 손실의 주 요인이라고 가정한다. 그리고 반도체의 도통 손실과 다이오드 저장 전하에 의한 스위칭 손실 이외의 모든 손실은 무시할 수 있다. 양방향 전류 2상한 스위치는 그림 4.10(a)와 같이 MOSFET 내장 다이오드를 사용하여 구현한다.

(a) 배터리가 최대 전류량으로 충전될 때 스위칭 손실, 도통 손실 그리고 컨버터 효율을 추정하시오. [그림 4.10 (b)에 나타낸 것과 같이 외부 다이오드가 추가되었다. 이 다이오드들은 1.0 V의 순방향 전압 강하와 주어진 회로에서 5 μC의 회복 전하 Q_r, 40 ns의 역방향 회복시간 t_r을 나타낸다.]

(b) 이 경우에 대해 (a)의 해석을 반복하시오.

(c) 외부 다이오드의 추가로 효율 개선이 이루어지는 것은 어떠한 주파수 범위인가?

4.9 스위칭 컨버터가 100 kHz의 스위칭 주파수로 동작한다. 트랜지스터의 턴 오프 과도 과정에서 컨버터 파형은 감쇄된 정현파 진동을 나타내며 느리게 감쇄하고 스위칭 주기가 끝나기 전에 영이 된다. 이러한 진동은 회로의 기생 인덕턴스와 커패시턴스에 의해 형성되는 직렬 공진회로에서 일어난다. 진동 주파수는 5 MHz이다. 정현파 진동의 첫 주기 동안 교류 인덕터 전류는 0.5 A의 첨두값에 이르고 교류 커패시터 전압은 200 V의 첨두값에 다다른다. 다음을 구하시오.

(a) 전체 기생 인덕턴스 값

(b) 전체 기생 커패시턴스 값

(c) 진동과 관련된 스위칭 주기 당 에너지 손실

(d) 진동과 관련된 스위칭 손실

(e) 스위칭 주파수, 진동 주파수, 첫 번째 주기 동안 진동 전압과 전류의 첨두 크기의 함수로 스위칭 손실에 대한 일반적인 표현식을 유도하시오.

제5장
불연속 전도모드

직류-직류 컨버터의 이상적인 스위치를 한 방향 전류 또는 한 방향 전압 반도체 스위치를 이용하여 구현할 때 불연속 전도모드(discontinuous conduction mode: DCM)로 알려진 하나 또는 그 이상의 동작 모드가 발생할 수 있다. 불연속 전도모드는 인덕터 전류 또는 커패시터 전압의 스위칭 맥동이 너무 커서 인가된 스위치 전류 또는 전압의 극성이 바뀌어 반도체 소자로 스위치를 구현할 때 설정한 한 방향 전류 또는 한 방향 전압 가정이 위배될 때 발생한다. DCM은 직류-직류 컨버터와 정류기에서 자주 볼 수 있으며 인버터나 2상한 스위치를 포함하는 다른 컨버터에서도 발생할 수 있다.

불연속 전도모드는 전형적으로 한 방향 전류 스위치를 포함하는 컨버터에서 가벼운 부하에서 동작할 때 큰 인덕터 전류 맥동과 함께 발생한다. 컨버터는 부하가 걸리지 않은 조건에서도 동작해야 하기 때문에 DCM에서 빈번하게 동작한다. 어떤 컨버터는 모든 부하에서 DCM에서 동작하도록 의도적으로 설계되기도 한다.

불연속 전도모드에서 컨버터의 특성이 근본적으로 달라진다. 전압 변환비는 부하에 의존하게 되고 출력 임피던스는 증가한다. 부하를 제거하면 출력 제어를 잃어버릴 수도 있다. 이 책의 자매인 2권 6장에서 컨버터 동특성도 크게 바뀌는 것을 알 수 있다.

이 장에서는 불연속 전도모드의 원인을 살펴보고 연속과 불연속 전도모드의 경계를 유도한다. 또한 컨버터 파형과 출력 전압을 구하는 기법을 다룬다. 정상상태에서 동작 모드에 관계없이 인덕터 전압-시간 평형과 커패시터 전하 평형의 원리를 항상 만족한다. 그러나 인덕터 전류 맥동 또는 커패시터 전압 맥동이 작지 않으므로 미소 맥동 근사화를 적용할 때 주의가 필요하다.

벅 컨버터와 부스트 컨버터를 예제로 다룬다. 기본 벅, 부스트, 벅-부스트 컨버터의 특성을 표로 정리한다.

5.1 불연속 전도모드의 원인과 모드 경계

부하 전력이 감소함에 따라 인덕터와 스위치 전류 파형이 어떻게 변하는가를 생각해보자. 그림 5.1의 벅 컨버터를 예로 든다. 인덕터 전류 $i_L(t)$와 다이오드 전류 $i_D(t)$의 파형을 그림 5.2에 도시한다. 2장에서 서술한 것처럼 인덕터 전류 파형은 직류 성분 I와 첨두 크기 Δi_L의 스위칭 맥동을 포함한다. 두 번째 세부구간 동안 다이오드 전류와 인덕터 전류는 같다. 두 번째 세부구간 동안 최소 다이오드 전류는 $(I-\Delta i_L)$과 같다. 다이오드는 한 상한 스위치이므로 연속 전도모드에서 동작하기 위해서는 전류가 양이어야 한다. 2장에서 보인 바와 같이 커패시터 C를 통해 흐르는 직류 전류는 영이므로 인덕터 전류의 직류 성분 I는 다음과 같이 부하 전류와 같다.

$$I = \frac{V}{R} \tag{5.1}$$

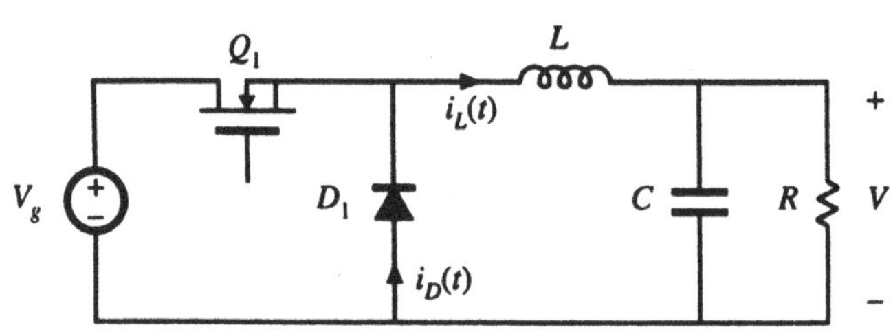

그림 5.1 벅 컨버터 예

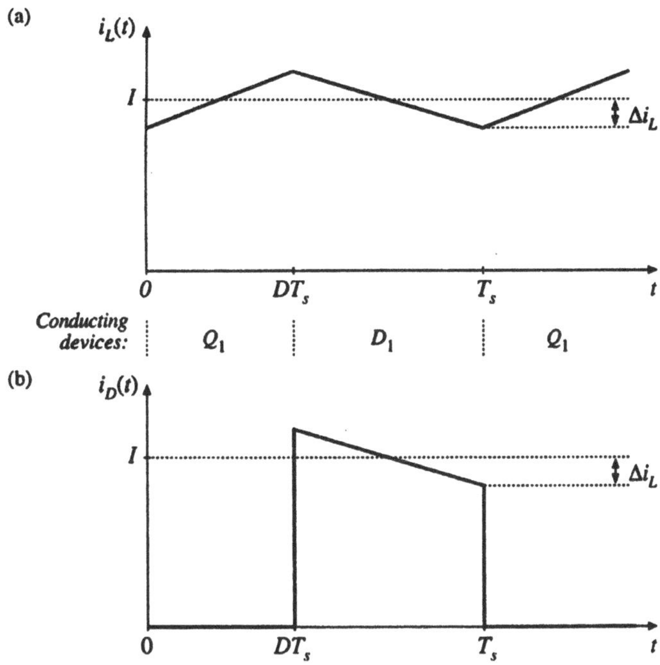

그림 5.2 연속 전도모드에서 벅 컨버터 파형: (a) 인덕터 전류, (b) 다이오드 전류

인덕터 전류의 직류 성분 I가 부하 저항 R에 의존함을 알 수 있다. 스위칭 맥동 첨두 크기는 다음과 같다.

$$\Delta i_L = \frac{(V_g - V)}{2L} DT_s = \frac{V_g DD' T_s}{2L} \tag{5.2}$$

맥동 크기는 인가 전압 $(V_g - V)$와 인덕턴스 L 그리고 트랜지스터 온 시간 DT_s에 의존하지만 부하 저항 R에는 의존하지 않는다. 인덕터 전류의 맥동 크기는 인가 전류보다는 인가 전압에 따라 변한다.

부하 저항 R을 증가시켜 직류 부하 전류를 감소시켜 보자. 인덕터 전류의 직류 성분 I는 감소하지만 맥동 크기 Δi_L은 변하지 않는다. R을 계속 증가시키면 결국 그림 5.3에서와 같이 $I = \Delta i_L$인 점에 도달한다. 스위칭 주기의 끝에서 인덕터 전류 $i_L(t)$와 다이오드 전류 $i_D(t)$는 모두 영이 됨을 알 수 있다. 그러나 부하 전류는 양의 값이고 영이 아니다.

부하 저항 R을 더욱 증가시키면 어떤 현상이 벌어질까? 다이오드 전류는 음이 될 수

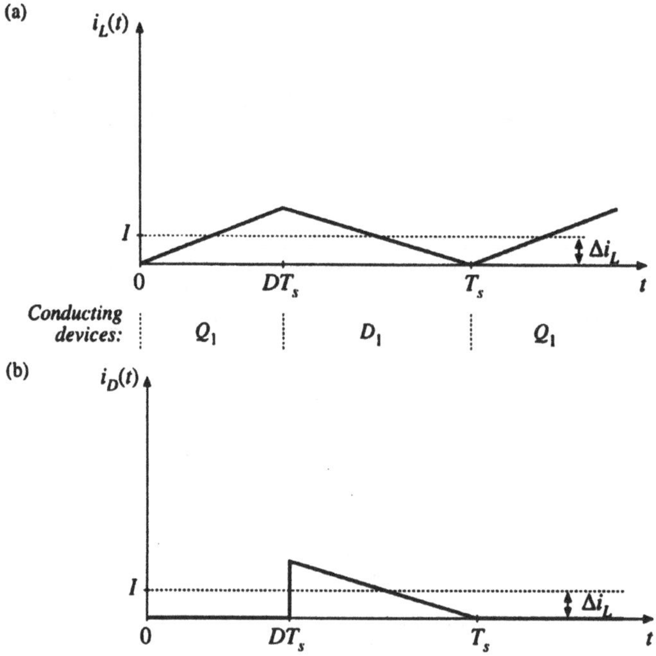

그림 5.3 연속 및 불연속 전도모드의 경계에서 벅 컨버터 파형: (a) 인덕터 전류, (b) 다이오드 전류

없으므로 스위칭 주기가 끝나기 전에 다이오드는 역방향으로 치우쳐야 한다. 그림 5.4에 나타낸 바와 같이 이제 각 스위칭 주기 동안 3개의 세부구간이 존재한다. 첫 번째 세부구간 $D_1 T_s$ 동안 트랜지스터가 도통하고 두 번째 세부구간 $D_2 T_s$ 동안 다이오드가 도통한다. 두 번째 세부구간 끝에서 다이오드 전류는 영이 되고 스위칭 주기의 나머지 동안 트랜지스터와 다이오드 모두 꺼진다. 컨버터는 불연속 전도모드에서 동작한다.

그림 5.3으로부터 연속과 불연속 전도모드의 경계를 찾는 방법을 알 수 있다. 벅 컨버터 예에 대해 $I > \Delta i_L$이면 다이오드 전류는 $DT_s < t < T_s$의 모든 기간 동안 양임을 알 수 있다. 그러므로 연속과 불연속 전도모드에서 동작할 조건은 다음과 같다.

$$
\begin{aligned}
I &> \Delta i_L \quad CCM\text{에 대해} \\
I &< \Delta i_L \quad DCM\text{에 대해}
\end{aligned}
\tag{5.3}
$$

여기서 I와 Δi_L은 컨버터가 연속 전도모드에서 동작한다는 가정에서 구한 값이다. 식 (5.1)과 식 (5.2)를 식 (5.3)에 대입하면 다음과 같은 불연속 전도모드 조건을 구할 수 있다.

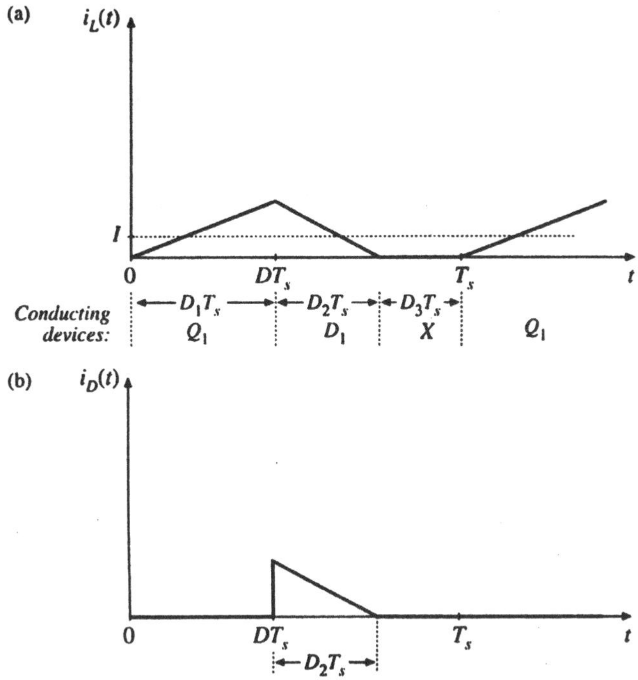

그림 5.4 불연속 전도모드에서 벅 컨버터의 파형: (a) 인덕터 전류, (b) 다이오드 전류

$$\frac{DV_g}{R} < \frac{DD'T_sV_g}{2L} \tag{5.4}$$

간단히 하면 다음과 같다.

$$\frac{2L}{RT_s} < D' \tag{5.5}$$

이 식을 다음과 같이 표현할 수 있다.

$$K < K_{crit}(D) \quad DCM\text{에 대해} \tag{5.6}$$

여기서

$$K = \frac{2L}{RT_s}, \quad K_{crit}(D) = D'$$

이다. 단위가 없는 파라미터 K는 컨버터가 불연속 전도모드에서 동작할 수 있는 가능성의 척도를 나타낸다. 주어진 시비율에 대해 큰 K는 연속 전도모드에서 동작하게 하고, 반면 작은 K는 불연속 전도모드에서 동작하게 한다. 모드간의 경계에서 K의 임계 값 $K_{crit}(D)$는 시비율의 함수이고 벅 컨버터에 대해 D'과 같다.

임계 값 $K_{crit}(D)$를 시비율 D의 함수로 그림 5.5에 도시한다. 임의의 K값도 나타내었다. 이 값에 대해 컨버터는 낮은 시비율에서 DCM에서 동작하고 높은 시비율에서 CCM에서 동작함을 알 수 있다. 그림 5.6은 부하를 크게 증가시킨 경우를 나타낸다. 부하 저항 R이 감소하여 K는 증가한다. K가 1보다 크면 컨버터는 모든 시비율에서 CCM에서 동작한다.

모드 경계를 단위가 없는 파라미터 K 대신 부하 저항 R로 표현할 수 있다. 식 (5.6)을 정리하면 모드 경계를 부하 저항으로 표현할 수 있다.

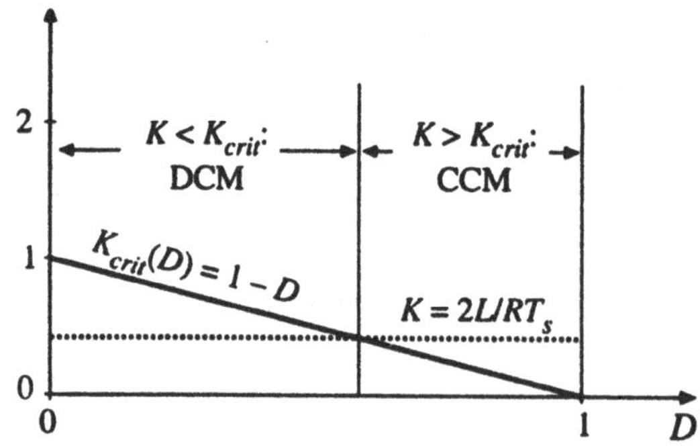

그림 5.5 벅 컨버터의 D에 대한 $K_{crit}(D)$: $K > K_{crit}(D)$이면 CCM, $K < K_{crit}(D)$이면 DCM에서 동작

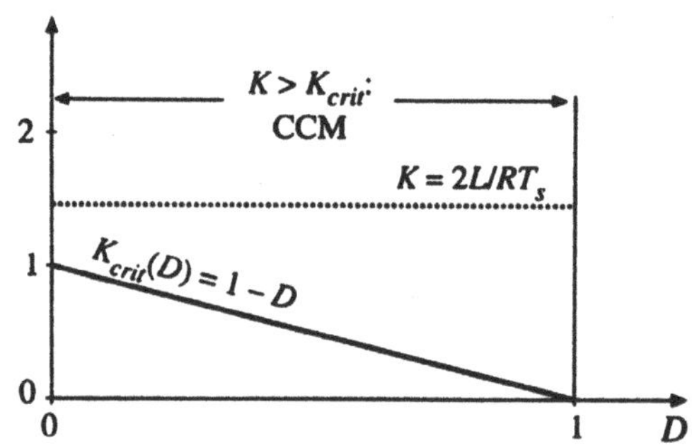

그림 5.6 큰 K에 대해 K와 $K_{crit}(D)$ 비교. 컨버터는 모든 시비율에서 CCM에서 동작

표 5.1 벅, 부스트, 벅-부스트 컨버터의 CCM-DCM 경계

Converter	$K_{crit}(D)$	$\max_{0 \le D \le 1}(K_{crit})$	R_{crit}	$\min_{0 \le D \le 1}(R_{crit})$
Buck	$(1-D)$	1	$\dfrac{2L}{(1-D)T_s}$	$2\dfrac{L}{T_s}$
Boost	$D(1-D)^2$	$\dfrac{4}{27}$	$\dfrac{2L}{D(1-D)^2 T_s}$	$\dfrac{27}{2}\dfrac{L}{T_s}$
Buck-boost	$(1-D)^2$	1	$\dfrac{2L}{(1-D)^2 T_s}$	$2\dfrac{L}{T_s}$

$$\begin{aligned} &R < R_{crit}(D) \quad CCM\text{에 대해} \\ &R > R_{crit}(D) \quad DCM\text{에 대해} \end{aligned} \tag{5.7}$$

여기서

$$R_{crit}(D) = \frac{2L}{D' T_s}$$

이다. 부하 저항 R이 임계 값 R_{crit}를 초과하면 컨버터는 DCM에서 동작한다. 이 임계 값은 인덕턴스와 스위칭 주기 그리고 시비율에 의존한다. $D' < 1$이므로 R_{crit}의 최소값은 $2L/T_s$이다. 따라서 $R < 2L/T_s$이면 컨버터는 모든 시비율에서 CCM으로 동작한다.

이 결과들을 순수한 선형 저항이 아닌 부하에 적용할 수 있다. 실효 부하 저항을 직류 출력 전압과 직류 부하 전류의 비로 정의한다: $R = V/I$. 이러한 실효 부하 저항을 위의 식에 적용할 수 있다.

다른 컨버터에 대한 모드 경계를 비슷하게 분석할 수 있다. 부스트 컨버터를 5.3절에서 다루고 벅-부스트 컨버터는 숙제로 남긴다. 세 개의 기본 직류-직류 컨버터에 대한 결과를 표 5.1에 나타낸다. 각 경우에서 단위가 없는 파라미터 K는 $K = 2L/RT_s$로 정의되고 모드 경계는 다음과 같다.

$$\begin{aligned} &K > K_{crit}(D) \quad \text{또는} \quad R < R_{crit}(D) \quad CCM\text{에 대해} \\ &K < K_{crit}(D) \quad \text{또는} \quad R > R_{crit}(D) \quad DCM\text{에 대해} \end{aligned} \tag{5.8}$$

5.2 전압 변환비 분석

연속 전도모드의 정상상태 해석을 유도한 2장에서와 같은 기법과 근사화를 약간 수정하여 불연속 전도모드에 적용할 수 있다.

(a) *인덕터 전압-시간 평형*

– 인덕터에 인가된 전압의 직류 성분은 영이어야 한다.

$$\langle v_L \rangle = \frac{1}{T_s}\int_0^{T_s} v_L(t)dt = 0 \tag{5.9}$$

(b) *커패시터 전하 평형*

– 커패시터에 인가된 전류의 직류 성분은 영이어야 한다.

$$\langle i_C \rangle = \frac{1}{T_s}\int_0^{T_s} i_C(t)dt = 0 \tag{5.10}$$

이 원리는 동작 모드에 관계없이 정상상태에서 동작하는 모든 회로에 대해 사실이다.

(c) *미소 맥동 근사화*

– 불연속 전도모드에서 미소 맥동 근사화를 적용할 때 주의가 필요하다.

i. 출력 커패시터 전압 맥동. 동작 모드에 관계없이 출력 전압 맥동은 작아야 한다. 그러므로 불연속 전도모드에서 동작하는 잘 설계된 컨버터에 대해 첨두 출력 전압 맥동 Δv는 평균 출력 전압 V보다 매우 작아야 한다. 따라서 미소 맥동 근사화를 다음과 같이 출력 전압 파형에 적용할 수 있다.

$$v(t) \approx V \tag{5.11}$$

ii. 인덕터 전류 맥동. 정의에 의해 불연속 전도모드에서 인덕터 전류 맥동은 작지 않다. 실제로 식 (5.3)으로부터 인덕터 전류 맥동 Δi_L이 직류 성분 I보다 큼을 알 수 있다. 따라서 인덕터 전류 맥동을 무시하면 잘못된 결과를 얻을 수 있다. 다른 컨버터에서 인덕터 전류 또는 커패시터 전압은 무시할 수 없는 큰 스위칭 맥동을 포함할 수 있다.

컨버터에 있는 인덕터와 커패시터에 대해 전압-시간 평형과 전하 평형을 각각 적용하여 전압 변환비를 구하기 위한 방정식을 얻을 수 있다. 벅 컨버터 예에 대해 출력 커패시터 전압에서는 스위칭 맥동을 무시할 수 있지만 인덕터 전류의 스위칭 맥동을 고려해야 한다.

그림 5.1의 벅 컨버터에 대한 전압 변환비 $M = V/V_g$를 분석해 보자. 트랜지스터가 도통하는 $0 < t < D_1 T_s$ 동안 컨버터 회로는 그림 5.7(a)와 같다. 인덕터 전압과 커패시터 전류는 다음과 같다.

$$v_L(t) = V_g - v(t) \qquad (5.12)$$
$$i_C(t) = i_L(t) - \frac{v(t)}{R}$$

출력 전압 맥동을 무시하는 미소 맥동 근사화를 하면 다음을 얻을 수 있다.

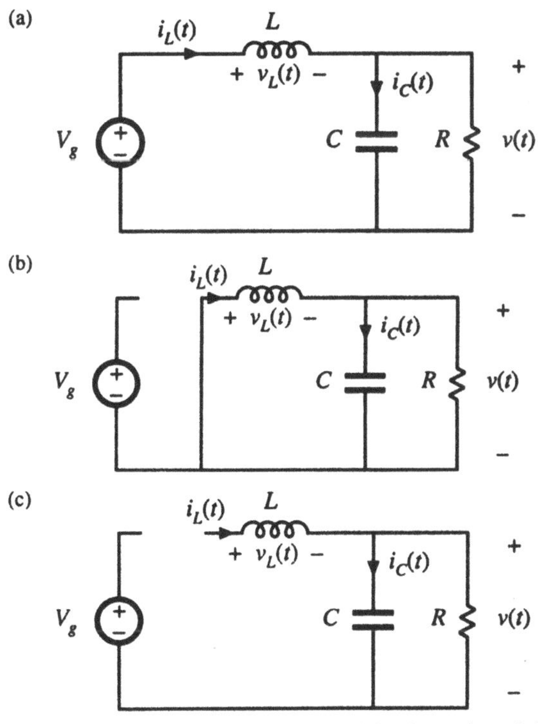

그림 5.7 불연속 전도모드에서 동작하는 벅 컨버터 회로: (a) 세부구간 1, (b) 세부구간 2, (c) 세부구간 3

$$v_L(t) = V_g - V \qquad (5.13)$$
$$i_C(t) = i_L(t) - \frac{V}{R}$$

인덕터 전류 맥동을 무시하지 않았음을 주의하기 바란다.

다이오드는 세부구간 2인 $D_1 T_s < t < (D_1 + D_2) T_s$ 동안 도통하고 회로는 그림 5.7(b)와 같다. 인덕터 전압과 커패시터 전류는 다음과 같다.

$$v_L(t) = -v(t) \qquad (5.14)$$
$$i_C(t) = i_L(t) - \frac{v(t)}{R}$$

출력 전압 맥동을 무시하면 다음과 같다.

$$v_L(t) = -V \qquad (5.15)$$
$$i_C(t) = i_L(t) - \frac{V}{R}$$

다이오드는 $t = (D_1 + D_2) T_s$에서 역방향으로 치우쳐 트랜지스터와 함께 오프되어 회로는 그림 5.7(c)와 같다. 나머지 스위칭 기간 $(D_1 + D_2) T_s < t < T_s$ 동안 인덕터 전압과 전류는 모두 영이다. 이 구간 동안의 방정식은 다음과 같다.

$$v_L = 0, \quad i_L = 0 \qquad (5.16)$$
$$i_C(t) = i_L(t) - \frac{v(t)}{R}$$

세부구간 3 동안 인덕터 전류는 영인 상수이므로 인덕터 전압도 $v_L(t) = L di_L(t)/dt$의 관계에 의해 영이어야 한다. 실제로는 이 기간 동안 기생 공진이 발생할 수 있다. 이 공진은 인덕터와 반도체 소자의 커패시턴스로 형성된 공진회로에 의해 발생하고 일반적으로 컨버터의 정상상태 특성에 미치는 영향은 작다. 커패시터 맥동 전압을 무시하면 다음과 같다.

$$v_L = 0 \qquad (5.17)$$
$$i_C(t) = -\frac{V}{R}$$

식 (5.13), (5.15)와 (5.17)을 이용하여 그림 5.8의 인덕터 전압 파형을 그릴 수 있다. 인덕터 전압-시간 평형 원리에 따르면 이 파형의 직류 성분은 영이야 한다. 파형이 사각파이므로 평균값을 다음과 같이 쉽게 구할 수 있다.

$$\langle v_L(t) \rangle = D_1(V_g - V) + D_2(-V) + D_3(0) = 0 \tag{5.18}$$

출력 전압에 대해 풀면 다음과 같다.

$$V = V_g \frac{D_1}{D_1 + D_2} \tag{5.19}$$

세부구간 1의 시비율 D_1과 같은 트랜지스터 시비율 D가 컨버터의 제어 입력이고 아는 값으로 볼 수 있다. 그러나 세부구간 2의 시비율 D_2는 미지수이므로 D_2를 소거하여 출력 전압 V를 구하기 위해 다른 방정식이 필요하다.

커패시터 전하 평형을 적용하여 두 번째 방정식을 얻을 수 있다. 커패시터와 연결된 주변의 회로를 그림 5.9에 나타낸다. 벅 컨버터의 절점 방정식은 다음과 같다.

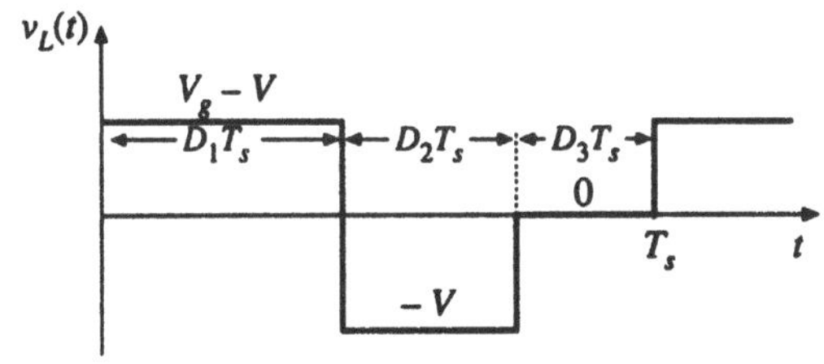

그림 5.8 불연속 전도모드에서 동작하는 벅 컨버터의 인덕터 전압 파형

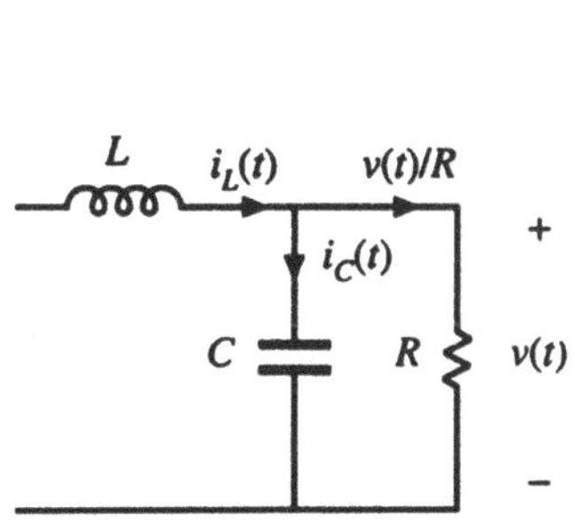

그림 5.9 벅 컨버터의 출력 커패시터 절점

$$i_L(t) = i_C(t) + \frac{v(t)}{R} \tag{5.20}$$

커패시터 전하 평형에 의해 커패시터 전류의 직류 성분은 영이어야 한다.

$$\langle i_C(t) \rangle = 0 \tag{5.21}$$

그러므로 노드에 연결된 다른 소자가 직류 부하 전류 모두를 공급해야 한다. 벅 컨버터의 경우 인덕터 전류의 직류 성분은 부하 직류 전류와 같아야 한다.

$$\langle i_L(t) \rangle = \frac{V}{R} \tag{5.22}$$

따라서 인덕터 전류의 직류 성분을 계산할 필요가 있다.

인덕터 전류 맥동이 작지 않기 때문에 인덕터 전류의 직류 성분을 구하기 위해 상세한 전류 파형이 필요하다. 인덕터 전류파형을 그림 5.10에 나타낸다. 스위칭 주기의 시점에서 전류는 영에서 시작하여 처음 세부구간 동안 인가한 전압을 인덕턴스로 나눈 값을 갖는 일정한 기울기로 증가한다. 첨두 인덕터 전류 i_{pk}는 다음과 같다.

$$i_L(D_1 T_s) = i_{pk} = \frac{V_g - V}{L} D_1 T_s \tag{5.23}$$

인덕터 전류의 직류 성분은 평균값과 같다.

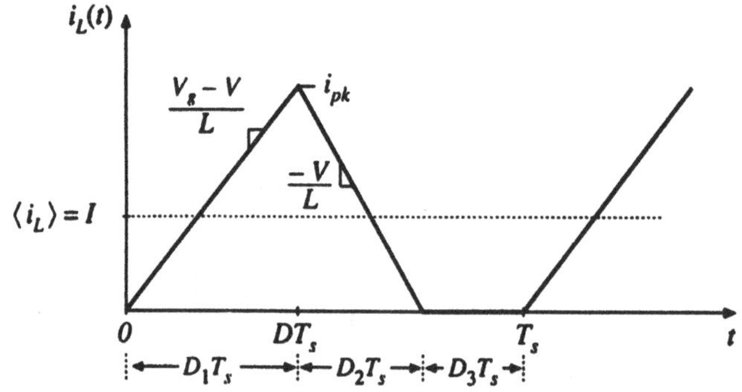

그림 5.10 불연속 전도모드에서 동작하는 벅 컨버터의 인덕터 전류 파형

$$\langle i_L \rangle = \frac{1}{T_s}\int_0^{T_s} i_L(t)dt \tag{5.24}$$

$i_L(t)$의 적분 또는 면적은 밑변이 $(D_1+D_2)T_s$이고 높이가 i_{pk}인 삼각형의 면적이다. 따라서

$$\int_0^{T_s} i_L(t)dt = \frac{1}{2}i_{pk}(D_1+D_2)T_s \tag{5.25}$$

이고 식 (5.23)과 (5.25)를 식 (5.24)에 대입하면 다음과 같다.

$$\langle i_L \rangle = (V_g - V)\left(\frac{D_1 T_s}{2L}\right)(D_1+D_2) \tag{5.26}$$

마지막으로 식 (5.22)의 직류 부하 전류와 결합하면 다음과 같다.

$$\frac{V}{R} = \frac{D_1 T_s}{2L}(D_1+D_2)(V_g - V) \tag{5.27}$$

이제 2개의 미지수가 있고 2개의 방정식이 있다. 인덕터 전압-시간 평형으로부터 처음 방정식 (5.19)를 얻고 커패시터 전하 평형으로부터 두번째 식 (5.27)을 얻었다. 이 두 식을 연립하여 D_2를 소거하고 전압 변환비 $M(D_1, K) = V/V_g$를 구하면 다음과 같다.

$$\frac{V}{V_g} = \frac{2}{1+\sqrt{1+\frac{4K}{D_1^2}}} \tag{5.28}$$

여기서 $K = 2L/RT_s$이고 $K < K_{crit}$에 대해서만 타당하다. 이것이 불연속 전도모드에서 동작하는 벅 컨버터의 전압 변환비이다.

연속과 불연속 전도모드를 포함하는 벅 컨버터 전압 변환비는 다음과 같다.

$$M = \begin{cases} D & K > K_{crit} \text{에 대해} \\ \dfrac{2}{1+\sqrt{1+\frac{4K}{D^2}}} & K < K_{crit} \text{에 대해} \end{cases} \tag{5.29}$$

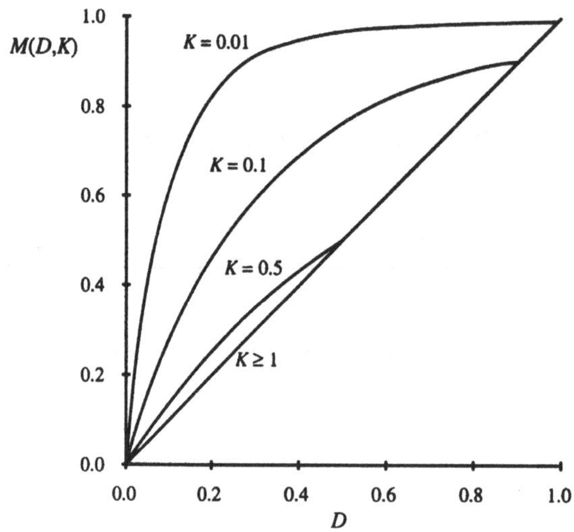

그림 5.11 불연속 전도모드에서 동작하는 벅 컨버터의 전압 변환비

여기서 트랜지스터 시비율 D는 위의 유도과정에서 세부구간 1의 시비율 D_1과 같다. 그림 5.11은 여러 K에 대한 특성을 나타낸다. 불연속 전도모드의 효과로 출력 전압이 증가함을 알 수 있다. K가 영에 가까워지면 (무부하인 경우) 모든 D에서 M은 영이 아닌 1로 접근한다. 특성은 연속이고 식 (5.28)은 모드 경계에서 CCM 특성 $M = D$와 만난다.

5.3 부스트 컨버터 예

두 번째 예로 그림 5.12의 부스트 컨버터를 생각하자. 모드의 경계를 구하고 불연속 전도모드에서 전압 변환비를 구한다. 연속 전도모드에서 동작하는 부스트 컨버터의 동작을 2.3절에서 분석하였고 인덕터 전류의 직류 성분 I와 첨두 맥동 크기 Δi_L에 대한 식을 유도하였다.

다이오드가 도통할 때 다이오드 전류는 인덕터 전류 $i_L(t)$와 같다. 그림 2.18에서 볼 수 있듯이 다이오드가 도통하는 세부구간 $DT_s < t < T_s$ 동안 인덕터 전류의 최소값은 $(I - \Delta i_L)$이다. 최소 전류가 양이면 전체 세부구간 $DT_s < t < T_s$ 동안 다이오드는 순방

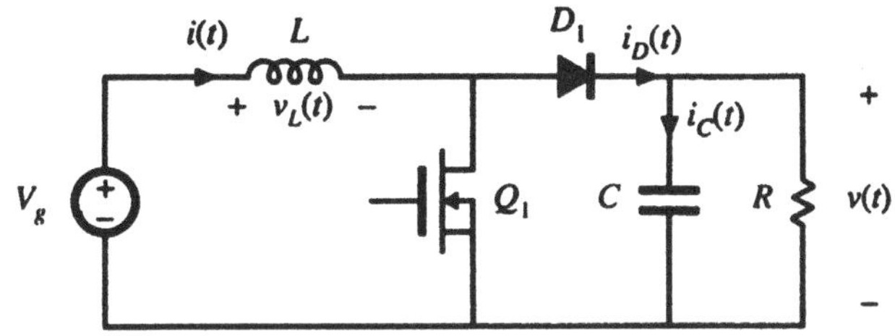

그림 5.12 부스트 컨버터 예

향으로 치우치고 컨버터는 연속 전도모드에서 동작한다. 따라서 부스트 컨버터가 연속과 불연속 전도모드에서 동작할 조건은 다음과 같다.

$$\begin{aligned} I &> \Delta i_L \quad CCM\text{에 대해} \\ I &< \Delta i_L \quad DCM\text{에 대해} \end{aligned} \tag{5.30}$$

이 식은 벅 컨버터의 경우와 같다. 식 (2.39)와 (2.43)에 주어진 I와 Δi_L에 대한 CCM 해를 대입하면 다음과 같다.

$$\frac{V_g}{D'^2 R} > \frac{DT_s V_g}{2L} \quad CCM\text{에 대해} \tag{5.31}$$

간단히 하면 다음과 같다.

$$\frac{2L}{RT_s} > DD'^2 \quad CCM\text{에 대해} \tag{5.32}$$

이 식을 다음과 같은 표준형으로 표현할 수 있다.

$$\begin{aligned} K &> K_{crit}(D) \quad CCM\text{에 대해} \\ K &< K_{crit}(D) \quad DCM\text{에 대해} \end{aligned} \tag{5.33}$$

여기서

$$K = \frac{2L}{RT_s}, \qquad K_{crit}(D) = DD'^2$$

이다. 연속 또는 불연속 전도모드에서의 동작조건은 벅 컨버터에 대한 조건과 비슷한 형태를 가지며 임계 값 $K_{crit}(D)$가 시비율 D의 다른 함수이다. 그림 5.13은 시비율 D에 대한 $K_{crit}(D)$를 나타낸다. $K_{crit}(D)$는 $D=0$과 $D=1$에서 영이고 $D=1/3$에서 최대값 4/27을 갖는다. 그러므로 K가 4/27보다 크면 컨버터는 모든 시비율에서 연속 전도모드에서 동작한다. 그림 5.14는 K가 4/27보다 작은 경우에 대해 나타낸다. $D=1/3$ 근처 중간 영역에서 컨버터는 불연속 전도모드에서 동작하고, $D=0$과 $D=1$ 근처에서 연속 전도모드에서 동작한다. 벅 컨버터와 다르게 부스트 컨버터는 $D=0$ 근처에서 맥동 크기는 영에 가까워지지만 직류 성분 I는 영이 아니므로 연속 전도모드에서 동작해야 한다.

다음으로 부스트 컨버터의 전압 변환비 $M=V/V_g$를 분석해 보자. 트랜지스터가 도통하는 $0<t<D_1T_s$ 동안 컨버터 회로는 그림 5.15(a)와 같다. 인덕터 전압과 커패시터 전류는 다음과 같다.

$$
\begin{aligned}
v_L(t) &= V_g \\
i_C(t) &= -\frac{v(t)}{R}
\end{aligned}
\tag{5.34}
$$

출력 전압 맥동을 무시하는 미소 맥동 근사화를 하면 다음을 얻을 수 있다.

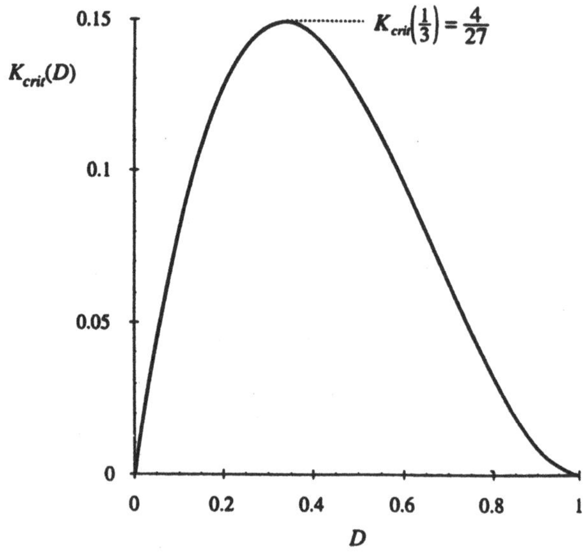

그림 5.13 부스트 컨버터의 $K_{crit}(D)$

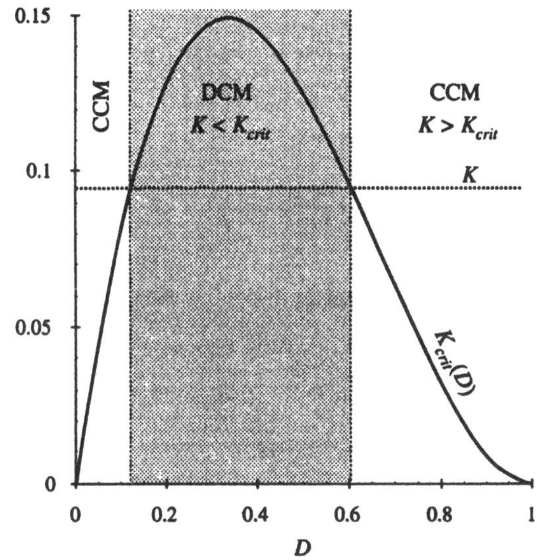

그림 5.14 K와 $K_{crit}(D)$ 비교

$$v_L(t) \approx V_g \qquad (5.35)$$
$$i_C(t) \approx -\frac{V}{R}$$

다이오드는 세부구간 2인 $D_1 T_s < t < (D_1 + D_2) T_s$ 동안 도통하고 회로는 그림 5.15(b)와 같다. 인덕터 전압과 커패시터 전류는 다음과 같다.

$$v_L(t) = V_g - v(t) \qquad (5.36)$$
$$i_C(t) = i(t) - \frac{v(t)}{R}$$

출력 전압 맥동을 무시하면 다음과 같다.

$$v_L(t) \approx V_g - V \qquad (5.37)$$
$$i_C(t) \approx i(t) - \frac{V}{R}$$

인덕터 전류 맥동을 무시하지 않았음을 주의하기 바란다.

세부구간 3인 $(D_1 + D_2) T_s < t < T_s$ 동안 다이오드는 역방향으로 치우쳐 트랜지스터

와 함께 오프되고 회로는 그림 5.15(c)와 같다. 이 구간 동안의 방정식은 다음과 같다.

$$v_L = 0, \quad i_L = 0$$
$$i_C(t) = -\frac{v(t)}{R} \tag{5.38}$$

미소 맥동 근사화를 하면 다음과 같다.

$$v_L = 0$$
$$i_C(t) = -\frac{V}{R} \tag{5.39}$$

식 (5.35), (5.37)과 (5.39)를 이용하여 그림 5.16의 인덕터 전압 파형을 그릴 수 있다. 인덕터 전압-시간 평형 원리에 따르면 이 파형의 직류 성분은 영이야 한다.

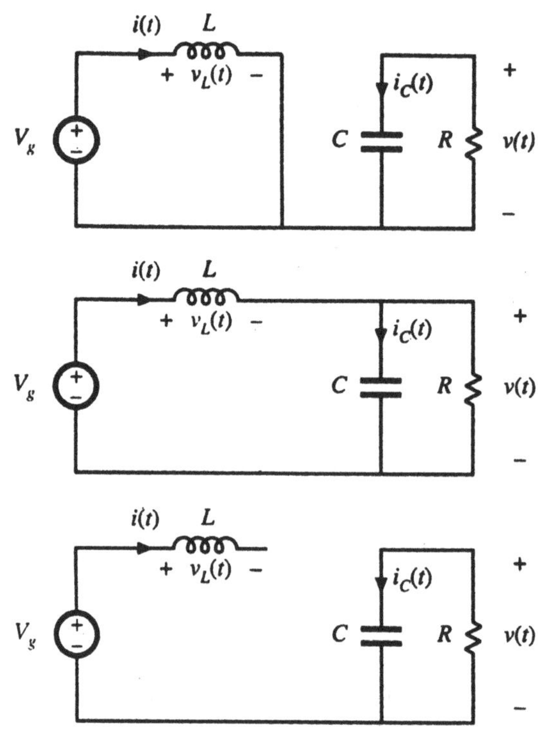

그림 5.15 부스트 컨버터 예: (a) 세부구간 1, (b) 세부구간 2, (c) 세부구간 3

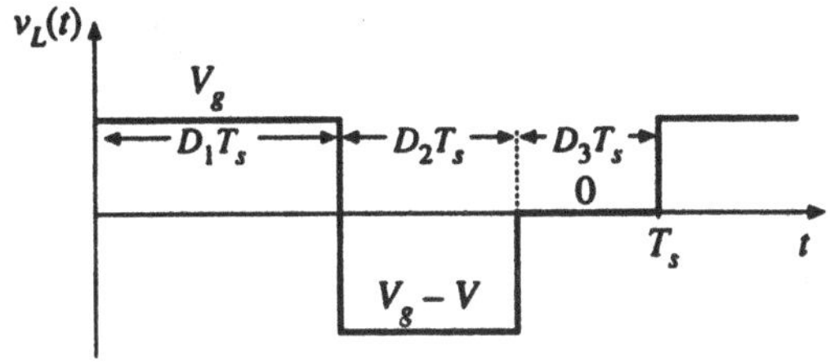

그림 5.16 불연속 전도모드에서 동작하는 부스트 컨버터의 인덕터 전압 파형

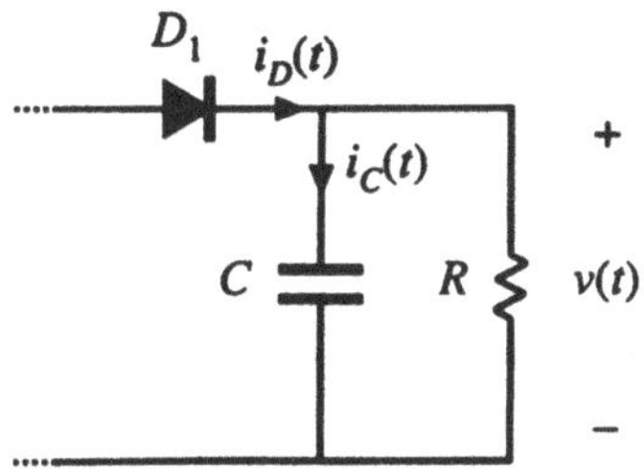

그림 5.17 부스트 컨버터의 출력 커패시터 절점

$$D_1 V_g + D_2(V_g - V) + D_3(0) = 0 \tag{5.40}$$

출력 전압 V에 대해 풀면 다음과 같다.

$$V = \frac{D_1 + D_2}{D_2} V_g \tag{5.41}$$

다이오드의 시비율 D_2는 미지수이므로 출력 전압 V를 구하기 위해 D_2를 소거하는 다른 방정식이 필요하다.

두 번째 방정식을 얻기 위해 커패시터 전하 평형을 적용한다. 커패시터와 연결된 주변의 회로를 그림 5.17에 나타낸다. 벅 컨버터와 다르게 부스트 컨버터에서 다이오드가 출력 절점에 연결된다. 그림 5.17의 절점 방정식은 다음과 같다.

$$i_D(t) = i_C(t) + \frac{v(t)}{R} \tag{5.42}$$

여기서 $i_D(t)$는 다이오드 전류이다. 커패시터 전하 평형에 의해 커패시터 전류의 직류 성분은 영이어야 한다. 그러므로 다이오드 전류의 직류 성분 $\langle i_D \rangle$는 직류 부하 전류와 같아야 한다.

$$\langle i_D \rangle = \frac{V}{R} \tag{5.43}$$

그러므로 다이오드 전류 파형을 그려 직류 성분을 구해야 한다.

인덕터 전류 $i(t)$와 다이오드 전류 $i_D(t)$의 파형을 그림 5.18에 나타낸다. 스위칭 주기의 시점에서 전류는 영에서 시작하여 처음 세부구간 동안 첨두 값 i_{pk}까지 증가한다. 여기서 첨두 값 i_{pk}는 다음과 같다.

$$i_{pk} = \frac{V_g}{L} D_1 T_s \tag{5.44}$$

다이오드는 두 번째 세부구간 동안 도통하고 인덕터 전류는 영으로 감소하고 세 번째 구간 동안 영의 값을 유지한다. 두 번째 세부구간 동안 다이오드 전류는 인덕터 전류와 같다. 첫 번째와 세 번째 세부구간 동안 다이오드는 역방향으로 치우쳐 $i_D(t)$는 영이다.

다이오드 전류의 직류 성분은 다음과 같다.

$$\langle i_D \rangle = \frac{1}{T_s} \int_0^{T_s} i_D(t)\,dt \tag{5.45}$$

적분은 $i_D(t)$ 파형의 아래 면적이다. 그림 5.18(b)에 도시한 바와 같이 이 면적은 밑변이 $D_2 T_s$이고 높이가 i_{pk}인 삼각형의 면적이다. 따라서

$$\int_0^{T_s} i_D(t)\,dt = \frac{1}{2} i_{pk} D_2 T_s \tag{5.46}$$

이고 식 (5.44)와 (5.46)을 식 (5.45)에 대입하면 다음과 같다.

$$\langle i_D \rangle = \frac{1}{T_s}\left(\frac{1}{2} i_{pk} D_2 T_s\right) = \frac{V_g D_1 D_2 T_s}{2L} \tag{5.47}$$

식 (5.43)의 직류 부하 전류와 결합하면 다음과 같다.

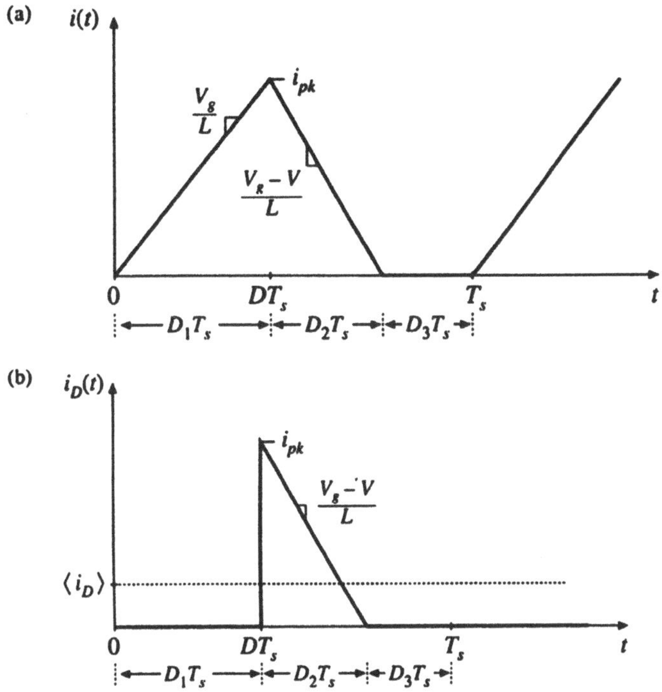

그림 5.18 불연속 전도모드에서 동작하는 벅 컨버터의 인덕터 전류 파형

$$\frac{V_g D_1 D_2 T_s}{2L} = \frac{V}{R} \tag{5.48}$$

이제 2개의 미지수 V와 D_2가 있고 2개의 방정식이 있다. 인덕터 전압-시간 평형으로부터 처음 방정식 (5.41)을 얻고 커패시터 전하 평형으로부터 두번째 식 (5.48)을 얻었다. 이 두 식을 연립하여 D_2를 소거하고 출력 전압 V를 구하자. D_2에 대한 식 (5.41)을 풀면 다음을 얻는다.

$$D_2 = D_1 \frac{V_g}{V - V_g} \tag{5.49}$$

이 식을 식 (5.48)에 대입하면 다음의 2차 방정식을 얻을 수 있다.

$$V^2 - V_g V - \frac{V_g^2 D_1^2}{K} = 0 \tag{5.50}$$

근의 공식을 이용하면 다음의 전압 변환비를 구할 수 있다.

$$\frac{V}{V_g}=\frac{1\pm\sqrt{1+\dfrac{4D_1^2}{K}}}{2} \tag{5.51}$$

위의 2차 방정식은 두 개의 근을 갖는다. 하나는 양수이고 하나는 음수이다. 부스트 컨버터의 출력 전압은 식 (5.41)에서처럼 양이고 시비율 D_1과 D_2가 양이므로 V/V_g도 양이어야 한다. 따라서

$$\frac{V}{V_g}=M(D_1,K)=\frac{1+\sqrt{1+\dfrac{4D_1^2}{K}}}{2} \tag{5.52}$$

이고, 여기서 $K=2L/RT_s$이고 $K<K_{crit}(D)$에 대해서만 타당하다. 이것이 불연속 전도모드에서 동작하는 부스트 컨버터의 전압 변환비이다.

연속과 불연속 모드를 포함하는 부스트 컨버터의 전압 변환비는 다음과 같다.

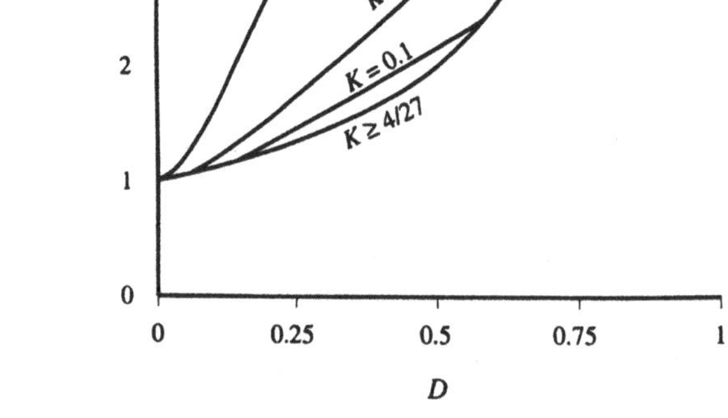

그림 5.19 불연속 전도모드에서 동작하는 벅 컨버터의 전압 변환비

$$M=\begin{cases}\dfrac{1}{1-D} & K>K_{crit}\text{ 에 대해}\\[2ex] \dfrac{1+\sqrt{1+\dfrac{4D^2}{K}}}{2} & K<K_{crit}\text{ 에 대해}\end{cases} \tag{5.53}$$

그림 5.19은 여러 K에 대한 특성을 나타낸다. 벅 컨버터에서처럼 불연속 전도모드의 효과는 출력 전압을 증가시킴을 알 수 있다. 특성의 DCM 부분은 거의 선형이고 다음과 같이 근사화할 수 있다.

$$M\approx\frac{1}{2}+\frac{D}{\sqrt{K}} \tag{5.54}$$

5.4 요약

기본 벅, 부스트와 벅-부스트 컨버터의 특성을 표 5.2에 정리한다. CCM과 DCM에서 직류 전압 변환비에 대한 해와 DCM 다이오드 시비율 D_2의 해와 $K_{crit}(D)$에 대한 식을 나타낸다.

DCM 벅, 부스트와 벅-부스트 컨버터의 직류 전압 변환비를 그림 5.20에 비교한다. 벅-부스트 특성은 기울기 $1/\sqrt{K}$를 갖는 직선이다. 벅과 부스트 컨버터의 특성은 둘 다 이 직선과 $M=1$에 점근한다. 따라서 충분한 불연속 전도모드에서 동작하면 부스트 컨버터는 특히 큰 시비율에서 기울기 $1/\sqrt{K}$를 갖는 거의 선형의 변환비를 보인다. 비슷하게 벅 컨버터가 충분한 불연속 전도모드에서 동작하면 특히 작은 시비율에서 같은 기울기를 갖는 선형 변환비를 갖는다.

다음은 이 장의 요점 정리이다.

1. 한 방향 전류 또는 전압 스위치를 포함하는 컨버터에서 인덕터 전류 또는 커패시터 전압 맥동이 충분히 커서 스위치 전류 또는 전압의 극성이 바뀔 때 불연속 전도모드가 발생한다.
2. 인덕터 전류 또는 커패시터 전압 맥동과 직류 성분이 스위치의 온 상태 전류 또는 스위치의 오프 상태 전압의 극성을 거꾸로 하는 시점을 구하여 불연속 전도모드의

표 5.2 벅과 부스트 그리고 벅-부스트 컨버터의 CCM-DCM 특성 요약

Converter	$K_{crit}(D)$	DCM $M(D, K)$	DCM $D_2(D, K)$	CCM $M(D)$
Buck	$(1-D)$	$\frac{2}{1+\sqrt{1+4K/D^2}}$	$\frac{K}{D}M(D,K)$	D
Boost	$D(1-D)^2$	$\frac{1+\sqrt{1+4D^2/K}}{2}$	$\frac{K}{D}M(D,K)$	$\frac{1}{1-D}$
Buck-boost	$(1-D)^2$	$-\frac{D}{\sqrt{K}}$	$\sqrt{K}$	$-\frac{D}{1-D}$

with $K = 2L/RT_S$ DCM occurs for $K < K_{crit}$

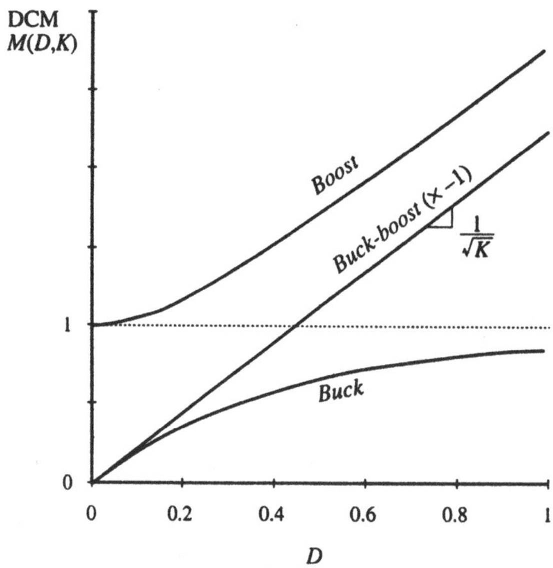

그림 5.20 불연속 전도모드에서 동작하는 벅과 부스트 그리고 벅-부스트 컨버터의 전압 변환비 비교

동작 조건을 구할 수 있다.

3. 인덕터 전압-시간 평형과 커패시터 전하 평형 원리를 적용하여 불연속 전도모드에서 동작하는 컨버터의 직류 전압 변환비를 구할 수 있다.
4. 미소 맥동 근사화를 적용할 때 주의가 필요하다. 출력 전압은 무시할 정도의 작은 맥동을 가져야 한다. 인덕터 전류와 같은 다른 파형의 맥동을 무시할 수 없다.
5. 컨버터가 DCM에서 동작할 때 컨버터의 특성은 상당히 바뀐다. 출력 전압은 부하에 의존하여 컨버터 출력 임피던스를 증가시킨다.

연 · 습 · 문 · 제

5.1 그림 5.21에 주어진 벅-부스트 컨버터의 소자는 이상적으로 손실을 무시할 수 있다. 아래의 (a)번과 (b)번의 해는 표 5.2와 같아야 한다.

(a) 컨버터는 $K < K_{crit}$일 때 불연속 전도모드에서 동작함을 보이고, K와 K_{crit}에 대한 식을 유도하시오.

(b) 불연속 전도모드에서 동작하는 벅-부스트 컨버터의 전압 변환비 V/V_g를 유도하시오.

(c) $K=0.1$인 조건에서 V/V_g를 $0 \le D \le 1$의 범위에서 도시하시오.

(d) $K=0.1$, $D=0.3$인 조건에서 인덕터 전압과 전류 파형을 도시하시고 주요한 특성을 기입하시오.

(e) $R \to \infty$인 무부하 조건에서 V는 어떻게 되는지, 그리고 물리적으로 설명하시오.

5.2 어떤 벅 컨버터는 4.1.5절에서 설명한 바와 같은 동기 정류기를 포함한다.

(a) 이 컨버터는 가벼운 부하에서 불연속 전도모드에서 동작하는가? 설명하시오.

(b) 부하 저항을 끊고($R \to \infty$), 시비율 0.5에서 컨버터를 동작시킨다. 인덕터 전류 파형을 도시하시오.

5.3 조절되지 않은 직류 입력전압 V_g가 35 V$\le V_g \le$70 V의 범위에서 변한다. 벅 컨버터를 이용하여 28 V로 강압한다. 되먹임 루프는 출력 전압이 28 V를 유지하도록 시비율을 변화시킨다. 부하 전력은 10 W $\le P_{load} \le$ 1000 W의 범위에서 변한다. 소자 값은 $L=22$ μH, $C=470$ μF, $f_s=75$ kHz이고, 손실을 무시할 수 있다.

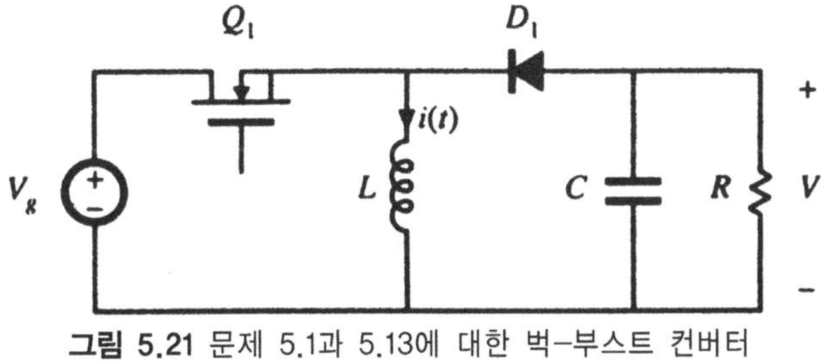

그림 5.21 문제 5.1과 5.13에 대한 벅-부스트 컨버터

(a) 컨버터가 CCM에서 동작하는 V_g와 부하 전류의 범위를 구하시오.

(b) 정상 상태에서 트랜지스터 시비율의 최대값과 최소값을 구하시오.

5.4 그림 5.22에 주어진 컨버터의 트랜지스터들은 같은 게이트 신호로 구동되어 시비율 D와 동기화되어 온과 오프가 된다.

(a) 컨버터가 불연속 전도모드에서 동작하는 조건을 정상상태 시비율 D와 단위가 없는 파라미터 $K = 2L/RT_s$의 함수로 표현하시오.

(b) $D < 0.5$이면 (a)의 결과는 어떻게 되는가.

(c) 직류 전압 변환비 $M(D,K)$의 식을 유도하시오. $K = 10$과 $K = 0.1$의 조건에서 M을 $0 \le D \le 1$의 범위에서 도시하시오.

5.5 그림 5.23의 Ćuk 컨버터의 DCM 경계 조건을 구한다. 커패시터의 전압 맥동은 매우 작다.

(a) CCM 동작에 대한 다이오드 전류 파형을 도시하시오. 두 인덕터 전류 $i_{L1}(t)$와 $i_{L2}(t)$의 맥동 크기 Δi_{L1}와 Δi_{L2}와 직류 성분 I_1과 I_2의 함수로 다이오드 전류의 첨두 값을 유도하시오.

(b) Ćuk 컨버터가 DCM에서 동작하는 조건을 유도하시오. $K < K_{crit}(D)$의 형태로 결과를 나타내고 K와 $K_{crit}(D)$에 대한 식도 유도하시오.

5.6 그림 5.23의 Ćuk 컨버터의 DCM 변환비를 구한다.

(a) 다음의 소자 값으로 구성된 컨버터가 CCM과 DCM 경계에서 동작한다고 가정한다.

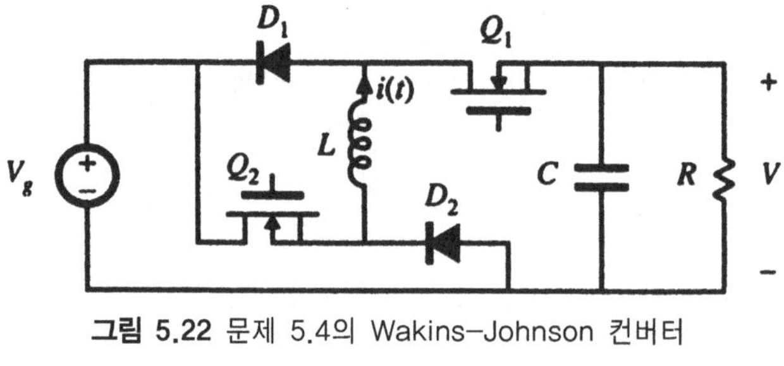

그림 5.22 문제 5.4의 Wakins–Johnson 컨버터

$D = 0.4$	$f_s = 100$ kHz
$V_g = 120$ V	$R = 10\ \Omega$
$L_1 = 54\ \mu$H	$L_2 = 27\ \mu$H
$C_1 = 47\ \mu$F	$C_2 = 100\ \mu$F

다이오드 전류 파형 $i_D(t)$와 인덕터 전류 파형 $i_1(t)$과 $i_2(t)$를 도시하시오. 파형에서 맥동과 직류 성분의 크기를 표기하시오.

(b) 파라미터와 소자의 값을 달리하여 컨버터가 불연속 전도모드에서 동작한다고 가정한다. 직류 전압 변환비 $M(D,K)$를 구하시오.

(c) 불연속 전도모드에서 다이오드 전류 파형 $i_D(t)$와 인덕터 전류 파형 $i_1(t)$과 $i_2(t)$를 도시하시오.

5.7 그림 5.24의 SEPIC 컨버터의 DCM 모드의 경계를 구한다.

(a) CCM 동작에서 다이오드 전류 파형을 도시하시오. 두 인덕터 전류 $i_{L1}(t)$와 $i_{L2}(t)$의 맥동 크기 Δi_{L1}와 Δi_{L2}와 직류 성분 I_1과 I_2의 함수로 다이오드 전류의 첨두 값을 유도하시오. $i_D(t)$와 인덕터 전류 파형 $i_1(t)$과 $i_2(t)$를 도시하시오.

(b) SEPIC 컨버터가 DCM에서 동작하는 조건을 유도하시오. $K < K_{crit}(D)$의 형태로 결과를 나타내고 K와 $K_{crit}(D)$에 대한 식도 유도하시오.

5.8 그림 5.24의 SEPIC 컨버터의 DCM 변환비를 구한다.

(a) 다음의 소자 값으로 구성된 컨버터가 CCM과 DCM 경계에서 동작한다고 가정한다.

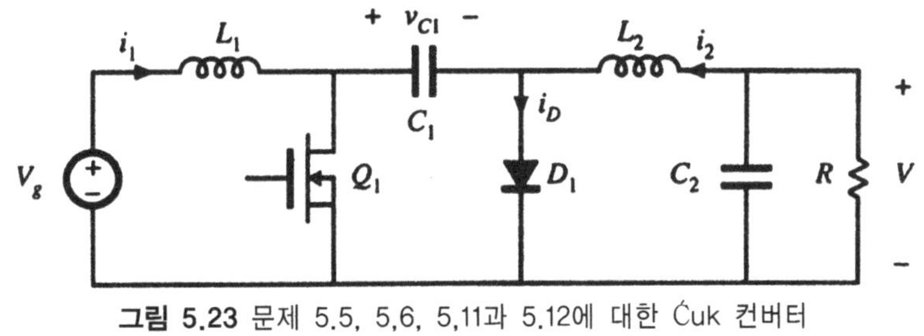

그림 5.23 문제 5.5, 5.6, 5.11과 5.12에 대한 Ćuk 컨버터

$D = 0.225$ $f_s = 100$ kHz

$V_g = 120$ V $R = 10\ \Omega$

$L_1 = 50\ \mu$H $L_2 = 75\ \mu$H

$C_1 = 47\ \mu$F $C_2 = 200\ \mu$F

다이오드 전류 파형 $i_D(t)$와 인덕터 전류 파형 $i_1(t)$과 $i_2(t)$를 도시하시오. 파형에서 맥동과 직류 성분의 크기를 표기하시오.

(b) 파라미터와 소자의 값을 달리하여 컨버터가 불연속 전도모드에서 동작한다고 가정한다. 직류 전압 변환비 $M(D,K)$를 구하시오.

(c) 불연속 전도모드에서 다이오드 전류 파형 $i_D(t)$와 인덕터 전류 파형 $i_1(t)$과 $i_2(t)$를 도시하시오.

5.9 그림 5.25에서 보이는 바와 같이 L-C 필터를 벅 컨버터에 추가하였다. 인덕터 L_1과 L_2, 커패시터 C_2의 값이 매우 크므로 스위칭 맥동은 작다. 모든 손실은 무시한다.

(a) 커패시터 C_1의 전압 파형 $v_1(t)$를 도시하고 직류 성분 V_1과 첨두 맥동 크기 Δv_1에 대한 식을 유도하시오.

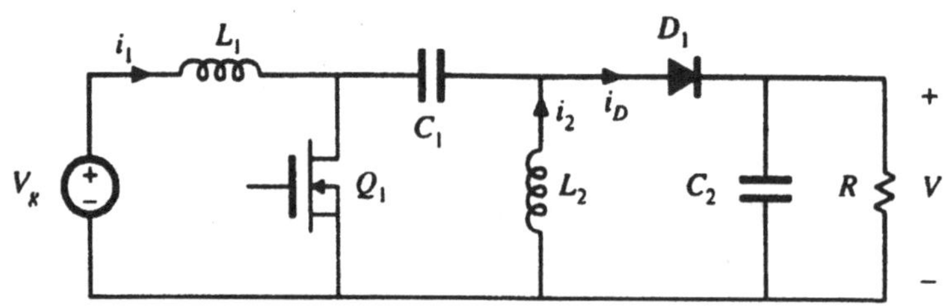

그림 5.24 문제 5.7과 5.8에 대한 SEPIC 컨버터

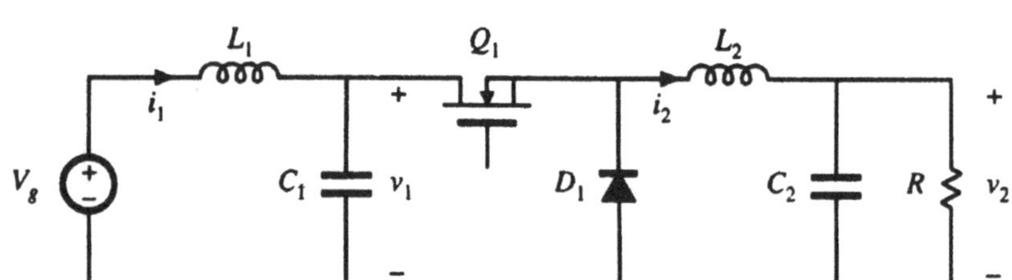

그림 5.25 문제 5.9와 5.10에 대한 입력 필터가 있는 벅 컨버터

(b) Δv_1이 V_1보다 크도록 부하 저항 R을 감소하여 부하 전류를 증가시킨다.

i. 커패시터 전압 파형 $v_1(t)$를 도시하시오.

ii. 각 세부구간에 대해 어떤 반도체 소자가 도통하는가?

iii. 불연속 전도모드가 발생하는 조건을 결정하시오. $K < K_{crit}(D)$의 형태로 결과를 나타내고 K와 $K_{crit}(D)$에 대한 식도 유도하시오.

5.10 이전 문제에서 DCM SEPIC 컨버터의 직류 전압 변환비 $M(D,K)$를 유도하시오. D는 트랜지스터 시비율이다.

5.11 그림 5.23의 Ćuk 컨버터에서 인덕터 L_1과 L_2, 커패시터 C_2의 값이 매우 크므로 스위칭 맥동은 작다. 모든 손실은 무시한다.

(a) 컨버터가 CCM에서 동작한다는 가정 하에 커패시터 C_1의 전압 파형 $v_{C1}(t)$를 도시하고 직류 성분 V_1과 첨두 맥동 크기 Δv_{C1}에 대한 식을 유도하시오

(b) Δv_{C1}이 V_1보다 크도록 부하 저항 R을 감소하여 부하 전류를 증가시킨다.

i. 커패시터 전압 파형 $v_{C1}(t)$를 도시하시오.

ii. 각 세부구간에 대해 어떤 반도체 소자가 도통하는가?

iii. 불연속 전도모드가 발생하는 조건을 결정하시오. $K < K_{crit}(D)$의 형태로 결과를 나타내고 K와 $K_{crit}(D)$에 대한 식도 유도하시오.

5.12 이전 문제에서 DCM Ćuk 컨버터의 직류 전압 변환비 $M(D,K)$를 유도하시오. D는 트랜지스터 시비율이다.

5.13 그림 5.21의 DCM 벅-부스트 컨버터가 다음의 조건에서 동작하도록 설계되었다.

$$136\ \text{V} \le V_g \le 205\ \text{V}$$

$$5\ \text{W} \le P_{load} \le 100\ \text{W}$$

$$V = -150\ \text{V}, \quad f_s = 100\ \text{kHz}$$

출력전압을 항상 -150 V로 유지하기 위한 되먹임 루프에 의해 트랜지스터 시비율이 변하고 있다고 가정한다. 다음 조건을 만족하는 컨버터를 설계하시오.

• 컨버터는 항상 불연속 모드에서 동작해야 한다.

- 위에 주어진 조건에서 인덕터의 첨두 전류를 최소화하는 소자 값을 선정하시오.
- 출력 전압 첨두 맥동은 1 V보다 작아야 한다.

다음을 구하시오.

(a) 인덕터 값 L

(b) 출력 커패시터 값 C

(c) 최악의 경우 인덕터 첨두 전류 i_{pk}

(d) 트랜지스터 시비율 D의 최대값과 최소값

5.14 그림 5.12의 DCM 부스트 컨버터가 다음의 조건에서 동작하도록 설계되었다.

$$18\ \text{V} \le V_g \le 36\ \text{V}$$

$$5\ \text{W} \le P_{load} \le 100\ \text{W}$$

$$V = 48\ \text{V}, \qquad f_s = 150\ \text{kHz}$$

출력전압을 항상 48 V로 유지하기 위한 되먹임 루프에 의해 트랜지스터 시비율이 변하고 있다고 가정한다. 다음 조건을 만족하는 컨버터를 설계하시오.

- 컨버터는 항상 불연속 모드에서 동작해야 한다. 적당한 설계 여유를 확보하기 위해 모든 동작점에서 K가 K_{crit}의 75%보다 크지 않도록 인덕터 L을 선택해야 한다.
- 위에 주어진 조건에서 인덕터의 첨두 전류를 최소화하는 소자 값을 선정하시오.
- 출력 전압 첨두 맥동은 1 V보다 작아야 한다.

다음을 구하시오.

(a) 인덕터 값 L

(b) 출력 커패시터 값 C

(c) 최악의 경우 인덕터 첨두 전류 i_{pk}

(d) 트랜지스터 시비율 D의 최대값과 최소값

(e) 다음의 동작 조건에서 D, K와 K_{crit}의 값을 구하시오. (i) V_g=18 V, P_{load}=5 W; (ii) V_g=36 V, P_{load}=5 W; (iii) V_g=18 V, P_{load}=100 W; (iv) V_g=36 V, P_{load}=100 W.

5.15 배터리를 전원으로 하는 휴대용 장치에 사용되는 직류-직류 컨버터에서 부하가 절전 모드에서 동작할 때에도 컨버터는 고효율로 부하 전압을 계속 조절해야할 필요가 종종 있다. 스위칭 손실만큼 트랜지스터 게이트 구동회로에 필요한 전력은 부하 전류가 아니라 스위칭 주파수에 의존한다. 따라서 절전 모드에서 고효율을 얻기 위해 스위칭 주파수를 부하 전류에 비례하게 가변 주파수 제어기법이 사용된다.

그림 5.26(a)의 부스트 컨버터를 생각하자. 배터리 팩은 두 개의 니켈-카드늄 셀로 구성되고, V_g=2.4 V ± 0.4 V이다. 컨버터는 이 전압을 조절된 5 V로 승압한다. 그림 5.26(b)에 도시한 바와 같이 컨버터는 트랜지스터의 온 시간 t_{on}이 일정한 불연속 전도모드에서 동작한다. 트랜지스터의 오프 시간 t_{off}는 출력 전압을 조절하기 위해 제어기에 의해 변한다.

(a) CCM-DCM 경계와 전압 변환비 $M = V/V_g$에 대한 식을 t_{on}, t_{off}, L 그리

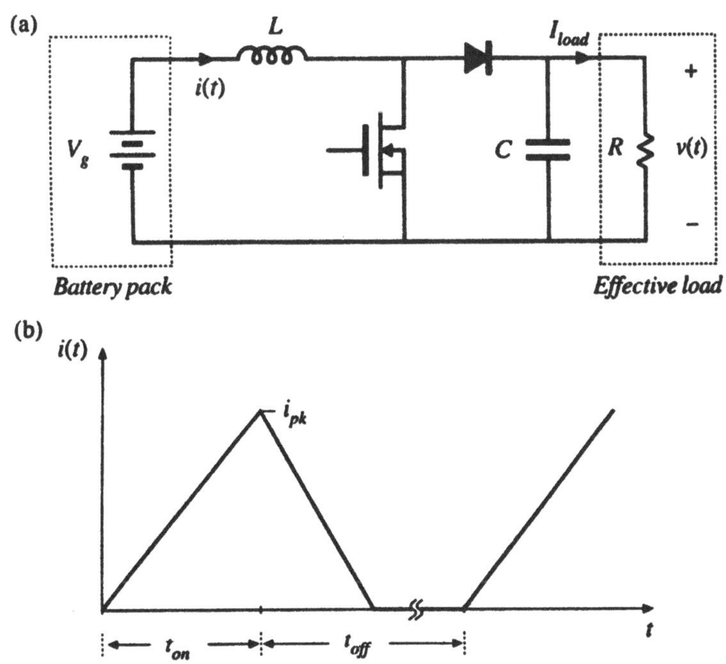

그림 5.26 문제 5.15의 절전 모드가 있는 배터리 전원-휴대용 장치에 사용되는 부스트 컨버터: (a) 컨버터 회로, (b) 인덕터 전류 파형

고 실효 부하 저항 R의 항으로 나타내시오.

문제 (b)와 (c)에 대해 부하 전류는 100 μA와 1 A 사이에 변할 수 있다. 트랜지스터의 온 시간 t_{on}=10 μs로 일정하다.

(b) 다음 조건을 만족하는 L과 C의 값을 구하시오.

- 출력 전압의 첨두 맥동 크기는 50 mV보다 작아야 한다.
- 컨버터는 항상 DCM에서 동작해야 한다.
- 인덕터 첨두 전류는 가급적 작아야 한다.

(c) 문제 (b)의 설계에 대해 스위칭 주파수의 최대값과 최소값은 얼마인가?

제6장
다양한 컨버터 회로

벅, 부스트, 벅-부스트, Ćuk, 전압원 인버터 등 여러 종류의 컨버터의 동작을 이미 분석했다. 이 컨버터를 이용하여 강압 또는 승압, 극성의 반전 그리고 직류에서 교류로 변환 또는 교류에서 직류 변환 등 여러 가지 다른 기능을 수행할 수 있다.

위의 컨버터를 어떻게 만들었을까? 다른 컨버터로 어떤 다른 기능을 수행할 수 있을까? 컨버터 사이의 기본적인 관계는 무엇일까? 등 의문이 생기는 것은 자연스러운 일이다. 이 장에서는 여러 다른 형태로 회로를 조작하여 기본 컨버터의 유래를 설명한다. 전원과 부하를 바꾸면 벅 컨버터를 부스트 컨버터로 변환된다. 컨버터를 직렬로 연결하고 간단하게 하면 벅-부스트 컨버터와 Ćuk 컨버터가 어떻게 벅 컨버터와 부스트 컨버터로부터 만들어지는가를 알 수 있다. 두 개 또는 그 이상의 컨버터 출력들 사이에 부하를 차등 연결하면 단상 또는 다상 인버터를 만들 수 있다. 좀 더 잘 알려진 컨버터 회로를 검토와 함께 나열한다.

이 장에서 변압기-분리 직류-직류 컨버터에 대해서도 다룬다. 변압기를 사용하여 직류-직류 컨버터에서 다중 출력과 접지 분리를 얻을 수 있고 매우 큰 또는 매우 작은 변환비가 필요할 때 컨버터를 더 좋게 최적화를 할 수 있다. 변압기를 이상적인 변압기와 병렬로 연결된 자화 인덕턴스로 모델링한다. 지금까지의 분석 기법을 변압기를 포함하는 컨버터에 대해 확장할 수 있다. 벅, 부스트, 벅-부스트, SEPIC 그리고 Ćuk 컨버터를 기반으로 하는 잘 알려진 여러 분리 컨버터를 나열하고 검토한다.

마지막으로 주어진 요구 조건을 만족하는 컨버터의 설계, 평가와 선택 방법을 생각한다. 변압기-분리 컨버터의 중요한 성능 관련 특성을 포함한다. 즉, 변압기 초기화(reset) 과정이 트랜지스터에 과도한 전압 스트레스를 주지 않는지, 컨버터가 이차 측 소자에 과도한 전류 스트레스를 주지 않고 큰 전류 출력을 공급할 수 있는지, 컨버터가 넓은 영역의 동작점에서 즉, 입력 전압과 출력 전력에 넓은 허용 오차에서 동작하도록 잘 최적화될 수 있는지 등을 생각한다. 스위치 이용률은 컨버터 출력 전력에 대한 전체 트랜지스터의 전압 및 전류 스트레스와의 비를 측정하는 간단한 성능지수이다. 스위치 이용률이 증가하면 컨버터 효율은 증가하고 비용은 감소한다. 동작점이 크게 변하는 분리 컨버터는 한 동작점에서 동작하는 분리가 안된 컨버터보다 전력 소자를 더 형편없이 이용한다. 컴퓨터 스프레드시트는 전력단 설계를 최적화하고 주어진 응용에 대해 컨버터 회로 모양을 선택하는 비교 분석에 좋은 도구이다.

6.1 회로 다루기

기본 원리를 이용하여 1장에서 그림 6.1의 벅 컨버터를 유도하였다. 스위치는 직류 전압 성분을 감소시키고 저 주파수 통과 필터는 스위칭 고조파를 제거한다. 연속 전도모드에서 벅 컨버터의 변환비는 $M = D$이다. 벅 컨버터는 가장 간단하고 가장 기본적인 회로로 다른 컨버터를 유도하는데 이용된다.

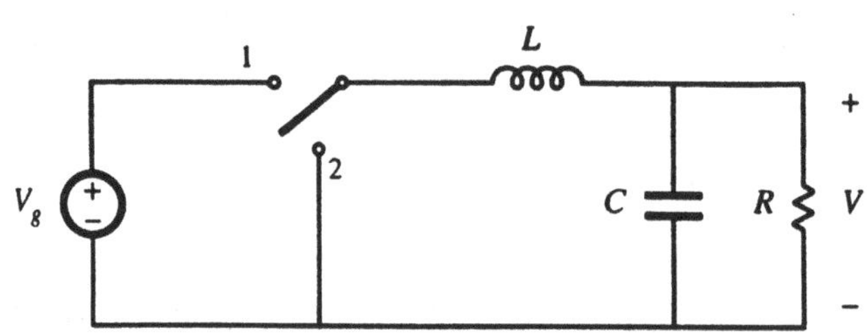

그림 6.1 기본 벅 컨버터

6.1.1 전원과 부하를 바꾸기

컨버터의 입력과 출력 포트를 바꾸면 어떻게 되는가를 살펴보자. 그림 6.2(a)의 벅 컨버터에서 전압 V_1이 포트 1에 인가되고 전압 V_2가 포트 2에 인가된다.

$$V_2 = DV_1 \tag{6.1}$$

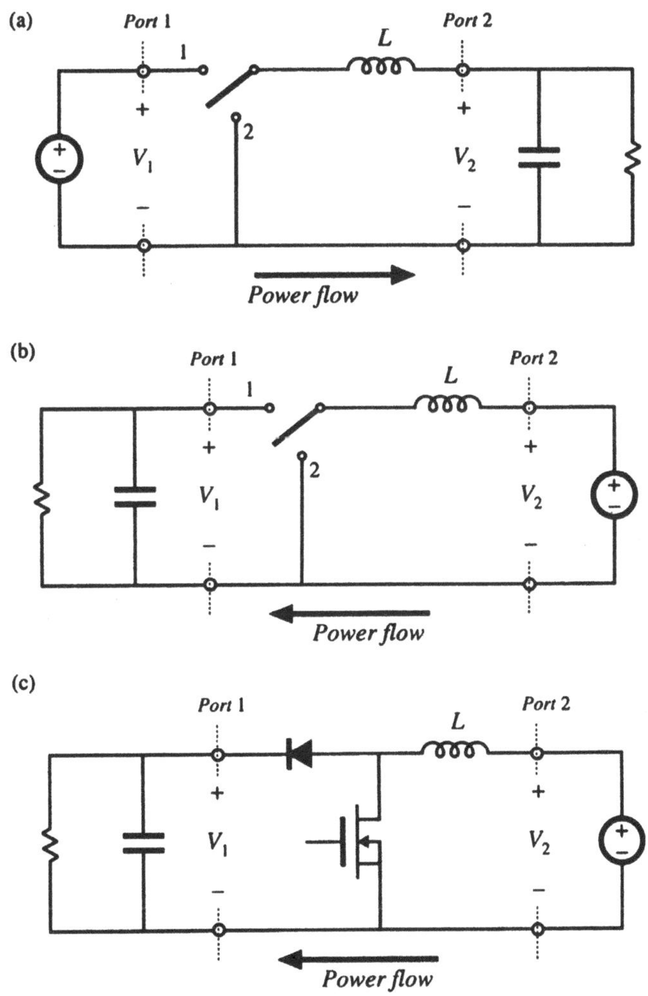

그림 6.2 벅 컨버터의 전원과 부하를 바꾸면 부스트 컨버터: (a) 벅 컨버터, (b) 전원과 부하 위치 교환, (c) 스위치 구현

컨버터가 연속 전도모드에서 동작한다고 가정하면 전압-시간 평형의 원리를 이용하면 이 식을 얻을 수 있다. 이 가정이 성립하도록 스위치를 구현한다고 가정하면 전력 흐름의 방향에 관계없이 식 (6.1)은 타당하다.

그림 6.2(b)에서처럼 입력 전원과 부하를 바꾸어 보자. 커패시터와 병렬로 연결된 부하는 컨버터 포트 1에 연결되고 전력 전원은 컨버터 포트 2에 연결된다. 전력은 컨버터를 통해 반대 방향으로 흐른다. 식 (6.1)은 아직 성립해야 한다. 부하 전압 V_1에 대해 풀면 다음과 같다.

$$V_1 = \frac{1}{D} V_2 \tag{6.2}$$

따라서 부하 전압은 전원 전압보다 크다. 그림 6.2(b)는 반대 방향으로 그린 부스트 컨버터이다. 식 (6.2)는 잘 아는 부스트 컨버터의 변환비 $M(D) = 1/D'$에서 D'가 D로 바뀐 것을 제외하면 같다.

전력이 반대 방향으로 흐르기 때문에 기본 벅 컨버터의 한방향 스위치 구현을 그림 6.2(b)의 회로에 사용할 수 없다. 4장에서 서술한 결과에 따라 그림 6.2(c)에서 보인 바와 같이 인덕터와 접지 사이에 트랜지스터를 연결하고 인덕터에서 부하 방향으로 다이오드를 연결하여 스위치를 구현할 수 있다. 따라서 트랜지스터 시비율 D는 그림 6.2(b)의 SPDT(single-pole double-throw) 스위치가 위치 1이 아니라 위치 2에 머무는 시간이 된다. 따라서 식에서 D 대신 보수 D'로 바꾸어야 하며 그림 6.2(c)의 컨버터의 변환비는 다음과 같다.

$$V_1 = \frac{1}{D'} V_2 \tag{6.3}$$

그러므로 부스트 컨버터를 입력 전원과 부하를 바꾼 벅 컨버터로 볼 수 있으며 전력이 반대 방향으로 흐를 수 있도록 스위치를 구현한다.

6.1.2 컨버터의 직렬 연결

컨버터를 그림 6.3에서와 같이 직렬로 연결할 수 있다[1, 2]. 컨버터 1의 변환비는 $M_1(D)$이고 출력 전압 V_1은 다음과 같다.

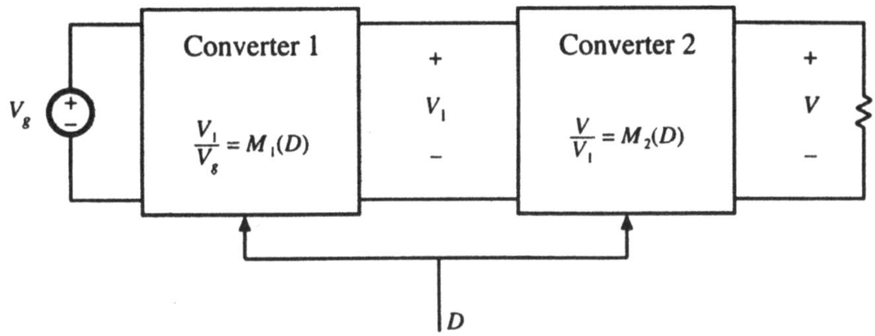

그림 6.3 컨버터의 직렬 연결

$$V_1 = M_1(D)\,V_g \tag{6.4}$$

이 전압이 두 번째 컨버터에 인가된다. 컨버터 1에 인가한 같은 시비율 D로 컨버터 2를 구동한다고 가정한다. 컨버터 2의 변환비가 $M_2(D)$라면 출력 전압 V는 다음과 같다.

$$V = M_2(D)\,V_1 \tag{6.5}$$

식 (6.4)를 식 (6.5)에 대입하면 다음 식을 얻는다.

$$\frac{V}{V_g} = M(D) = M_1(D)M_2(D) \tag{6.6}$$

그러므로 복합된 컨버터의 변환비 $M(D)$는 각 컨버터의 변환비 $M_1(D)$과 $M_2(D)$의 곱이다.

컨버터 1이 벅 컨버터이고 컨버터 2가 부스트 컨버터인 경우를 생각해 보자. 결과적인 회로를 그림 6.4에 나타낸다. 벅 컨버터는 다음의 변환비를 갖는다.

$$\frac{V_1}{V_g} = D \tag{6.7}$$

부스트 컨버터의 변환비는 다음과 같다.

$$\frac{V}{V_1} = \frac{1}{1-D} \tag{6.8}$$

따라서 복합된 변환비는 다음과 같다.

$$\frac{V}{V_g} = \frac{D}{1-D} \tag{6.9}$$

이 복합된 컨버터는 비반전 벅-부스트 변환비를 갖는다. $D < 0.5$이면 전압은 강압되고 $D > 0.5$이면 전압은 승압된다.

그림 6.4의 회로를 상당히 간단하게 할 수 있다. 커패시터 C_1과 함께 인덕터 L_1과 L_2는 3-극점 저 주파수-통과 필터를 형성한다는 점을 유의하기 바란다. 변환비는 저 주파수-통과 필터의 극점의 수와 관계가 없으므로 더 간단한 저 주파수-통과 필터를 사용해도 정상상태 출력 전압은 같아야 한다. 그림 6.5(a)에서 커패시터 C_1을 제거하였다. 인덕터 L_1과 L_2는 직렬로 연결되어 있으므로 그림 6.5(b)에서처럼 하나의 인덕터로 결합할 수 있다. 이 비반전 벅-부스트 컨버터는 식 (6.9)의 변환비를 나타낸다.

그림 6.5(b)의 스위치도 단순화할 수 있으나 음의 출력 전압이 발생한다. 스위치가 위치 1에 있을 때 컨버터는 그림 6.6(a)와 같다. 인덕터가 입력 전원 V_g에 연결되어 에너지가 전원에서 인덕터로 전달된다. 스위치가 위치 2에 있을 때 컨버터는 그림 6.6(b)와 같다. 인덕터는 부하에 연결되고 에너지는 인덕터에서 부하로 전달된다. 음의 출력을 얻기 위해 세부 구간 중 한 구간 동안, 즉 스위치가 위치 2에 있는 동안 인덕터의 극성을 반대로 할 수 있다. 그러면 그림 6.7의 각 세부구간별 회로를 얻을 수 있으며 변환비는 다음과 같이 쓸 수 있다.

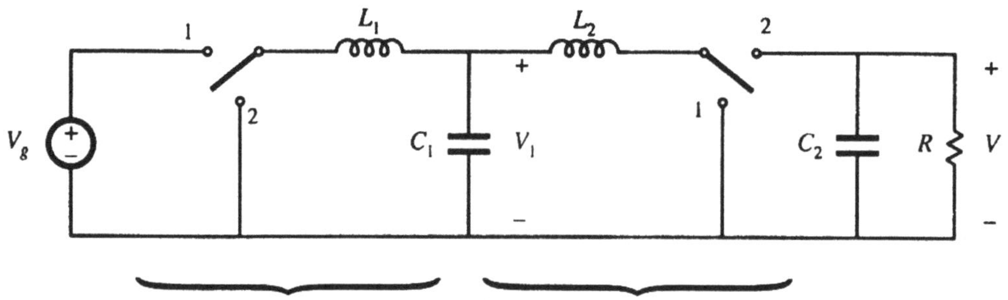

그림 6.4 벅 컨버터와 부스트 컨버터의 직렬 연결

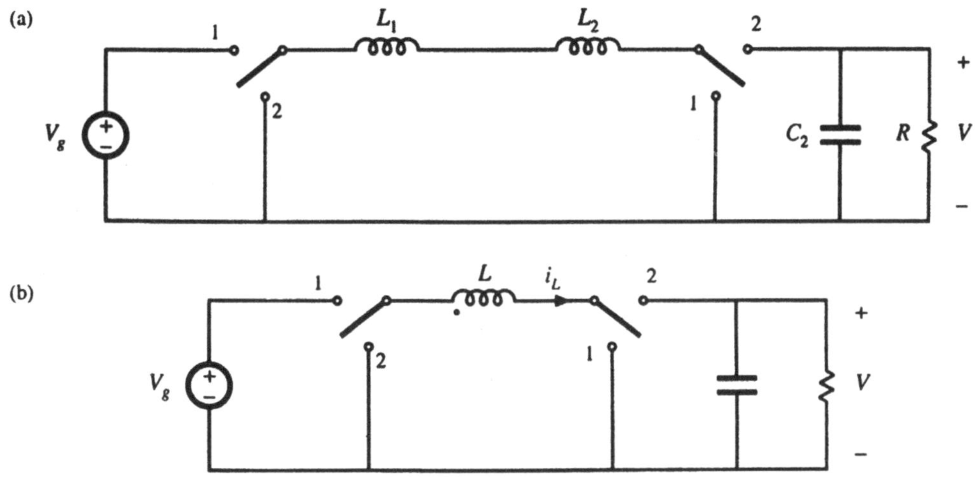

그림 6.5 직렬 연결된 벅 컨버터와 부스트 컨버터의 단순화: (a) 커패시터 제거, (b) 인덕터 결합

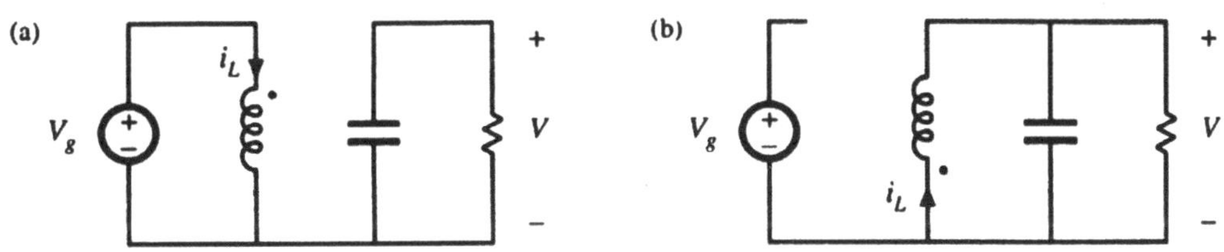

그림 6.6 그림6.5의 회로 연결: (a) 스위치 위치 1, (b) 스위치 위치 2

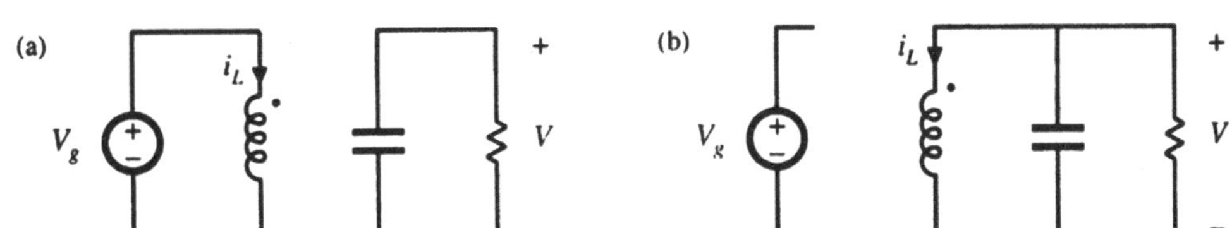

그림 6.7 스위치 위치 2에서 인덕터 연결을 바꾸어 출력 전압 반전: (a) 스위치 위치 1, (b) 스위치 위치 2

$$\frac{V}{V_g} = -\frac{D}{1-D} \tag{6.10}$$

인덕터의 한 단자는 항상 접지에 연결되어 있고 반면 다른 단자는 입력 전원과 부하 사

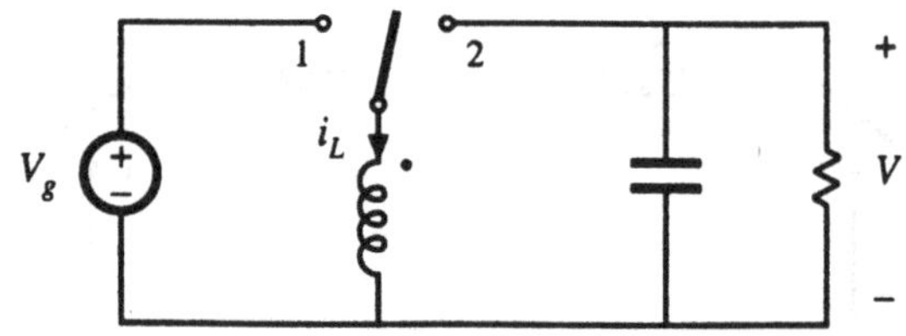

그림 6.8 유도된 벅–부스트 컨버터

이에서 스위칭함을 유의하기 바란다. 따라서 단지 하나의 SPDT 스위치가 필요하고 그림 6.8의 컨버터 회로를 얻을 수 있다. 그림 6.8은 기존의 벅-부스트 컨버터이다.

그러므로 벅-부스트 컨버터는 벅 컨버터와 부스트 컨버터의 직렬 연결로 볼 수 있다. 벅-부스트 컨버터의 특성은 이러한 관점과 일치한다. 벅-부스트 컨버터의 등가회로 모델은 1:D(벅) 직류 변압기와 D':1(부스트) 직류 변압기로 구성된다. 벅-부스트 컨버터에는 벅 컨버터의 맥동하는 입력 전류와 부스트 컨버터의 맥동하는 출력 전류의 특성이 모두 나타난다.

직렬 연결로 다른 컨버터를 유도할 수 있다. 부스트 컨버터 다음에 벅 컨버터를 직렬로 연결하면 그림 2.20의 Ćuk 컨버터를 유도할 수 있다[1, 2]. 세부 구간의 한 구간 동안 내부 커패시터 연결의 극성을 바꾸어 음의 출력 전압을 얻을 수 있다. 벅-부스트 컨버터에서처럼 이렇게 극성을 바꾸는 절차는 스위치의 수를 줄이는 부가적인 장점이 있다. Ćuk 컨버터의 등가회로 모델에서 D':1(부스트) 직류 변압기와 1:D(벅) 직류 변압기가 직렬로 연결된다. Ćuk 컨버터는 부스트 컨버터의 평활한 입력 전류 특성과 벅 컨버터의 평활한 출력 전류 특성을 갖는다.

6.1.3 3-단자 셀의 회전

벅과 부스트 그리고 벅-부스트 컨버터에는 SPDT 스위치에 연결된 인덕터가 있다. 그림 6.9(a)에 보인 것처럼 인덕터-스위치 네트워크를 a와 b 그리고 c로 이름이 붙여진 세 단자를 갖는 기본 셀(cell)로 볼 수 있다. 전원과 부하 사이에 이 셀을 연결하는 세가지 방법이 있음을 참고문헌 [1, 2]에서 처음으로 그리고 참고문헌 [3]에서 그 후에 다루었다. 단자를 a-A, b-B, c-C로 연결하면 벅 컨버터가 된다. 단자를 a-C, b-A, c-B로 연결하면 전원과 부하의 위치가 바뀌어 부스트 컨버터가 된다. 단자를 a-A, b-C, c-B로 연결하면

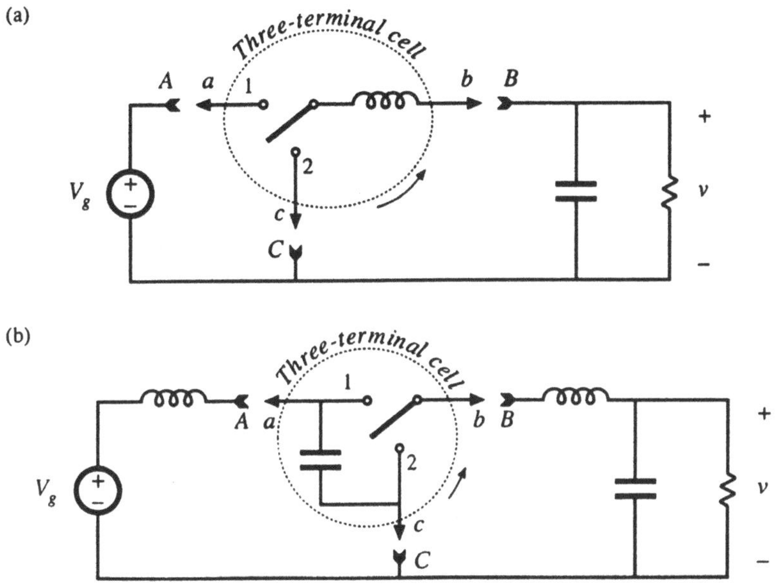

그림 6.9 3–단자 셀의 회전: (a) 스위치–인덕터 셀, (b) 스위치–커패시터 셀

벅-부스트 컨버터가 된다. 따라서 벅과 부스트 그리고 벅-부스트 컨버터는 전원과 부하의 연결을 달리하여 같은 인덕터-스위치 셀에 기반을 둔 것으로 볼 수 있다.

커패시터-스위치 셀로 구성된 3-단자 네트워크를 그림 6.9(b)에 나타낸다. 필터 인덕터가 전원과 부하에 직렬로 연결되어 있으므로 컨버터의 입력과 출력 전력의 파형이 평활하다. 전원과 부하를 연결하는 방법은 세가지가 있다. 단자를 *a-A*, *b-B*, *c-C*로 연결하면 입력에 *LC* 저 주파수-통과 필터가 있는 벅 컨버터가 된다. 단자를 *a-B*, *b-A*, *c-C* 로 연결하면 전원과 부하의 위치가 바뀌어 출력에 *LC* 저 주파수-통과 필터가 있는 부스트 컨버터가 된다. 단자를 *a-A*, b-*C*, c-*B*로 연결하면 Ćuk 컨버터가 된다.

참고문헌 [4]에서 더 복잡한 3-단자 셀을 회전하여 컨버터를 구성하였다.

6.1.4 부하의 차등 연결

교류 출력이 필요한 인버터 응용에서 양과 음의 극성을 갖는 출력 전압을 만들 수 있는 컨버터가 필요하다. 시비율를 정확하게 조절하면 직류 치우침이 없는 정현파 출력 전압을 얻을 수 있다. 지금까지 이 장에서 공부한 컨버터가운데 벅과 부스트 컨버터는 양의

한 극성을 갖는 출력 전압만을 만들 수 있고 반면 벅-부스트와 Ćuk 컨버터는 음의 한 극성을 갖는 출력 전압만을 만들 수 있다. 두 극성을 갖는 출력 전압을 만들 수 있는 컨버터를 어떻게 유도할 수 있나?

두 극성 출력을 얻는 잘 알려진 방법으로 그림 6.10에서와 같이 두 개의 컨버터 출력 양단에 부하를 차등으로 연결하는 것이다. 컨버터 1이 전압 V_1을 발생하고 컨버터 2가 전압 V_2를 발생하면 부하 전압은 다음과 같다.

$$V = V_1 - V_2 \tag{6.11}$$

전압 V_1과 V_2가 모두 양일지라도 부하 전압 V는 양 또는 음일 수 있다. 일반적으로 컨버터 1이 시비율 D로 구동되면 컨버터 2는 보수 D'으로 구동되어 V_1이 증가하면 V_2는 감소하고 그리고 V_1이 감소하면 V_2는 증가한다.

차등 연결로 잘 알려진 여러 인버터 회로를 유도할 수 있다. 그림 6.10의 컨버터 1과 컨버터 2를 벅 컨버터로 구현해보자. 그러면 그림 6.11(a)를 얻을 수 있다. 컨버터 1은

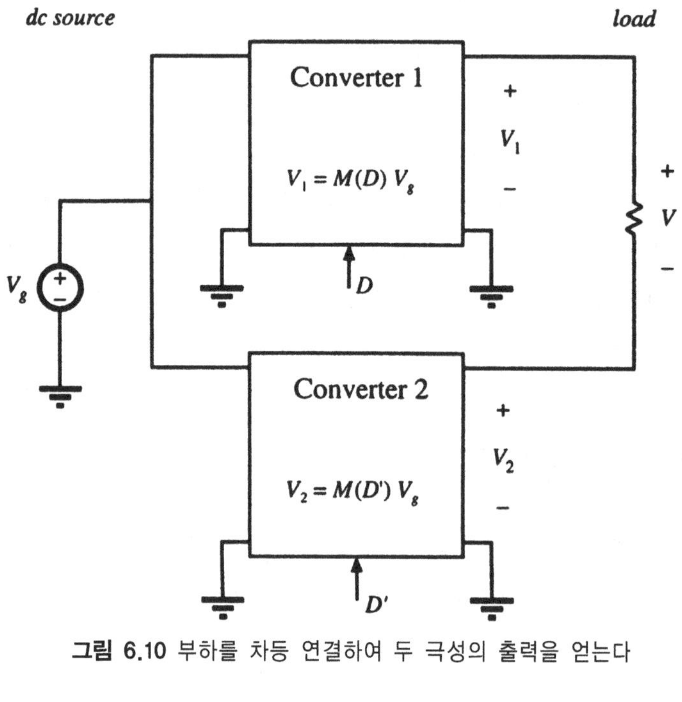

그림 6.10 부하를 차등 연결하여 두 극성의 출력을 얻는다

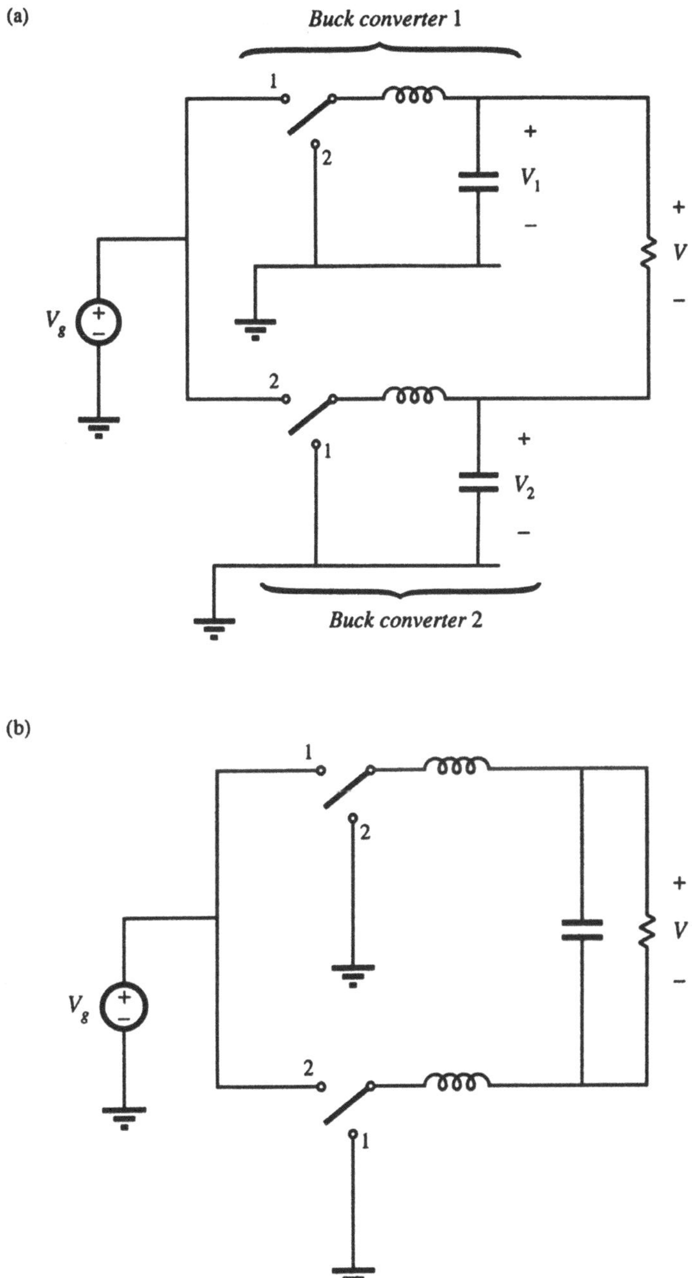

그림 6.11 H-브리지 인버터 유도: (a) 벅 컨버터 출력의 차등 연결, (b) 커패시터에 의한 부하 우회, (c) 직렬 인덕터 결합, (d) 일반적인 꼴로 재구성

(c)

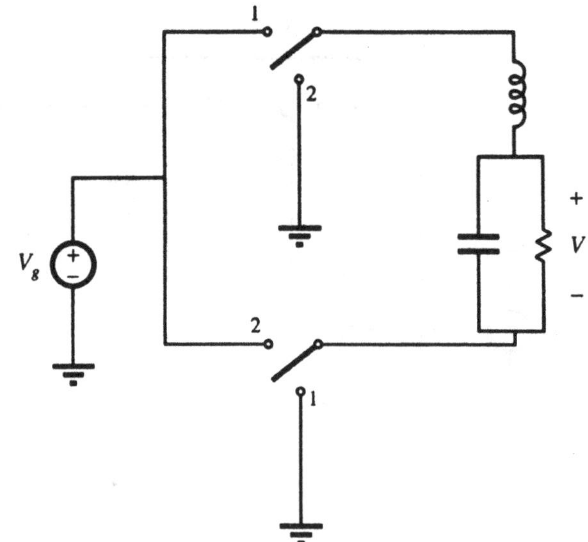

(d)

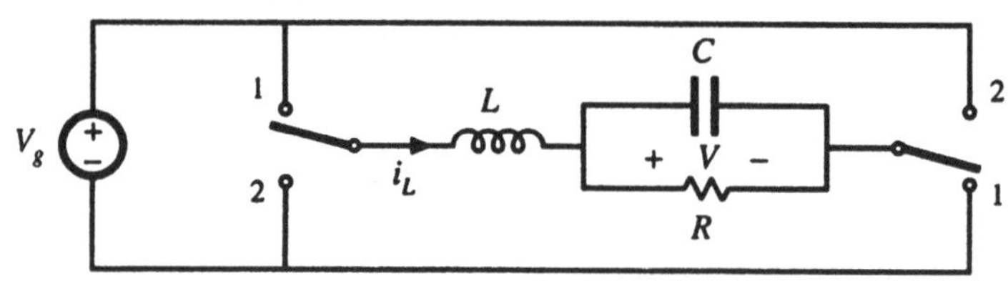

그림 6.11 H-브리지 인버터 유도: (a) 벅 컨버터 출력의 차등 연결, (b) 커패시터에 의한 부하 우회, (c) 직렬 인덕터 결합, (d) 일반적인 꼴로 재구성 (계속)

시비율 D로 구동되고 컨버터 2는 보수 D'으로 구동된다. 따라서 컨버터 1의 SPDT 스위치가 위쪽 위치에 있을 때 컨버터 2의 SPDT 스위치는 아래쪽 위치에 있어야 하고 그 반대의 경우도 마찬가지이다. 그러면 컨버터 1의 출력 전압은 $V_1 = DV_g$이고 컨버터 2의 출력 전압은 $V_2 = D'V_g$이다. 차등 부하 전압은 다음과 같다.

$$V = DV_g - D'V_g \tag{6.12}$$

간단히 하면

$$V = (2D-1)V_g \tag{6.13}$$

가 된다. 이 식을 그림 6.12에 도시한다. 출력 전압은 $D > 0.5$이면 양이고, $D < 0.5$이면

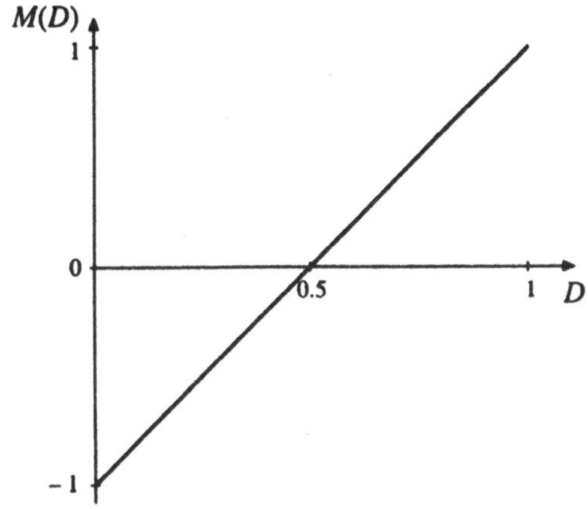

그림 6.12 부하를 차등 연결하여 두 극성의 출력을 얻는다

음이 됨을 알 수 있다. 시비율을 0.5의 고정된 동작점 주위에서 정현파로 변화시키면 출력 전압은 직류 치우침이 없는 정현파가 될 것이다.

그림 6.11(a)의 회로를 단순화할 수 있다. 그림 6.11(b)에서처럼 보통 커패시터로 직접 부하를 우회시키는 것이 바람직하다. 두 개의 인덕터가 직렬로 연결되어 있어 그림 6.11(c)처럼 하나의 인덕터로 결합할 수 있다. 분명하게 보기 위해 그림 6.11(c)를 그림 6.11(d)에 다시 그렸다. 이 회로를 H-브리지 또는 브리지 인버터 회로라 부른다. 이 회로의 특성은 이 회로를 유도하는데 기본이 된 벅 컨버터의 특성과 유사하다.

비슷한 방법으로 다상 인버터 회로를 유도할 수 있다. 그림 6.13에서와 같이 삼상 부하를 세 개의 직류-직류 컨버터의 출력에 차등 연결을 할 수 있다. 삼상 부하가 평형이면 중성점 전압 V_n은 세 컨버터 출력 전압의 산술 평균과 같다.

$$V_n = \frac{1}{3}(V_1 + V_2 + V_3) \tag{6.14}$$

컨버터 출력 전압 V_1, V_2와 V_3에 같은 직류 치우침이 포함되면 이 직류 치우침은 중성점 전압 V_n에도 나타난다. 상 전압 V_{an}, V_{bn}과 V_{cn}은 다음과 같다.

$$\begin{aligned} V_{an} &= V_1 - V_n \\ V_{bn} &= V_2 - V_n \\ V_{cn} &= V_3 - V_n \end{aligned} \tag{6.15}$$

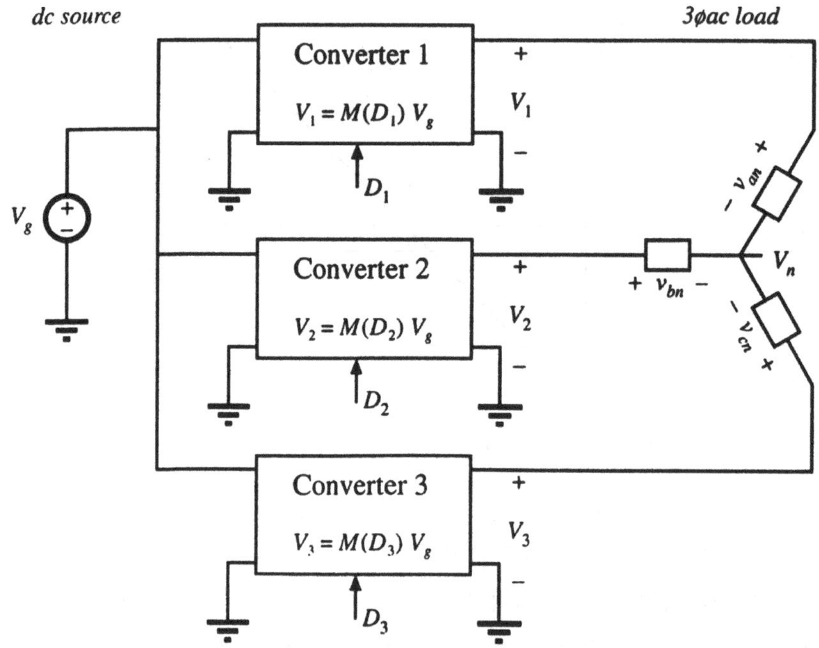

그림 6.13 삼상 부하를 차등 연결하여 직류-3상 교류 인버터 유도

직류 치우침이 제거되어 상 전압 V_{an}, V_{bn}과 V_{cn}에는 나타나지 않음을 알 수 있다.

벅 컨버터를 이용하여 그림 6.13의 컨버터 1, 2와 3을 구현해 보자. 그러면 그림 6.14(a)를 얻을 수 있다. 이 회로를 그림 6.14(b)에 다시 그린다. 이 컨버터를 전압원 인버터 또는 벅-기반 삼상 브리지 등 여러 이름으로 부른다. 벅 컨버터 이외의 직류-직류 컨버터를 기반으로 한 인버터를 비슷한 방법으로 유도할 수 있다. 그림 6.14(c)는 전류원 인버터로 알려진 부스트형 변환비를 갖는 삼상 전류원 브리지 컨버터를 나타낸다. 대부분의 인버터 응용에서는 전압 크기를 감소할 수 있어야 하기 때문에 이 인버터의 직류 입력 포트에 직류-직류 컨버터를 보통 직렬로 연결한다. 삼상 인버터의 다른 예제를 참고문헌 [5-7]에서 볼 수 있으며 전압 크기를 승압하거나 강압할 수 있다.

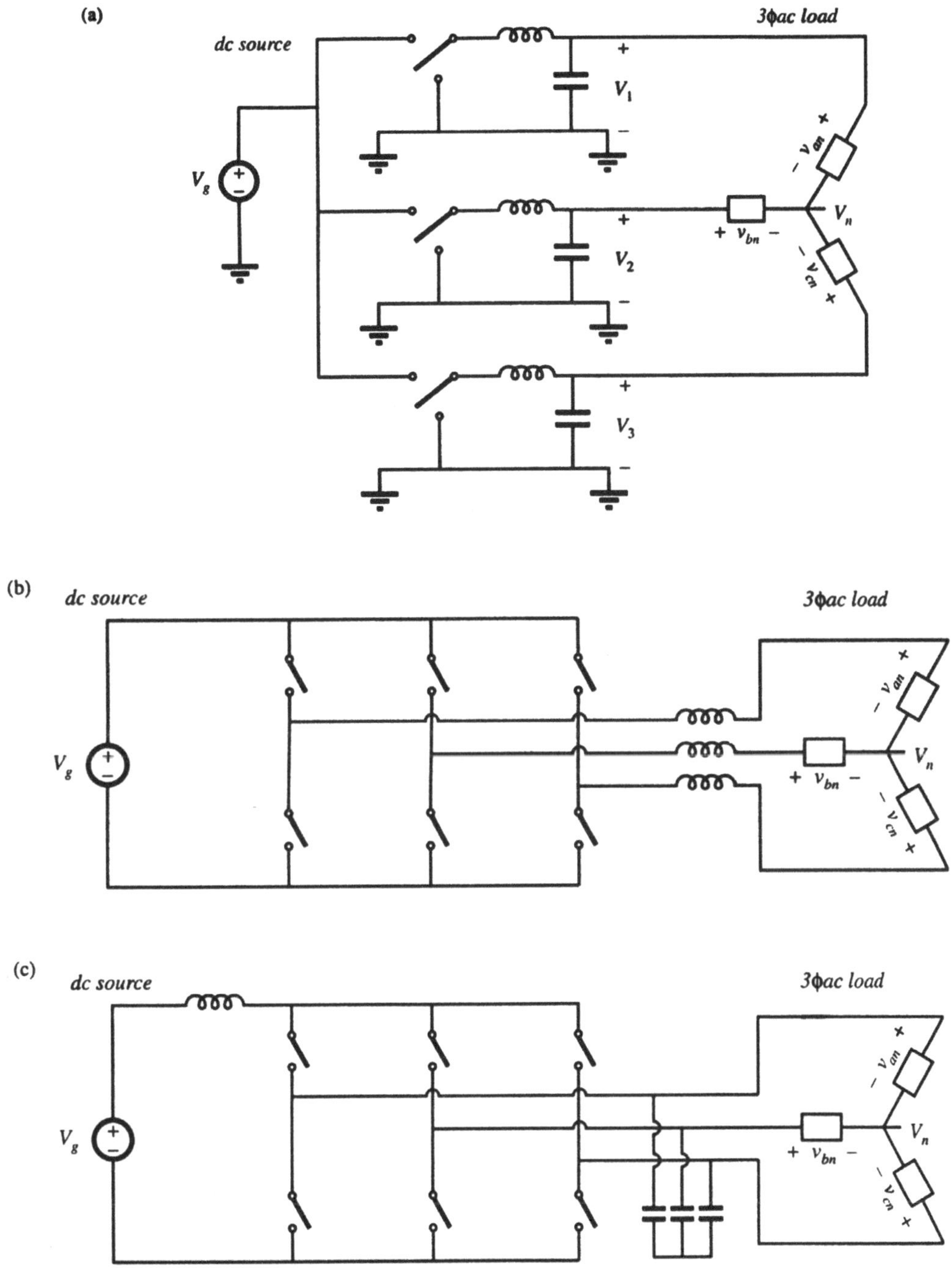

그림 6.14 직류–3상 교류 인버터 회로 모양: (a) 벅 컨버터 출력에 삼상 부하를 차등 연결, (b) 재구성, (c) 직류–3상 교류 전류원 인버터

6.2 컨버터 종류

매우 많은 종류의 컨버터가 가능하여 이들 모두를 열거하기 힘들다. 여기서 몇 개를 소개한다.

먼저 한 개의 인덕터를 포함하는 단일-입력 단일-출력 컨버터의 종류를 생각해보자. 전원과 부하 사이에 인덕터를 연결할 수 있는 방법은 제한된다. 스위칭 주기를 두 개의 세부구간으로 나눌 수 있다고 가정하면 첫 번째 세부구간에서 인덕터는 전원과 부하에 한 형태로 연결되어야 하고 두 번째 구간 동안에는 다른 형태로 연결되어야 한다. 이 종류에서 모든 컨버터를 유도하기 위해 모든 경우의 수를 조사할 수 있다[8-10]. 불필요하고 퇴화된 회로를 제거하면 그림 6.15에 열거한 8개의 컨버터를 찾을 수 있다. 사실 컨버터의 갯수는 의미적인 또는 개인적인 취향의 문제이다. 예를 들면 현장의 많은 엔지니어들은 비반전 벅-부스트 컨버터를 반전 벅-부스트 컨버터와 다르게 생각하지 않는다. 그럼에도 불구하고 무효 소자와 스위치, 전원 그리고 부하 사이의 연결에 의해 컨버터를 정의하고, 또한 스위치를 어떻게 구현하느냐에 의해 그리고 무효 소자 값의 범위에 의해 컨버터를 정의한다고 말할 수 있다.

그림 6.15의 처음 4개의 컨버터 벅, 부스트, 벅-부스트와 비반전 벅-부스트 컨버터에 대해서는 이전에 다루었다. 이들 컨버터는 단일-극성 직류 출력 전압을 만들며 직류 전압을 승압, 강압 그리고/또는 반전할 수 있다.

컨버터 5와 6은 두 극성을 갖는 출력 전압을 만들 수 있다. 컨버터 5는 H-브리지로 이전에 서술하였다. 컨버터 6은 푸쉬-풀(push-pull) 전류원 컨버터의 전원 분리가 안 된 모양이다[11-15]. 이 컨버터 역시 두 극성의 출력 전압을 만들 수 있지만 변환비 $M(D)$가 시비율의 비선형 함수이다. 그림에서처럼 두 권선 인덕터를 사용하여 스위치 소자의 수를 줄일 수 있다. 인덕터의 기능은 플라이백(flyback) 컨버터에서 인덕터의 기능과 유사하며 다음 절에서 다룬다. 스위치 1이 닫히면 위쪽의 권선이 이용되고 스위치 2가 닫히면 아래쪽 권선으로 전류가 흐른다. 어떠한 순간에도 한 권선으로만 전류가 흐르며 두 권선의 전체 암페어-턴은 시간의 연속함수이다. 이 컨버터의 장점으로 접지와 부하의 기준 전위가 같고 단지 두 개의 전류-양방향 SPST 스위치를 이용하여 두 극성의 출력 전압을 만들 수 있다는 점이다. 분리형과 변형된 회로가 고전압 직류전력 공급원 응용에 사용된다.

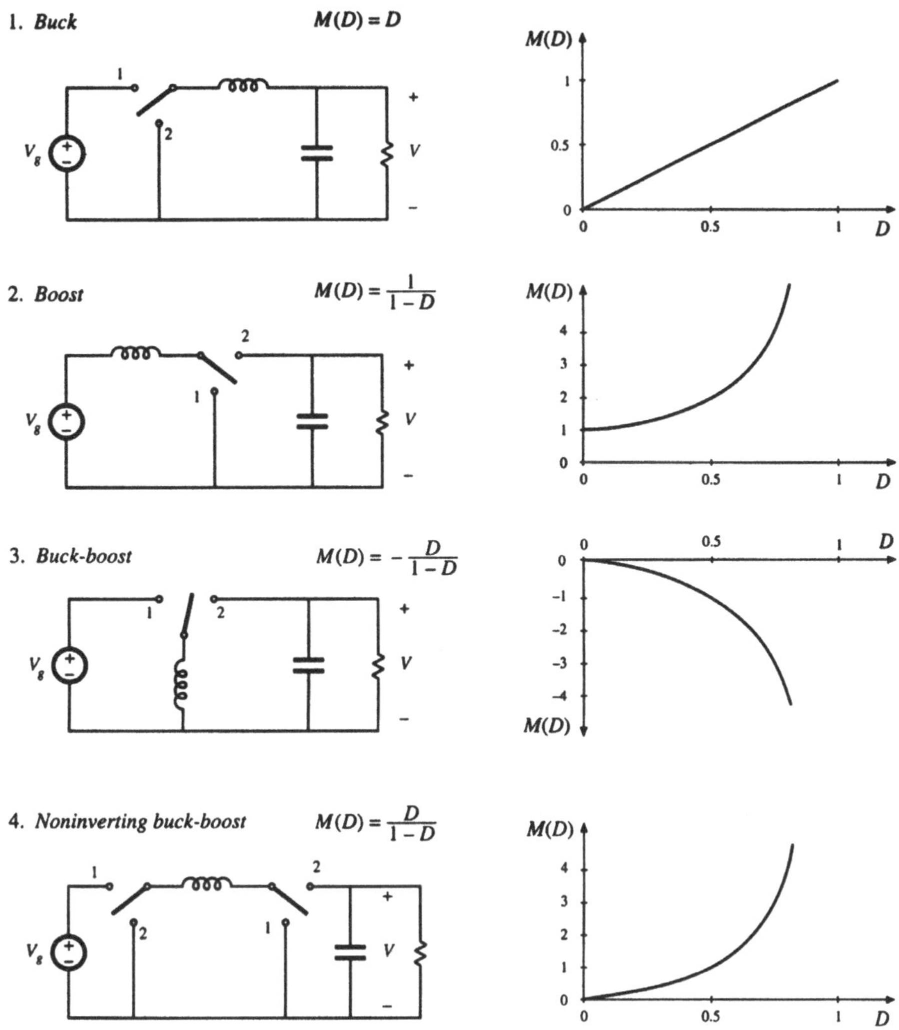

그림 6.15 하나의 인덕터를 포함하는 단일-입력 단일-출력 컨버터의 8개 기본 분류

컨버터 7과 8을 컨버터 5와 6에서 입/출력을 바꾸어 유도할 수 있다. 이 컨버터는 교류 입력과 직류 출력을 접속할 수 있다. 교류 입력 전류는 임의의 파형과 역률을 가질 수 있다.

두 개의 인덕터를 포함하는 단일-입력 단일-출력 컨버터의 종류는 매우 많다. 이 가운데 몇 개를 그림 6.16에 열거한다. Ćuk 컨버터는 이전에 서술 하였다. Ćuk 컨버터는 반전 벅-부스트 특성을 나타내고 평활한 입력과 출력 전류를 보인다. SEPIC(single-ended

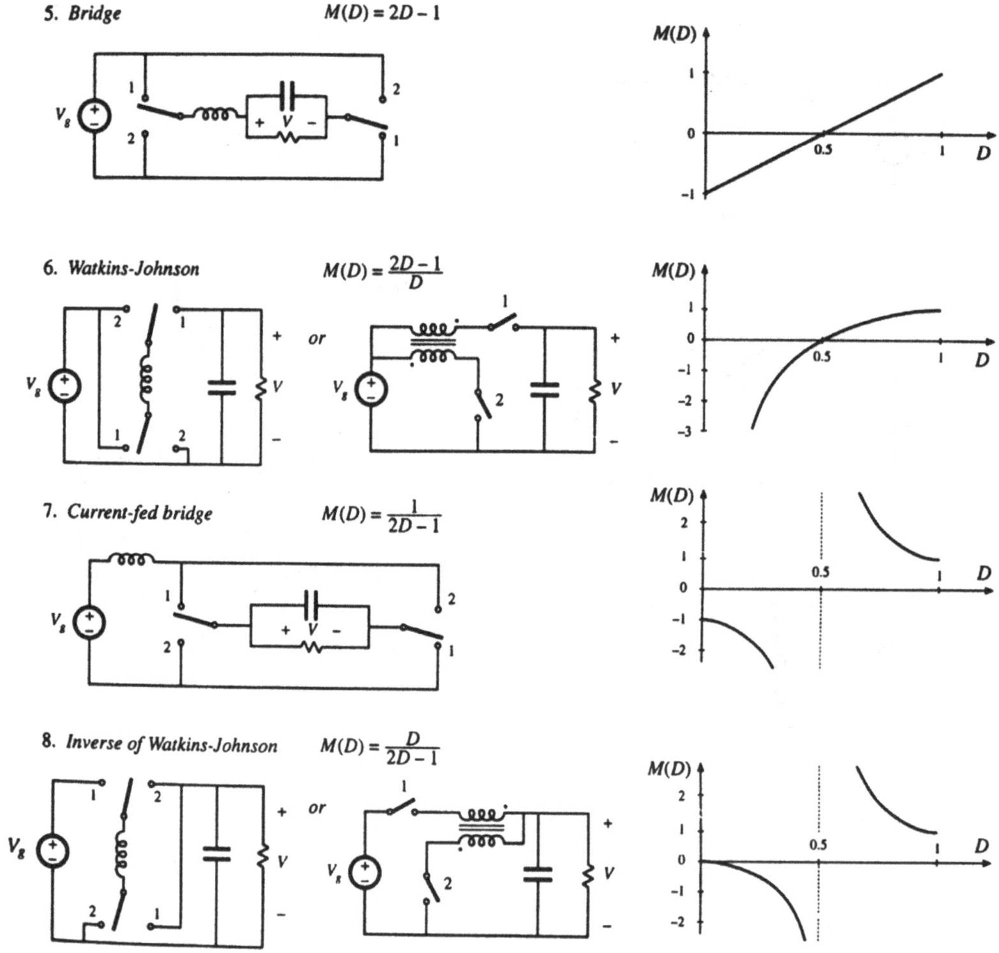

그림 6.15 하나의 인덕터를 포함하는 단일-입력 단일-출력 컨버터의 8개 기본 분류 (계속)

primary inductance converter)[16]과 그의 역은 비반전 벅-부스트 특성을 보인다. Ćuk과 SEPIC은 MOSFET의 소스 단자가 접지에 연결된다는 바람직한 특성을 보인다. 이는 게이트 구동회로의 구성을 간단하게 한다. 변환비 $M(D)$가 시비율 D의 2차 함수인 두 개의 인덕터를 포함하는 컨버터는 대단히 많다. 일례로 그림 6.16의 컨버터 4이다[17]. 이 컨버터를 하나의 트랜지스터와 3개의 다이오드로 구성할 수 있다. 변환비는 $M(D) = D^2$이다. 직류 전압의 큰 강압이 필요한 분리가 안된 응용이나 동작점이 많이 변하는 응용에서 이 컨버터를 사용한다.

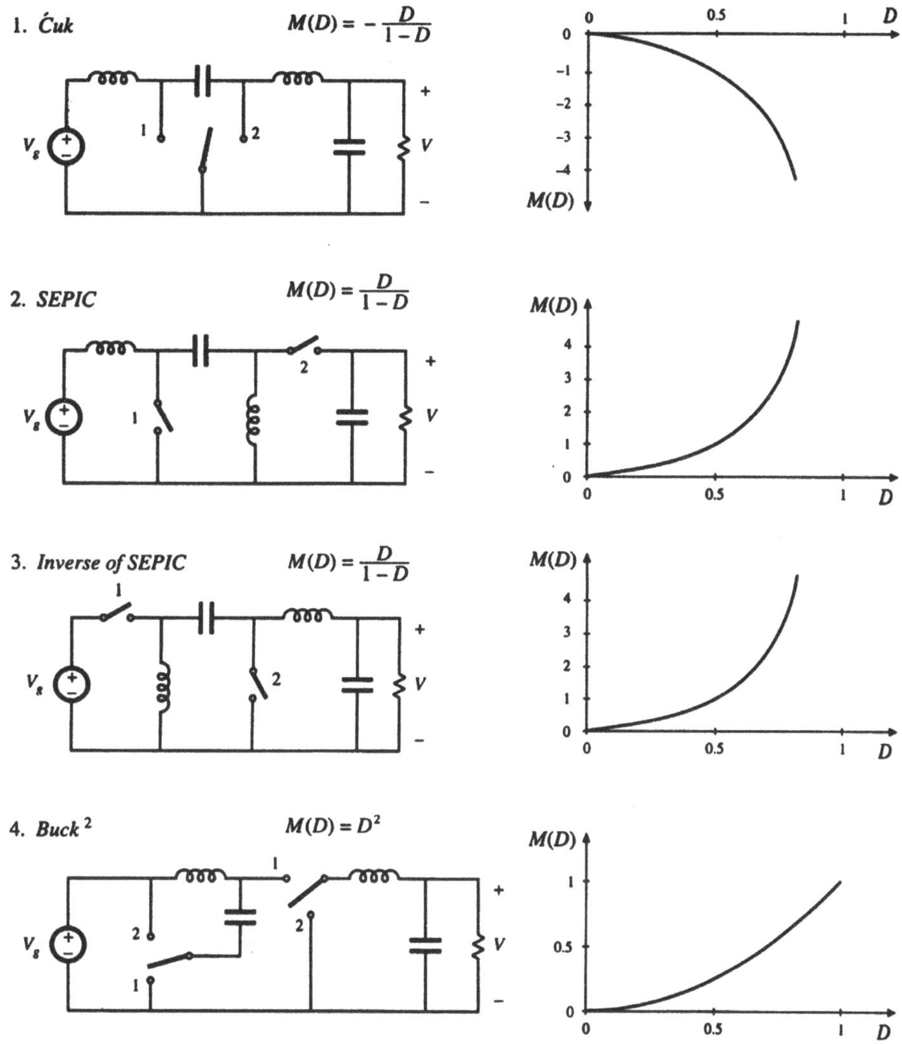

그림 6.16 두 개의 인덕터를 포함하는 단일-입력 단일-출력 컨버터 종류

6.3 변압기 분리

많은 응용에서 컨버터 입력과 출력 사이에 직류 접지를 분리하기 위해 변압기를 사용하는 것이 바람직하다. 예를 들면 컨버터 입력이 교류 계통에 연결되는 오프 라인 응용에

서 일반적으로 분리는 관리 기관에 의해 요구되어진다. 이러한 경우에는 컨버터 교류 입력에서 50 Hz 또는 60 Hz 변압기를 연결하여 접지 분리를 얻을 수 있다. 그러나 변압기의 크기와 무게가 주파수에 반비례하기 때문에 변압기를 컨버터에서 사용하면 수십 또는 수백 kHz의 스위칭 주파수에서 동작하므로 변압기를 상당히 개선할 수 있다.

큰 승압이나 강압의 변환비가 필요한 경우 변압기를 사용하면 컨버터 최적화를 더 좋게 할 수 있다. 변압기의 권선비를 적당히 선택하여 트랜지스터와 다이오드에 인가되는 전압 또는 전류 스트레스를 최소화할 수 있어 효율을 개선하고 가격을 낮출 수 있다.

다중 이차 권선과 컨버터 이차 측 회로를 부가하여 저렴한 방법으로 다수의 직류 출력을 얻을 수 있다. 원하는 출력 전압을 얻기 위해 이차 측 권선비를 선택한다. 일반적으로 컨버터 시비율을 제어하여 하나의 출력 전압을 조절할 수 있으므로 보조 출력 전압에 대해 보다 큰 허용오차를 용인해야 한다. 교차 조절(cross regulation)은 주 출력 전압이 완벽하게 조절된 상태에서 보조 출력 전압의 변동에 관한 측정지수이다[18-20].

권선비 n_1: n_2: n_3:⋯를 갖는 다중 권선 변압기를 그림 6.17(a)에 나타낸다. 간단한 등가회로를 그림 6.17(b)에 도시하였으며 대부분의 변압기 분리 컨버터의 동작을 이해하는데 충분하다. 이 모델에서 권선 간의 결합은 완전하고 손실은 무시하였다. 좀 더 정확한 모델을 다음의 다른 장에서 서술한다. 이상적인 변압기는 다음의 관계를 따른다.

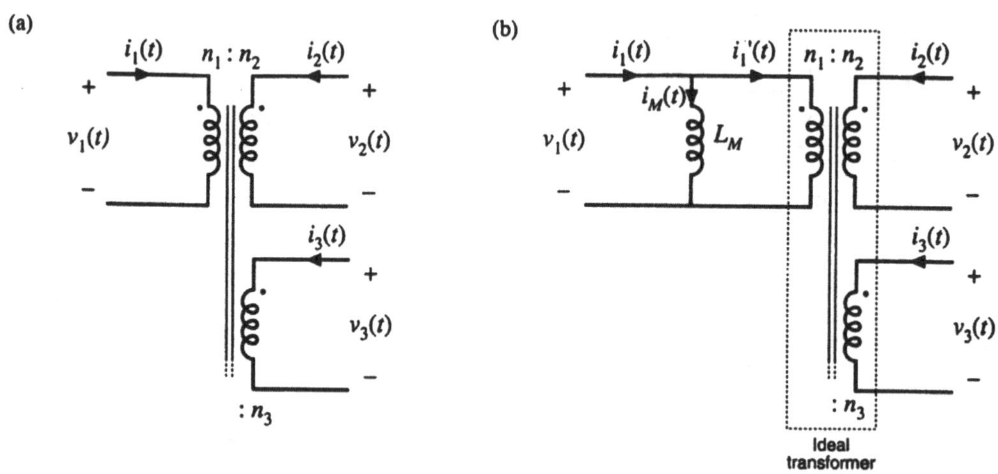

그림 6.17 다중 권선 변압기의 간단한 모델: (a) 도식 기호, (b) 자화 인덕턴스와 이상적인 변압기를 포함하는 등가회로

$$\frac{v_1(t)}{n_1} = \frac{v_2(t)}{n_2} = \frac{v_3(t)}{n_3} = \cdots \qquad (6.16)$$
$$0 = n_1 i_1'(t) + n_2 i_2(t) + n_3 i_3(t) + \cdots$$

그림에서 변압기 1차 측으로 환산된 자화 인덕턴스라 부르는 인덕턴스 L_m이 이상적인 변압기와 병렬로 연결되어 있다.

물리적인 변압기는 자화 인덕턴스를 포함해야 한다. 예를 들면 1차 권선을 제외하고 모든 권선의 연결을 끊어보자. 그러면 자기 코어에는 한 개의 권선만 남는다. 즉, 인덕터가 된다. 실제로 그림 6.17(b)의 등가회로를 보면 자화 인덕턴스를 통해 이러한 사실을 확인할 수 있다.

자화 전류 $i_M(t)$는 변압기 코어 내부의 자기장 $H(t)$에 비례한다. 자화 전류는 그림 6.18에 나타낸 변압기 코어 물질의 물리적인 B-H 특성에 의해 결정된다. 예를 들면 자화 전류 $i_M(t)$가 너무 크면 자기장의 세기 $H(t)$는 코어를 포화시킨다. 그러면 자화 인덕턴스의 값은 매우 작아지고 변압기는 실효적으로 단락회로처럼 동작한다.

변압기가 직류회로에서 동작하지 않는 이유는 자화 인덕턴스가 있기 때문이다. 직류에서 자화 인덕턴스는 영의 임피던스를 가지므로 권선은 단락회로가 된다. 잘 설계된 변압기에서 자화 인덕턴스의 임피던스는 의도한 동작 주파수 범위에서 매우 크다. 따라서 자화 전류 $i_M(t)$는 $i_1(t)$보다 크기가 매우 작다. 이 경우 $i_1'(t) \approx i_1(t)$이므로 변압기는 거의

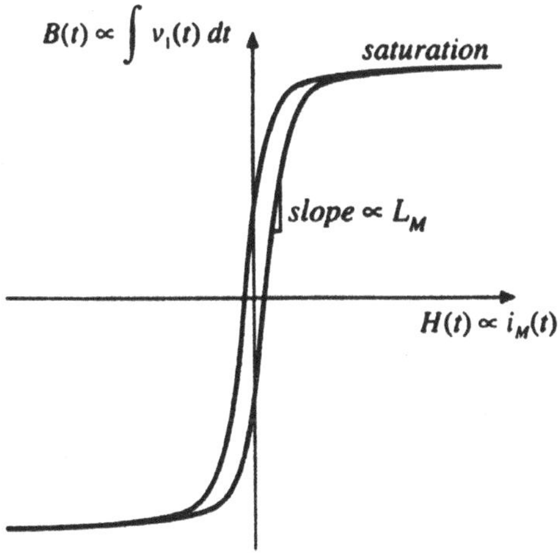

그림 6.18 변압기 코어의 *B*–*H* 특성

이상적인 변압기처럼 동작한다. 자화 전류 $i_M(t)$와 일차 권선 전류 $i_1(t)$는 서로 독립적인 양임을 주의하기 바란다.

자화 인덕턴스는 인덕터에 관한 모든 원리를 따른다. 그림 6.17(b)의 모델에서 일차 권선 전압 $v_1(t)$는 L_M 양단에 인가되어 다음이 성립한다.

$$v_1(t) = L_M \frac{di_M(t)}{dt} \tag{6.17}$$

양변을 적분하면 다음과 같다.

$$i_M(t) - i_M(0) = \frac{1}{L_M}\int_0^t v_1(\tau)d\tau \tag{6.18}$$

따라서 자화 전류는 인가한 권선 전압의 적분에 의해 결정된다. 인덕터의 전압-시간 곱 평형 원리를 적용한다. 컨버터가 정상상태에서 동작할 때 자화 인덕턴스에 인가한 전압의 직류 성분은 영이어야 한다.

$$0 = \frac{1}{T_s}\int_0^{T_s} v_1(t)dt \tag{6.19}$$

자화 전류는 인가한 권선 전압의 적분에 비례하기 때문에 이 전압의 직류 성분은 영이어야 한다. 그렇지 않으면 각 스위칭 주기 동안에 자화 전류에 알짜 증가가 있게 되어 결국 과도하게 큰 전류가 흘러 변압기를 포화시킨다.

컨버터 회로에 있는 변압기 대신에 그림 6.17(b)의 모델을 사용하여 변압기를 포함하는 컨버터의 동작을 이해할 수 있다. 자화 인덕턴스를 컨버터의 다른 인덕터처럼 취급하여 이전 장의 분석 방법을 이용하여 변압기를 포함하는 컨버터의 동작을 분석한다.

실제 변압기는 누설 인덕턴스를 포함한다. 권선을 쇄교하는 자속의 일부분은 다른 권선을 쇄교하지 않는다. 두 권선 변압기에서 이 현상을 권선에 직렬로 연결한 작은 인덕터로 모델링할 수 있다. 대부분의 분리 컨버터에서 누설 인덕턴스는 스위칭 손실을 야기하고, 첨두 트랜지스터 전압을 증가시키고 또한 교차 조절의 성능을 떨어뜨리고, 없어도 기본 컨버터 동작에 영향을 미치지 않는 비이상적인 요소이다.

직류-직류 컨버터에서 변압기 분리를 하는 방법은 여러 가지가 있다. 전 브리지, 반 브리지, 포워드와 푸쉬 풀 컨버터들은 벅 컨버터의 접지 분리형으로 일반적으로 사용된다. 부스트 컨버터의 비슷한 분리형도 알려져 있다. 플라이백 컨버터는 벅-부스트 컨버터의 분리형 컨버터이다. SEPIC과 Ćuk 컨버터의 분리형과 함께 이들 분리형 컨버터를 이 절에서 다룬다.

6.3.1 전 브리지와 반 브리지 변압기 분리 벅 컨버터

전 브리지 변압기 분리 벅 컨버터를 그림 6.19(a)에 도시한다. 중간 분기 이차 권선을 갖는 형식을 나타내었고 이 회로는 출력 전압이 작은 컨버터에 보편적으로 사용된다. 중간 분기 이차 권선의 두 개의 반쪽을 분리된 권선으로 볼 수 있으므로 이 회로를 1 : n : n의 권선비를 갖는 세 권선 변압기로 볼 수 있다. 변압기를 그림 6.17(b)의 등가회로 모델로 바꾸면 그림 6.19(b)의 회로를 얻을 수 있다. 그림 6.20은 전형적인 파형을 나타낸다. 컨버터의 출력 부분은 벅 컨버터의 부분과 유사하다. 그림 6.20의 $v_s(t)$와 $i(t)$를 그림 2.1(b)

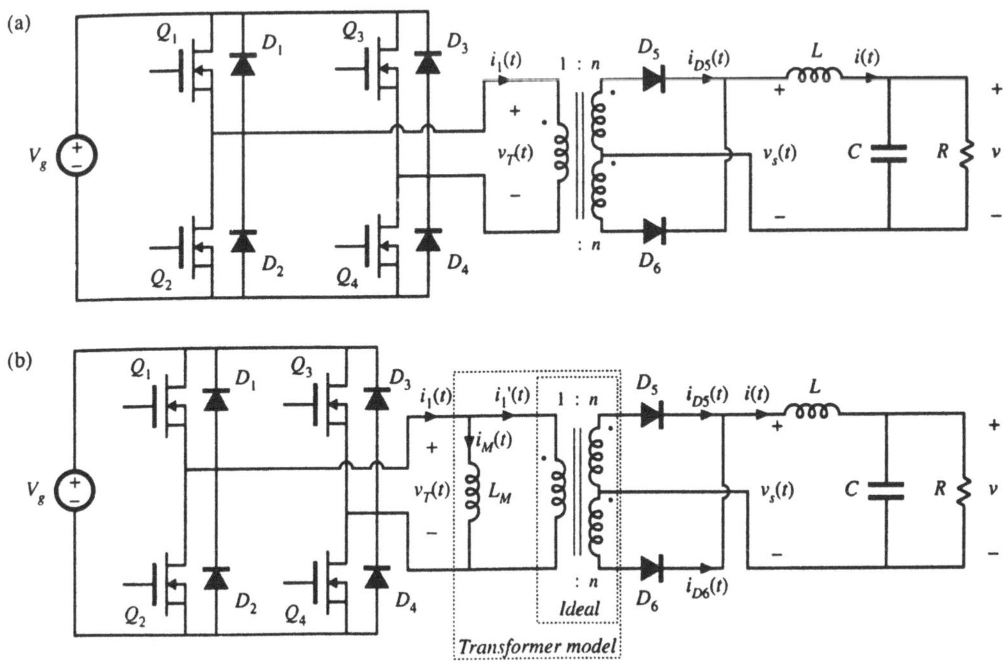

그림 6.19 전 브리지 변압기 분리 벅 컨버터: (a) 회로도, (b) 변압기를 등가회로로 교체

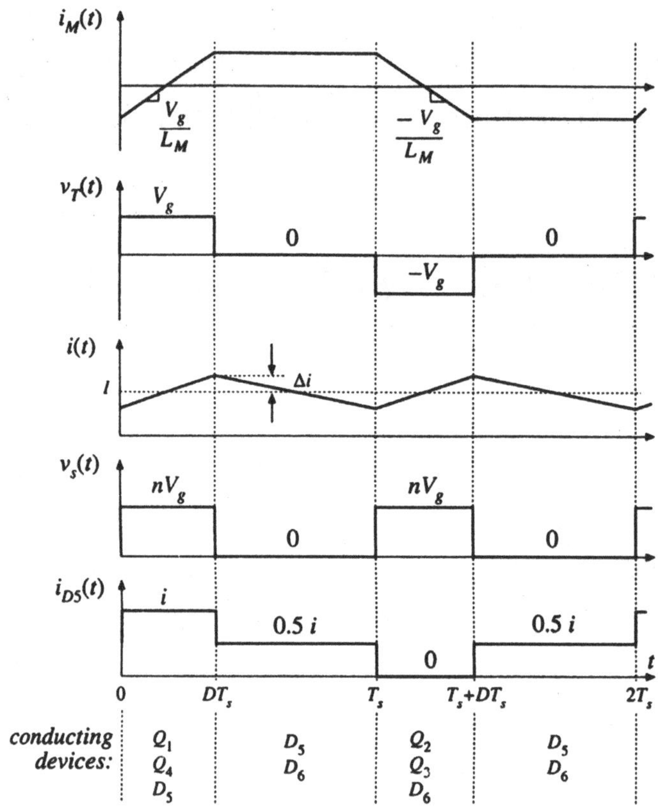

그림 6.20 전 브리지 변압기 분리 벅 컨버터의 파형

와 2.10의 파형과 비교해보기 바란다.

처음 세부구간 $0 < t < DT_s$ 동안 트랜지스터 Q_1과 Q_4가 도통하고 변압기 일차 전압은 $v_T = V_g$이다. 이 양의 전압 때문에 자화 전류 $i_M(t)$는 V_g/L_M의 기울기로 증가한다. 중간 분기 이차 권선의 각 반쪽에 나타나는 전압은 극성 표시에 양의 전위를 갖는 nV_g이다. 그러므로 다이오드 D_5는 순방향으로 치우치고 D_6는 역방향으로 치우친다. 전압 $v_s(t)$는 nV_g와 같고 출력 필터의 인덕터 전류 $i(t)$는 다이오드 D_5를 통해 흐른다.

두 번째 세부구간 $DT_s < t < T_s$ 동안 여러 형태의 트랜지스터 제어방법이 가능하다. 대부분의 보편적인 방법에서 네 개의 모든 스위치를 끄므로 변압기 전압은 $v_T = 0$이다. 다른 방법으로 트랜지스터 Q_2와 Q_4를 도통시킬 수 있고 또는 트랜지스터 Q_1와 Q_3를 도통시킬 수 있다. 어떠한 경우든 이 세부구간 동안 다이오드 D_5와 D_6는 모두 순방향으로 치우친다. 각 다이오드는 출력 필터 인덕터 전류의 거의 반을 도통한다.

실제로 두 번째 세부구간 동안 다이오드 전류 i_{D5}와 i_{D6}는 출력 인덕터 전류와 변압기 자화 전류의 함수이다. 이상적인 변압기인 경우에 자화 전류는 영이고 $i_1'(t) = 0$에 의해 $ni_{D5} = ni_{D6}$이므로 i_{D5}와 i_{D6}의 크기는 같다. 두 다이오드 전류의 합은 출력 인덕터 전류와 같다.

$$i_{D5}(t) + i_{D6}(t) = i(t) \tag{6.20}$$

그러므로 두 번째 세부구간 동안 $i_{D5} = i_{D6} = 0.5i$이다. 실제로는 자화 전류가 영이 아니므로 다이오드 전류는 이 결과와 약간 다르다.

그림 6.19(b)에서 이상적인 변압기 전류는 다음 관계를 따른다.

$$i_1'(t) - ni_{D5}(t) + ni_{D6}(t) = 0 \tag{6.21}$$

이상적인 변압기의 일차 측에서 노드 방정식은 다음과 같다.

$$i_1(t) = i_M(t) + i_1'(t) \tag{6.22}$$

식 (6.21)과 (6.22)에서 $i_1'(t)$을 제거하면 다음과 같다.

$$i_1(t) - ni_{D5}(t) + ni_{D6}(t) = i_M(t) \tag{6.23}$$

일반적으로 식 (6.23)과 (6.20)은 두번째 세부구간 동안 변압기 권선 전류를 나타낸다. 식 (6.23)에 따르면 자화 전류 $i_M(t)$는 일차 권선과 이차 권선 가운데 하나를 통해 흐를 수 있고 또는 세 권선으로 나뉘어 흐를 수 있다. 전류가 어떻게 나누어지는가는 도통한 트랜지스터와 다이오드의 $i-v$ 특성과 변압기 누설 인덕턴스에 따라 결정된다. $i_1 = 0$인 경우 식 (6.20)과 (6.23)의 해는 다음과 같다.

$$\begin{aligned} i_{D5}(t) &= \frac{1}{2}i(t) - \frac{1}{2n}i_M(t) \\ i_{D6}(t) &= \frac{1}{2}i(t) + \frac{1}{2n}i_M(t) \end{aligned} \tag{6.24}$$

만일 $i_M \ll ni$이면 i_{D5}와 i_{D6}는 거의 $0.5i$이다.

다음 스위칭 주기 $T_s < t < 2T_s$에도 변압기에 반대 극성의 전압이 인가되는 것을 제외하면 비슷한 방식으로 진행된다. $T_s < t < (T_s + DT_s)$ 동안 트랜지스터 Q_2와 Q_3 그리고

다이오드 D_6가 도통한다. 인가된 변압기의 일차 전압은 $v_T = -V_g$이고 자화 전류 $i_M(t)$는 $-V_g/L_M$의 기울기로 감소한다. 전압 $v_s(t)$는 nV_g와 같고, 출력 인덕터 전류 $i(t)$는 다이오드 D_6를 통해 흐른다. 다이오드 D_5와 D_6는 다시 $(T_s + DT_s) < t < 2T_s$ 동안 앞의 두 번째 세부구간의 비슷한 동작으로 도통한다. 출력 필터 소자의 스위칭 맥동은 $f_s = 1/T_s$의 주파수를 가지지만 변압기 파형의 주파수는 0.5 f_s임을 알 수 있다.

자화 인덕턴스에 인덕터 전압-시간 곱 평형 원리를 적용하면 변압기 전압 $v_T(t)$의 평균값은 정상상태에서 영이어야 한다. 처음 스위칭 기간 동안 변압기에는 근사적으로 다음과 같은 양의 값을 갖는 전압-시간 곱이 인가된다.

$$\left[V_g - (Q_1\text{과 } Q_4\text{의 순방향 전압 강하}) \right] (Q_1\text{과 } Q_4\text{의 도통 시간}) \tag{6.25}$$

다음 스위칭 기간 동안 변압기에는 근사적으로 다음과 같은 음의 값을 갖는 전압-시간 곱이 인가된다.

$$-\left[V_g - (Q_2\text{와 } Q_3\text{의 순방향 전압 강하}) \right] (Q_2\text{와 } Q_3\text{의 도통 시간}) \tag{6.26}$$

알짜 전압-시간 곱 즉, 식 (6.25)과 (6.26)의 합은 영이어야 한다. 전 브리지 형태는 이러한 조건을 거의 만족하지만 실제로는 트랜지스터의 순방향 전압 강하 또는 트랜지스터 도통 시간의 작은 편차 같은 불평형이 발생하여 평균 변압기 전압 $\langle v_T \rangle$은 영이 아닌 작은 값을 갖는다. 따라서 매 두 스위칭 주기 동안에 자화 전류를 증가시키는 알짜 증가가 발생한다. 이 전류 증가에 의해 트랜지스터의 순방향 전압 강하가 달라져 작은 불평형이 보상된다. 그러나 불평형이 너무 크면 자화 전류가 너무 커져 변압기를 포화시킨다.

변압기 일차 측에 커패시터를 직렬로 연결하여 정상상태에서 변압기의 포화를 방지할 수 있다. 불평형은 변압기 일차가 아닌 커패시터 양단에 직류 전압성분을 야기한다. 다른 방법으로는 다음 장에서 다룰 전류 프로그램 제어이다. 전류 프로그램 제어에서는 직렬 커패시터를 사용하지 않는다.

출력 필터 인덕터 L에 전압-시간 곱 평형을 적용하면 직류 부하 전압은 $v_s(t)$의 직류 성분과 같아야 한다.

$$V = \langle v_s \rangle \tag{6.27}$$

그림 6.20의 $v_s(t)$의 파형을 보면 $\langle v_s \rangle = nDV_g$이다. 따라서

$$V = nDV_g \tag{6.28}$$

벅 컨버터에서처럼 트랜지스터 시비율 D를 조절하여 출력 전압을 제어할 수 있다. 전압의 부가적인 승압 또는 강압을 물리적인 변압기 권선비 n을 통해 얻을 수 있다. 식 (6.28)은 연속 전도모드에서 동작할 때만 타당하다. 가벼운 부하에서 기본 벅 컨버터에서처럼 전 브리지와 반 브리지 컨버터도 불연속 전도모드로 동작할 수 있다. 컨버터는 본질적으로 전 시비율 $0 \leq D < 1$에서 동작할 수 있다.

트랜지스터 Q_1과 Q_2를 동시에 도통시키면 안 된다. 동시에 도통시키면 직류 전압 V_g가 단락하여 관통하는 전류 스파이크가 발생한다. 트랜지스터의 교차 도통 때문에 효율이 떨어지고 트랜지스터가 파손될 확률이 높다. 한 트랜지스터의 턴-오프와 다음 트랜지스터의 턴-온 사이에 시간지연을 넣어 교차 도통를 방지할 수 있다. 다이오드 D_1과 D_4는 첨두 트랜지스터 전압이 직류 입력 전압 V_g로 제한되게 해주고 가벼운 부하에서 변압기 자화 전류의 도통 경로를 제공한다. 전 브리지 회로의 자세한 스위칭 과정을 영 전압 스위칭 현상과 함께 이후 다른 장에서 서술한다.

전 브리지 회로구성은 약 750 W 또는 그 이상의 전력 급의 스위칭 전력 공급장치에 보통 사용된다. 네 개의 트랜지스터와 구동회로가 필요하다는 등 소자의 수가 많기 때문에 저 전력급에서는 보통 사용하지 않는다. 변압기 이용률이 높아 변압기 크기가 작아진다. 특히 변압기 자화 전류가 양과 음의 값을 가질 수 있어 변압기 코어의 이용률이 매우 좋다. 따라서 코어의 전체 B-H 루프를 이용할 수 있다. 실제로는 코어 손실 때문에 자속이 변하는 진폭이 제한된다. 변압기의 일차 권선을 효과적으로 이용하지만 중간 분기 이차 권선은 중간 분기 권선의 각 반쪽이 두 스위칭 주기 중 한번만 전력을 전달하기 때문에 효과적이지 못하다. 또한 두 번째 세부구간 동안 이차 권선 전류는 권선에 전력 손실을 발생하지만 부하로 에너지를 전달하지 않는다. 전 브리지 회로구성의 변압기 설계를 이후 장에서 상세하게 서술한다.

반 브리지 변압기 분리 벅 컨버터를 그림 6.21에 나타낸다. 전형적인 파형을 그림 6.22에 나타낸다. 이 회로는 트랜지스터 Q_3와 Q_4 그리고 역병렬 다이오드를 큰 값의 커패시터 C_a와 C_b로 교체한 것을 제외하면 그림 1.19(a)의 전 브리지 회로와 유사하다. 변압기 자화 인덕턴스의 전압-시간 곱 평형에 따라 커패시터 C_b 양단의 직류 전압은 트랜지스터 Q_2 양단의 직류 전압 성분 $0.5V_g$와 같다. 변압기 일차 전압 $v_T(t)$는 트랜지스터 Q_1이 도통할 때 $0.5V_g$이고, 트랜지스터 Q_2가 도통할 때 $-0.5V_g$이다. $v_T(t)$의 크기는 전 브리지의

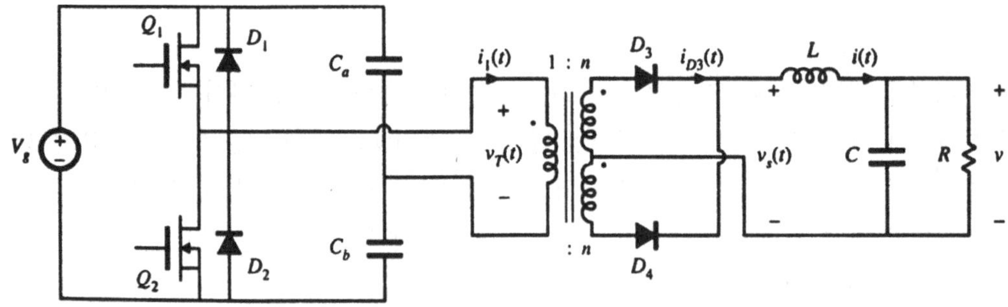

그림 6.21 반 브리지 변압기 분리 벅 컨버터

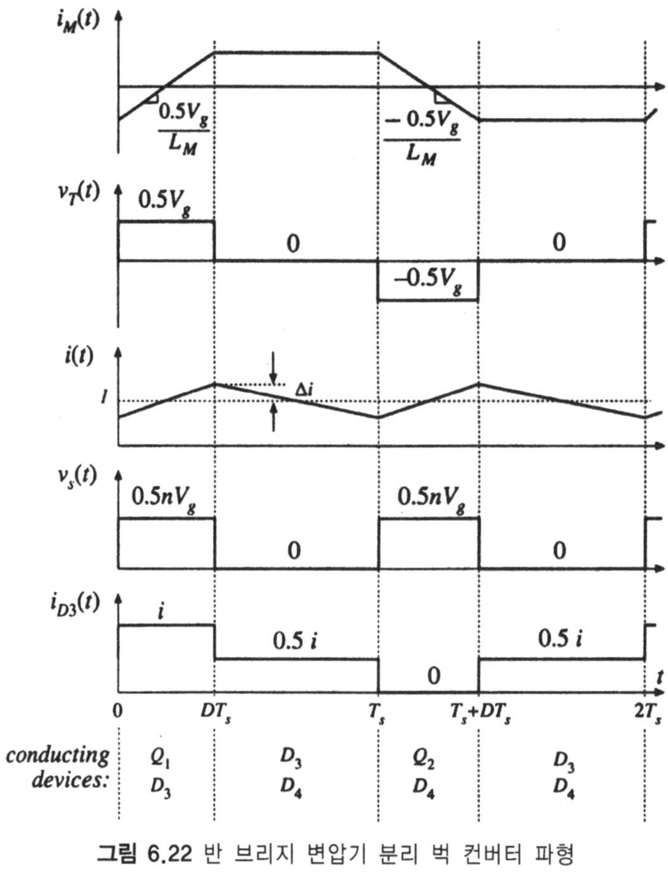

그림 6.22 반 브리지 변압기 분리 벅 컨버터 파형

반이므로 출력 전압도 0.5배로 감소한다.

$$V = 0.5nDV_g \tag{6.29}$$

변압기 권선비 n을 2배로 하여 0.5배를 보상할 수 있다. 그러나 이 경우 트랜지스터 전류는 두 배가 된다.

반 브리지는 4개가 아닌 2개의 트랜지스터를 사용하므로 트랜지스터의 전류 용량은 전 브리지의 두 배가 되어야 한다. 따라서 반 브리지는 충분한 전류 정격을 갖는 트랜지스터 구입이 용이한 저 전력급이나 소자의 수가 중요한 응용에서 사용된다. 변압기 코어와 권선의 이용률은 근본적으로 전 브리지와 같으며 첨두 트랜지스터 전압이 다이오드 D_1과 D_2에 의해 직류 입력 전압 V_g로 고정된다. 필요하면 커패시터 C_a를 제거할 수 있다. 반 브리지에서는 전류 프로그램 제어를 일반적으로 적용하지 않는다.

6.3.2 포워드 컨버터

그림 6.23은 포워드(forward) 컨버터를 나타낸다. 이 변압기 분리 컨버터도 벅 컨버터를 기반으로 한다. 하나의 트랜지스터가 필요하므로 전 브리지나 반 브리지 회로보다 낮은 전력 응용에 응용될 수 있다. 다른 벅 기반 컨버터처럼 평활한 출력 전류 특성 때문에 포워드 컨버터는 높은 출력 전류 응용에 적합하다. 트랜지스터의 최대 시비율이 제한된다. 보통의 $n_1 = n_2$에 대해 시비율은 $0 \leq D < 0.5$ 범위로 제한된다.

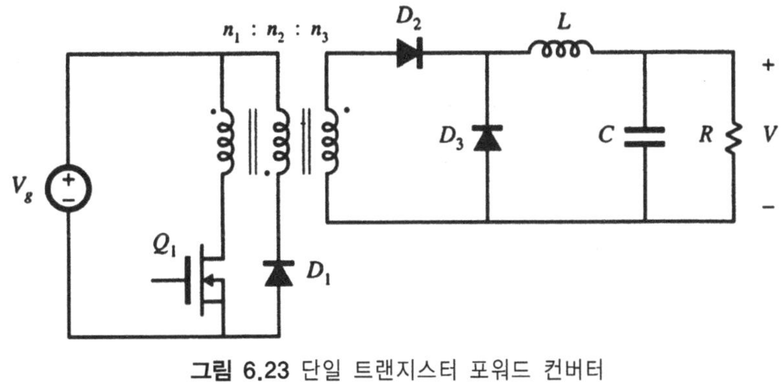

그림 6.23 단일 트랜지스터 포워드 컨버터

변압기의 자화 전류는 트랜지스터가 오프 상태에 있을 때 영으로 초기화된다. 이러한 현상을 그림 6.23에서 세 권선 변압기를 그림 6.17(b)의 등가회로로 교체하여 이해할 수 있다. 그림 6.24는 결과적인 회로를 나타내고 그림 6.25는 전형적인 파형을 나타낸다. 다이오드 D_1과 함께 자화 인덕턴스 L_M은 불연속 전도모드에서 동작해야 한다. 다이오드 D_3과 함께 출력 인덕턴스 L은 연속 또는 불연속 전도모드에서 동작할 수 있다. 그림 6.25의 파형은 인덕터 L이 연속 전도모드에서 동작할 때에 대한 파형이다. 각 스위칭 주기 동안 그림 6.26에서처럼 세 개의 세부구간이 발생한다.

세부구간 1에서 트랜지스터 Q_1이 도통하여 그림 6.26(a)와 같다. 다이오드 D_2는 순방향으로 치우치고 다이오드 D_1과 D_3는 역방향으로 치우친다. 변압기 일차 권선에는 전압 V_g가 인가되므로 자화 전류 $i_M(t)$는 그림 6.26에서처럼 V_g/L_M의 기울기로 증가한다. 다이오드 D_3 양단의 전압은 V_g에 권선비 n_3/n_1을 곱한 값과 같다.

세부구간 2는 트랜지스터 Q_1이 오프할 때 시작하고 회로는 그림 6.26(b)와 같다. 이 순간에 자화 전류 $i_M(t)$는 양의 값을 갖고 계속 흘러야 한다. 트랜지스터 Q_1이 오프되어 있기 때문에 등가회로 모델로부터 자화 전류는 이상적인 변압기의 일차 권선으로 흘러야 한다. 암페어-턴 $n_1 i_M$이 일차 권선의 극성 기호로부터 흘러나옴을 알 수 있다. 따라서 식 (6.16)에 따라 다른 권선에서 같은 전체 암페어-턴이 극성 기호로 흘러 들어가야 한다. 다이오드 D_2는 권선 3의 극성 기호로 전류가 흘러 들어가는 것을 방해한다. 따라서 전류 $i_M n_1/n_2$가 권선 2의 극성 기호로 흘러 들어가야 한다. 따라서 다이오드 D_1은 순방향으로 치우치고 반면 다이오드 D_2는 역방향으로 치우친다. 권선 2에 전압 V_g가 인가되어 자화

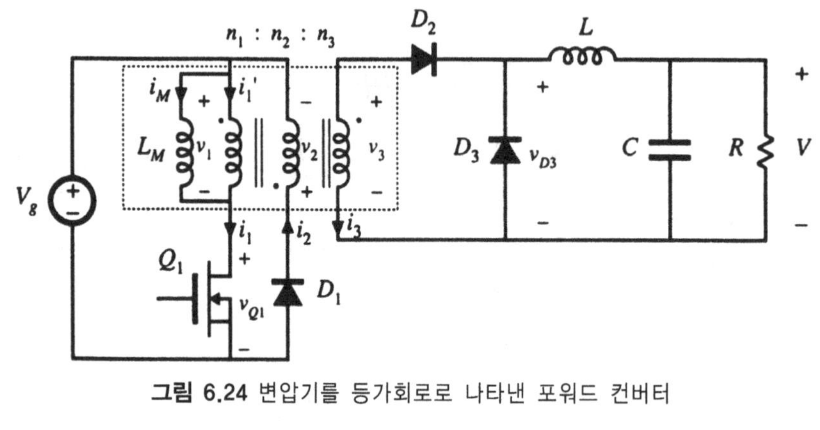

그림 6.24 변압기를 등가회로로 나타낸 포워드 컨버터

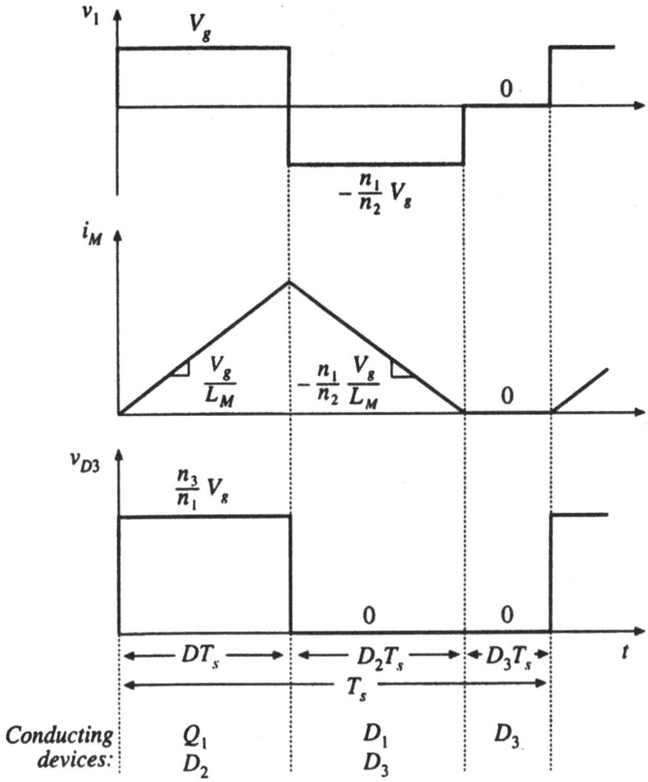

그림 6.25 포워드 컨버터의 파형

인덕턴스 양단의 전압은 일차 측으로 환산하여 $-V_gn_1/n_2$가 걸린다. 이 음의 전압 때문에 자화 전류는 $-V_gn_1/n_2L_M$의 기울기로 감소한다. 다이오드 D_2는 역방향으로 치우쳐 있으므로 다이오드 D_3가 온되어 출력 인덕터 전류 $i(t)$가 흐른다.

자화 전류가 영에 도달할 때 다이오드 D_1은 역방향으로 치우친다. 이 때 세부구간 3이 시작되어 회로는 그림 6.26(c)와 같다. 소자 Q_1, D_1과 D_2는 오프 상태로 동작하고 자화 전류는 남은 스위칭 주기 동안 영을 유지한다.

변압기의 자화 인덕턴스에 인덕터 전압-시간 곱 평형 원리를 적용하면 일차 전압 $v_1(t)$의 평균은 영이어야 한다. 그림 6.25를 보면 $v_1(t)$의 평균은 다음과 같다.

$$\langle v_1 \rangle = D(V_g) + D_2(-V_gn_1/n_2) + D_3(0) = 0 \tag{6.30}$$

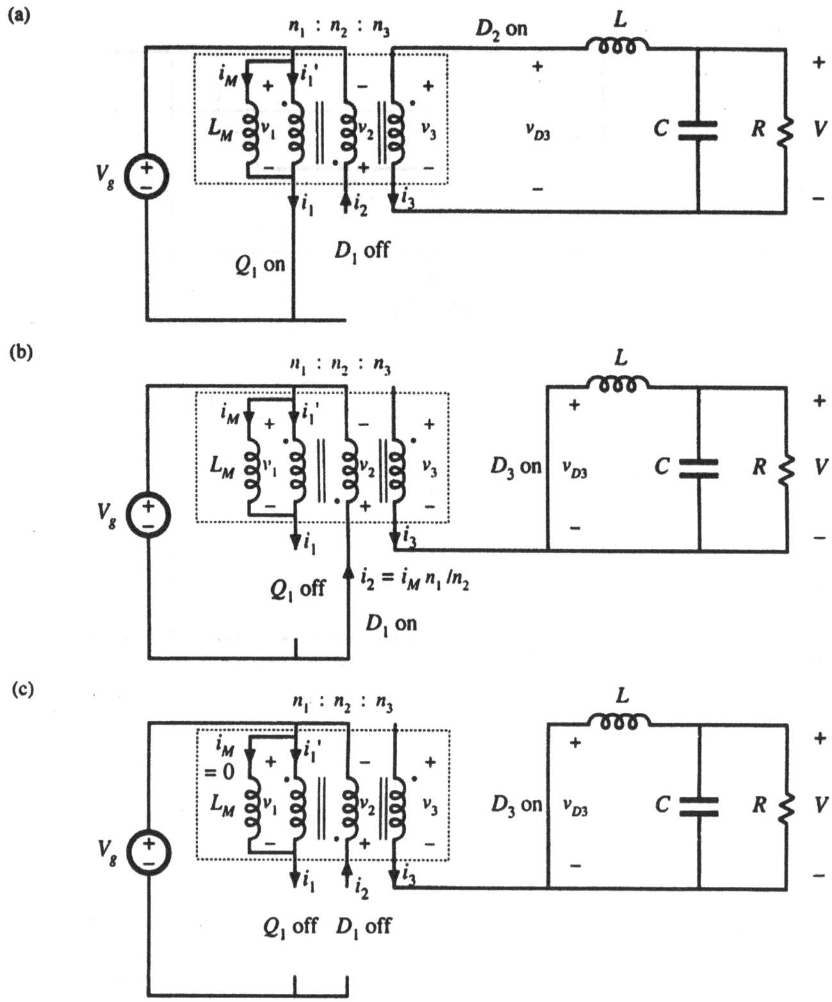

그림 6.26 포워드 컨버터 회로: (a) 세부구간 1, (b) 세부구간 2, (c) 세부구간 3

시비율 D_2에 대해 풀면 다음과 같다.

$$D_2 = \frac{n_2}{n_1} D \tag{6.31}$$

시비율 D_3는 음의 값을 가질 수 없다. $D + D_2 + D_3 = 1$이므로 다음과 같이 쓸 수 있다.

$$D_3 = 1 - D - D_2 \geq 0 \tag{6.32}$$

식 (6.31)을 식 (6.32)에 대입하면 다음을 얻을 수 있다.

$$D_3 = 1 - D\left(1 + \frac{n_2}{n_1}\right) \geq 0 \tag{6.33}$$

이 식을 D에 대해 풀면 다음 조건을 얻을 수 있다.

$$D \leq \frac{1}{1 + \frac{n_2}{n_1}} \tag{6.34}$$

따라서 최대 시비율이 제한된다. 일반적인 선택 $n_1 = n_2$에 대해 제한은 다음과 같다.

$$D \leq \frac{1}{2} \tag{6.35}$$

만일 이 제한조건이 위배되면 스위칭 주기가 끝나기 전에 변압기 자화 전류를 영으로 초기화하는데 필요한 트랜지스터 오프 시간이 부족하다. 변압기는 포화될 수 있다.

일반적인 $n_1 = n_2$에 대한 변압기 자화 전류 파형 $i_M(t)$를 그림 6.27에 나타낸다. 그림 6.27(a)는 $D < 0.5$에 대한 동작을 나타낸다. 다이오드 D_1과 함께 자화 인덕턴스는 불연

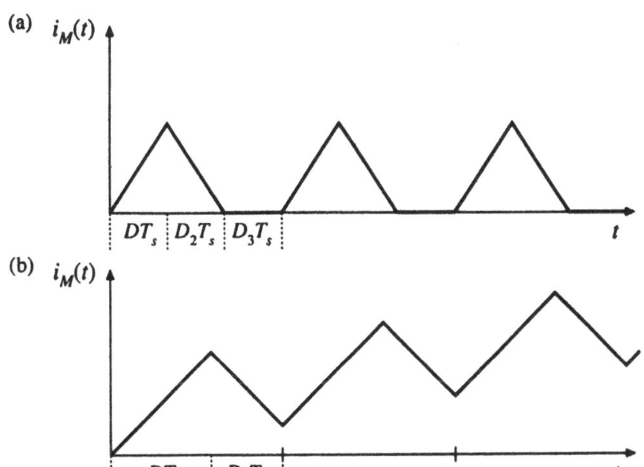

그림 6.27 포워드 컨버터의 자화 전류파형: (a) DCM, D 〈 0.5, (a) CCM, D 〉 0.5

속 전도모드에서 동작하고 $i_M(t)$는 각 스위칭 주기가 끝나기 전에 영으로 초기화된다. 그림 6.27(b)는 트랜지스터 시비율 D가 0.5보다 클 때의 파형을 나타낸다. 세 번째 세부구간이 없고 자화 인덕턴스는 연속 전도모드에서 동작한다. 더구나 세부구간 2가 자화 전류를 영으로 초기화할 수 있을 만큼 충분히 길지 않아 각 스위칭 주기 동안 $i_M(t)$에 알짜 증가가 존재한다. 결국 자화 전류는 충분히 증가하여 변압기를 포화시킨다.

인덕터 L에 인덕터 전압-시간 곱 평형을 적용하여 컨버터 출력 전압을 구할 수 있다. L 양단에 걸린 전압의 직류 성분은 영이므로 직류 출력전압 V는 다이오드 D_3 전압 $v_{D3}(t)$의 직류 성분과 같다. 그림 6.25에 $v_{D3}(t)$ 파형을 볼 수 있으며 평균값은 다음과 같다.

$$\langle v_{D3} \rangle = V = \frac{n_3}{n_1} D V_g \tag{6.36}$$

이 식은 연속 전도모드에서 포워드 컨버터의 해이고 식 (6.34)의 조건에서 타당하다.

식 (6.34)로부터 최대 시비율은 권선비 n_2/n_1가 감소하면 증가함을 알 수 있다. 이는 세부구간 2에서 $i_M(t)$를 더 빨리 감소시켜 변압기를 더 빠르게 초기화해야 함을 의미한다. 불행하게도 트랜지스터 Q_1에 인가되는 전압 스트레스가 증가한다. 트랜지스터 Q_1에 인가된 최대 전압은 세부구간 2 동안에 나타난다. 이 전압에 대한 그림 6.26(b) 회로의 해로부터 다음을 얻을 수 있다.

$$\max(v_{Q1}) = V_g\left(1 + \frac{n_1}{n_2}\right) \tag{6.37}$$

일반적인 선택 $n_1 = n_2$에 대해 세부구간 2 동안 트랜지스터에 인가된 전압은 $2V_g$이다. 실제로 변압기 누설 인덕턴스에 관계된 공진 때문에 조금 큰 전압이 나타난다. 권선비 n_2/n_1을 감소시키면 트랜지스터의 저지 전압이 증가하는 대신 최대 트랜지스터 시비율이 증가할 수 있다.

두 개의 트랜지스터를 갖는 포워드 컨버터를 그림 6.28에 나타낸다. 트랜지스터 Q_1과 Q_2는 세부구간 1동안 같이 도통하고 세부구간 2와 3 동안 꺼지도록 같은 게이트 구동 신호로 제어된다. 컨버터의 이차 측은 단일 트랜지스터 포워드 컨버터와 같다. 다이오드 D_3는 세부구간 1동안 도통하고 다이오드 D_4는 세부구간 2와 3 동안 도통한다. 세부구간 2동안 자화 전류 $i_M(t)$는 다이오드 D_1과 D_2를 순방향으로 치우치게 한다. 변압기 일차 권

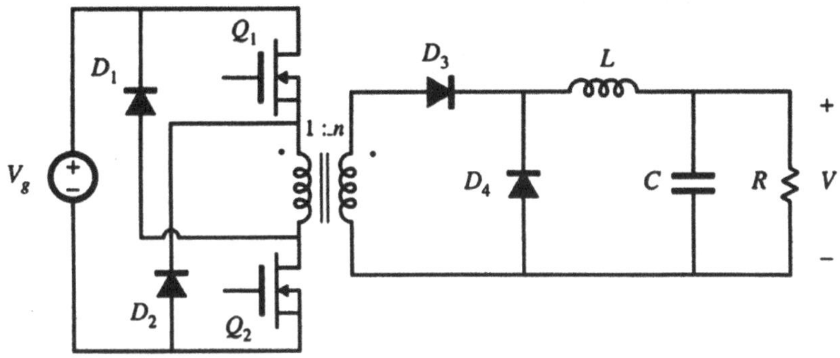

그림 6.28 두 개의 트랜지스터를 갖는 포워드 컨버터

선은 세부구간 1의 극성과 반대 극성으로 V_g에 연결된다. 따라서 자화 전류는 $-V_g/L_M$의 기울기로 감소한다. 자화 전류가 영에 도달하면 다이오드 D_1과 D_2는 역방향으로 치우친다. 자화 전류는 스위칭 주기의 평형을 위해 영을 유지한다. 따라서 두 트랜지스터 포워드 컨버터의 동작은 $n_1 = n_2$인 단일 트랜지스터와 유사하다. 시비율은 $D < 0.5$로 제한된다. 이 컨버터는 트랜지스터의 첨두 저지 전압이 V_g로 제한되고 다이오드 D_1과 D_2에 의해 고정된다. 두 트랜지스터 포워드 컨버터의 전력 수준은 반 브리지 회로와 유사하다.

포워드 컨버터의 변압기 이용률은 매우 좋다. 변압기 자화 전류가 음의 값을 갖지 못하기 때문에 코어 *B-H* 루프의 반만을 사용한다. 이는 포워드 컨버터의 변압기 코어가 전 브리지 또는 반 브리지 코어보다 2배의 크기를 가져야 함을 의미한다. 그러나 최근의 고주파수 컨버터에서 자속 진폭은 코어 물질의 포화 자속밀도보다 코어 손실에 의해 제약을 받는다. 따라서 포워드 컨버터의 변압기 코어 이용률은 전 브리지 또는 반 브리지 구성만큼 좋게 할 수 있다. 포워드 컨버터는 중간 분기 권선을 사용하지 않으므로 변압기의 일차와 이차 권선의 이용률은 전 브리지, 반 브리지 또는 푸쉬 풀 컨버터보다 좋다. 세부구간 1 동안 모든 가능한 권선은 전력을 부하로 전달하는데 사용된다. 근본적으로 세부구간 2와 3 동안 불필요한 전류는 흐르지 않는다. 자화 전류는 환산된 부하 전류에 비해 작고 변압기 이용률에 영향을 거의 미치지 않는다. 최근의 포워드 컨버터에서 변압기 코어와 권선을 효과적으로 이용한다.

6.3.3 푸쉬 풀 변압기 분리 벅 컨버터

그림 6.29는 푸쉬 풀(push-pull) 변압기 분리 벅 컨버터를 나타낸다. 이차 측 회로는 전 브리지와 반 브리지와 같아 파형도 같다. 일차 측 회로는 중간 분기 권선을 갖는다. 트랜지스터 Q_1은 첫 번째 스위칭 주기의 DT_s 동안 도통한다. 트랜지스터 Q_2는 다음 스위칭 주기에서 같은 시간 동안 도통하여 변압기 일차 권선에서 전압-시간 곱 평형이 유지된다. 컨버터 파형을 그림 6.30에 나타낸다. 이 컨버터는 시비율의 전 범위인 $0 \le D < 1$ 에서 동작할 수 있다. 변환비는 다음과 같다.

$$V = nDV_g \tag{6.38}$$

이 컨버터는 주로 저 입력 전압과 함께 사용된다. 어느 주어진 순간에 단지 하나의 트랜지스터가 직류 전원 V_g에 연결되므로 일차 측 도통 손실이 작다. 트랜지스터 시비율이 1 까지 동작할 수 있기 때문에 권선비 n을 최소화하여 트랜지스터 전류를 작게 할 수 있다.

푸쉬-풀 컨버터에서 변압기는 쉽게 포화될 수 있다. 트랜지스터 Q_1과 Q_2의 순방향 전압 강하와 도통 시간이 정확하게 같지 않으므로 약간의 불평형에 의해 변압기 일차에 인가한 직류전압 성분이 영이 되지 않는다. 따라서 매 두 스위칭 주기 동안에 자화 전류에 알짜 증가가 발생한다. 이 불평형이 계속되면 자화 전류는 계속 증가하여 변압기를 포화시킬 수 있다. 전류 프로그램 제어를 이용하여 변압기 포환 문제를 완화시킬 수 있다. 시비율 제어만을 이용하여 푸쉬 풀 컨버터를 동작시키지 말 것을 추천한다.

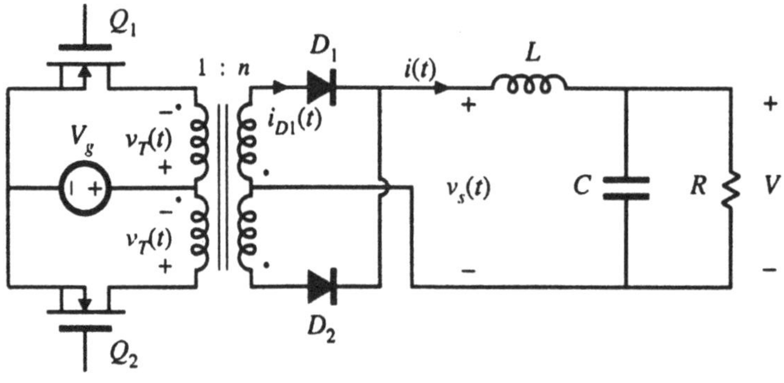

그림 6.29 푸쉬 풀 변압기 분리 벅 컨버터

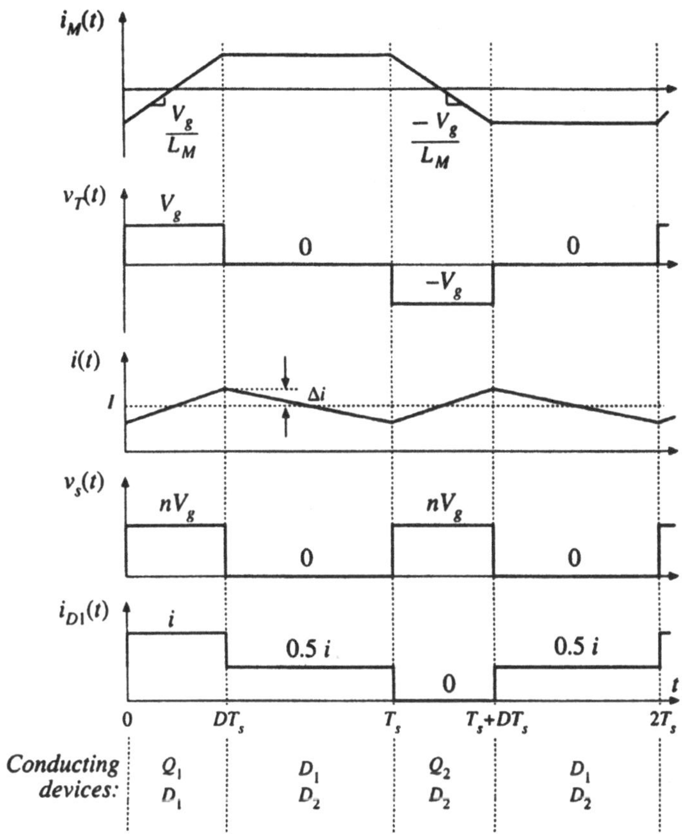

그림 6.30 푸쉬 풀 변압기 분리 벅 컨버터의 파형

변압기 코어 물질과 이차 권선의 이용률은 전 브리지 컨버터와 비슷하다. 자속과 자화 전류는 양과 음의 값을 가질 수 있으므로 전체 *B-H* 루프를 이용한다. 일차와 이차 권선이 중간 분기가 되어 있으므로 권선 이용률은 준 최적이다.

6.3.4 플라이백 컨버터

플라이백(flyback) 컨버터는 벅-부스트 컨버터에 기반을 둔다. 그림 6.31은 유도과정을 나타낸다. 그림 6.31(a)는 스위치를 MOSFET과 다이오드로 구현한 기본 벅-부스트 컨버터를 나타낸다. 그림 6.31(b)에서 인덕터 권선을 권선비가 1 : 1인 두 개의 선으로 구성한다.

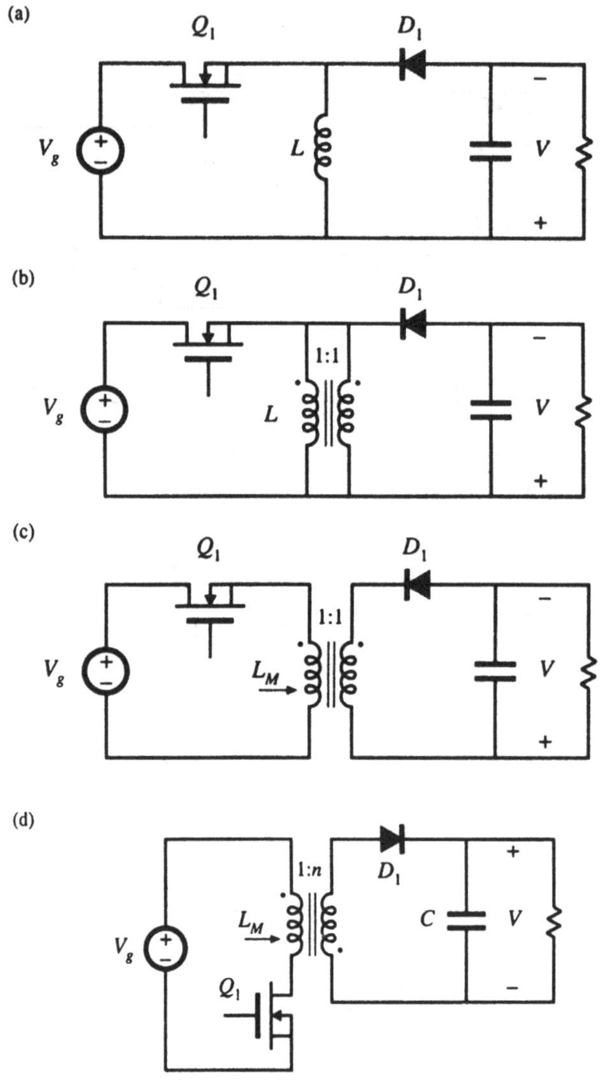

그림 6.31 플라이백 컨버터 유도: (a) 벅-부스트 컨버터, (b) 인덕터를 두 병렬 권선으로, (c) 인덕터 권선을 분리, (d) 권선비 1:n과 극성을 바꿈

인덕터의 기본 기능은 변하지 않고 병렬 권선은 좀 더 큰 권선으로 만들어진 단일 권선과 등가이다. 그림 6.31(c)에서 두 권선 사이에 연결을 끊는다. 한 권선은 트랜지스터 Q_1이 도통하는 동안에 사용되고 다른 권선은 다이오드 D_1이 도통하는 동안에 사용된다. 두 권선의 전체 전류는 그림 6.31(b)의 회로와 다르지 않다. 그러나 권선 사이에 전류가 다

르게 분포된다. 두 경우에서 인덕터 내부의 자기장은 같다. 두 권선 자기 소자를 변압기와 같은 기호로 표현했지만 실질적인 이름은 "두 권선 인덕터"이다. 이 소자를 "플라이백 변압기"로도 부른다. 이상적인 변압기와 다르게 플라이백 변압기의 두 권선에 전류가 동시에 흐르지 않는다. 그림 6.31(d)는 플라이백 컨버터의 일반적인 구성을 나타낸다. MOSFET의 소스가 일차 측 접지에 연결되어 게이트 구동회로를 단순화한다. 양의 출력 전압을 얻기 위해 변압기 극성 부호를 바꾸었다. 권선비를 1 : n으로 하여 컨버터를 더 좋게 최적화할 수 있다.

플라이백 변압기 대신에 그림 6.17(b)의 모델을 넣어 플라이백 컨버터를 분석할 수 있다. 그러면 그림 6.32(a)를 얻을 수 있다. 자화 인덕턴스 L_M은 그림 6.31(a)의 원래 벅-부스트 컨버터의 인덕터 L과 같은 방법으로 기능한다. 트랜지스터 Q_1이 도통할 때 직류 전원 V_g로부터 에너지가 L_M으로 저장된다. 다이오드 D_1이 도통할 때 저장된 에너지는 권선비 1:n에 따른 인덕터 전압과 전류를 갖고 부하로 전달된다.

트랜지스터 Q_1이 도통하는 세부구간 1 동안 컨버터 회로 모델은 그림 6.32(b)와 같다. 인덕터 전압 v_L, 커패시터 전류 i_C와 직류 전원 전류 i_g는 다음과 같다.

$$\begin{aligned} v_L &= V_g \\ i_C &= -\frac{v}{R} \\ i_g &= i \end{aligned} \tag{6.39}$$

컨버터가 연속 전도모드에서 동작하고 인덕터 전류 맥동과 커패시터 전압 맥동이 작다고 가정하면 자화 전류 i와 출력 커패시터 전압 v는 직류 성분 I와 V로 각각 근사화 할 수 있다. 따라서 식 (6.39)는 다음과 같이 쓸 수 있다.

$$\begin{aligned} v_L &= V_g \\ i_C &= -\frac{V}{R} \\ i_g &= I \end{aligned} \tag{6.40}$$

세부구간 2 동안 트랜지스터는 꺼지고 다이오드는 도통한다. 그림 6.31(c)의 등가회로를 얻을 수 있다. 일차 측 자화 인덕턴스 전압 v_L, 커패시터 전류 i_C와 직류 전원 전류 i_g는 다음과 같다.

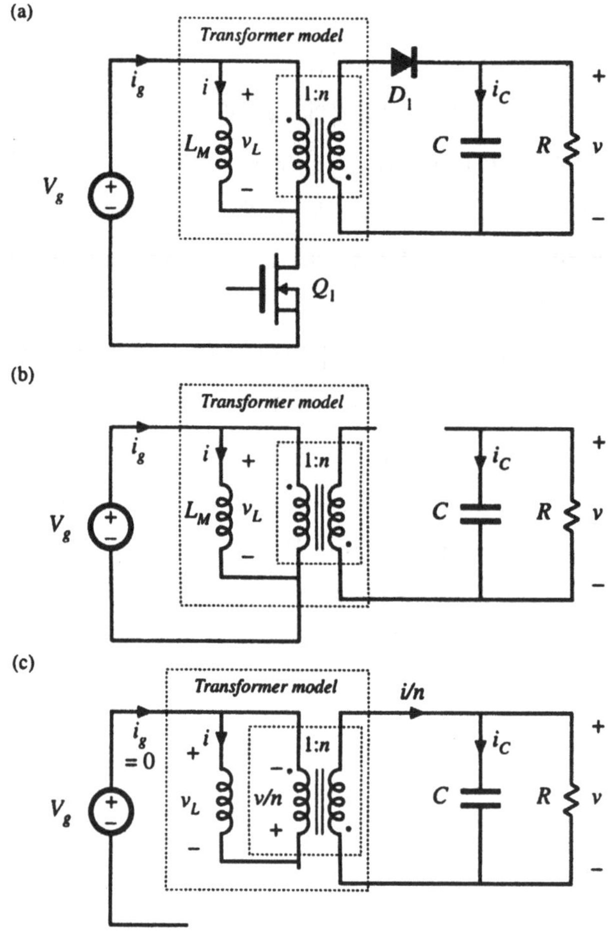

그림 6.32 플라이백 컨버터 회로: (a) 변압기 등가회로로 교체, (b) 세부구간 1, (c) 세부구간 2

$$
\begin{aligned}
v_L &= -\frac{v}{n} \\
i_C &= \frac{i}{n} - \frac{v}{R} \\
i_g &= 0
\end{aligned}
\tag{6.41}
$$

일관되게 모든 세부구간에서 변압기의 같은 측에서 v_L을 정의하는 것이 중요하다. 미소 맥동 근사화를 하면 다음과 같다.

$$v_L = -\frac{V}{n}$$
$$i_C = \frac{I}{n} - \frac{V}{R} \tag{6.42}$$
$$i_g = 0$$

그림 6.33은 연속 전도모드에서 v_L, i_C와 i_g를 나타낸다.

일차 측 자화 인덕턴스에 전압-시간 곱 평형 원리를 적용하면 다음과 같다.

$$\langle v_L \rangle = D(V_g) + D'\left(-\frac{V}{n}\right) = 0 \tag{6.43}$$

변환비에 대해 풀면 다음과 같다.

$$M(D) = \frac{V}{V_g} = n\frac{D}{D'} \tag{6.44}$$

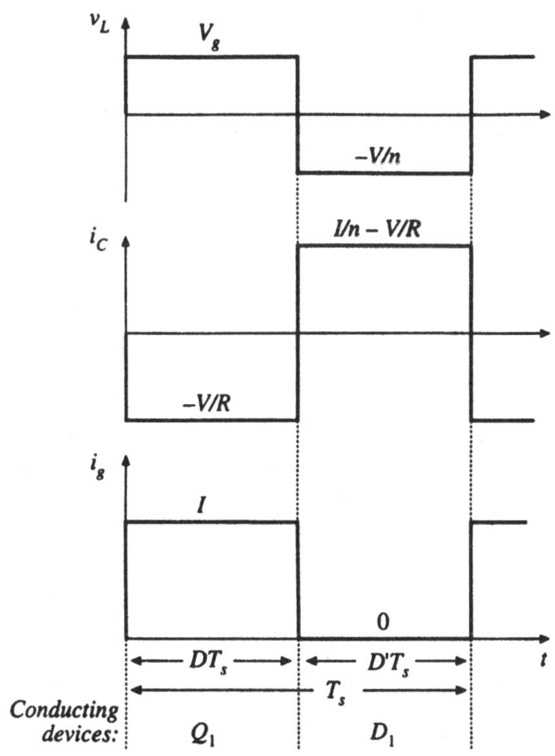

그림 6.33 연속 전도모드에서 동작하는 플라이백 컨버터 파형

따라서 플라이백 컨버터의 변환비는 n을 곱한 것을 제외하면 벅-부스트 컨버터 변환비와 같다.

출력 커패시터 C에 전하 평형 원리를 적용하면 다음과 같다.

$$\langle i_C \rangle = D\left(-\frac{V}{R}\right) + D'\left(\frac{I}{n} - \frac{V}{R}\right) = 0 \tag{6.45}$$

전류 I에 대해 풀면 다음과 같다.

$$I = \frac{nV}{D'R} \tag{6.46}$$

이 값은 일차 측으로 환산한 자화 전류의 직류성분을 나타낸다. 전원 전류 i_g의 직류성분은 다음과 같다.

$$I_g = \langle i_g \rangle = D(I) + D'(0) \tag{6.47}$$

플라이백 컨버터 파형의 직류성분을 모델링하는 등가회로를 만들 수 있다. 인덕터 루프 방정식 (6.43)과 절점 방정식 (6.45)와 (6.47)에 대응하는 회로를 그림 6.34(a)에 도시한다. 종속 전원을 이상적인 변압기로 대체하면 그림 6.34(b)를 얻는다. 이 회로가 플라이

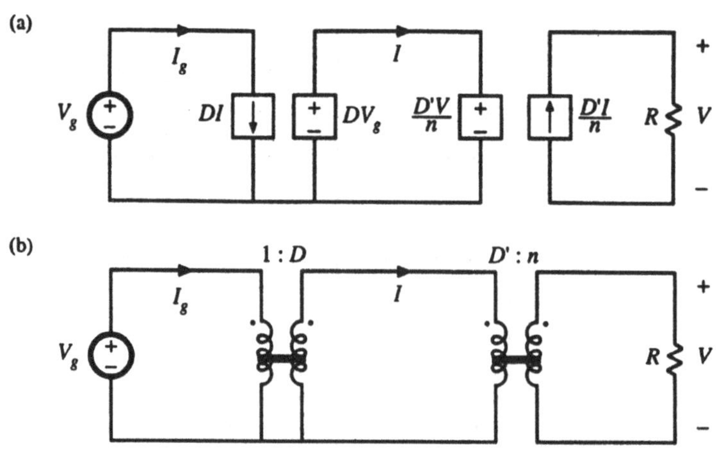

그림 6.34 연속 전도모드에서 동작하는 플라이백 컨버터의 등가회로: (a) 식(6.43), (6.45)와 (6.47)에 대응하는 회로, (b) 이상적인 직류 변압기로 나타낸 등가회로

백 컨버터의 직류 등가회로이다. $1:D$ 벅형 변환비와 그 뒤를 이어 $D':1$ 부스트형 변환비가 있고 플라이백 변압기의 권선비에 의한 부가적인 $1:n$ 비가 있다. 3장에서 서술한 방법을 사용하여 손실을 고려하고 컨버터 효율을 계산할 수 있도록 모델을 재구성할 수 있다. 플라이백 컨버터를 불연속 전도모드에서 동작시킬 수 있다. 분석은 숙제로 남긴다. 결과는 5장에서 표로 나타낸 DCM 벅-부스트 컨버터와 유사하며 권선비 $1:n$을 고려하여 일반화된다.

플라이백 컨버터는 텔레비전과 컴퓨터 모니터용 고전압 전력 공급장치뿐만 아니라 50 W에서 100 W 전력급에 일반적으로 사용된다. 부품 수가 매우 적은 장점을 가지며 최소의 부품 수로 다수의 출력을 얻을 수 있다. 각 부가적인 출력은 단지 부가적인 권선, 다이오드와 커패시터만이 필요하다. 그러나 전 브리지나 반 브리지 또는 두 트랜지스터 포워드 컨버터와 비교하여 플라이백 컨버터는 트랜지스터의 전압 스트레스가 높고 교차 조절이 나쁜 단점이 있다. 첨두 트랜지스터 전압은 직류 입력 전압 V_g와 환산된 부하 전압 V/n의 합이다. 실제로 변압기 누설 인덕턴스와 관계된 공진 때문에 더 큰 전압이 인가된다. 벅 기반 회로의 변압기와 플라이백 변압기의 이용률을 엄격하게 비교하면 수행하는 기능이 다르기 때문에 다르다. 플라이백 컨버터의 자화 전류는 단극성이므로 코어 물질의 B-H 루프를 반 이상 이용할 수 없다. 자화 전류는 큰 직류 성분을 포함한다. 그러나 플라이백 컨버터의 크기는 불연속 전도모드에서 동작하도록 한 설계에서는 매우 작다. 그러나 DCM 동작은 트랜지스터와 다이오드 그리고 커패시터의 첨두 전류를 증가시킨다. 연속 전도모드 설계는 큰 값의 L_M이 필요하여 큰 플라이백 변압기가 필요하나 전력 소자의 첨두 전류는 작아진다.

6.3.5 부스트 기반 변압기 분리 컨버터

벅 기반 분리 컨버터의 전원과 부하를 바꾸어 변압기 분리 부스트 컨버터를 유도할 수 있다. 많은 구성이 알려져 있고 이들 중 두 회로를 소개한다. 이 컨버터는 저 고조파 정류기 응용과 고전압 전력 공급기에 응용된다.

전 브리지 회로를 그림 6.35에 나타낸다. 그림 6.36는 연속 전도모드에서 파형을 나타낸다. 처음과 두 번째 세부구간 동안 회로 구성은 기본 부스트 컨버터의 경우와 같다. 권선비가 1 : 1이면 인덕터 전류 $i(t)$와 출력 전류 $i_o(t)$ 파형은 기본 부스트 컨버터의 인덕터

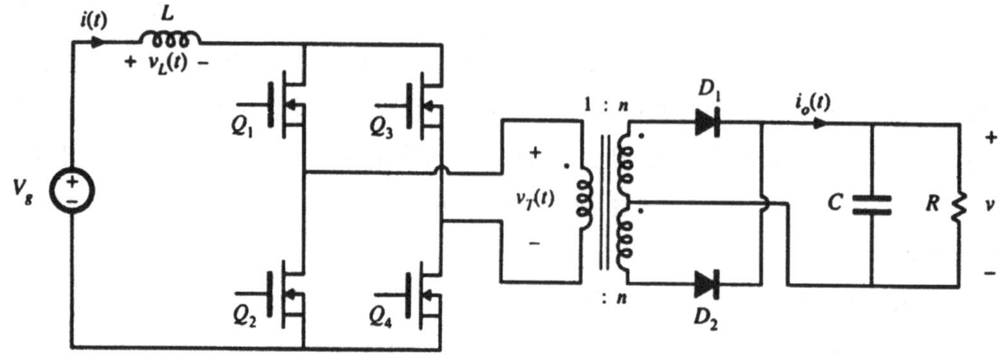

그림 6.35 전 브리지 변압기 분리 부스트 컨버터

전류와 다이오드 전류 파형과 같다.

세부구간 1 동안 4개의 모든 스위치는 온 상태에 있다. 인덕터 L이 직류 입력 전원 V_g 양단에 연결되고 다이오드 D_1과 D_2를 역방향으로 치우치게 한다. 인덕터 전류 $i(t)$는 기울기 V_g/L로 증가하고 에너지가 입력 전원 V_g에서 인덕터 L로 전달된다. 두 번째 세부구간 동안 트랜지스터 Q_2와 Q_3는 오프 상태에 있어 인덕터 L은 트랜지스터 Q_1과 Q_4를 거쳐 변압기와 다이오드 D_1을 통해 직류 출력에 연결된다. 세부구간 2 동안 트랜지스터 Q_1과 Q_4는 오프 상태에 있고 인덕터 L이 트랜지스터 Q_2와 Q_3를 거쳐 변압기와 다이오드 D_2를 통해 직류 출력에 연결되는 것을 제외하면 다음 스위칭 주기도 같다. 트랜지스터 오프 시간과 다이오드 순방향 전압강하가 같으면 평균 변압기 전압은 영이고 두 스위칭 주기 동안 변압기 자화 인덕턴스에 인가된 알짜 전압-시간 곱은 영이다.

인덕터 전압-시간 곱 평형 원리를 적용하면 다음과 같다.

$$\langle v_L \rangle = D(V_g) + D'\left(V_g - \frac{V}{n}\right) = 0 \tag{6.48}$$

변환비에 대해 풀면 다음과 같다.

$$M(D) = \frac{V}{V_g} = \frac{n}{D'} \tag{6.49}$$

이 결과는 변압기 권선비 n배를 제외하면 부스트 컨버터의 변환비와 같다.

트랜지스터는 환산된 부하 전압 $V/n = V_g/D'$을 저지할 수 있어야 한다. 실제로 변압기

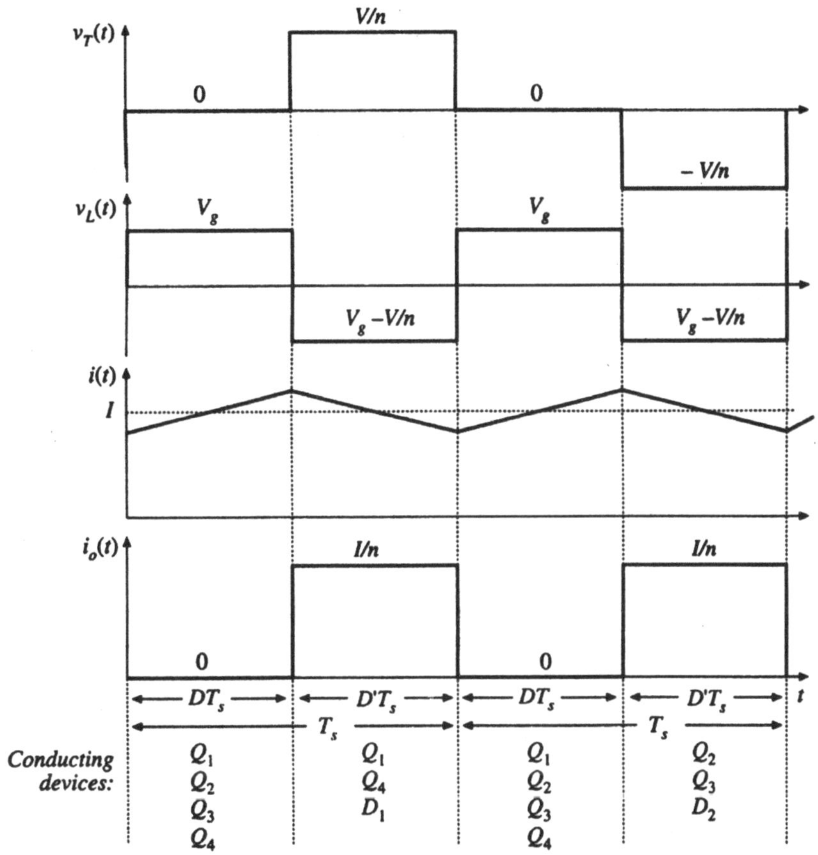

그림 6.36 전 브리지 변압기 분리 부스트 컨버터의 CCM 파형

누설 인덕턴스에 관련된 공진 때문에 더 큰 전압을 저지할 수 있어야 한다. 트랜지스터의 순간 전류는 인덕터 L에 의해 제한되므로 전력 소자의 순방향 전압강하나 도통 시간에 작은 불평형에 의한 변압기 포화 문제는 그다지 나쁘지 않다. 실제로 세부구간 1 동안 변압기를 의도적으로 포화시키는 제어 방법도 있다[13, 15].

푸쉬 풀 회로를 그림 6.37(a)에 도시한다. 이 회로는 단지 두 개의 트랜지스터가 필요하고 트랜지스터는 전압 $2V/n$을 저지할 수 있어야 한다. 그 외에 동작은 전 브리지 회로와 유사하다. 세부구간 1 동안 두 개의 트랜지스터 모두가 도통된다. 세부구간 2 동안 트랜지스터 가운데 하나가 오프 상태에 있고, 에너지가 인덕터로부터 변압기와 다이오드 중 하나를 통해 출력으로 전달된다. 트랜지스터는 교번적으로 스위칭 주기 동안 세부구

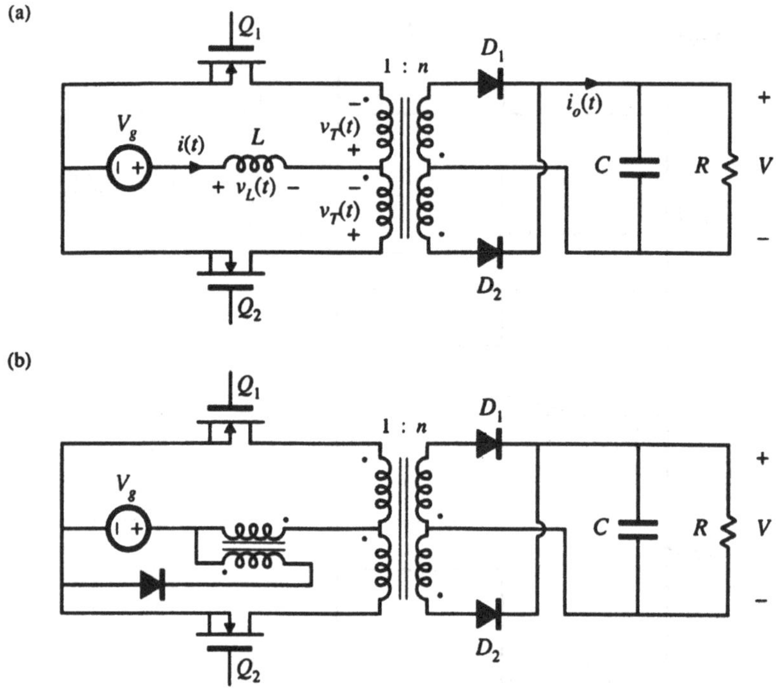

그림 6.37 푸쉬 풀 변압기 분리 부스트 컨버터: (a) 부스트 컨버터 기반, (b) Watkins-Johnson 컨버터 기반

간 2에서 도통하여 변압기 전압-시간 곱 평형이 유지된다. 푸쉬-풀 컨버터와 비슷한 그림 6.15의 컨버터 6인 Watkins-Johnson 컨버터 회로를 그림 6.37(b)에 나타낸다.

6.3.6 SEPIC과 Ćuk 컨버터의 변압기 분리형

플라이백 컨버터의 분리형을 구하는데 사용한 방법을 SEPIC과 역 SEPIC 컨버터에도 적용할 수 있다. 그림 6.38(a)에서 인덕터 L_2를 두 권선을 이용하여 구현하면 그림 6.38(b)의 분리 SEPIC을 얻을 수 있다. 등가회로를 그림 6.37(c)에 나타낸다. 자화 인덕턴스는 원래 인덕터 L_2의 에너지 저장 기능을 수행한다. 또한 이상적인 변압기는 접지 분리와 권선비를 제공한다.

그림 6.39에 연속 전도모드에 대한 전형적인 일차 및 이차 권선 전류 파형 $i_p(t)$와 $i_s(t)$를 도시한다. 자기소자는 플라이백 변압기로서 또한 두 권선 변압기로서 모든 기능을 수

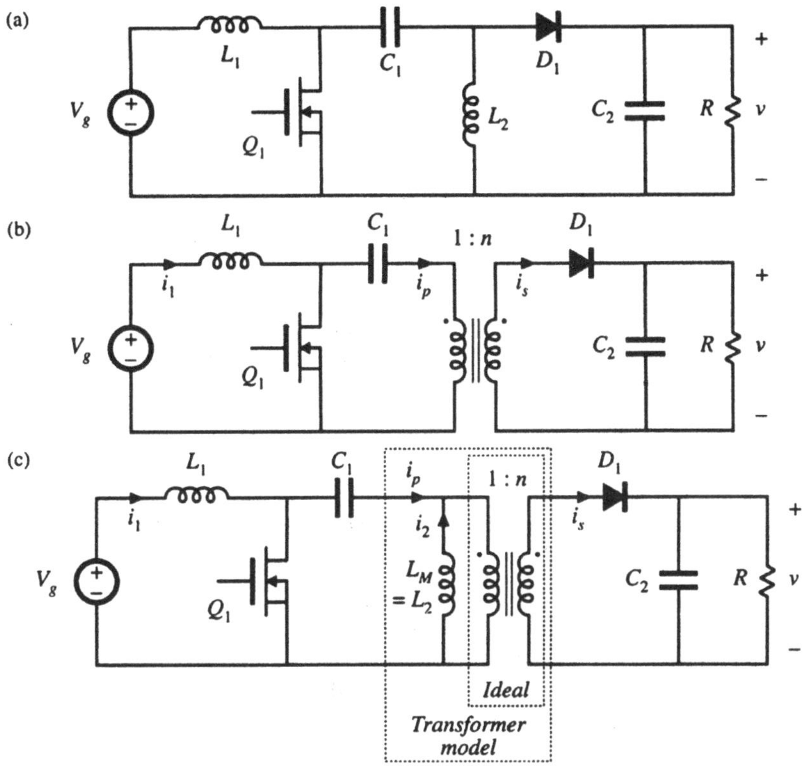

그림 6.38 분리 SEPIC 컨버터 유도: (a) 기본 SEPIC, (b) 변압기 분리 SEPIC, (c) 등가 변압기 회로로 교체

행해야 한다. 트랜지스터 Q_1이 도통하는 세부구간 1 동안 자화 전류는 일차 권선을 통해 흐르고 이차 권선 전류는 영이다. 다이오드 D_1이 도통하는 세부구간 2 동안 자화 전류는 이차 권선을 통해 부하로 흐른다. 또한 입력 인덕터 전류 i_1은 일차 권선을 통해 흐른다. 이는 이차 전류 i_1/n을 유도하고 부하로 흐른다. 따라서 SEPIC 변압기의 설계는 조금 특별하여 권선의 실효 전류가 플라이백 변압기의 실효 전류보다 크다.

인덕터 L_1과 L_M에 전압-시간 곱 평형을 적용하여 다음의 변환비를 구할 수 있다.

$$M(D) = \frac{V}{V_g} = \frac{nD}{D'} \tag{6.50}$$

이상적으로 트랜지스터는 전압 V_g/D'을 저지해야 한다. 실제로 변압기 누설 인덕턴스에 관련되는 공진 때문에 전압이 조금 더 크다.

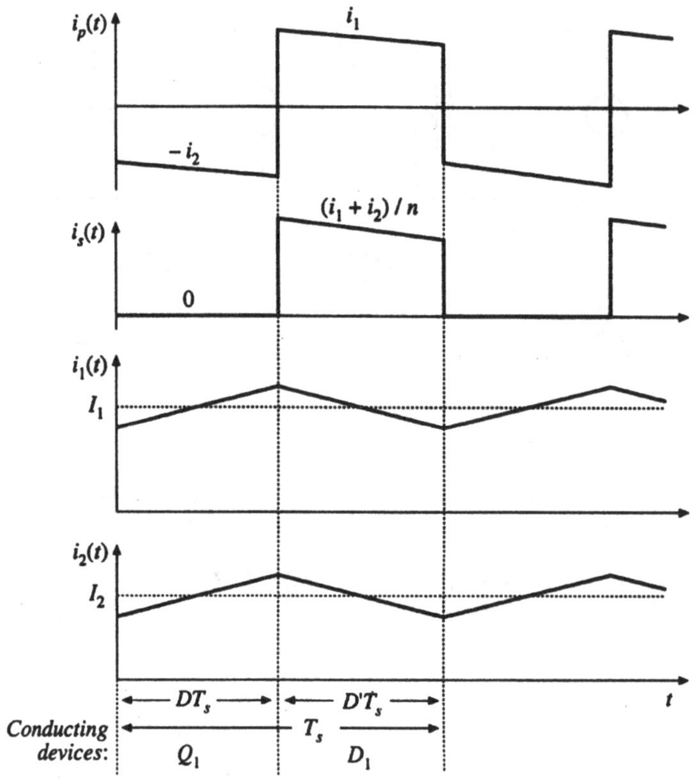

그림 6.39 연속 전도모드에서 변압기 분리 SEPIC 컨버터의 파형

역 SEPIC의 분리형을 그림 6.40에 나타낸다. 변압기의 동작과 설계는 SEPIC의 경우와 같다.

다른 방법으로 Ćuk 컨버터의 분리형을 유도할 수 있다[18]. 그림 6.41(a)는 기본 Ćuk 컨버터를 나타낸다. 그림 6.41(b)에서 커패시터 C_1을 두 개의 직렬 커패시터 C_{1a}와 C_{1b}로 나눈다. 변압기를 그림 6.41(c)와 같이 이 커패시터 사이에 끼워 넣는다. 극성 부호를 바꾸어 양의 출력 전압을 얻을 수 있다. 변압기의 일차와 이차 측에 직렬로 커패시터를 연결하여 변압기에 평균 직류 전압이 인가되는 것을 방지한다. 변압기는 자화 전류가 작고 자화 인덕턴스에 저장되는 에너지를 무시할 수 있어 기존의 기능을 수행한다.

Ćuk 컨버터는 변압기 이용률이 매우 좋다. 자화 전류는 양과 음의 값을 가질 수 있으므로 코어 B-H 루프의 전체를 이용할 수 있다. 중간 분기 권선이 없으므로 모든 구리선를 효과적으로 이용한다. 트랜지스터는 전압 V_g/D'을 저지해야 한다. 실제로 변압기 누설

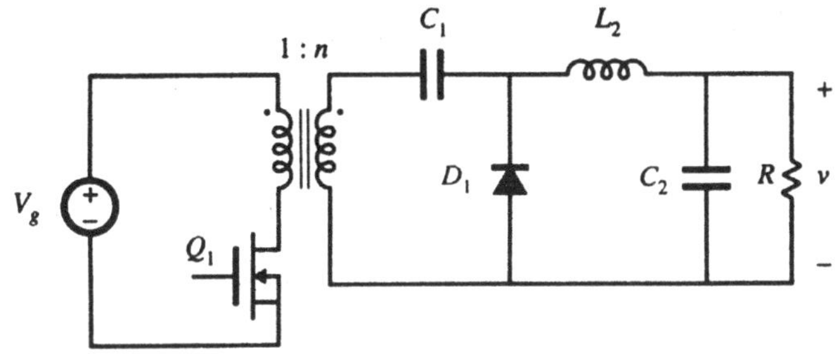

그림 6.40 변압기 분리 역 SEPIC 컨버터

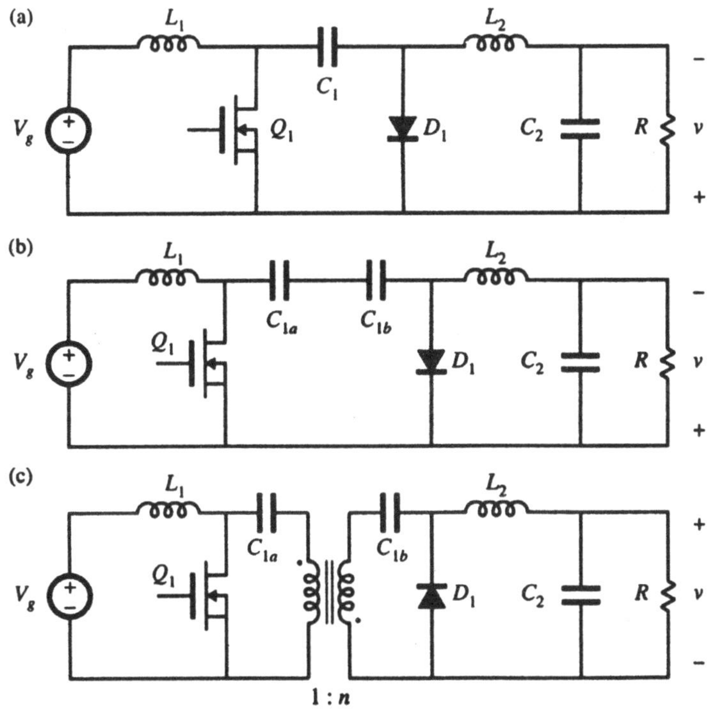

그림 6.41 변압기 분리 Ćuk 컨버터 유도: (a) 기본 Ćuk 컨버터, (b) 커패시터 C_1을 두개의 직렬로 분리, (c) 커패시터 사이에 변압기 삽입

인덕턴스에 관련되는 공진 때문에 전압이 조금 더 크다. 변환비는 식 (6.5)에 주어진 분리형 SEPIC과 같다.

분리형 SEPIC과 Ćuk 컨버터는 수백 W급 스위칭 전력공급장치에 응용되고 교류-직류저 고조파 정류기에도 사용된다.

6.4 컨버터 평가 및 설계

모든 응용에 적합한 컨버터는 없다. 주어진 사양을 갖는 응용에 컨버터 회로 모양을 선택하기 위해 타협하는 연구를 해야 한다. 사양을 만족하는 몇 가지 방법을 고려해야 하며 각 방법에 대해 최악의 경우 트랜지스터 전압, 최악의 경우 트랜지스터 실효 전류, 변압기 크기 등 중요한 변수를 계산해야 한다. 이러한 양적인 비교를 하면 엔지니어의 개인적인 취향을 피해 최상의 방법을 선택할 수 있다.

6.4.1 스위치 스트레스와 이용률

때때로 컨버터에서 가장 비싼 단가는 능동 반도체 소자의 가격이다. 반도체 소자와 관련한 도통 및 스위칭 손실이 다른 컨버터 손실에 비해 월등히 클 수 있다. 따라서 능동 반도체 소자에 인가되는 전압과 전류의 스트레스를 비교하여 컨버터 후보를 평가할 수 있다. 전체 스위치 스트레스를 최소화하면 컨버터의 전력 소자를 구현하는데 필요한 전체 실리콘 면적을 최소화할 수 있다.

컨버터 후보의 전체 능동 스위치 스트레스와 능동 스위치 이용률을 비교하는 것이 유용하다. 좋은 설계에서는 반도체 소자에 인가되는 전압과 전류가 최소화되는 반면 부하 전력은 최대화된다. 컨버터가 k개의 능동 반도체 소자를 포함한다면 전체 능동 스위치 스트레스 S를 다음과 같이 정의한다.

$$S = \sum_{j=1}^{k} V_j I_j \tag{6.51}$$

여기서 V_j는 반도체 스위치 j에 인가된 첨두 전압이고 I_j는 스위치 j에 인가된 실효 전류이다. 어떤 경우에는 실효 전류 대신에 첨두 전류가 사용되나 질적으로는 비슷한 결과가 나온다. 컨버터 부하 전력이 P_{load}라면 능동 스위치 이용률 U를 다음과 같이 정의할 수 있다.

$$U = \frac{P_{load}}{S} \tag{6.52}$$

변압기 분리 컨버터에서 스위치 이용률은 1보다 작고 최대화해야 할 변수이다.

일예로 그림 6.31(d)의 CCM 플라이백 컨버터의 트랜지스터 이용률을 생각해 보자. 첨두 트랜지스터 전압은 세부구간 2에서 발생하고 직류 입력 전압 V_g와 환산된 부하 전압 V/n의 합과 같다.

$$V_{Q1,pk} = V_g + \frac{V}{n} = \frac{V_g}{D'} \tag{6.53}$$

트랜지스터 전류 파형은 입력 전류 파형 $i_g(t)$와 같으며 그림 6.33에 도시되어 있다. 이 파형의 실효값은 다음과 같다.

$$I_{Q1,s} = I\sqrt{D} = \frac{P_{load}}{V_g\sqrt{D}} \tag{6.54}$$

따라서 전체 능동 스위치 스트레스를 다음과 같이 쓸 수 있다.

$$S = V_{Q1,pk}I_{Q1,rms} = \left(V_g + \frac{V}{n}\right)(I\sqrt{D}) \tag{6.55}$$

그림 6.34(b)의 등가회로를 풀면 부하 전력 P_{load}를 V와 I의 함수로 다음과 같이 표현할 수 있다.

$$P_{load} = D'\,V\frac{I}{n} \tag{6.56}$$

식 (6.44)를 이용하여 식 (6.55)에서 V_g를 소거하고 식 (6.52)를 계산하면 다음을 얻을 수 있다.

$$U = D'\sqrt{D} \tag{6.57}$$

트랜지스터 이용률은 $D=0$과 $D=1$에서 영이고 $D=1/3$에서 최대값 $U=0.385$가 된다.

주어진 V_g, V 그리고 부하 전력 값에 대해 설계자는 시비율 D를 임의로 선택할 수 있다. 따라서 권선비를 식 (6.44)가 만족하도록 다음과 같이 선택한다.

$$n = \frac{V}{V_g}\frac{D'}{D} \tag{6.58}$$

작은 시비율에서 변압기 권선비가 커야 하므로 트랜지스터 실효 전류가 커진다. 1에 가까운 시비율에서 트랜지스터 첨두 전압은 크다. 따라서 $D=1/3$은 좋은 선택이며 트랜지스터 첨두 전압과 실효 전류의 곱을 최소화한다. 실제로 다른 많은 기준을 만족하도록 컨버터를 최적화해야 하므로 약간 다른 시비율를 선택할 수 있다. 또한 주어진 부하 전력과 입력 전압 범위에서 동작하도록 컨버터를 설계해야 하는 경우도 있다. 이 경우 스위치 이용률이 감소할 뿐만 아니라 다른 시비율이 선택되기도 한다.

컨버터를 간단하게 비교하기 위해 여러 분리 및 비분리 컨버터의 스위치 이용률을 표 6.1에 나타낸다. 한 동작점에서 즉 V_g, V 또는 P_{load}에 변동이 없는 상태에서 동작하도록 컨버터를 설계한다는 가정에서 공식을 유도하였다.

비분리 벅 컨버터와 부스트 컨버터는 변환비 $M(D)$가 거의 1일 때 가장 효율적으로 동작함을 알 수 있다. 부스트 컨버터의 경우 스위치 이용률은 $D<0.382$에서 1보다 크고 D가 0으로 가까워지면 무한대로 접근한다. 그 이유는 $D=0$에서 트랜지스터는 항상 켜져 있어 실효 전류가 영이기 때문이다. 그러나 $D=0$에서 $V = V_g$이므로 출력 전력은 영이 아니다. 모든 부하 전력은 트랜지스터가 아니라 다이오드로부터 흘러온다. 물론 $V = V_g$

표 6.1 일반적인 직류-직류 컨버터의 능동 스위치 이용률, 한 동작점 가정

Converter	$U(D)$	max $U(D)$	max $U(D)$ occurs at D=
Buck	$\sqrt{D}$	1	1
Boost	$\frac{D'}{\sqrt{D}}$	∞	0
Buck-boost, flyback, nonisolated SEPIC isolated SEPIC, nonisolated Ćuk, isolated Ćuk	$D'\sqrt{D}$	$\frac{2}{3\sqrt{3}}=0.385$	$\frac{1}{3}$
Forward, $n_1=n_2$	$\frac{1}{2}\sqrt{D}$	$\frac{1}{2\sqrt{2}}=0.353$	$\frac{1}{2}$
Other isolated buck-derived converters (full-bridge, half-bridge, push-pull)	$\frac{\sqrt{D}}{2\sqrt{2}}$	$\frac{1}{2\sqrt{2}}=0.353$	1
Isolated boost-derived converters (full-bridge, push-pull)	$\frac{D'}{2\sqrt{1+D}}$	$\frac{1}{2}$	0

가 바람직하면 부스트 컨버터를 제거하는 것이 최상으로 부하와 입력 전압을 집적 연결한다. 그러나 출력 전압 V가 V_g보다 그다지 크지 않다면 전력의 대부분을 비교적 작은 트랜지스터로 제어할 수 있다. 비슷한 논의를 벅 컨버터에 대해 적용할 수 있다. 모든 부하 전력은 트랜지스터를 통해 흘러야 하므로 $U \le 1$이고 출력 전압 V가 V_g보다 그다지 작지 않을 때 컨버터 효율과 와트 당 가격이 최적화된다.

분리 변압기를 사용하면 스위치 이용률은 감소한다. 일반적으로 변압기 분리 벅 기반 컨버터를 다른 고려사항이 허용하는 한 큰 시비율에서 동작하도록 설계해야 한다. 이렇게 한다 해도 스위치 이용률은 $U \le 0.353$으로 감소한다. 이는 $D = 1$에서 비분리 벅 컨버터와 비교하면 스위치 스트레스는 약 2.8배 증가함을 의미한다. 한편 부하 전압이 입력 전압에 알맞도록 변압기 권선비를 선택할 수 있으며 컨버터를 더욱 최적화한다. 예를 들면 $V_g = 500$ V, $V = 5$ V에서 동작하는 전 브리지 벅 기반 컨버터에서 권선비를 거의 100:1로 선택하여 시비율이 거의 1에 가깝고 스위치 이용률을 0.35에 가깝게 한다. 1 kW의 출력을 얻기 위해 전체 트랜지스터 스트레스는 1 kW/0.35 = 2.86 kVA이다. 비교를 위해 비분리 컨버터를 시비율 0.01에서 동작하여 스위치 이용률은 0.1이다. 전체 스위치 스트레스는 1 kW/0.1 = 10 kVA이므로 더 큰 정격 전류와 더 작은 도통 저항을 갖는 트랜지스터가 필요하다. 비슷한 논의를 변압기 분리 부스트 기반 컨버터에도 적용할 수 있다. 이들 컨버터는 낮은 시비율에서 동작할 때 더욱 최적화된다.

비분리 벅-부스트, SEPIC, Ćuk 컨버터와 분리 벅-부스트, SEPIC, Ćuk 컨버터는 유사한 스위치 이용률을 보인다. 이 모든 컨버터에서 $U \le 0.385$이고 분리 벅-기반 컨버터의 경우와 거의 같다. 따라서 이들 컨버터의 비분리 형은 벅 또는 부스트 컨버터보다 낮은 스위치 이용률을 보이는 경향이 있다. 그러나 스위치 스트레스에 부담을 주지 않고 변압기 분리를 할 수 있다. 한 동작점 설계의 스위치 이용률은 $D = 1/3$이 되도록 권선비를 정할 때 최대화된다.

컨버터 스위치 이용률을 이용하여 컨버터의 능동 반도체 소자의 가격을 다음과 같이 추정할 수 있다.

$$\begin{pmatrix}\text{1kW 출력당}\\ \text{반도체 소자 가격}\end{pmatrix} = \frac{\begin{pmatrix}\text{정격 kVA 당}\\ \text{반도체 소자 가격}\end{pmatrix}}{\begin{pmatrix}\text{전압 정격하락}\\ \text{계수}\end{pmatrix}\begin{pmatrix}\text{전류 정격하락}\\ \text{계수}\end{pmatrix}\begin{pmatrix}\text{컨버터}\\ \text{스위치 이용률}\end{pmatrix}} \tag{6.59}$$

정격 kVA당 반도체 소자 가격은 반도체 소자의 가격을 최대 전압 정격과 최대 실효 전류 용량의 곱을 나눈 값으로 단위는 $/kVA이다. 이 값은 소자 형태, packaging, 전압과 전류 수준 및 시장 규모 등 여러 인자에 의존한다. 2000년도 전형적인 미국에서의 값은 $1/kVA 이하이다. 전압 및 전류 정격하락 계수는 반도체 소자의 신뢰성이 있는 동작을 위해 필요하다. 전형적인 설계 가이드 라인으로 과도상태, 공진에 의한 전압 스파이크 및 다른 발생 원인을 포함한 최악의 경우 첨두 트랜지스터 전압이 정격 트랜지스터 전압의 75%를 초과하면 안 된다. 이 경우 전압 정격하락 계수는 0.75이다. 그러므로 중간 규모 및 고 출력 응용에 대해 2000년도 분리 직류-직류 컨버터에서 능동 반도체 소자의 가격은 1 kW 출력당 $1에서 $10 사이의 값이다.

6.4.2 컴퓨터 스프레드시트를 이용한 설계

컴퓨터 스프레드시트는 컨버터 설계 및 타협에 매우 유용한 도구이다. 원하는 출력 전압 V, 입력 전압 V_g의 범위, 부하 출력 전력 P_{load}, 원하는 출력 전압 맥동 Δv, 스위칭 주파수 f_s 등에 관한 사양이 주어지면 여러 가지 설계 선택 사양을 구할 수 있다. 변압기 권선비와 인덕터 전류 맥동 Δi를 엔지니어가 선택해야할 설계 변수로 선택할 수 있다. 그러면 자기 소자의 크기와 함께 시비율의 변동 범위와 인덕터와 커패시터 소자의 값을 계산할 수 있다. 선택된 여러 설계 변수를 조사하여 최악의 경우 전압 스트레스와 전류 스트레스 사이에서 훌륭한 타협을 찾을 수 있다.

간단한 스프레드시트를 표 6.2에 나타낸다. 컨버터는 230 V ± 20% 교류 전원을 정류해서 얻은 직류 전압으로 동작한다. 그러므로 컨버터의 직류 입력 전압 V_g는 $230\sqrt{2}$ ± 20%이다. 부하 전압은 조절된 15 Vdc이고 스위칭 맥동 Δv는 0.1 V보다 작다. 부하 전력은 20 W에서 200 W 사이에서 변한다. 스위칭 주파수는 f_s = 100 kHz로 동작하는 것이 바람직하다. 이 값들은 사양으로 스프레드시트 상단에 제시된다. 이 사양을 만족하는 그림 6.23의 포워드 컨버터와 그림 6.31(d)의 플라이백 컨버터 설계를 스프레드시트로 조사한다. 컨버터는 연속 전도모드에서 동작한다. 전부하 전력에서 컨버터가 CCM에서 동작하도록 인덕터 전류 맥동 Δi를 충분히 작게 선정한다. Δi의 선택에 따라 최소 부하 전력에서 컨버터는 CCM 또는 DCM에서 동작할 수 있다.

단일 트랜지스터 포워드 컨버터에 대해 인덕터 전류 맥동 Δi와 함께 권선비 n_2/n_1과 n_3/n_1을 설계 변수로 선택할 수 있다. 이 예에 대해 초기화 권선의 권선비 n_2/n_1을 1로 선정하면 식 (6.35)에 주어진 것처럼 시비율은 $D<0.5$로 제한된다. 최대 시비율을 맨 먼저 계산한다. 연속 전도모드에서 포워드 컨버터의 출력 전압은 식 (6.36)으로 주어진다. 시비율 D의 해는 다음과 같다.

$$D=\frac{n_1}{n_3}\frac{V}{V_g} \tag{6.60}$$

시비율 D의 최대 값은 최소 V_g와 전 부하에서 발생하고 표 6.2에 주어져 있다. 최대 V_g에서 나타나는 D의 최소 CCM 값도 열거하였다.

다음으로 인덕턴스 L의 값을 계산하자. 식 (2.15)를 얻기 위해 벅 컨버터에서 이용한 유사한 방법으로 인덕터 전류 맥동 Δi의 크기를 계산할 수 있다. 결과는 다음과 같다.

$$\Delta i=\frac{D' V T_s}{2L} \tag{6.61}$$

최악의 경우 최대 전류 맥동은 최소 시비율에서 동작하는 CCM에서 발생한다. L에 대한 해는 다음과 같다.

$$L=\frac{D' V T_s}{2\Delta i} \tag{6.62}$$

최악의 경우 맥동이 주어진 Δi와 같도록 L을 선택하는데 이 식을 사용한다. 필요한 L의 값을 표 6.2에 열거한다. 식 (2.60)을 이용하여 주어진 전압 맥동 Δv를 만족하는 커패시터 C를 계산할 수 있다. 식 (2.60)에서 커패시터 직렬 등가 저항을 무시하였기 때문에 실제로는 더 큰 C가 필요하다.

가벼운 부하에서 컨버터가 불연속 전도모드에서 동작하면 제어기는 원하는 출력 전압 V를 유지하기 위해 시비율 D를 감소시켜야 한다. DCM 포워드 컨버터의 변환비 $M(D,K)$를 이 전 장의 방법을 이용하여 분석적으로 찾을 수 있다. 다른 방법으로 모든 소자 값을 변압기의 이차 측으로 환산하면 벅 컨버터의 해인 식 (5.29)를 직접 적용할 수 있다. 그러므로 DCM에서 출력 전압은 다음과 같다.

$$V=\frac{n_3}{n_1}V_g\frac{2}{\sqrt{1+\frac{4K}{D^2}}} \tag{6.63}$$

표 6.2 스프레드시트 설계 예

Specifications			
Maximum input voltage V_g	390 V		
Minmum input voltage V_g	260 V		
Output voltage V	15 V		
Maximum load power P_{load}	200 W		
Minmum load power P_{load}	20 W		
Swiching frequency f_s	100 kHz		
Maximum output ripple Δv	0.1 V		
Forward converter design, CCM		*Flyback converter design, CCM*	
Design variables		*Design variables*	
Rest winging turns ratio n_2/n_1	1	Turns ratio n_2/n_1	0.125
Turns ratio n_3/n_1	0.125	Inductor current ripple Δi	3A ref to sec
Inductor current ripple Δi	2A ref to sec		
Results		*Results*	
Maximum duty cycle *D*	0.462	Maximum duty cycle *D*	0.316
Minmum *D*, at full load	0.308	Minmum *D*, at full load	0.235
Minmum *D*, at minimum load	0.251	Minmum *D*, at minimum load	0.179
Inductnce *L*	26 μH	Inductnce *L*	19 μH ref to sec
Capacitance *C*	25 μF	Capacitance *C*	210 μF
Worst-case stresses		*Worst-case*	
Peak transistor voltage v_{Q1}	780 V	Peak transistor voltage v_{Q1}	510 V
Rms transistor current	1.13 A	Rms transistor current	1.38 A
Transistor utilization U	0.226	Transistor utilization U	0.284
Peak diode voltage v_{D2}	49 V	Peak diode voltage v_{D1}	64 V
Rms diode current i_{D2}	9.1 A	Rms diode current i_{D1}	16.3 A
Peak diode voltage v_{D3}	49 V	Peak diode voltage v_{D1}	22.2 A
Rms diode current i_{D3}	11.1 A		
Rms output capacitor current i_C	1.15 A	Rms output capacitor current i_C	9.1 A

여기서 $K = 2L/RT_s$, $R = V^2/P_{load}$이다. 시비율 D에 대한 해는 다음과 같다.

$$D = \frac{2\sqrt{K}}{\sqrt{\left(\frac{2n_3 V_g}{n_1 V} - 1\right)^2 - 1}} \tag{6.64}$$

실제 시비율은 식 (6.60)과 (6.64)의 작은 값이다. 최소 시비율은 최소 부하 전력과 최대

V_g에서 나타나고 표 6.2에 나타내었다.

이제 최악의 경우 소자의 스트레스를 평가하자. 첨두 트랜지스터 전압은 식 (6.37)로 주어진다. 부록 A를 참조하여 실효 트랜지스터 전류를 계산할 수 있다. 변압기 자화 전류를 무시할 수 있다면 트랜지스터 전류는 세부구간 1 동안 환산된 인덕터 전류 $i(t)n_3/n_1$과 같고 세부구간 2와 3에서 영이다. 그러므로 실효 트랜지스터 전류는

$$I_{Q1,rms} = \frac{n_3}{n_1}\sqrt{D}\sqrt{I^2 + \frac{\Delta i^2}{3}} \approx \frac{n_3}{n_1}\sqrt{D}\,I \tag{6.65}$$

이고 여기서 $I = P_{load}/V$이다. 최악의 경우 $I_{Q1,rms}$의 값은 최대 부하 전력과 최대 시비율에서 발생한다. 다이오드와 출력 커패시터에 대한 최악의 경우 스트레스를 유사하게 구할 수 있다. 플라이백 컨버터의 경우도 마찬가지이다. 이 들에 대한 유도는 숙제로 남겨둔다.

표 6.2의 설계는 좀 더 설계 최적화가 필요하지만 (숙제로 남겨둠) 분리 컨버터 회로 구성을 타협 선택하는데 큰 도움이 된다. 두 설계에서 8:1의 권선비를 이용하였다. 실효 트랜지스터 전류는 플라이백 컨버터에서 22% 더 컸다. 이 전류는 트랜지스터 전압을 증가하여 감소시킬 수 있다. 플라이백 컨버터는 트랜지스터에 단지 510 V를 인가한다. 적당한 전압 정격하락 계수와 변압기 누설 인덕턴스에 의한 공진에 의한 여유를 고려하여 800 V 또는 1,000 V 정격의 트랜시스터를 사용할 수 있나. 포워드 컨버터인 경우 트랜지스터에 인가되는 전압은 780 V로 플라이백보다 53% 정도 더 크다. 1997년에 1,000 V 이상의 전압 정격을 갖는 전력용 MOSFET는 존재하지 않았다. 그러므로 변압기의 누설 인덕턴스에 의한 공진을 고려한 여유를 생각하면 전압 여유가 모자란다. 이 문제는 초기화 권선의 권선비 n_2/n_1을 바꾸거나 두 트랜지스터 포워드 컨버터를 이용하여 극복할 수 있다. 플라이백 컨버터의 변압기 초기화 방식이 기존의 포워드 컨버터의 방식보다 훌륭하다는 결론을 도출할 수 있다.

플라이백 컨버터에서 이차 측 전류가 자연적으로 펄스 파형을 나타내기 때문에 실효 및 첨두 이차 전류는 포워드 컨버터에서보다 매우 크다. 플라이백 컨버터의 다이오드에 흐르는 실효 전류는 포워드 컨버터의 다이오드 D_3에서보다 47% 이상 그리고 다이오드 D_2에서보다 80% 이상 크다. 플라이백 변압기의 이차 측 권선은 이런한 전류를 흘려야 한다. 더구나 플라이백 컨버터의 출력 커패시터는 9.1 A의 실효 전류가 흐르는 정격을 가져야 한다. 이러한 커패시터는 포워드 컨버터에 사용된 커패시터에 비해 상당히 비싸

다. 포워드 컨버터의 출력 전류가 펄스 파형이 아닌 특성이 플라이백 컨버터의 출력 전류가 펄스 파형인 특성에 비해 매우 우수하다는 결론을 도출할 수 있다. 이러한 이유 때문에 플라이백 컨버터 및 펄스 파형의 출력 전류를 갖는 다른 컨버터는 큰 출력 전류를 요구하는 응용에 잘 사용되지 않는다.

6.5 요약

1. 부스트 컨버터를 거꾸로 된 벅 컨버터로 볼 수 있다. 반면 벅과 부스트 컨버터를 직렬로 연결하여 벅-부스트와 Ćuk 컨버터를 유도할 수 있다. 이들 컨버터의 성질은 유도한 기본 컨버터의 성질과 일치한다. 부하를 차등으로 연결하여 교류 출력을 얻을 수 있다. 매우 많은 종류의 컨버터가 가능하고 이장에서는 대표적인 컨버터에 대해 서술하였다.
2. 변압기를 포함하는 대부분의 컨버터의 동작을 이해하기 위해 변압기를 자화 인덕턴스가 병렬로 연결된 이상적인 변압기로 모델링할 수 있다. 자화 인덕턴스는 전압-시간 곱 평형 원리를 포함한 인덕터에 적용되는 모든 규칙을 따른다.
3. 변압기를 자화 인덕턴스가 병렬로 연결된 이상적인 변압기로 대체한 후에 변압기 분리 컨버터의 정상상태 동작을 이해할 수 있다. 직류 전류 및 전압을 구하기 위해 인덕터 전압-시간 곱 평형과 커패시터 전하 평형을 적용하고, 손실과 효율을 모델링하는 등가회로를 사용하고, 불연속 전도모드 해석 등 이전의 장들에서 개발된 기법을 변압기 분리 컨버터에도 적용할 수 있다.
4. 벅과/또는 부스트 컨버터의 전 브리지, 반 브리지와 푸쉬 풀 변압기 분리형에서 변압기 주파수는 출력 맥동 주파수의 2배이다. 변압기는 에너지를 전달하는 동안 초기화된다. 인가 전압의 극성은 이어지는 스위칭 주기에서 반전된다.
5. 기존의 포워드 컨버터에서 변압기는 트랜지스터가 오프인 상태에서 초기화된다. 변압기 자화 인덕턴스는 불연속 전도모드에서 동작하고 최대 시비율이 제한된다.
6. 플라이백 컨버터는 벅-부스트 컨버터를 기반으로 한다. 플라이백 변압기는 실제로 두 권선 인덕터로 에너지를 저장하고 전달한다.

7. 변압기 권선비는 설계자가 컨버터 설계를 최적화하는데 선택할 수 있는 부가적인 설계 변수이다. 권선비의 선택이 소자의 전압과 전류 스트레스를 어떻게 영향을 주는가를 알아보기 위해 컴퓨터 스프레드시트를 효과적으로 이용할 수 있다.
8. 전체 능동 스위치 스트레스와 능동 스위치 이용률은 여러 컨버터 회로를 비교하는데 사용되는 간단한 평가지수이다.

참고문헌

[1] S. Ćuk, "Modeling, Analysis, and Design of Switching Converters," Ph.D. thesis, California Institute of Technology, November 1976.

[2] S. Ćuk and R. D. Middlebrook, "A New Optimum Topology Switching Dc-to-Dc Converter," IEEE Power Electronics Specialists Conference, 1977 Record, pp. 160-179, June 1977.

[3] E. Landsman, "A Unifying Derivation of Switching Dc-to-Dc Converter Topologies," IEEE Power Electronics Specialists Conference, 1979 Record, pp. 239-243, June 1979.

[4] R. Tymersky and V. Vorperian, "Generation, Classification, and Analysis of Switched-Mode Dc-to-Dc Converters by Use of Converter Cells," Proceedings International Telecommunications Energy Conference, pp. 181-195, October 1986.

[5] S. Ćuk and R. Erickson, "A Conceptually New High-Frequency Switched-Mode Amplifier Technique Eliminates Current Ripple," Proceedings Fifth National Solid-State Power Conversion Conference (Powercon 5), pp. G3.1-G3.22, May 1978.

[6] F. Barzegar and S. Ćuk, "A New Switched-Mode Amplifier Produces Clean Three-Phase Power," Proceedings Ninth National Solid-State Power Conversion Conference (Powercon 9), pp. E3.1-E3.15, July 1982.

[7] K. D. T. Ngo, S. Ćuk, and R. D. Middlebrook, "A New Flyback Dc-to-Three-Phase Converter with Sinusoidal Outputs," IEEE Power Electronics Specialists Conference, 1983 Record, pp. 377-388, June 1983.

[8] R. W. Erickson, "Synthesis of Switched-Mode Converters," IEEE Power Electronics Specialists Conference, 1983 Record, pp. 9-22, June 1983.

[9] D. Maksimović and S. Ćuk, "General Properties and Synthesis of PWM Dc-Dc Converters," IEEE Power Electronics Specialists Conference, 1989 Record, pp. 512-525, June 1989.

[10] M. S. Makowski, "On Topological Assumptions on PWM Converters- A Reexamination," IEEE Power Electronics Specialists Conference, 1993 Record, pp. 141-147, June 1993.

[11] B. Israelson, J. Martin, C. Reeve, and V. Scown, "A 2.5 kV High Reliability TWT Power Supply: Design Techniques for High Efficiency and Low Ripple," IEEE Power Electronics Specialists Conference, 1977 Record, pp. 109-130, June 1977.

[12] R. Severns, "A New Current-Fed Converter Topology," IEEE Power Electronics Specialists Conference, 1979 Record, pp. 277-283, June 1979.

[13] V. J. Thottuvelil, T. G. Wilson, and H. A. Owen, "Analysis and Design of a Push-

Pull Current-Fed Convrter," IEEE Power Electronics Specialists Conference, 1981 Record, pp. 192-203, June 1981.

[14] R. Redl, and N. Sokal, "Push-Pull Current-Fed Multiple-Output Dc-Dc Power Converter with Only One Inductor and with 0-100% Switch Duty Ratio," IEEE Power Electronics Specialists Conference, 1980 Record, pp. 341-345, June 1980.

[15] P. W. Clark, "Converter Regulation by Controlled Conductopn Overlap," U. S. Patent 3,938,024, February 10, 1976.

[16] R. P. Massay, and E. C. Snyder, "High-Voltage Single-Ended Dc-Dc Converter," IEEE Power Electronics Specialists Conference, 1977 Record, pp. 156-159, June 1977.

[17] D. Maksimović and S. Ćuk, "Switching Converters with Wide Dc Conversion Ratio," IEEE Transactions on Power Electronics, Vol. 6, No. 1, pp. 151-157, January 1991.

[18] R. D. Middlebrook and S. Ćuk, "Isolation and Multiple Outputs of a New Optimum Topology Switching Dc-to-Dc Converter," IEEE Power Electronics Specialists Conference, 1978 Record, pp. 256-264, June 1978.

[19] T. G. Wilson, "Cross Regulation in an Energy-Storage Dc-to-Dc Converter with Two Regulated Outputs," IEEE Power Electronics Specialists Conference, 1977 Record, pp. 190-199, June 1977.

[20] H. Matsuo, "Comparison of Multiple-Output Dc-Dc Converter Cross Regulation," IEEE Power Electronics Specialists Conference, 1979 Record, pp. 169-185, June 1979.

[21] K. Harada, T. Nabeshima, and K. Hisanaga, "State-Space Analysis of the Cross-Regulation," IEEE Power Electronics Specialists Conference, 1979 Record, pp. 186-192, June 1979.

[22] J. N. Park and T. R. Zaloum, "A Dual Mode Forward/Flyback Converter," IEEE Power Electronics Specialists Conference, 1982 Record, pp. 3-13, June 1982.

[23] S. Ćuk, "General Topological Properties of Switching Structures," IEEE Power Electronics Specialists Conference, 1979 Record, pp. 109-130, June 1979.

[24] R. Severns and G. Bloom, Modern Dc-to-Dc Switchmode Power Converter Circuits, New York: Van Nostrand Reinhold, 1985.

[25] N. Mohan, T. Undeland, and W. Robbins, Power Electronics: Converters, Applications, and Designs, 2nd edit., New York, John Wiley & Sons, 1995.

[26] J. Kassakian, M. Schlecht, and G. Vergese, Principles of Power Electronics, Reading, MA: Addison-Wesley, 1991.

[27] D. Mitchell, Dc-Dc Switching Regulator Analysis, New York: McGraw-Hill, 1988.

[28] K. Kit Sum, Switch Mode Power Conversion-Basic Theory and Design, New York:

Marcel Dekker, 1984.

[29] R. E. Tarter, Solid-State Power Conversion Handbook, New York: John Wiely & Sons, 1993.

[30] Q. Chen, F. C. Lee, and M. M. Jovanović, "DC Analysis and Design of Multiple-Output Forward Converters with Weighted Voltage-Mode Control," IEEE Applied Power Electronics Conference, 1993 Record, pp. 449-455, March 1993.

연 · 습 · 문 · 제

6.1 중간 분기 인덕터 부스트 컨버터. 보다 큰 변환비를 얻기 위해 그림 6.42와 같이 부스트 컨버터를 개량한다. 인덕터 권선은 $(n_1 + n_2)$의 턴 수를 갖는다. 트랜지스터는 그림에서처럼 인덕터의 왼쪽으로부터 n_1 턴 수에 해당하는 분기점에 연결된다. 분기 인덕터를 권선비 $(n_1 : n_2)$를 갖는 두 권선 변압기로 볼 수 있으며 여기서 두 권선은 직렬로 연결되어 있다. 전체 (n_1+n_2) 권선의 인덕턴스는 L이다.

(a) 자화 인덕턴스와 이상적인 변압기를 포함하는 분기 인덕터의 등가회로 모델를 도시하시오. 자화 인덕턴스와 권선비를 표시하시오.

(b) 변환비 $M = V/V_g$에 대한 식을 유도하시오. 트랜지스터, 다이오드, 분기 변압기와 커패시터에서 손실은 없고 컨버터는 연속 전도모드에서 동작한다고 가정한다.

(c) 시비율 D에 대한 $M(D)$를 $n_1=n_2$ 조건에서 도시하고, 분기가 없는 경우, 즉 $n_2 = 0$인 경우와 비교하시오.

6.2 DCM 플라이백 컨버터 분석. 그림 6.31(d)의 플라이백 컨버터가 불연속 전도모드에서 동작한다.

(a) 플라이백 변압기를 자화 인덕턴스와 이상적인 변압기로 모델링하고, 세 개의 세부구간에 대한 컨버터 회로를 도시하시오.

(b) 불연속 전도모드에서 동작하기 위한 조건을 유도하시오.

(c) 정상상태에서 출력 전압 V와 세부구간 2의 시비율 D_2에 대한 식을 유도하시오.

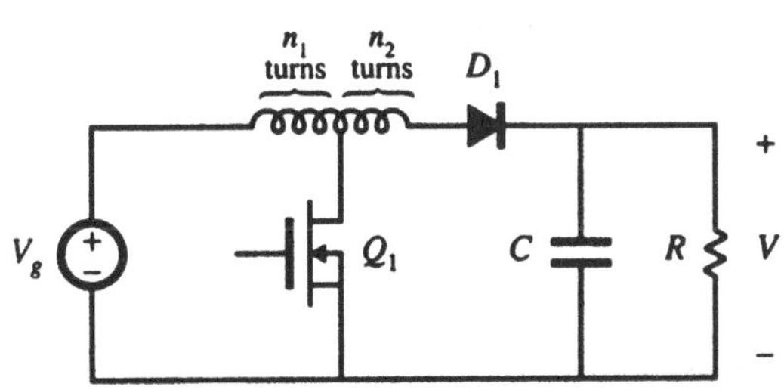

그림 6.42 문제 6.1의 중간 분기 인덕터 부스트 컨버터

6.3 그림 6.40의 분리형 역 SEPIC 컨버터 분석. 컨버터는 연속 전도모드에서 동작하고 모든 인덕터 전류 맥동과 커패시터 전압 맥동은 작다.

(a) 자화 전류, 인덕터 전류 및 커패시터 전압의 직류 성분을 유도하시오.

(b) 일차 및 이차 전류의 실효값에 대한 식을 유도하시오. 이 양은 단순히 권선비로 나누어진 형태로 주어지지 않음을 주의하기 바란다.

6.4 두 트랜지스터 플라이백 컨버터. 그림 6.43에 주어진 컨버터는 직류 입력 전압이 클 때 사용된다. 트랜지스터 Q_1과 Q_2는 시비율 D로 동시에 온 오프하는 같은 게이트 구동신호로 구동된다. 다이오드 D_1과 D_2는 트랜지스터의 오프 상태 전압이 V_g를 초과하지 않도록 한다. 컨버터는 불연속 전도모드에서 동작한다. 일차 측으로 환산한 자화 인덕턴스는 L_M이다.

(a) 정상상태의 출력 전압 V에 대한 식을 유도하시오.

(b) 변압기가 적절하게 초기화되는 시비율의 범위를 구하고 그 이유를 설명하시오.

6.5 비이상적인 플라이백 컨버터. 그림 6.31(d)에 주어진 플라이백 컨버터는 연속 전도모드에서 동작한다. MOSFET는 도통 저항 R_{ds}이고 다이오드는 일정한 순방향 전압강하 V_D를 갖는다. 플라이백 변압기의 일차 측 저항은 R_p이고 이차 측 저항은 R_s이다.

(a) 연속 전도모드에서 타당하고 컨버터 입력 및 출력 포트뿐만 아니라 위에 열거한 손실 요소를 정확하게 모델링하는 정상상태 등가회로 모델을 유도하고 도

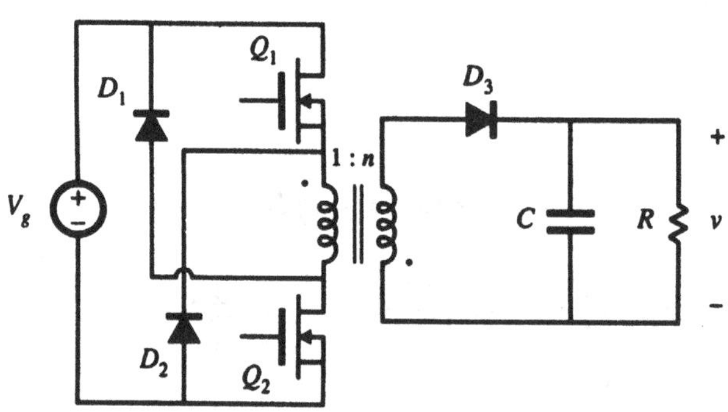

그림 6.43 문제 6.4의 두 트랜지스터 플라이백 컨버터

시하시오.

(b) 컨버터 효율에 관한 식을 유도하시오.

6.6 동기 정류기를 갖는 저 전압 컴퓨터용 전압 공급장치. 현재 디지털 IC의 공급 전압을 더욱 작게 하는 추세이다. 이차 측 다이오드에서 발생하는 도통 손실이 매우 커지기 때문에 고 효율의 저 전압 공급장치를 만들기는 어렵다. 이 문제의 목적은 포워드 컨버터의 효율이 출력 전압을 감소시킴에 따라 어떻게 변하는가를 알아보고 동기식 정류기의 사용을 조사하기 위한 것이다.

그림 6.23의 포워드 컨버터는 V_g = 325 V의 입력에서 동작하여 직류 부하에 20 A를 공급한다. 세 가지 경우를 생각하자. (i) V = 5 V, (ii) V = 3.3 V, (iii) V = 1.5 V. 각 경우에 대해 컨버터가 D = 0.4의 트랜지스터 시비율에서 요구하는 출력 전압을 만들도록 권선비 n_3/n_1을 선택한다. MOSFET의 온 저항은 R_{ds} = 5 Ω이다. 이차 측 쇼트키 다이오드의 순방향 전압강하는 V_F = 0.5 V이고, 다른 소자는 이상적이라고 가정한다.

(a) 위에서 서술한 반도체 소자의 손실을 모델링하는 포워드 컨버터의 등가 회로를 유도하시오.

(b) 위에서 서술한 (i), (ii), (iii)의 경우에 대해 모델을 푸시오. 각 경우에 대한 권선비 n_3/n_1과 효율 η의 값을 구하시오.

(c) 이차 측 쇼트키 다이오드들을 동기식 정류기로 동작하는 MOSFET로 대체한다. MOSFET들의 온-저항은 4 mΩ이다. (i), (ii), (iii)의 경우에 권선비 n_3/n_1과 효율 η의 값을 구하시오.

6.7 스위칭 셀의 회전. 스위치의 무효 소자를 포함하는 네트워크는 그림 6.44(a)에 보인 바와 같이 단자 a, b, c를 갖는다. 단자 전압 사이의 관계 $V_{bc}/V_{ac} = \mu(D)$가 주어진다.

(a) 다음 세 가지 연결 방법에 대해 전원-부하 변환비 $V/V_g = M(D)$를 $\mu(D)$의 항으로 표현하시오.

i. *a-A, b-B, c-C*

ii. *a-B, b-C, c-A*

iii. *a-C b-A, c-B*

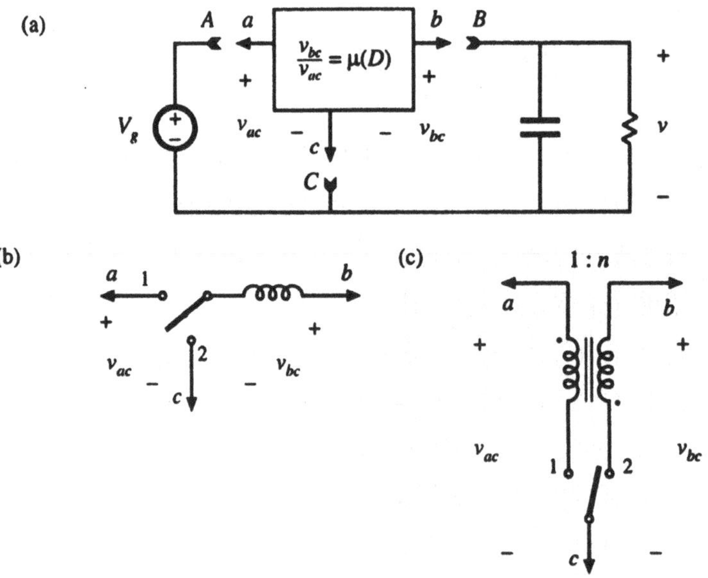

그림 6.44 문제 6.7의 3 단자 스위칭 셀의 회전

(b) 그림 6.44(b)의 3 단자 네트워크를 생각하자. 이 네트워크에 대한 $\mu(D)$를 구하시오. 벅, 부스트, 벅-부스트 컨버터가 만들어졌는가를 확인하기 위해 결과를 (a)의 결과 비교하시오.

(c) 그림 6.44(c)의 3 단자 네트워크를 생각하자. 이 네트워크에 대한 $\mu(D)$를 구하시오. 결과를 (a)의 결과 비교하시오. 어떤 컨버터가 만들어졌는가?

6.8 변압기 분리 전류 검출회로. 전력용 트랜지스터에 흐르는 전류를 검출할 필요가 있다. 트랜지스터와 직렬로 연결된 저항 R은 트랜지스터의 드레인 전류 $i_D(t)$에 비례하는 전압 $\upsilon(t)$를 발생한다. 변압기를 이용하면 전력용 트랜지스터와 제어회로 간에 접지를 분리할 수 있다. 변압기 권선비로 전류와 전력 손실을 감소하고 저항 양단의 전압을 증가할 수 있다. 이 문제에서 그림 6.45에 주어진 변압기 분리 전류 검출회로를 설계한다.

변압기는 한 턴의 일차와 n 턴의 이차 권선으로 구성된다. 트랜지스터는 시비율 D와 스위칭 주파수 f_s로 온 오프된다. 트랜지스터가 도통하는 동안 전류는 I의 값으로 거의 일정하다. 다이오드 D_1과 D_2는 순방향 전압강하가 V_F인 보통의 실리콘 다이오드이다. 다이오드 D_z는 제너 다이오드로 그림에서 나타낸 극성과 V_z의 값을 갖는 전압원으로 모델링할 수 있다. 다이오드 D_2와 함께 변압기 자화 전류가 불연속 전도모드에서 동작하도록 하는 적당한 설계에 대해 회로 소자를 선택할 수 있다. 잘 된 설계에서 자화 전류는 트랜지스터 전류보다 매우 작다. 각 스위칭 주기 동안 세 개의 세부구간이 존재한다. Q_1과 D_1이 도통하는 세부구간 1, D_2와 D_z가 도통하는 세부구간 2, Q_1, D_1 그리고 D_2가 오프하는 세부구간 3이 나타난다.

(a) 변압기와 제너 다이오드를 해당 등가회로로 대체하여 전류 검출회로를 도시하시오.

(b) 트랜지스터 전류 $i_D(t)$, 변압기 자화 전류 $i_M(t)$, 일차 권선 전압과 전압 $v(t)$를 도시하고 주요 특성을 표기하시오.

(c) 스위칭 주기가 끝나기 전에 변압기 자화 전류를 영으로 초기화하도록 하는 제너 전압 V_z의 조건을 유도하시오.

(d) 다음과 같은 사양이 주어진다.

스위칭 주파수	$f_s = 100$ kHz
트랜지스터 시비율	$D \le 0.75$
트랜지스터 첨두 전류	max $i_D(t) \le 25$ A

트랜지스터 전류가 25 A일 때 출력 전압 $v(t)$는 5 V와 같아야 한다. 변압기 코어의 포화를 막기 위해 트랜지스터가 도통하는 동안 한 턴의 일차 권선에 인가되는 전압-시간 곱은 2 V−μsec보다 작아야 한다. 실리콘 다이오드의 순방향 전압 강하는 V_D = 0.7 V이다. R, n과 V_z의 값을 구하시오.

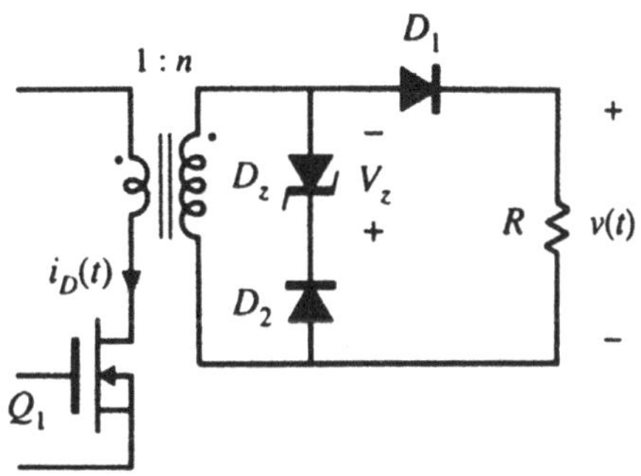

그림 6.45 문제 6.8의 트랜지스터 전류를 검출하기 위한 변압기 분리 회로

6.9 포워드 컨버터 변압기의 최적 초기화. 그림 6.46과 나타낸 바와 같이 직류 입력 전압 V_g 대신에 다른 전압을 이용하여 포워드 컨버터의 변압기를 초기화할 수 있다. 다양한 방법을 여러 문헌에서 볼 수 있다. 초기화 전압 V_r의 값을 최적으로 선택하여 트랜지스터 Q_1과 다이오드 D_2에 인가되는 첨두 전압 스트레스를 감소시킬 수 있다. 또한 최대 시비율을 증가하여 변압기 권선비와 트랜지스터 전류를 감소시킬 수 있다. 직류 입력 전압의 변동이 매우 큰 경우 컨버터 가격과 효율을 크게 개선할 수 있다.

(a) 스위칭 주기가 끝나기 전에 변압기 자화 전류를 영으로 초기화하는 V_r의 최소값을 V_g와 트랜지스터 시비율 D 그리고 변압기 권선비의 함수로 나타내시오.

(b) 문제 (a)에 의한 V_r의 선택에 대해 트랜지스터 Q_1에 인가되는 첨두 전압은 얼마인가?

이 컨버터를 다음의 사양을 갖는 범용 입력 오프라인 응용에 적용할 수 있다. 입력 전압 V_g가 127 V $\le V_g \le$ 380 V의 범위에서 변한다. 부하 전압은 시비율을 변화시켜 12 V로 조절된다. 부하 전력은 480 W이다.

(c) 전체 능동 스위치 스트레스를 최소화하는 권선비 n_3/n_1을 선택하시오. 선택된 권선비 n_3/n_1에 대해 시비율의 변동 범위는 얼마인가? 첨두 트랜지스터 전류는 얼마인가?

(d) 기존의 방법 즉, $n_1 = n_2$, $V_r = V_g$인 경우 문제 (c)의 결과와 비교하시오.

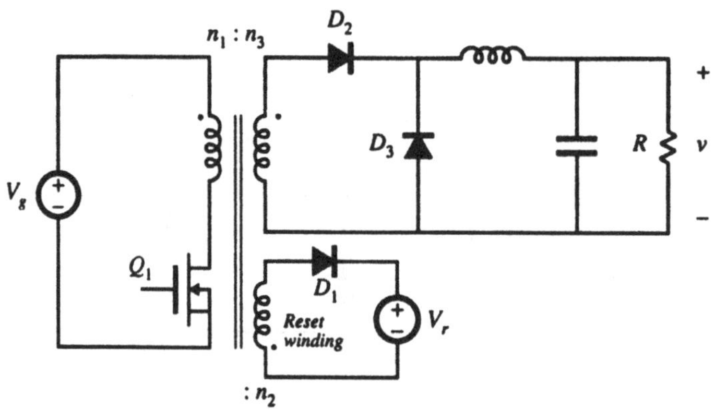

그림 6.46 문제 6.9의 보조 초기화 권선이 있는 포워드 컨버터

(e) 전압원 V_r을 만들 수 있는 회로를 제시하시오. 필요한 제어회로의 기능을 간략하게 설명하시오.

6.10 다중 출력 직류-직류 플라이백 컨버터 설계. 모든 손실과 변압기 누설 인덕턴스를 무시할 수 있다. 그림 6.47에 보인 3-출력 플라이백 컨버터는 스위칭 주파수 f_s = 100 kHz에서 불연속 전도모드에서 동작하는 것이 원하는 바이다. 그림에 정상적인 동작 조건을 나타내었으며, 입력 전압과 출력 전류에 변동이 없다고 가정한다. 모든 반도체가 오프 상태인 세부구간 3의 시비율 D_3은 D_3 = 0.1로 선택한다. 이 문제의 목적은 반도체의 첨두 저지 전압과 첨두 전류가 매우 작은 정상상태 설계를 하는데 있다.

(a) 정상상태에서 트랜지스터의 첨두 저지 전압을 300 V 이하로, 다이오드의 첨두 저지 전압을 35 V보다 작도록 설계할 수 있다. 이러한 조건을 만족하는 컨버터를 설계하고 다음의 값을 구하시오. (i) 트랜지스터 시비율 D, (ii) 일차 측으로 환산한 자화 인덕턴스 L_M, (iii) 권선비 n_1/n_p와 n_3/n_p.

(b) 문제 (a)의 설계에 대해 네 권선의 실효 전류를 구하시오. 단순히 권선비만의 비로 나타나지 않음을 주의하기 바란다.

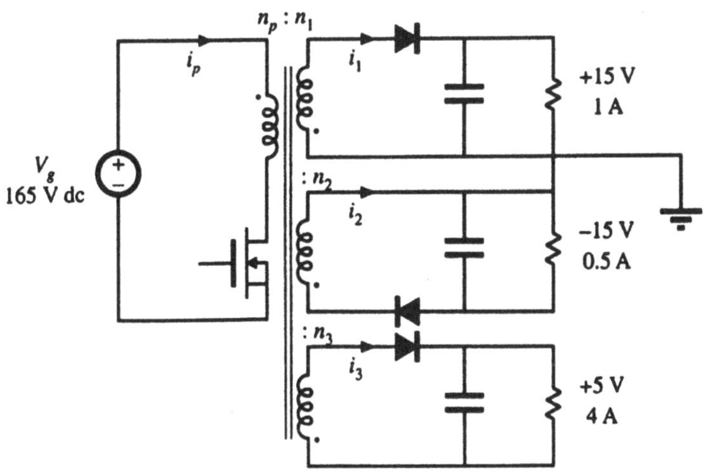

그림 6.47 문제 6.10의 3 출력 플라이백 컨버터

6.11 스프레드시트 설계

(a) 표 6.2의 포워드 컨버터 스프레드시트 설계의 "결과"와 "최악의 경우 스트레스"에 대한 식을 유도하시오.

(b) 컴퓨터 스프레드시트에 (a)의 결과를 입력하고 표 6.2의 결과와 일치하는가를 보이시오.

(c) 포워드 컨버터의 트랜지스터 첨두 전압이 650 V 이하가 되도록 하는 것이 바람직하다. 이를 만족하기 위해 수치를 수정하여 결과를 다시 얻어 다른 소자에 대한 스트레스에 어떠한 영향을 주는지 설명하시오.

(d) 이 사양에 대해 CCM 포워드 컨버터의 트랜지스터 이용률의 최대값은 얼마인가? 최대 트랜지스터 이용률을 얻기 위해 스프레드시트 설계 변수들을 어떻게 선택해야하는가?

6.12 변압기 분리 Ćuk 컨버터의 스프레드시트 설계. 표 6.2에 제시된 사양을 만족하는 그림 6.41(c)의 변압기 분리 Ćuk 컨버터를 설계하자. 컨버터는 전 부하에서 연속 전도모드에서 동작하도록 설계한다.

(a) 다음 변수에 대한 식을 유도하시오.

- CCM 동작을 위한 시비율의 최대 및 최소값
- 두 반도체 소자들의 첨두 전압 및 실효 전류
- 커패시터 전압과 인덕터 전류의 맥동 크기
- 실효 커패시터 전류
- 트랜지스터 이용률 U

(b) (a)에서 구한 식을 컴퓨터 스프레드시트에 입력하시오. 설계 변수는 무엇인가?

(c) 표 6.2에 제시한 사양에 대해 최상이라고 믿어지는 설계를 얻기 위한 설계 변수를 선택하시오. 표 6.2의 플라이백과 포워드 컨버터의 성능을 본 설계의 성능을 비교하시오.

제2부

자기소자 설계

제7장 기초 자기이론

제8장 인덕터 설계

제9장 번압기 설계

제7장
기초 자기이론

자기(magnetics)는 모든 스위칭 컨버터에서 없어서는 안되는 부분이다. 자기 소자의 설계를 컨버터의 설계로부터 분리할 수 없다. 전력전자 엔지니어는 컨버터를 모델링하고 설계할 뿐만 아니라 자기회로도 모델링과 설계를 해야 한다. 스위칭 컨버터를 위한 자기회로의 모델링과 설계가 이 책 제 2부의 주제이다.

이 장에서 자기회로, 인덕터 모델링과 변압기 모델링을 포함하여 기본적인 자기 이론을 다시 검토한다[1-5]. 자기 소자에서의 손실 메커니즘을 서술한다. 권선의 맴돌이 전류 또는 와전류(eddy current)와 근접효과(proximity effect), 고전류 고주파수 권선에서 중요한 손실 메커니즘을 상세하게 설명한다[6-11]. 인덕터와 변압기의 설계를 8장과 9장에서 각각 다룬다.

7.1 기초 자기이론 개요

7.1.1 기본 관계식

기본적인 자기 양을 전기 양과의 유사성과 함께 그림 7.1에 나타낸다. 두 점 x_1과 x_2 사이에 기자력(magnetomotive force) $\mathcal{F}$ 또는 스칼라 전위는 다음과 같이 두 점을 연결하는 경로를 따라 자기장(magnetic field) $\boldsymbol{H}$를 적분한 값이다.

$$\mathcal{F} = \int_{x_1}^{x_2} H \cdot d\ell \tag{7.1}$$

여기서 $d\boldsymbol{\ell}$은 경로의 방향을 나타내는 벡터 길이 요소이다. 내적은 경로 방향으로의 H 성분을 만든다. 자기장이 그림과 같이 길이 $\boldsymbol{\ell}$의 요소를 통해 지나가는 균일한(uniform) 세기의 H라면 식 (7.1)은 다음과 같이 쓸 수 있다.

$$\mathcal{F} = H\ell \tag{7.2}$$

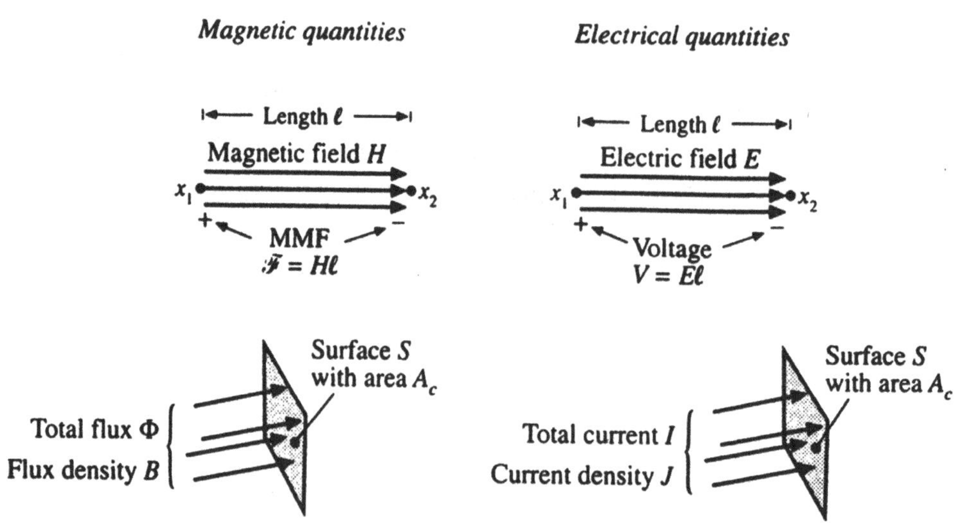

그림 7.1 자기 양과 전기 양의 비교

이 식은 균일한 세기 E인 전기장과 유사하며 거리 ℓ 만큼 떨어진 두 점 사이에 전압 $V = El$을 유기한다.

그림 7.1은 면적 A_c를 갖는 표면 S를 통해 지나가는 전체 자속(flux)을 나타낸다. 전체 자속 Φ는 다음과 같이 표면 위의 자속밀도(flux density) $\boldsymbol{B}$의 직교 성분을 적분한 것과 같다.

$$\Phi = \int_{\text{표면 } S} B \cdot dA \tag{7.3}$$

여기서 $d\boldsymbol{A}$는 표면과 직각인 방향을 갖는 벡터 면적 요소이다. 그림에서처럼 크기 B를 갖는 일정한 자속에 대해 적분 식은 다음과 같다.

$$\Phi = BA_c \tag{7.4}$$

자속밀도 $\boldsymbol{B}$는 전류밀도 $\boldsymbol{J}$와 유사하고, 자속 Φ는 전류 I와 유사하다. 크기 J를 갖는 일정한 전류 밀도가 면적 A_c를 갖는 표면 S를 통해 지나가면 전체 전류는 $I = JA_c$이다.

패러데이 법칙(Faraday's law)은 권선에 유기되는 전압이 권선 내부를 통해 지나가는 전체 자속과 관계가 있음을 나타낸다. 그림 7.2는 도선의 루프 내부를 지나가는 자속 $\Phi(t)$를 나타낸다. 이 루프는 단면적 A_c를 둘러싼다. 패러데이 법칙에 따르면 시간에 따라 변하는 자속은 도선에 다음과 같은 전압 $v(t)$를 유도한다.

$$v(t) = \frac{d\Phi(t)}{dt} \tag{7.5}$$

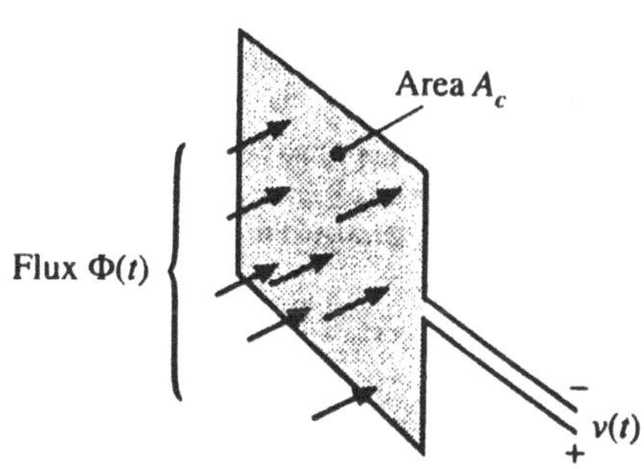

그림 7.2 패러데이 법칙

여기서 $v(t)$와 $\Phi(t)$의 극성은 그림 7.2와 같이 오른손 법칙을 따른다. 균일한 자속 분포에 대해 식 (7.4)를 대입하면 $v(t)$를 자속 밀도 $B(t)$의 함수로 표현할 수 있다.

$$v(t) = A_c \frac{dB(t)}{dt} \tag{7.6}$$

따라서 권선에 유기되는 전압은 권선의 내부를 지나가는 자속 $\Phi(t)$와 자속 밀도 $B(t)$에 관계된다.

렌츠의 법칙(Lenz's law)은 그림 7.2의 변하는 자속 $\Phi(t)$에 의해 유기되는 전압 $v(t)$는 자속 변화에 대항하는 방향으로 루프에 전류가 흐르도록 하는 극성을 갖는다. 예를 들어 그림 7.3의 단락된 루프를 생각하자. 루프 내부를 지나가는 변하는 자속 $\Phi(t)$는 루프 주위에 전압 $v(t)$를 유도한다. 이 전압은 루프 도선의 임피던스로 나눈 값만큼의 전류 $i(t)$를 흐르게 한다. 또한 전류 $i(t)$는 다른 자속 $\Phi'(t)$를 유도하여 $\Phi(t)$의 변화에 대항하게 한다. 맴돌이 전류 현상을 설명하기 위해 렌츠의 법칙을 나중에 사용한다.

암페어의 법칙(Ampere's law)은 권선 전류가 기자력 $\mathscr{F}$와 자기장 H에 관계가 있음을 나타낸다. 길이 ℓ_m을 갖는 닫힌 경로 주위의 알짜 MMF는 경로 내부를 지나가는 전체 전류와 같다. 예를 들어 그림 7.4는 자기 코어(core)를 나타낸다. 전류 $i(t)$가 흐르는 도선이 코어 중심에 있는 창을 지나간다. 그림과 같이 코어 내부 주위를 자기장 선을 따라가는 닫힌 경로를 생각하자. 암페어의 법칙에 따르면

$$\oint_{\text{닫힌 경로}} H \cdot d\ell = \text{경로 내부를 통과하는 전체 전류} \tag{7.7}$$

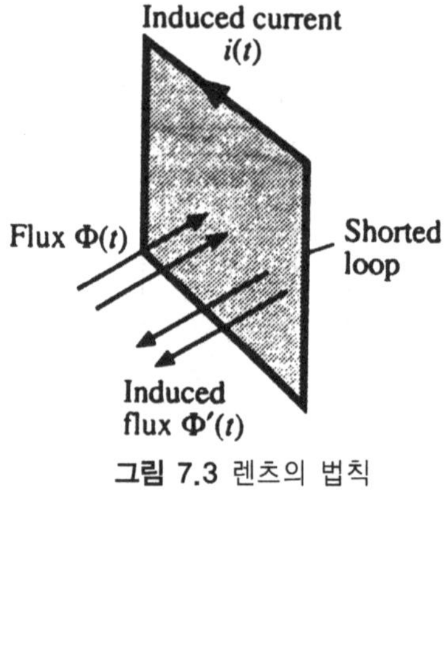

그림 7.3 렌츠의 법칙

이고 경로 내부를 지나가는 전체 전류는 코어 중심에 있는 창을 지나가는 전체 전류 또는 $i(t)$와 같다. 자기장이 균일하고 크기 $H(t)$를 가지면 적분은 $H(t)\ell_m$이다. 그림 7.4의 예에 대해 식 (7.7)은 다음과 같다.

$$\mathscr{F} = H(t)\ell_m = i(t) \tag{7.8}$$

따라서 자기장의 세기 $H(t)$는 권선 전류 $i(t)$에 관계된다. 권선 전류를 MMF의 전원으로 볼 수 있다. 식 (7.8)에 따르면 코어 주위의 MMF $\mathscr{F} = H(t)\ell_m$은 권선 전류 MMF $i(t)$와 같다. 두 MMF를 고려한 닫힌 루프 주위의 전체 MMF는 영이다.

B와 H의 관계 또는 등가적으로 Φ와 $\mathscr{F}$의 관계는 코어 재료의 특성에 의해 결정된다. 그림 7.5(a)는 다음 식을 갖는 자유 공간 또는 공기의 특성을 나타낸다.

$$B = \mu_0 H \tag{7.9}$$

여기서 μ_0는 자유 공간의 투자율(permeability)을 나타내고, MKS 단위로 $4\pi \times 10^{-7}$ H/m 이다. 그림 7.5(b)는 높은 값의 정현파 정상상태 여자에서 일반적인 철 합금의 B-H 특성을 나타낸다. 특성은 매우 비선형이고, 히스테리시스(hysteresis)와 포화(saturation)를 보인다. 특성의 정확한 모양은 여자에 따라 다르며 임의의 파형에 대해 예측하기 어렵다.

분석을 위해 그림 7.5(b)의 코어 재료 특성을 그림 7.6의 선형 또는 구분적인 선형(piecewise linear) 특성으로 모델링한다. 그림 7.6(a)에서 히스테리시스와 포화를 무시하였으므로 B-H 특성은 다음과 같이 주어진다.

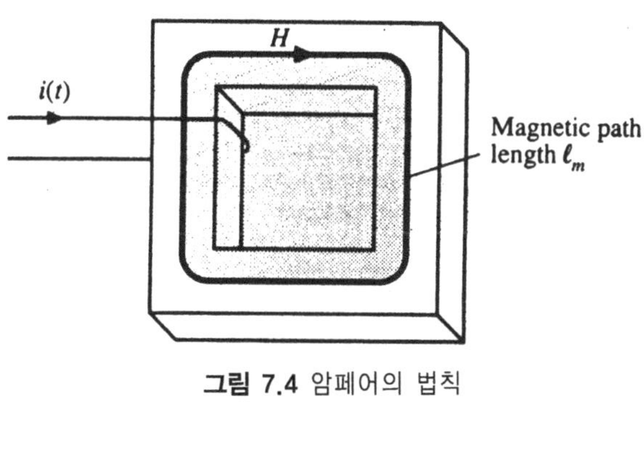

그림 7.4 암페어의 법칙

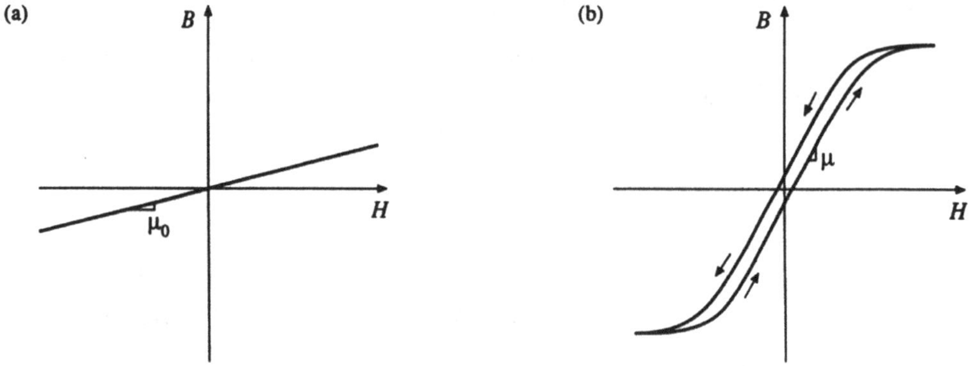

그림 7.5 *B–H* 특성: (a) 자유 공간 또는 공기, (b) 일반적인 자기 코어 재료

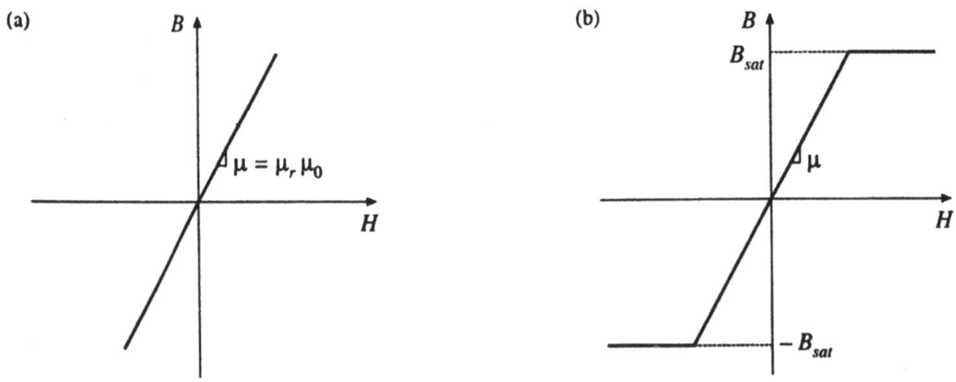

그림 7.6 *B–H* 특성의 근사화: (a) 히스테리시스와 포화 무시, (b) 히스테리시스 무시

$$B = \mu H \qquad (7.10)$$
$$\mu = \mu_r \mu_0$$

코어 재료의 투자율 μ를 상대 투자율 μ_r과 μ_0의 곱으로 표현할 수 있다. 일반적인 μ_r의 값은 10^3에서 10^5사이에 있다.

그림 7.6(b)의 구분적인 선형 모델에서 포화는 포함되고 히스테리시스는 고려하지 않았다. 자속밀도의 크기 B가 포화 자속밀도 B_{sat}를 초과하면 코어 재료는 포화된다. $|B| < B_{sat}$에 대해 코어 재료는 식 (7.10)을 따른다. $|B| > B_{sat}$이면 코어를 거의 μ_0의 매우 작은 기울기의 특성을 갖는 자유 공간으로 볼 수 있다. 사각 루프(square-loop) 재료는 이러한 형

태의 급격한 포화 특성을 나타내고, 부가적으로 매우 큰 상대 투자율 μ_r을 갖는다. 소프트(soft)한 재료는 H가 증가하면 μ가 점차적으로 감소하는 덜 급격한 포화 특성을 나타낸다. 일반적인 포화 자속밀도 B_{sat}의 값은 적층 철에 대해 1~1.2 Tesla, 파우더 철과 molypermalloy 재료에 대해 0.5~1 Tesla, 페라이트에 대해 0.25~0.5 Tesla이다.

자기 양의 단위계를 표 7.1에 정리한다. 이 책에서는 MKS 단위계를 사용한다. CGS 단위계도 아직 계속 사용되고 있다. 두 단위계 간의 변환을 나타낸다.

그림 7.7은 자기 소자의 기본적인 전기와 자기 양 간의 관계를 나타낸다. 권선 전압 $v(t)$는 패러데이 법칙에 의해 코어 자속과 자속 밀도에 관계된다. 권선 전류 $i(t)$는 암페어 법칙에 의해 자기장의 세기에 관계된다. 코어 재료의 특성은 B와 H의 관계를 준다.

이제 그림 7.8(a)에 있는 간단한 인덕터의 전기적인 단자 특성을 결정할 수 있다. 권선이 투자율 μ인 코어에 n회 감겨 있다. 패러데이 법칙으로부터 코어 내부의 자속 $\Phi(t)$는 다음과 같이 권선의 한 턴에 전압 $v_{turn}(t)$를 유도한다.

표 7.1 자기 양의 단위

Quantity	MKS	Unrationalized cgs	Conversions
Core material equation	$B = \mu_0 \mu_r H$	$B = \mu_r H$	
B	Tesla	Gauss	$1\ T = 10^4\ G$
H	Ampere/meter	Oersted	$1\ A/m = 4\pi \cdot 10^{-3}\ Oe$
Φ	Weber	Maxwell	$1\ Wb = 10^8\ Mx$ $1\ T = 1\ Wb/m^2$

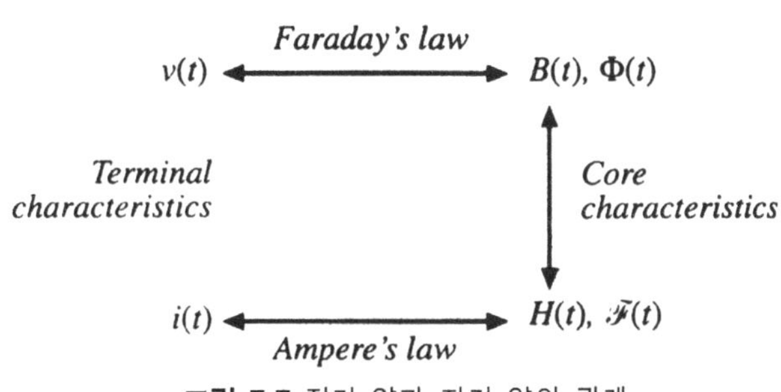

그림 7.7 전기 양과 자기 양의 관계

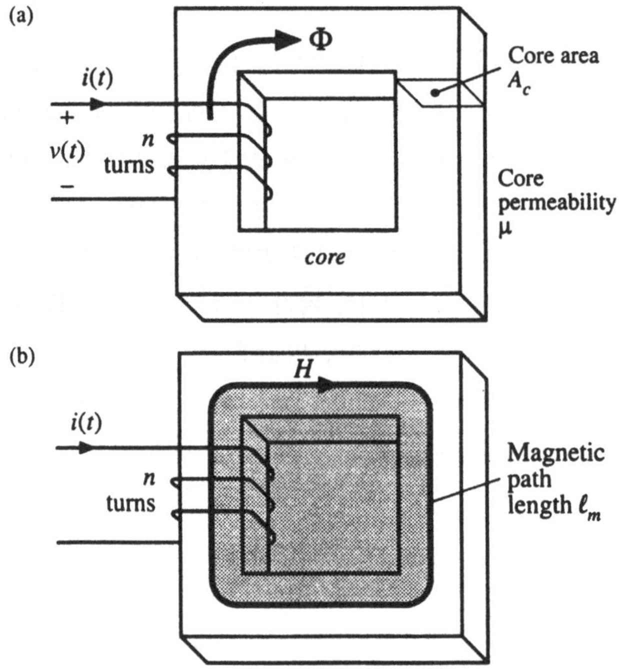

그림 7.8 인덕터 예: (a) 인덕터 형상, (b) 암페어 법칙의 적용

$$v_{turn}(t) = \frac{d\Phi(t)}{dt} \tag{7.11}$$

같은 자속 $\Phi(t)$가 권선의 모든 턴을 지나가므로 전체 권선 전압은

$$v(t) = nv_{turn}(t) = n\frac{d\Phi(t)}{dt} \tag{7.12}$$

이다. 식 (7.4)를 식 (7.12)에 대입하여 평균 자속밀도 $B(t)$의 함수로 나타내면

$$v(t) = nA_c\frac{dB(t)}{dt} \tag{7.13}$$

이고 여기서 평균 자속밀도 $B(t)$는 $\Phi(t)/A_c$이다.

그림 7.8(b)는 암페어의 법칙을 어떻게 사용하는가를 나타낸다. 코어 내부주위의 평균 자기장 세기를 따라 닫힌 경로를 선택한다. 이 경로의 길이를 평균 자기 경로 길이 ℓ_m이

라 부른다. 자기장 세기 $H(t)$가 균일하면 암페어의 법칙에 따라 $H\ell_m$은 경로 내부를 지나가는 전체 전류 즉, 코어 중심에 있는 창을 통과하는 알짜 전류와 같다. 창을 통과하는 권선 수가 n이고 각 권선은 전류 $i(t)$가 흐르므로 창을 지나가는 알짜 전류는 $ni(t)$이다. 따라서 암페어의 법칙에 따라 다음 식이 성립한다.

$$H(t)\,\ell_m = n\,i(t) \tag{7.14}$$

다음과 같이 히스테리시스를 무시하고 포화를 고려한 코어 물질 특성을 모델링하자.

$$B = \begin{cases} B_{sat} & \text{for } H \geq B_{sat}/\mu \\ \mu H & \text{for } |H| < B_{sat}/\mu \\ -B_{sat} & \text{for } H \leq -B_{sat}/\mu \end{cases} \tag{7.15}$$

B-H 특성의 포화된 기울기 μ_0는 μ보다 매우 작아 여기서는 무시한다. 그림 7.6(b)와 유사한 특성을 얻는다. 포화가 시작되는 전류 크기 I_{sat}는 $H = B_{sat}/\mu$를 식 (7.14)에 대입하여 다음과 같이 얻을 수 있다.

$$I_{sat} = \frac{B_{sat}\ell_m}{\mu n} \tag{7.16}$$

이제 식 (7.13)에서 식 (7.15)까지 B와 H를 소거하고 전기적인 단자 특성에 대해 푼다. 전류 $|I| < I_{sat}$에 대해 $B = \mu H$이므로 식 (7.13)은

$$v(t) = \mu n A_c \frac{dH(t)}{dt} \tag{7.17}$$

이다. H를 소거하기 위해 식 (7.14)를 식 (7.17)에 대입하면

$$v(t) = \frac{\mu n^2 A_c}{\ell_m}\frac{di(t)}{dt} \tag{7.18}$$

이고 다음과 같이 쓸 수 있다.

$$v(t) = L\frac{di(t)}{dt} \tag{7.19}$$

여기서

$$L = \frac{\mu n^2 A_c}{\ell_m} \tag{7.20}$$

따라서 이 소자는 전류 $|I| < I_{sat}$에 대해 인덕터로 동작한다. 만일 전류 $|I| > I_{sat}$이면 자속 밀도는 $B(t) = B_{sat}$으로 일정하므로 패러데이 법칙으로부터 단자 전압은 다음과 같다.

$$v(t) = nA_c \frac{dB_{sat}(t)}{dt} = 0 \tag{7.21}$$

즉 코어가 포화되면 자기 소자는 단락된 회로처럼 동작한다. 자기 소자는 권선 전류의 크기가 I_{sat}보다 작을 때만 인덕터로 동작한다. 실제 인덕터는 포화 투자율이 영이 아니므로 작은 인덕턴스를 나타낸다. 그러나 포화상태에서 인덕터 임피던스는 상당히 감소하여 매우 큰 인덕터 전류가 흐를 수 있다.

7.1.2 자기 회로

그림 7.9(a)는 투자율 μ와 길이 ℓ, 그리고 단면적 A_c를 갖는 소자 내부에 균일한 자속과 자기장을 나타낸다. 소자 양 끝 사이의 MMF는

$$\mathcal{F} = H\ell \tag{7.22}$$

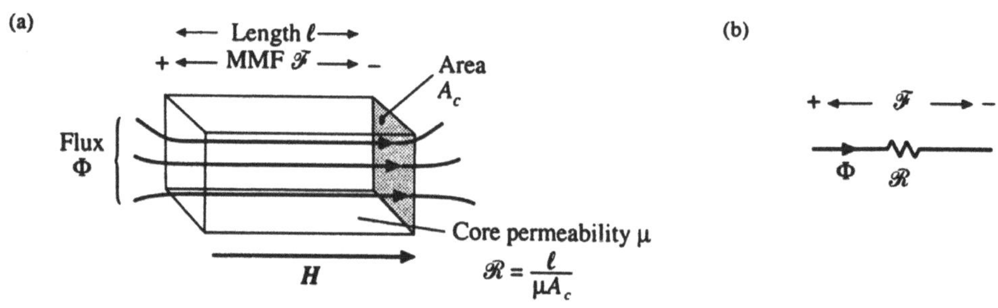

그림 7.9 자속을 포함하는 소자(a)와 자기 등가 회로(b)

이다. $H = B/\mu$이고 $B = \Phi/A_c$이므로 MMF $\mathcal{F}$는 다음과 같다.

$$\mathcal{F} = \frac{\ell}{\mu A_c}\Phi \tag{7.23}$$

이 식을 다음과 같이 표현할 수 있다.

$$\mathcal{F} = \Phi\mathcal{R} \tag{7.24}$$

여기서

$$\mathcal{R} = \frac{\ell}{\mu A_c} \tag{7.25}$$

이다. 식 (7.24)는 옴의 법칙과 유사하다. 이 식에 따르면 소자를 지나가는 자속은 소자 양단의 MMF에 비례한다. 비례 상수인 릴럭턴스(reluctance) $\mathcal{R}$은 전기 도선의 저항 R과 유사하다. 식 (7.24)에 대응하는 자기회로 모델을 그림 7.9(b)처럼 만들 수 있다. 이 자기회로 모델에서 전압과 전류를 MMF와 자속으로 바꾸었고, 소자 특성 식 (7.24)를 릴럭턴스 $\mathcal{R}$을 갖는 저항으로 표현하였다.

다중 권선과 코어와 공극과 같은 여러 개의 다른 물질로 구성된 복잡한 자기 구조를 등가 자기회로로 표현할 수 있다. 자속, MMF, 단자 전압과 전류 등을 결정하기 위해 등가 자기회로를 일반 회로이론을 이용하여 풀 수 있다. 키르히호프 법칙을 자기회로에 적용할 수 있으며 맥스웰 방정식을 직접 따른다. 자속 밀도 B의 발산(divergence)은 영이고 유사 키르히호프의 전류법칙이 성립하므로 자속선(flux line)은 연속이고 끝이 있을 수 없다. 그러므로 절점에 들어간 어떠한 자속선은 그 절점를 나와야 한다. 그림 7.10에서처럼 절점에 들어간 알짜 자속은 영이어야 한다. 유사 키르히호프의 전압법칙은 암페어 법칙 식 (7.7)로부터 얻는다. 식 (7.7)의 왼쪽 적분은 닫힌 경로 주위에 있는 릴럭턴스 양단의 MMF 들의 합이다. 식 (7.7)의 오른쪽 항은 권선에 흐르는 전류는 MMF원(MMF source)임을 말해준다. 전류 $i(t)$가 흐르는 n 턴 권선을 전압원과 유사하게 $ni(t)$의 값을 갖는 MMF원으로 모델링할 수 있다. 이 MMF원을 포함하면 닫힌 경로 주위의 전체 MMF는 영이다.

그림 7.11(a)과 같이 공극을 갖는 인덕터를 생각하자. 자속선을 따르는 닫힌 경로를 나타낸다. 이 경로는 투자율 μ와 길이 ℓ_c인 코어와 투자율 μ_0와 길이 ℓ_g인 공극을 통해

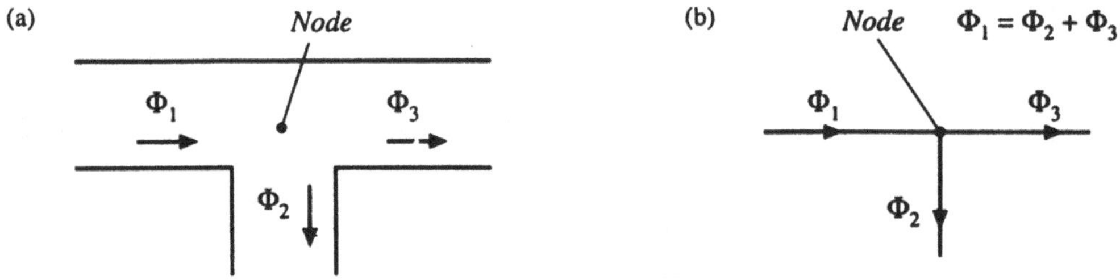

그림 7.10 자기회로에 적용되는 키르히호프 법칙(a)와 자기 등가모델(b)

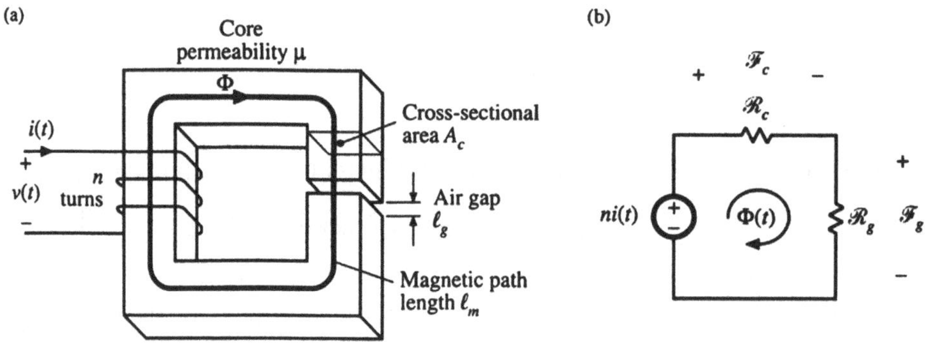

그림 7.11 공극이 있는 인덕터: (a) 구조, (b) 자기 등가회로

지나간다. 코어와 공극의 단면적은 거의 같다. 이 경로에 암페어 법칙을 적용하면

$$\mathcal{F}_c + \mathcal{F}_g = ni \tag{7.26}$$

이고, 여기서 $\mathcal{F}_c$와 $\mathcal{F}_g$는 각각 코어와 공극에 걸리는 MMF를 나타낸다. 코어와 공극 특성을 식 (7.25)와 그림 7.9에서처럼 릴럭턴스로 모델링할 수 있다. 코어 릴럭턴스 $\mathcal{R}_c$와 공극 릴럭턴스 $\mathcal{R}_g$는 다음과 같이 주어진다.

$$\mathcal{R}_c = \frac{\ell_c}{\mu A_c} \tag{7.27}$$
$$\mathcal{R}_g = \frac{\ell_g}{\mu_0 A_c}$$

식 (7.26)과 (7.27)에 대응하는 자기 등가회로를 그림 7.11(b)에 나타낸다. 권선은 *ni* 크기의 MMF원이다. 코어와 공극의 릴럭턴스는 직렬로 연결되어 있다. 자기회로의 해는

$$ni = \Phi(\mathcal{R}_c + \mathcal{R}_g) \tag{7.28}$$

이고, 자속 $\Phi(t)$가 권선을 통과하므로 패러데이 법칙을 적용하면

$$v(t) = n\frac{d\Phi(t)}{dt} \tag{7.29}$$

이다. $\Phi(t)$를 소거하기 위해 식 (7.28)을 이용하면

$$v(t) = \frac{n^2}{\mathcal{R}_c + \mathcal{R}_g}\frac{di(t)}{dt} \tag{7.30}$$

이므로 인덕턴스 L은 다음과 같다.

$$L = \frac{n^2}{\mathcal{R}_c + \mathcal{R}_g} \tag{7.31}$$

따라서 공극은 자기회로의 릴럭턴스를 증가시켜 인덕턴스를 감소시킨다.

실제 인덕터에 공극을 넣는 두 가지 이유가 있다. 공극이 없으면($\mathcal{R}_g = 0$) 인덕턴스는 코어의 투자율 μ에 직접적으로 비례한다. 투자율은 온도와 동작점에 따라 다르며 제어하기 어렵기 때문에 잘 제어된 값 L을 갖는 인덕터를 만들기가 매우 어렵다. $\mathcal{R}_c$보다 큰 릴럭턴스 $\mathcal{R}_g$를 갖는 공극을 넣으면 식 (7.31)의 L은 투자율 μ의 변화에 덜 민감해진다. 다음으로 공극을 넣으면 포화가 없이 더 높은 권선 전류 $i(t)$에서 인덕터를 동작시킬 수 있다. 그림 7.12에 전체 자속 Φ를 권선 MMF *ni*에 대해 도시하였다. Φ는 B에 비례하고 코어가 포화되지 않을 때 *ni*는 코어에서 자기장의 세기 H에 비례하므로 그림 7.12는 코어 *B-H* 특성과 같은 모양을 갖는다. 코어가 포화되지 않으면 식 (7.28)의 선형 관계에 따라 Φ는 *ni*에 관계된다. 코어가 포화되면 Φ는

$$\Phi_{sat} = B_{sat}A_c \tag{7.32}$$

이다. 식 (7.32)를 식 (7.28)에 대입하여 포화가 발생하는 권선 전류 I_{sat}를 다음과 같이

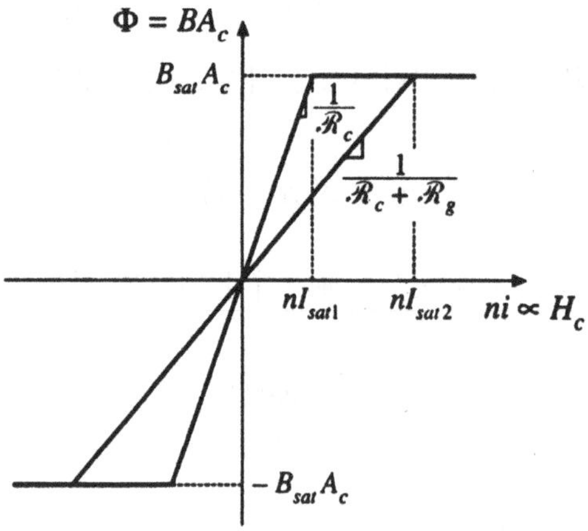

그림 7.12 공극의 효과

구할 수 있다.

$$I_{sat} = \frac{B_{sat}A_c}{n}(\mathcal{R}_c + \mathcal{R}_g) \tag{7.33}$$

그림 7.12는 공극이 있는 경우와 공극이 없는 경우의 Φ-ni 특성을 나타낸다. 공극을 넣어 권선 전류 I_{sat}이 증가함을 알 수 있다. 따라서 공극을 넣으면 인덕턴스는 감소하나 포화 전류를 크게 할 수 있다.

7.2 변압기 모델링

그림 7.13의 두 권선 변압기를 생각하자. 코어는 투자율 μ와 평균 자기 경로길이 ℓ_m 그리고 단면적 A_c를 갖는다. 그림 7.14는 등가 회로를 나타낸다. 코어 릴럭턴스는

$$\mathcal{R} = \frac{\ell_m}{\mu A_c} \tag{7.34}$$

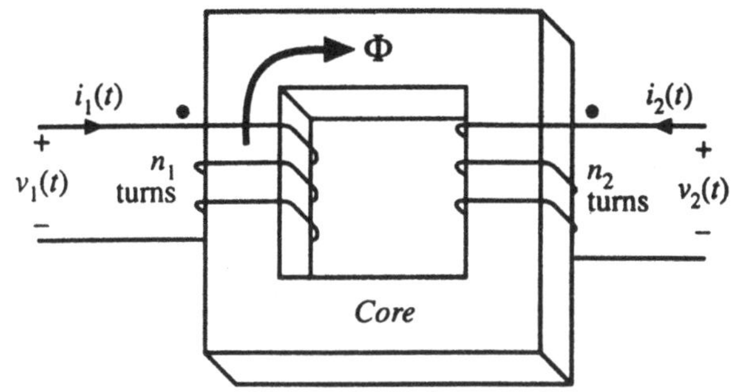

그림 7.13 두 권선 변압기

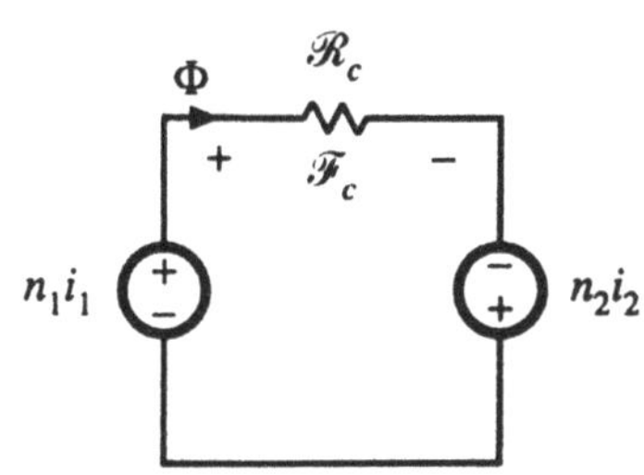

그림 7.14 그림 7.13의 두-권선 변압기를 모델링하는 자기 등가 회로

이다. 두 개의 권선이 있으므로 MMF원의 상대적인 극성을 결정해야 한다. 암페어 법칙에 따르면

$$\mathcal{F}_c = n_1 i_1 + n_2 i_2 \tag{7.35}$$

이고, 전류 i_1과 i_2가 코어 창에 같은 방향으로 들어가기 때문에 MMF원은 더해진다. 그림 7.14의 해는

$$\Phi \mathcal{R} = n_1 i_1 + n_2 i_2 \tag{7.36}$$

이고 이 식은 식 (7.35)에 $\mathcal{F}_c = \Phi\mathcal{R}$을 대입하여 얻을 수도 있다.

7.2.1 이상적인 변압기

이상적인 변압기에서 코어 릴럭턴스 $\mathcal{R}$은 영이다. 따라서 코어 MMF $\mathcal{F}_c = \Phi\mathcal{R}$도 영이 되어 식 (7.35)는 다음과 같다.

$$0 = n_1 i_1 + n_2 i_2 \tag{7.37}$$

또한 패러데이 법칙에 의해

$$v_1 = n_1 \frac{d\Phi}{dt} \quad v_2 = n_2 \frac{d\Phi}{dt} \tag{7.38}$$

이고, 위의 두 식에서 Φ는 같다. 즉 같은 자속이 두 권선을 쇄교한다. Φ를 소거하면 다음과 같다.

$$\frac{d\Phi}{dt} = \frac{v_1}{n_1} = \frac{v_2}{n_2} \tag{7.39}$$

식 (7.37)과 식 (7.39)는 이상적인 변압기의 방정식이다.

$$\frac{v_1}{n_1} = \frac{v_2}{n_2} \text{ 그리고 } n_1 i_1 + n_2 i_2 = 0 \tag{7.40}$$

식 (7.40)으로부터 그림 7.15의 이상적인 변압기의 기호를 정의한다.

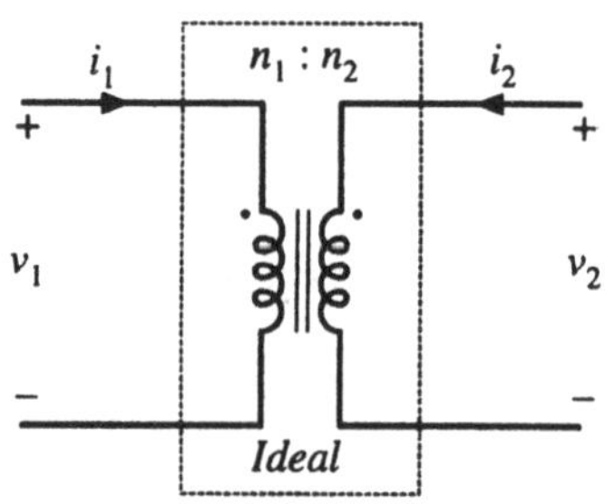

그림 7.15 이상적인 변압기의 기호

7.2.2 자화 인덕턴스

코어 릴럭턴스 $\mathcal{R}$이 영이 아닌 실제적인 경우에 대해

$$\Phi\mathcal{R} = n_1 i_1 + n_2 i_2 \text{ 그리고 } v_1 = n_1 \frac{d\Phi}{dt} \tag{7.41}$$

이다. Φ를 소거하면 다음과 같다.

$$v_1 = \frac{n_1^2}{\mathcal{R}} \frac{d}{dt}\left(i_1 + \frac{n_2}{n_1} i_2\right) \tag{7.42}$$

이 식은 다음과 같은 형식이다.

$$v_1 = L_M \frac{di_M}{dt} \tag{7.43}$$

여기서

$$L_M = \frac{n_1^2}{\mathcal{R}} \tag{7.44}$$

$$i_M = i_1 + \frac{n_2}{n_1} i_2$$

이다. L_M과 i_M을 각각 일차 측으로 환산한 자화 인덕턴스(magnetizing inductance) 및 자화 전류라 부른다. 그림 7.16은 등가회로를 나타낸다.

그림 7.16의 등가회로는 6장에서 소개한 변압기 모델과 일치한다. 자화 인덕턴스는 코어 물질의 자화(magnetization)를 모델링한다. 실제 인덕터에는 자기 포화와 히스테리시스가 나타난다. 모든 실제 인덕터는 자화 인덕턴스를 포함해야 한다. 예를 들면 이차 측 권선을 개방했다고 가정하자. 그러면 자기 코어에는 하나의 권선이 남아 인덕터가 된다. 실제로 그림 7.16의 등가회로에서 자화 인덕턴스를 통해 이러한 사실을 알 수 있다. 자화 전류에 의해 권선 전류의 비가 권선비와 다르다.

코어의 자속밀도 $B(t)$가 포화 자속밀도 B_{sat}을 초과하면 변압기는 포화된다. 변압기가 포화되면 자화 전류 $i_M(t)$가 증가하고 자화 인덕턴스의 임피던스가 작아지고, 변압기 권

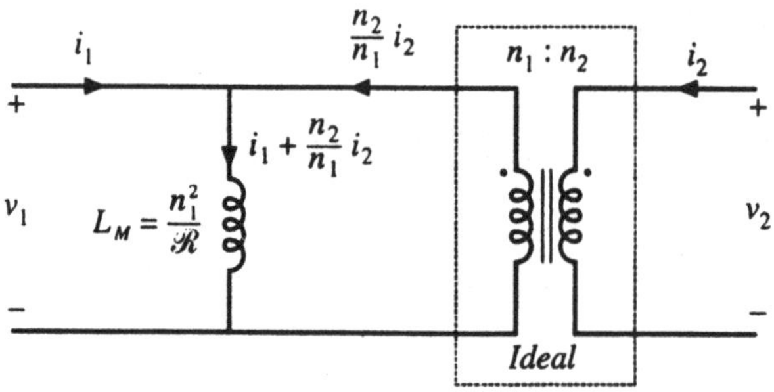

그림 7.16 자화 인덕턴스를 포함하는 변압기 모델

선은 단락 회로가 된다. 큰 권선 전류 i_1과 i_2가 반드시 포화를 야기하는 것은 아니다. 이들 전류가 식 (7.37)을 따르면 자화 전류는 영이므로 코어의 알짜 자화는 없다. 오히려 변압기의 포화는 인가한 전압-시간 곱의 함수이다. 자화 전류는 다음과 같이 주어진다.

$$i_M(t) = \frac{1}{L_M}\int v_1(t)dt \tag{7.45}$$

또는 식 (7.45)를 코어 자속밀도 $B(t)$의 함수로 다음과 같이 표현할 수 있다.

$$B(t) = \frac{1}{n_1 A_c}\int v_1(t)dt \tag{7.46}$$

인가된 전압-시간 곱 λ_1이 너무 크면 자속밀도와 자화 전류가 충분히 커져 코어를 포화시킨다. 여기서 전압-시간 곱 λ_1은 주기적인 교류 전압 파형에 대해 다음과 같이 정의된다.

$$\lambda_1 = \int_{t_1}^{t_2} v_1(t)dt \tag{7.47}$$

적분 구간은 인가된 주기적인 전압 파형의 양의 부분에 대해 적분이 되도록 선택한다.

포화된 변압기를 해결하기 위해 권선 수를 늘리거나 코어 단면적 A_c를 늘려 자속밀도를 감소시켜야 한다. 공극을 넣는 일은 식 (7.46)을 수정하지 못하므로 일반적인 변압기의 포화에는 영향이 거의 없다. 공극을 넣으면 자속밀도 $B(t)$를 변하게 하지 않으면서 L_M을 감소시키고, i_M을 증가시켜 이상적인 변압기에서 멀어지게 한다. 변압기에서의 포화 과정은 인덕터의 포화 과정과 다르다. 변압기의 포화는 인덕터에서처럼 인가한 권선 전류가 아니라 인가한 권선 전압 파형에 의해 결정된다.

7.2.3 누설 인덕턴스

실제로 한 권선에는 쇄교하나 다른 권선에는 쇄교하지 않고 공중이나 다른 구조로 누설되는 자속이 있다. 그림 7.17에서와 같이 이 자속은 누설 인덕턴스(leakage inductance) 즉 권선과 직렬 연결된 부가적인 인덕턴스를 만든다. 그림 7.17(b)에 기하학적인 등가 구조를 나타낸다. 여기서 분리된 인덕터로 누설 자속 $\Phi_{\ell 1}$과 $\Phi_{\ell 2}$를 분명하게 보였다.

그림 7.18은 누설 인덕턴스를 모델링하는 직렬 인덕터 $L_{\ell 1}$과 $L_{\ell 2}$를 포함하는 변압기의 전기적인 등가회로 모델을 나타낸다. 누설 인덕턴스 때문에 단자 전압비 $v_2(t)/v_1(t)$가 권선비 n_2/n_1와 다르다. 일반적으로 두 권선 변압기의 단자 전압을 다음과 같이 쓸 수 있다.

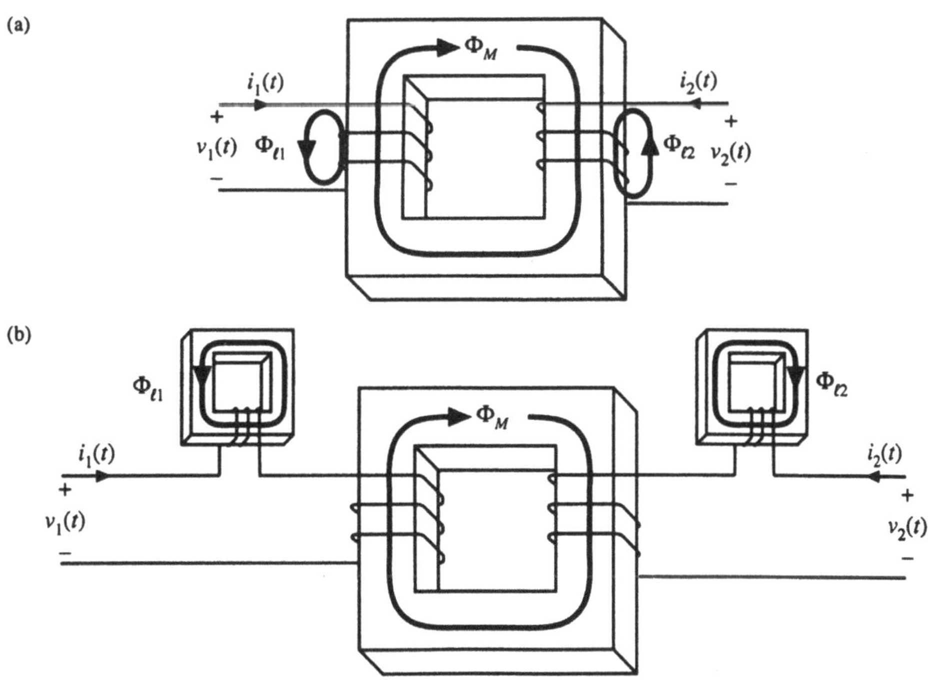

그림 7.17 두 권선 변압기의 누설 자속: (a) 변압기 구조, (b) 등가 구조

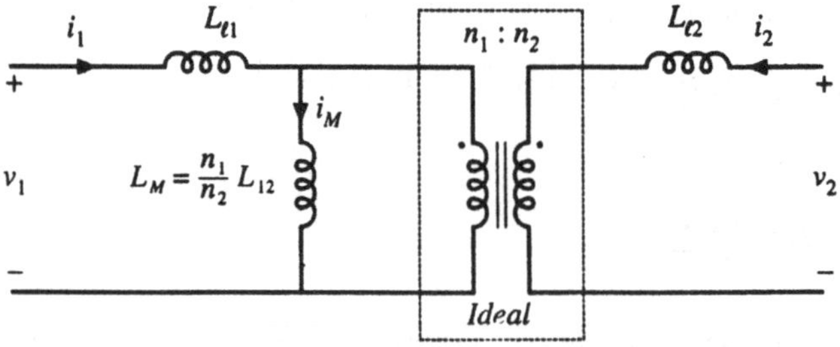

그림 7.18 일차 및 이차 누설 자속과 일차 측으로 환산한 자화 인덕턴스를 포함하는 두 권선 변압기의 등가회로

$$\begin{bmatrix} v_1(t) \\ v_2(t) \end{bmatrix} = \begin{bmatrix} L_{11} \, L_{12} \\ L_{12} \, L_{22} \end{bmatrix} \frac{d}{dt} \begin{bmatrix} i_1(t) \\ i_2(t) \end{bmatrix} \tag{7.48}$$

L_{12}를 상호 인덕턴스(mutual inductance)라 부르고 다음과 같이 주어진다.

$$L_{12} = \frac{n_1 n_2}{\mathcal{R}} = \frac{n_2}{n_1} L_M \tag{7.49}$$

L_{11}과 L_{22}를 일차와 이차 자기 인덕턴스(self inductance)라 부르고 다음과 같이 주어진다.

$$L_{11} = L_{\ell 1} + \frac{n_1}{n_2} L_{12} \tag{7.50}$$
$$L_{22} = L_{\ell 2} + \frac{n_2}{n_1} L_{12}$$

식 (7.48)에는 물리적인 권선비 n_2/n_1가 분명하게 나타나있지 않다. 오히려 식 (7.48)은 전기 양만의 함수로 변압기의 동작을 표현하고 있다. 그러나 식 (7.48)을 이용하여 유효 권선비를 다음과 같이 정의할 수 있다.

$$n_e = \sqrt{\frac{L_{22}}{L_{11}}} \tag{7.51}$$

결합 계수(coupling coefficient)는 다음과 같이 정의된다.

$$k = \frac{L_{12}}{\sqrt{L_{11} L_{22}}} \tag{7.52}$$

결합 계수 k는 $0 \le k \le 1$ 범위의 값을 가지며, 일차 및 이차 권선 간의 자기 결합의 정도를 나타낸다. 완벽한 결합을 한 변압기에서 누설 인덕턴스 $L_{\ell 1}$과 $L_{\ell 2}$는 영이므로 결합 계수 k는 1이다. 0.99를 초과하는 결합 계수를 갖는 저 전압 변압기를 쉽게 만들 수 있다. 결합 계수가 거의 1일 때 유효 권선비 n_e는 물리적인 권선비 n_2/n_1와 거의 같다.

7.3 자기소자에서 손실 과정

7.3.1 코어 손실

코어 물질의 자화를 바꾸기 위해 에너지가 필요하다. 이 에너지의 모두가 전기적인 형태로 회생될 수 없고 일부분은 열로 손실된다. 이 전력 손실을 전기적으로 B-H 루프의 히스테리시스로 볼 수 있다. 주파수 f를 갖는 주기 파형 $v(t)$와 $i(t)$에 의해 여자되는 n 턴 인덕터를 생각하자. 한 주기 동안 인덕터에 들어가는 알짜 에너지는 다음과 같다.

$$W = \int_{\text{한 주기}} v(t)i(t)dt \tag{7.53}$$

이 식을 코어의 B-H 특성에 대한 관계를 만들 수 있다. 패러데이 법칙인 식 (7.13)을 이용하여 $v(t)$ 대신에 $B(t)$를 대입하고, 암페어 법칙인 식 (7.14)를 이용하여 $i(t)$ 대신에 $H(t)$를 대입하면 다음과 같다.

$$\begin{aligned} W &= \int_{\text{한 주기}} \left(nA_c \frac{dB(t)}{dt} \right) \left(\frac{H(t)\,\ell_m}{n} \right) dt \\ &= (A_c \ell_m) \int_{\text{한 주기}} H dB \end{aligned} \tag{7.54}$$

항 $A_c \ell_m$은 코어의 부피를 나타내고 적분은 B-H 루프의 면적을 나타낸다. 따라서

$$(\text{한 주기당 에너지 손실}) = (\text{코어의 부피})(B-H\text{루프의 면적}) \tag{7.55}$$

이므로 히스테리시스 전력 손실 P_H는 한 주기 당 에너지 손실에 인가 주파수 f를 곱하면

된다.

$$P_H = (f)(A_c \ell_m) \int_{\text{한 주기}} H dB \tag{7.56}$$

히스테리시스 루프의 크기가 주파수에 관계가 없을 정도까지는 히스테리시스 손실은 동작 주파수에 따라 직접적으로 증가한다.

자기 코어 물질은 불행하게도 훌륭한 전기 도체인 철 합금이다. 따라서 교류 자기장에 의해 코어 물질 자체 내에 맴돌이 전류가 흐른다. 그림 7.19에서 교류 자속 $\Phi(t)$가 코어를 통해 지나가면 맴돌이 전류 $i(t)$를 유도하고 렌츠 법칙에 의해 시간에 따라 변하는 자속 $\Phi(t)$를 방해하는 경로로 맴돌이 전류가 흐른다. 맴돌이 전류는 코어 물질의 저항으로 i^2R 손실을 야기한다. 맴돌이 전류는 고 주파수 응용에서 매우 커진다.

패러데이 법칙에 따라 교류 자속 $\Phi(t)$는 코어에 전압을 유기하고 그림 7.19의 경로 주위에 전류가 흐르게 한다. 유도 전압은 자속의 미분에 비례하므로 전압의 크기는 인가 주파수 f에 따라 직접적으로 증가한다. 코어 물질의 임피던스가 순수하게 저항이고 주파수와 관계가 없으면 유도된 맴돌이 전류의 크기도 직접 주파수 f에 따라 증가한다. 이는 i^2R 맴돌이 전류 손실이 f^2에 따라 증가함을 의미한다. 전력 페라이트 코어에서 코어 물질의 임피던스 크기는 실제로 주파수 f가 증가하면 감소한다. 유용한 주파수 범위에서 맴돌이 전류 손실은 f^2보다 보통 빠르게 증가한다.

포화 자속밀도와 코어 손실 간에 기본적이 타협점이 있다. 높은 자속밀도에서 코어를 동작하면 크기와 무게 그리고 비용을 줄일 수 있다. 실리콘강 종류는 1.5~2 T의 높은 포화 자속밀도를 보이지만 불행하게도 높은 코어 손실이 발생한다. 따라서 실리콘강은 필터 인덕터와 저 주파수 변압기 응용에 적합하다. 맴돌이 전류의 크기를 줄이기 위해 코어 물질을 적층 또는 얇은 리본 형태로 생산한다. 다른 철 합금은 몰리브덴, 코발트

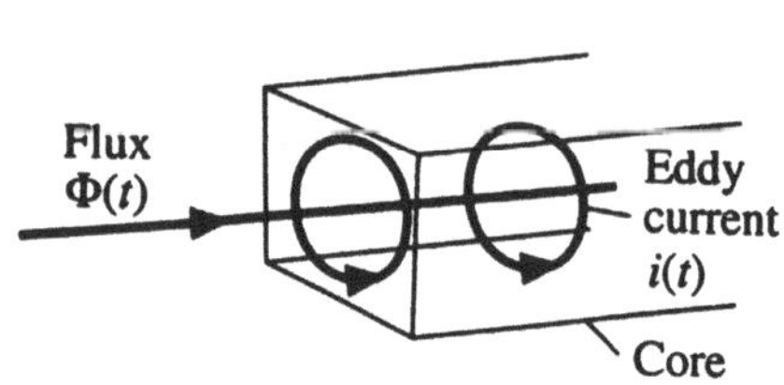

그림 7.19 철심에서의 맴돌이 전류

등을 포함할 수 있고 조금 줄어든 포화 자속밀도와 조금 줄어든 코어 손실을 보인다.

철 합금을 맴돌이 전류가 작도록 충분히 작은 직경을 갖는 강자성체 입자를 포함하는 파우더 코어 형태로 만들기도 한다. 이 입자들을 절연 매개체를 이용하여 함께 묶는다. 파우더 철과 몰리브덴 permalloy(니켈과 철 합금) 파우더 코어는 적층된 철 합금보다 더 작은 코어 손실을 나타내고 0.6~0.8 T의 포화 자속밀도를 보인다. 절연 매개체는 실질적으로 분포된 공극처럼 동작하므로 이 코어는 상대적으로 작은 투자율을 보인다. 파우더 코어는 수 kHz의 주파수에서 동작하는 변압기와 고주파수(100 kHz) 스위칭 컨버터의 필터 인덕터에 사용된다.

비결정질 합금은 낮은 히스테리시스 손실을 나타낸다. 코어 도전율과 맴돌이 전류 손실이 철 합금보다 조금 작지만 페라이트보다 크다. 포화 자속밀도는 0.6~1.5 T 범위이다.

페라이트 코어는 낮은 포화 자속밀도 0.25~0.5 T를 갖는 세라믹 물질이다. 저항률은 다른 물질보다 매우 높아 맴돌이 전류 손실이 매우 작다. 망간-아연 페라이트 코어는 10 kHz~1MHz의 스위칭 주파수를 갖는 컨버터의 인덕터와 변압기에 널리 사용된다. 니켈-아연 페라이트 코어는 더 높은 주파수에서 사용될 수 있다.

그림 7.20은 어떤 페라이트 물질에 대한 전형적인 전체 코어 손실 자료를 보여준다. 전

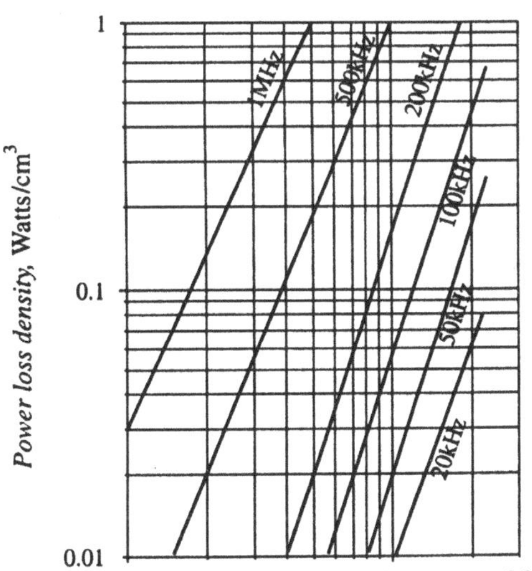

그림 7.20 고주파수 페라이트 물질의 전형적인 코어 손실 자료

력 손실밀도를 정현파 인가 주파수 f와 첨두 교류 자속밀도 ΔB의 함수로 도시하였다. 주어진 주파수에서 코어 손실 P_{fe}는 근사적으로 다음의 경험적인 함수로 표현할 수 있다.

$$P_{fe} = K_{fe}(\Delta B)^{\beta} A_c \ell_m \tag{7.57}$$

파라미터 K_{fe}와 β는 식 (7.57)을 생산자가 제공한 자료에 곡선을 접합 (curve fitting)하여 결정한다. B와 f의 원하는 범위에서 동작하는 페라이트 물질에 대한 β의 값은 2.6~2.8 범위에 있다. 비례 상수 K_{fe}는 인가 주파수 f에 따라 급격하게 증가한다. K_{fe}가 f에의 의존성은 생산자가 제공한 데이터에서 곡선을 접합하는 경험적인 공식에 의해 근사화할 수 있다. 즉, 4차 다항식 또는 $K_{fe0}f^{\xi}$의 형태로 적용할 수 있다.

7.3.2 저주파수 동손

구리 권선의 저항에서 많은 손실이 발생한다. 이것 역시 자기 소자의 크기를 결정하는 주요한 요소이다. 동손과 권선 저항이 관계가 없다면 작은 선을 작게 많이 감아 인덕터와 변압기를 매우 작게 만들 수 있다. 그림 7.21은 소자 R인 권선 저항을 모델링하는 권선의 등가회로를 나타낸다. 권선의 동손은

$$P_{cu} = I_{rms}^2 R \tag{7.58}$$

이고, I_{rms}는 $i(t)$의 실효값을 나타낸다. 권선 도체의 직류 저항은 다음과 같이 표현할 수 있다.

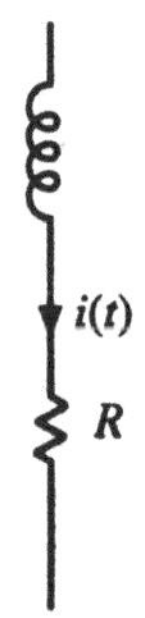

그림 7.21 동손을 모델링하는 권선 등가회로

$$R = \rho \frac{\ell_b}{A_w} \tag{7.59}$$

여기서 A_w는 선의 구리 단면적이고 ℓ_b는 선의 길이를 나타낸다. 저항률 ρ는 실온에서 연동선에 대해 $1.724 \cdot 10^{-6}$ Ω-cm 이고, 100˚C에서 $2.3 \cdot 10^{-6}$ Ω-cm이다.

7.4 권선 도체에서의 맴돌이 전류

맴돌이 전류는 권선 도체에서도 전력 손실을 발생시킨다. 이것 때문에 동손은 식 (7.58)과 (7.59)에 의한 값보다 상당히 커진다. 도체에서의 맴돌이 전류 과정을 표피효과(skin effect)와 근접효과(proximity effect)라 부른다. 이러한 손실 과정은 특히 고주파수 컨버터에서 큰 전류가 흐르는 다중 층(multi-layer) 권선의 도체에서 심각하게 나타난다.

7.4.1 표피효과와 근접효과 소개

그림 7.22(a)는 하나의 도체를 통해 흐르는 전류 $i(t)$를 보인다. 이 전류는 그림에서 보이는 바와 같이 전류 주위의 원형 경로를 따라 흐르는 자속 $\Phi(t)$를 유도한다. 렌츠의 법칙에 따라 도체 내의 교류 자속은 교류 자속 $\Phi(t)$의 변화를 방해하는 방향으로 맴돌이 전류를 발생한다. 그림 7.22(b)는 맴돌이 전류의 경로를 나타낸다. 맴돌이 전류는 도체 중심에서 알짜 전류 밀도를 감소시키고 도체 표면 근처에서 알짜 전류 밀도를 증가시키고 있음을 알 수 있다.

도체 내의 전류 분포를 맥스웰 방정식으로부터 구할 수 있다. 주파수 f를 갖는 정현파 전류 $i(t)$에 대한 결과는 도체의 표면에서 전류밀도가 최대가 된다. 전류 밀도는 침투 깊이(penetration depth) 또는 표피 깊이(skin depth)로 알려진 특성 길이를 갖고 도체 안쪽 방향 거리의 지수 함수로 감소한다. 침투 깊이는 다음 식으로 주어진다.

$$\delta = \sqrt{\frac{\rho}{\pi \mu f}} \tag{7.60}$$

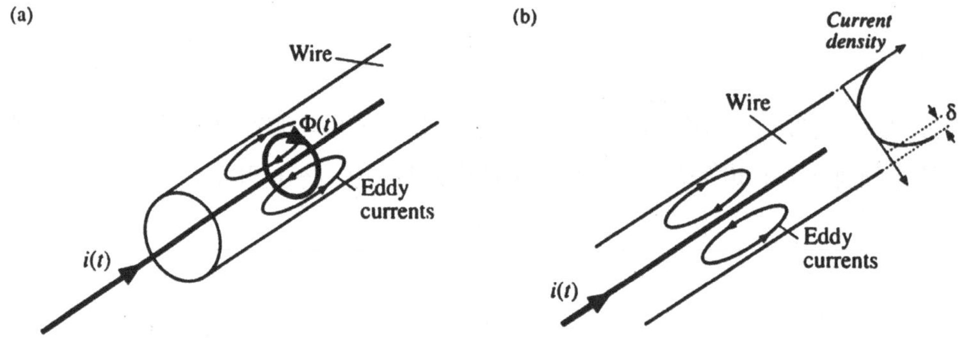

그림 7.22 표피효과: (a) 전류는 자속을 만들고 교류 자속은 맴돌이 전류를 만듬, (b) 맴돌이 전류에 의해 표피 쪽의 전류밀도가 크다

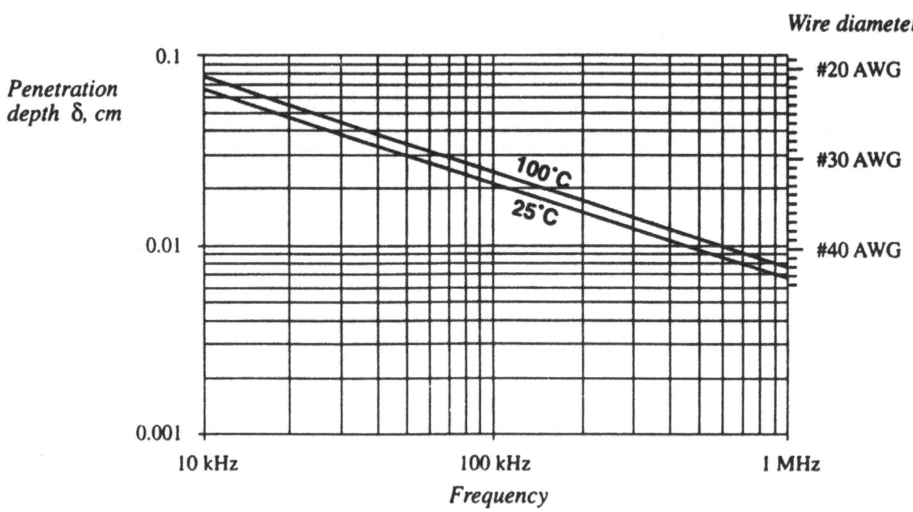

그림 7.23 주파수에 따른 구리선의 침투 깊이

구리 도체에 대해 투자율 μ는 μ_0와 거의 같고 저항률 ρ는 7.3.2절에 주어져 있다. 100°C에서 구리 도체의 침투 깊이는

$$\delta = \frac{7.5}{\sqrt{f}} \text{ cm} \tag{7.61}$$

이고, 여기서 f의 단위는 Hz이다. 그림 7.23은 구리 도체의 침투 깊이를 주파수 f의 함수

로 나타낸다. 비교를 위해 미국 표준 선 규격(american wire gauge: AWG)의 도체 지름 d를 함께 나타내었다. 약 500 kHz의 주파수에서 AWG #40 선에 대해 $d/\delta = 1$이고, 약 10 kHz의 주파수에서 AWG #22 선에 대해 $d/\delta = 1$이다.

표피효과에 의해 고주파수에서 큰 직경을 갖는 선의 저항과 동손이 증가한다. 고주파수 전류는 도체 내부로 침투하지 못한다. 전류는 주로 선의 표면으로 흐르고 선의 내부를 이용하지 않아 선의 유효 단면적이 감소한다. 그러나 표피효과만으로 다층 변압기 권선에서 고주파수 동손이 증가하는 이유를 설명하기에는 불충분하다.

고주파수 전류가 흐르는 도체는 근접효과라는 현상에 의해 인접한 도체에 부가적인 동손을 발생하게 한다. 그림 7.24는 서로 매우 근접하게 놓여 있는 두 개의 박판 모양의 구리 도체를 나타낸다. 도체 1에 고주파수 정현파 전류 $i(t)$가 흐르고 침투 깊이 δ가 도체 1과 2의 두께 h보다 매우 작다. 도체 2는 개방 회로이어서 알짜 전류는 영이다. 그러나 도체 1의 고주파수 전류 $i(t)$에 의해 도체 2에 맴돌이 전류가 유도된다. 도체 1에 흐르는 전류 $i(t)$는 도체 1과 2 사이의 공간에 교류 자속 $\Phi(t)$를 발생하며 이 자속은 도체 2를 침투한다. 렌츠의 법칙에 의해 자속 $\Phi(t)$의 변화를 방해하는 방향으로 도체 2에 전류가 발생한다. 두 도체가 아주 가깝게 놓여 있고, $h >> \delta$이면 그림 7.24에서처럼 유도 전류는 도체 1의 전류 $i(t)$와 크기가 같고 방향은 반대로 흐른다. 도체 2가 개방 회로이므로 도체 2의 알짜 전류는 영이다. 따라서 유도 전류와 반대 방향의 전류 $+i(t)$가 도체 2의 오른쪽 표면에 흐른다. 그러므로 도체 1에 흐르는 전류는 도체 2의 표면을 따라 순

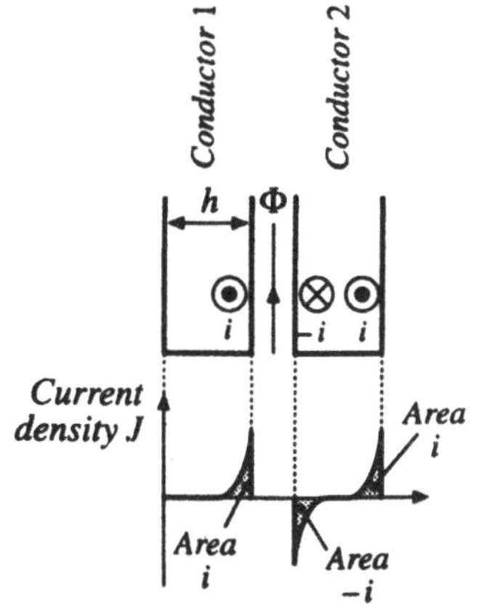

그림 7.24 근접효과

환하는 맴돌이 전류를 발생시킨다.

그림 7.25는 간단한 변압기 권선에서의 근접효과를 나타낸다. 일차 권선은 두께가 $h \gg \delta$ 이고 알짜 전류 $i(t)$가 흐르는 직렬 연결된 구리 박판이 3 턴으로 감긴 권선으로 구성된다. 이차 권선도 일차 권선과 같다. 자화 전류가 작으면 이차 권선도 알짜 전류 $-i(t)$가 흐른다. 변압기의 상호 자속을 에워싸는 자기 코어가 권선 주위에 둘러 놓여 있다.

고주파수 정현파 전류 $i(t)$가 일차 측의 층 2에 인접한 층 1의 오른쪽 표면으로 흐른다. 이 전류는 층 1에 동손을 발생시키며 다음과 같이 계산할 수 있다. R_{dc}는 식 (7.59)에 주어진 층 1의 직류 저항이고 I는 $i(t)$의 실효값이라 하자. 표피효과에 의해 층 1의 동손은 균일한 전류 밀도를 갖는 두께 δ의 도체의 손실과 같다. 도체 두께가 h에서 δ로 감소하여 저항도 같은 비로 증가한다. 따라서 층 1을 다음과 같은 "교류 저항"을 갖는다라고 볼 수 있다.

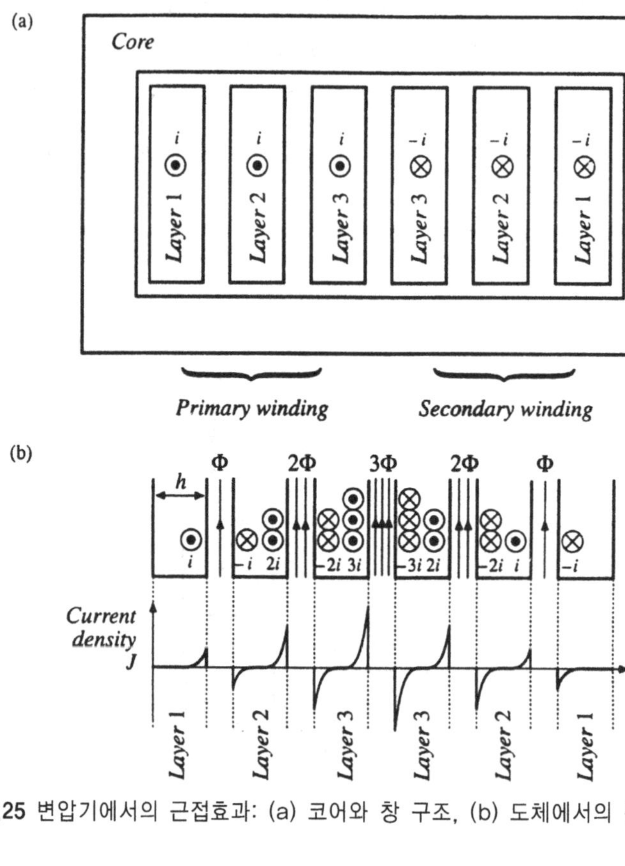

그림 7.25 변압기에서의 근접효과: (a) 코어와 창 구조, (b) 도체에서의 전류 분포

$$R_{ac} = \frac{h}{\delta} R_{dc} \tag{7.62}$$

층 1의 동손은 다음과 같다.

$$P_1 = I^2 R_{ac} \tag{7.63}$$

근접효과에 의해 층 1의 전류에 의한 자속의 변화를 방해하는 쪽으로 일차 측 층 2의 이웃하는 왼쪽 표면에 전류가 유도된다. 도체가 밀접하게 놓여 있고, $h >> \delta$ 이면 유도된 전류는 그림 7.25와 같이 전류 $i(t)$와 같은 크기와 반대 방향을 갖는다. 따라서 전류 $-i(t)$가 층 2의 왼쪽 표면에 흐른다. 층 1과 2가 직렬로 연결되어 있으므로 같은 알짜 전류 $i(t)$가 두 도체에 흐르므로 층 2의 오른쪽 표면에 $+2i(t)$가 흘러야 한다.

층 2의 왼쪽 표면에 흐르는 전류는 층 1의 전류와 같은 크기이므로 동손은 같이 P_1이다. 층 2의 오른쪽 표면에 흐르는 전류의 크기는 실효값 $2I$이므로 동손은 $(2I)^2R_{ac}= 4P_1$이다. 그러므로 일차 측 층 2의 전체 동손은 다음과 같다.

$$P_2 = P_1 + 4P_1 = 5P_1 \tag{7.64}$$

같은 전류가 흐름에도 불구하고 층 2의 동손이 층 1의 동손의 5배임을 주의하기 바란다!

층 2의 오른쪽에 흐르는 전류 $2i(t)$는 그림 7.25와 같이 자속 $2\Phi(t)$를 유도하고, 일차 측 층 3의 이웃하는 왼쪽 표면으로 전류 $-2i(t)$가 흐른다. 층 3에는 알짜 전류 $i(t)$가 흐르므로 전류 $+3i(t)$가 층 3의 오른쪽 표면으로 흘러야 한다. 따라서 층 3의 전체 동손은 다음과 같다.

$$P_3 = \left(2^2 + 3^2\right) P_1 = 13P_1 \tag{7.65}$$

비슷한 절차에 의해 다중 층 권선의 층 m의 동손을 다음과 같이 쓸 수 있다.

$$P_m = I^2\left[(m-1)^2 + m^2\right]\left(\frac{h}{\delta} R_{dc}\right) \tag{7.66}$$

다중 층 권선의 동손은 가파르게 커짐을 알 수 있다.

3층 1차 권선의 전체 동손은 $P_1 + 4P_1 + 13P_1 = 19P_1$이다. 권선이 M층으로 이루어진다면 전체 동손은 다음과 같이 나타낼 수 있다.

$$P = I^2\left(\frac{h}{\delta}R_{dc}\right)\sum_{m=1}^{M}\left[(m-1)^2+m^2\right] \qquad (7.67)$$
$$= I^2\left(\frac{h}{\delta}R_{dc}\right)\frac{M}{3}\left(2M^2+1\right)$$

실효값 I를 갖는 직류 또는 저주파수 교류 전류가 M층 권선에 흐르면 전체 동손은 $P_{dc} = I^2MR_{dc}$이다. 따라서 근접효과에 의해 동손이 다음 식으로 주어진 비율만큼 증가한다.

$$F_R = \frac{P}{P_{dc}} = \frac{1}{3}\left(\frac{h}{\delta}\right)\left(2M^2+1\right) \qquad (7.68)$$

이 식은 $h >> \delta$ 조건을 만족하는 박판 권선에서 타당하다. 그림 7.25와 같이 이차 권선의 전류는 일차 권선 전류에 대칭으로 분포되어 일차 권선과 같은 동손을 발생한다.

위의 예제와 식들은 $h >> \delta$ 조건과 그림에서 보인 권선 구조에 한정된다. 이 식들은 $h \sim \delta$ 조건이나 원통 도체에서 적용될 수 없고 스위칭 컨버터에서 자주 등장하는 복잡한 권선 구조를 포함할 정도로 충분한 일반적인 식들이 아니다. 사실 도체의 두께는 한 침투 깊이 근처로 선택하는 것이 최적 설계이다. 다음 절에서 좀 더 일반적인 상황에서 근접효과에 의한 동손을 계산할 수 있다.

7.4.2 권선의 누설 자속

위에서 서술한 바와 같이 외부에서 인가한 자기장은 도체 내에 맴돌이 전류를 유도하고 동손을 발생한다. 권선에서 자기장이 어떻게 형성되는가를 이해하기 위해 그림 7.26의 간단한 두 권선 변압기를 생각해 보자. 이 예에서 코어는 매우 큰 투자율 $\mu >> \mu_0$이다. 일차 권선은 8개의 턴이 2층으로 배열되고 각 턴은 그림에 표시한 방향으로 전류가 흐른다. 이차 권선은 반대의 전류 극성을 제외하면 일차 권선과 같다.

이 변압기의 전형적인 동작에서 자속선은 그림 7.26(b)와 같다. 7.2절에서 서술한 바와 같이 코어를 자화시키는 비교적 큰 상호 자속이 존재한다. 또한 두 권선을 함께 완전하게 쇄교하지 못하는 누설 자속도 존재한다. 그림 7.26에서 권선의 구조가 대칭이므로 누설 자속은 거의 권선을 가로질러 수직으로 통과한다.

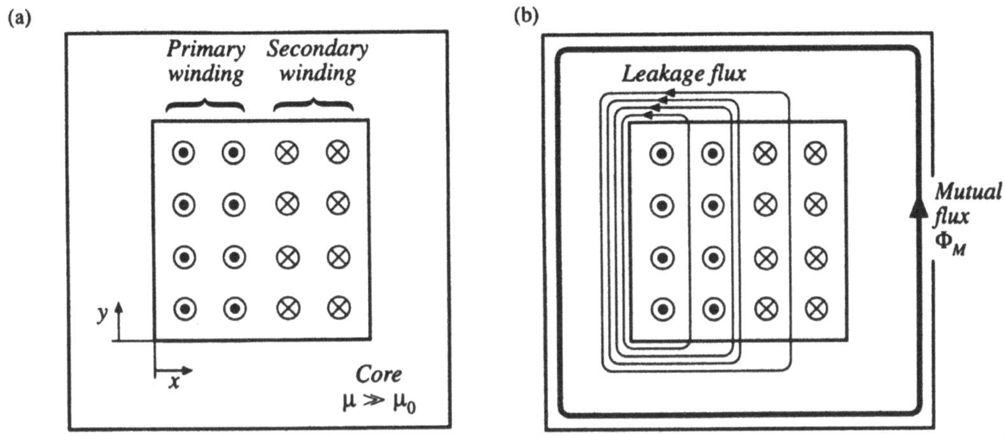

그림 7.26 두 권선 변압기: (a) 코어와 창 구조, (b) 자속 분포

누설 자속의 크기를 구하기 위해 암페어의 법칙을 적용한다. 그림 7.27에 보인 바와 같은 누설 자속선 가운데 한 자속선이 따르는 닫힌 경로를 생각하자. 코어의 투자율은 공기에 비해 매우 크기 때문에 이 자속이 코어 안에 흐를 때 필요한 MMF 강하를 무시할 수 있고, 코어 창을 가로질러 지나가는 MMF $\mathcal{F}(x)$가 경로 주위의 전체 MMF를 거의 차지한다. 따라서 암페어의 법칙에 따라 경로가 감싸는 알짜 전류는 다음과 같이 공극에 걸리는 MMF와 같다.

$$(\text{감싸진 전류}) = \mathcal{F}(x) = H(x)\,\ell_w \tag{7.69}$$

여기서 ℓ_w는 그림 7.27에서처럼 창의 높이를 나타낸다. 경로가 감싸는 알짜 전류는 경로가 감싸는 일차와 이차 측 도체의 수에 의존하므로 수평 위치 x의 함수이다. 일차 권선의 첫 번째 층은 각각 전류 $i(t)$가 흐르는 4개의 턴으로 구성된다. 따라서 경로가 일차 권선의 층 1만 감싸면 감싸진 전류는 그림 7.28에서와 같이 $4i(t)$이다. 비슷하게 경로가 일차 권선의 층 1과 층 2 모두를 감싸면 감싸진 전류는 $8i(t)$이다. 경로가 일차 권선 모두를 감싸고 이차 권선의 층 2를 감싸면 알짜 감싸진 전류는 $8i(t) - 4i(t) = 4i(t)$이다. 코어 창을 가로지르는 MMF $\mathcal{F}(x)$는 권선 밖에서 영이고 일차 권선과 이차 권선 사이의 경계에서 최대 $8i(t)$로 상승한다. $H(x) = \mathcal{F}(x)/\ell_w$이므로 자기장 세기 $H(x)$는 그림 7.28의 그림에 비례한다.

권선 도체 근처에서 $\mathcal{F}(x)$ 곡선의 모양은 도체 내의 전류 분포에 의존한다. 이 분포를

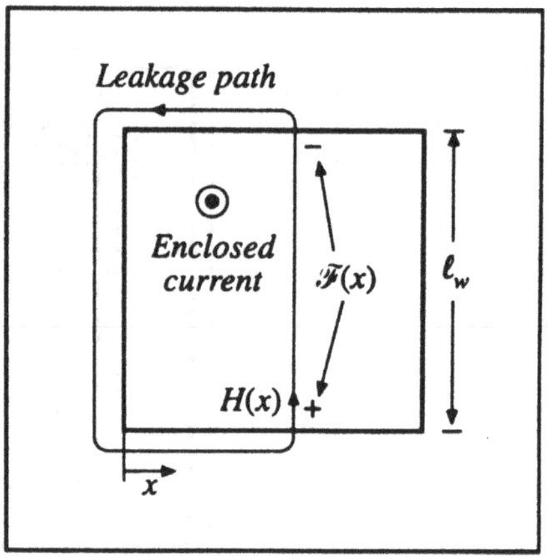

그림 7.27 암페어의 법칙에 의한 누설 자속 분석

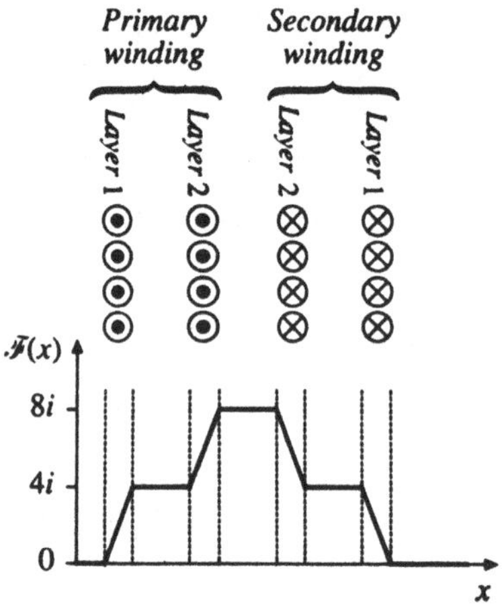

그림 7.28 MMF 분포 예

아직 모르기 때문에 그림 7.28의 $\mathscr{F}(x)$ 곡선에서는 직선으로 그렸다. 일반적으로 유한요소분석이나 유사 기법을 통해 도체를 에워싸고 맴돌이 전류를 발생하는 자기장을 구해야 한다. 그러나 같은 축을 갖는 솔레노이드 권선 구조의 대부분의 경우 자기장 선은 권선층과 거의 평행이다. 다음에서 근접효과에 의한 손실에 대한 분석적인 해를 얻는다.

7.4.3 박판 권선과 층

이전의 절에서 권선의 대칭에 의해 분석이 간단하였다. 누설 리액턴스와 권선 맴돌이 전류를 결정하기 위해 전류 $i(t)$가 흐르는 원통형 선이 n_l 턴으로 이루어진 층을 전류 $n_l i(t)$가 흐르는 효과적인 한 턴의 박판으로 근사적인 모델링을 할 수 있다. 그림 7.29에 원통형 도체의 층을 박판 도체로 변환하는 과정을 나타낸다[6, 8-11]. 원통형 도체를 그림 7.29(b)와 같이 같은 구리 단면적을 갖는 정사각형 도체로 대체할 수 있다. 정사각형 도체의 두께 h는 원통형 구리선의 지름 d와 다음의 관계를 갖는다.

$$h = \sqrt{\frac{\pi}{4}}\, d \tag{7.70}$$

이 정사각형 도체들을 함께 묶으면 그림 7.29(c)의 박판 층이 만들어 진다. 마지막으로 그림 7.29(d)와 같이 박판의 폭을 코어 창의 폭과 같게 증가시킨다. 이와 같이 폭을 증가시키면 도체의 단면적이 증가하여 도체의 정확한 직류 저항을 보존하기 위해 보상계수 η가 필요하다. 때때로 도체 간격계수(spacing factor) 또는 권선 다공성(공극률)이라 부르는 이 계수는 실제 층의 구리 면적(그림 7.29(a))과 실효 박판 도체의 면적(그림 7.29(d))의 비로 정의된다. 다공성은 실질적으로 도체의 저항률 ρ를 증가시켜 표피 두께를 다음과 같이 증가시킨다.

$$\delta' = \frac{\delta}{\sqrt{\eta}} \tag{7.71}$$

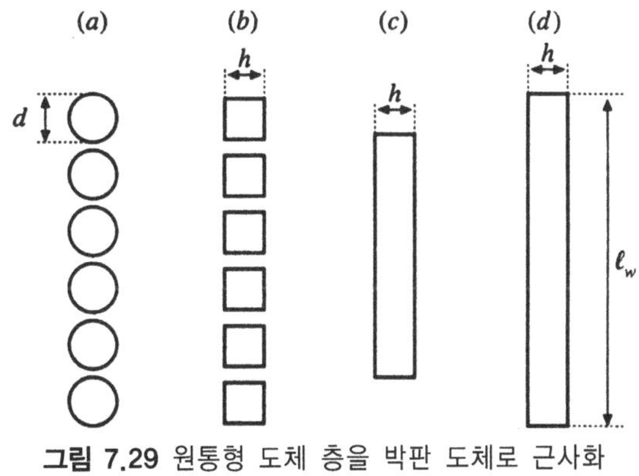

그림 7.29 원통형 도체 층을 박판 도체로 근사화

폭 ℓ_w의 층에 지름 d를 갖는 원통형 선이 n_ℓ 턴이 있으면 권선 다공성은 다음 식으로 주어진다.

$$\eta = \sqrt{\frac{\pi}{4}}\, d\frac{n_\ell}{\ell_w} \tag{7.72}$$

권선 보빈의 폭을 채우는 원통형 도체에 대한 전형적인 η의 값은 0.8이다. 다음 분석에서 계수 φ는 박판 도체에 대해 h/δ로 주어지고, 원통형 도체에 대해 박판 도체의 실효 두께 h와 실효 표피 깊이 δ'의 비로 다음과 같다.

$$\varphi = \frac{h}{\delta'} = \sqrt{\eta}\,\frac{d}{\delta} \tag{7.73}$$

7.4.4 층에서의 전력 손실

이 절에서는 두께 h를 갖는 균일한 층에서 평균 전력 손실 P를 구한다. 그림 7.30에 나타낸 바와 같이 도체의 왼쪽과 오른쪽의 자기장 세기를 $H(0)$와 $H(h)$로 나타낸다. 도체 표면과 직각인 자기장 세기의 성분은 영으로 가정한다. 각각의 자기장은 기자력 $\mathcal{F}(0)$와 $\mathcal{F}(h)$에 의해 만들어진다. 자기장은 정현파로 가정하고 실효값을 사용한다. 또한 $H(0)$와 $H(h)$는 위상차가 없다. 위상차의 효과는 참고문헌 [10]에서 다루어진다.

이러한 가정에서 층의 전류밀도 분포를 구하기 위해 맥스웰 방정식을 풀어야 한다. 그러면 층에서 발생하는 전체 동손을 계산하기 위해 전력 손실 밀도를 구하고, 층 부피에 대해 적분을 한다 [10]. 결과는 다음과 같다.

$$P = R_{dc}\frac{\varphi}{n_\ell}\left[\left(\mathcal{F}^2(h) + \mathcal{F}^2(0)\right)G_1(\varphi) - 4\,\mathcal{F}(h)\,\mathcal{F}(0)\,G_2(\varphi)\right] \tag{7.74}$$

여기서 n_ℓ은 층의 턴 수이고 R_{dc}는 층의 직류 저항이다. 함수 $G_1(\varphi)$와 $G_2(\varphi)$는

$$G_1(\varphi) = \frac{\sinh(2\varphi) + \sin(2\varphi)}{\cosh(2\varphi) - \cos(2\varphi)} \tag{7.75}$$
$$G_2(\varphi) = \frac{\sinh(\varphi)\cos(\varphi) + \cosh(\varphi)\sin(\varphi)}{\cosh(2\varphi) - \cos(2\varphi)}$$

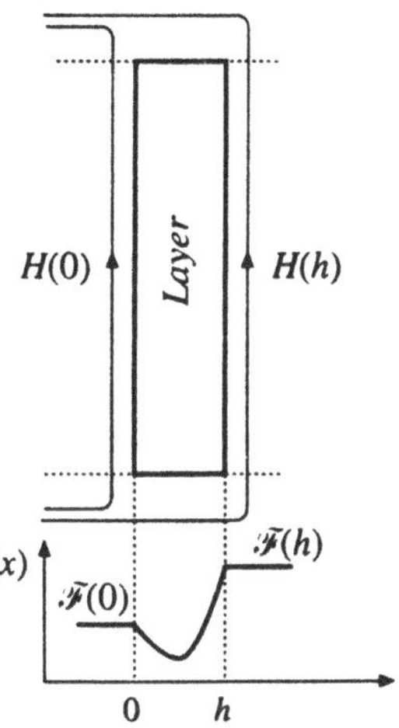

그림 7.30 균일한 자기장 $H(0)$와 $H(h)$가 층 표면에 접선방향으로 인가

이다. 권선에 실효값 I의 전류가 흐르면 다음과 같이 쓸 수 있다.

$$\mathcal{F}(h) - \mathcal{F}(0) = n_\ell I \tag{7.76}$$

$\mathcal{F}(h)$를 다음과 같이 권선 전류 I의 항으로 표현하자.

$$\mathcal{F}(h) = m n_\ell I \tag{7.77}$$

그러면 m은 층의 암페어 턴 $n_\ell I$에 대한 MMF $\mathcal{F}(h)$의 비를 나타낸다. 따라서

$$\frac{\mathcal{F}(h)}{\mathcal{F}(0)} = \frac{m-1}{m} \tag{7.78}$$

이므로 층에서 소모하는 전력인 식 (7.74)를 다음과 같이 쓸 수 있다.

$$P = I^2 R_{dc} \varphi Q'(\varphi, m) \tag{7.79}$$

여기서

$$Q'(\varphi, m) = (2m^2 - 2m + 1) G_1(\varphi) - 4m(m-1) G_2(\varphi) \tag{7.80}$$

이다. 따라서 근접효과는 층에서 동손을 다음의 비만큼 증가시킴을 알 수 있다.

$$\frac{P}{I^2 R_{dc}} = \varphi Q'(\varphi, m) \tag{7.81}$$

식 (7.80), (7.77), (7.75)와 (7.73)과 함께 식 (7.81)을 컴퓨터 스프레드시트를 이용하여 도시할 수 있다. 그림 7.31은 몇몇 m에 대한 결과이다.

두께 $\varphi=1$인 박판 도체에서 얻어지는 직류 전력 손실 $P_{dc}|_{\varphi=1}$의 항으로 층의 동손 P를 나타내보자. 식 (7.81)을 유효 두께 비율 φ로 나누어 이 손실을 구한다.

$$\frac{P}{P_{dc}|_{\varphi=1}} = Q'(\varphi, m) \tag{7.82}$$

식 (7.82)를 그림 7.32에 도시한다. 층이 얇아 층의 직류 저항이 크기 때문에 작은 φ에 대해 동손은 크다. 큰 m과 큰 φ에 대해 근접효과에 의해 전력 손실은 증가한다. 식

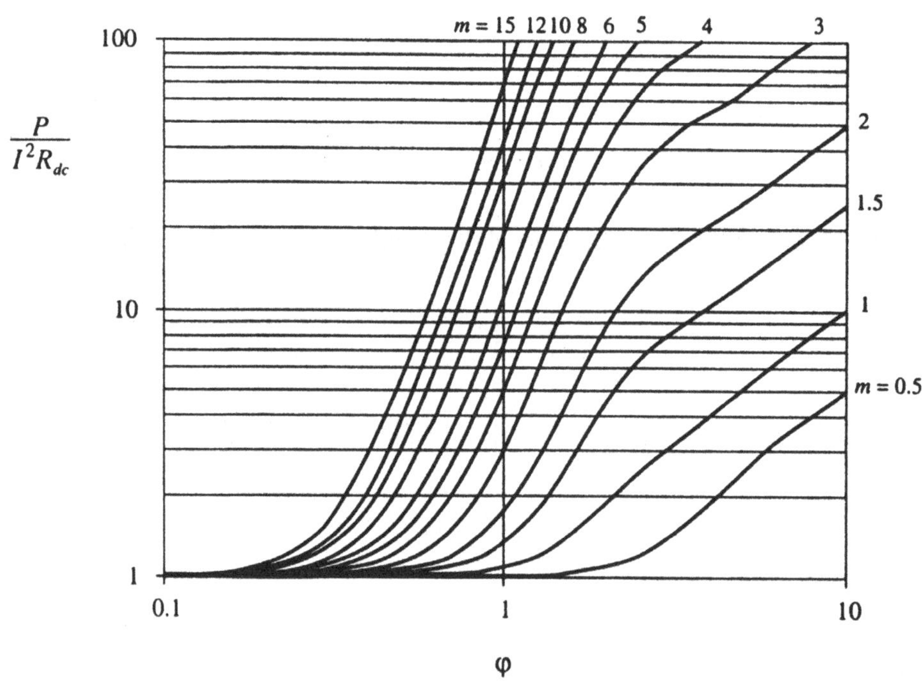

그림 7.31 정현파 인가 전류에 대한 근접효과에 따른 층의 동손 증가

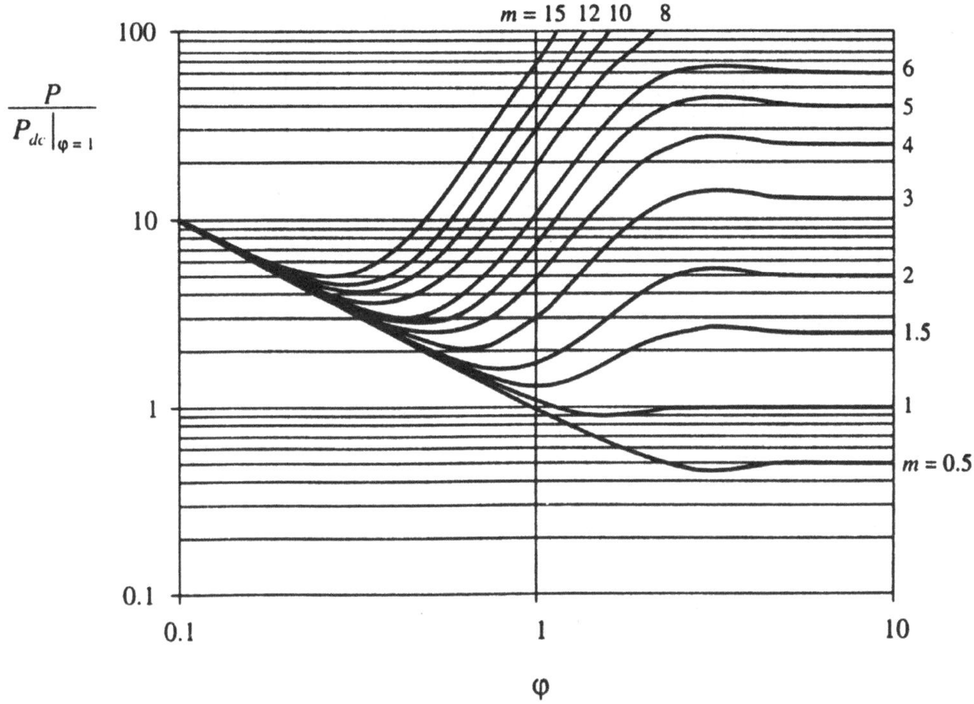

그림 7.32 한 침투 깊이의 두께를 갖는 층의 직류 손실에 대한 상대적인 층 동손

(7.66)으로부터 큰 m에 대해 $Q'(\varphi, m)$은 $m^2 + (m-1)^2$에 접근한다. 이들 극한 사이에 층의 동손을 최소화하는 φ의 값이 존재한다.

7.4.5 예: 변압기 권선에서 전력 손실

일차와 이차 권선이 각각 M층으로 구성된 일반적인 변압기에서 근접 손실을 생각해 보자. 그림 7.33에 MMF 다이어그램을 나타낸다. 식 (7.81)에 주어진 것처럼 근접효과에 의해 각 층에서 동손이 $\varphi Q'(\varphi, m)$배 증가한다. 일차 권선의 동손 P_{pri}의 전체 증가를 다음과 같이 일차 권선에 걸쳐 더하여 구할 수 있다.

$$F_R = \frac{P_{pri}}{P_{pri,dc}} = \frac{1}{M}\sum_{m=1}^{M} \varphi Q'(\varphi, m) \tag{7.83}$$

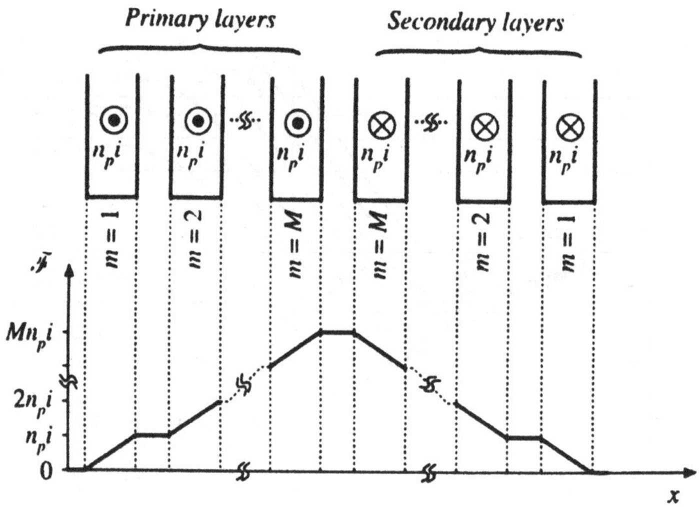

그림 7.33 각 권선이 M층으로 구성된 두 권선 변압기 예

이 예에서 권선의 대칭성 때문에 이차 권선의 동손도 같은 비율로 증가한다. 식 (7.80)을 대입하면 다음을 얻을 수 있다.

$$F_R = \frac{\varphi}{M}\sum_{m=1}^{M}\left[m^2(2G_1(\varphi)-4G_2(\varphi))-m(2G_1(\varphi)-4G_2(\varphi))+G_1(\varphi)\right] \tag{7.84}$$

다음의 관계를 이용하여 위식을 간단한 식으로 만들 수 있다.

$$\sum_{m=1}^{M} m = \frac{M(M+1)}{2}$$
$$\sum_{m=1}^{M} m^2 = \frac{M(M+1)(2M+1)}{6} \tag{7.85}$$

식 (7.84)는 다음과 같다.

$$F_R = \varphi\left[G_1(\varphi)+\frac{2}{3}(M^2-1)\big(G_1(\varphi)-2G_2(\varphi)\big)\right] \tag{7.86}$$

이 식을 여러 M에 대해 그림 7.34에 도시한다. 큰 φ에 대해 $G_1(\varphi)$는 1에 가까워지고, 반

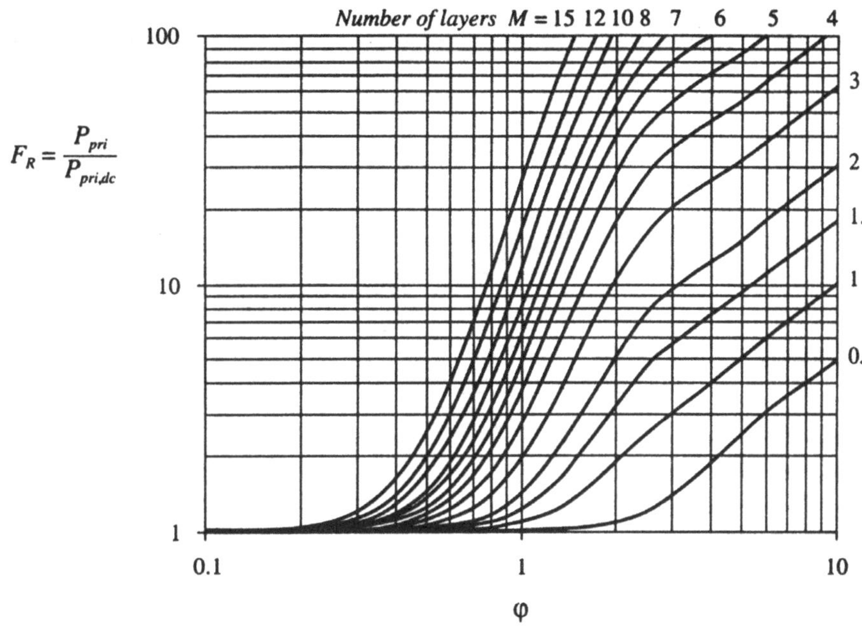

그림 7.34 정현파 인가 전류에 대한 두 권선 변압기의 전체 동손 증가

면 $G_2(\varphi)$는 0에 가까워진다. F_R이 식 (7.68)에 주어진 값으로 가까워짐을 증명할 수 있다.

일차 권선의 전체 전력 손실을 두께 φ=1인 도체를 이용하여 얻어진 직류 전력 손실의 항으로 표현할 수 있다. 이 손실을 식 (7.86)을 φ로 나누어 구한다.

$$\frac{P_{pri}}{P_{pri,dc}|_{\varphi=1}} = G_1(\varphi) + \frac{2}{3}(M^2-1)(G_1(\varphi) - 2G_2(\varphi)) \tag{7.87}$$

이 식을 여러 M에 대해 그림 7.35에 도시한다. 층의 수에 의존하지만 φ가 1 근처 또는 조금 작은 값에서 정현파 여자에 대해 최소 동손이 발생한다.

7.4.6 권선의 교호

근접효과에 의한 동손을 줄이기 위한 한 방법으로 권선을 교호(interleaving)하는 것이다. 그림 7.36은 알짜 층 전류 i를 갖는 일차 층과 이차 층이 교호하도록 구성한 변압기의 MMF 다이어그램을 나타낸다. 각 층에서 한쪽은 $\mathcal{F}$ = 0이고 다른 쪽은 $\mathcal{F}$ = i로 동작

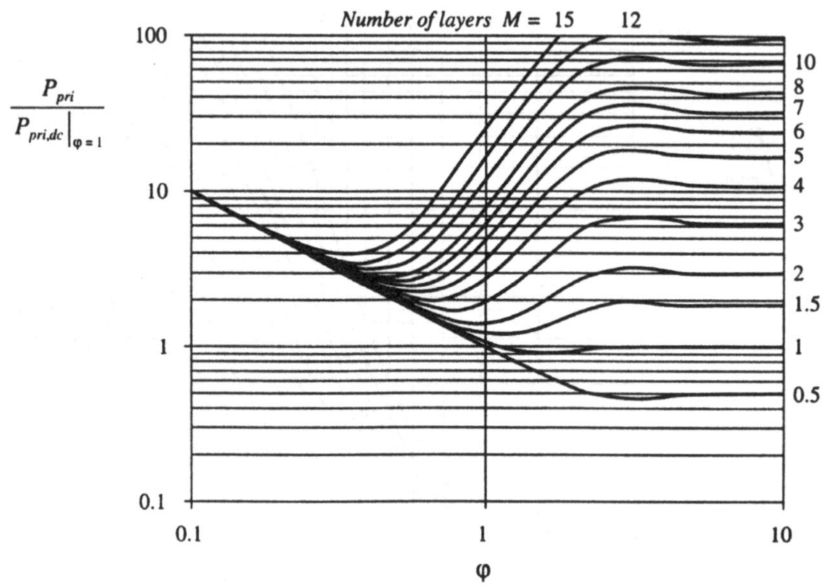

그림 7.35 변압기 예제에 대한 한 침투 깊이의 두께를 갖는 층의 권선 직류 손실에 대한 전체 동손비

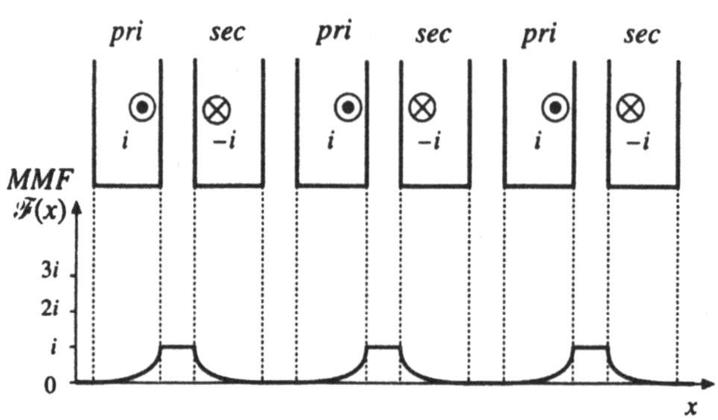

그림 7.36 교호 권선을 갖는 간단한 변압기의 MMF 다이어그램: 각 층은 m=1에서 동작한다

한다. 그러므로 각 층은 m = 1로 동작한다. 식 (7.74)는 $\mathcal{F}(0)$와 $\mathcal{F}(h)$에 대해 대칭이므로 교호 이차 및 일차 층의 동손은 같다. 그러므로 전체 권선의 근접 손실을 M = 1로 그림 7.34와 7.35에서 직접 구할 수 있다. 동손이 $\varphi \geq 1$일 때 φ = 1에서 얻어진 직류 동손과 거의 같은 값으로 일정하지만 정현파 전류로 여자된 경우에 대한 최소 동손은 φ = $\pi/2$에서 나타난다. 권선이 여러 층으로 구성된 경우 권선을 교호적으로 배치하여 동손을

상당히 줄일 수 있음을 알 수 있다.

부분적인 교호로 근접 손실을 부분적으로 개선할 수 있다. 그림 7.37은 세 개의 일차 층과 네 개의 이차 층을 갖는 변압기를 나타낸다. 각 일차 권선에 흐르는 전체 전류가 $i(t)$이면 각 이차 층의 전류는 $0.75i(t)$이다. 일차 권선과 이차 권선사이 공간에서 최대 MMF가 발생하며 값은 $1.5i(t)$이다. 주어진 층에서 m의 값을 구하기 위해 식 (7.78)을 m에 대해 풀어야 한다.

$$m = \frac{\mathcal{F}(h)}{\mathcal{F}(h) - \mathcal{F}(0)} \tag{7.88}$$

이 식은 일반적으로 타당하며 식 (7.74)는 $\mathcal{F}(0)$와 $\mathcal{F}(h)$에 대해 대칭이다. 그러나 $\mathcal{F}(0)$가 $\mathcal{F}(h)$의 크기보다 크면 $\mathcal{F}(0)$와 $\mathcal{F}(h)$의 역할을 바꾸는 것이 편리하며 그림 7.31과 7.32를 사용할 수 있다.

그림 7.37의 제일 왼쪽 이차 층에서 층 전류는 $-0.75i(t)$이다. MMF는 0에서 $-0.75i(t)$로 변한다. 이 층에 대한 m의 값은 식 (7.88)을 계산하여 구할 수 있다.

$$m = \frac{\mathcal{F}(h)}{\mathcal{F}(h) - \mathcal{F}(0)} = \frac{-0.75i}{-0.75i - 0} = 1 \tag{7.89}$$

이 이차 층의 직류 손실에 대한 이 층의 손실을 그림 7.31과 7.32의 그림에서 m = 1인

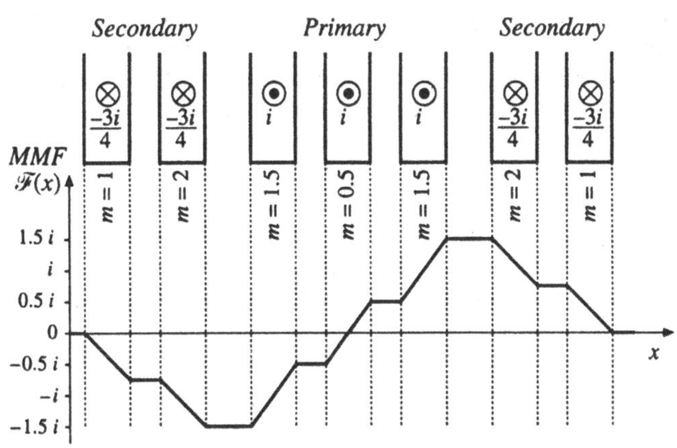

그림 7.37 부분적으로 교호된 두 권선 변압기: 분수의 m의 값을 볼 수 있고, MMF 다이어그램은 저주파수 한계에 대해 구성됨

그림을 이용하여 구할 수 있다. 다음 이차 층에 대해

$$m = \frac{\mathcal{F}(h)}{\mathcal{F}(h) - \mathcal{F}(0)} = \frac{-1.5i}{-1.5i - (-0.75i)} = 2 \tag{7.90}$$

이므로 이 층의 손실을 그림 7.31과 7.32의 그림에서 m = 2인 그림을 이용하여 구할 수 있다. 다음 층은 일차 권선 층이다. m의 값은 다음과 같다.

$$m = \frac{\mathcal{F}(h)}{\mathcal{F}(h) - \mathcal{F}(0)} = \frac{-1.5i}{-1.5i - (-0.5i)} = 1.5 \tag{7.91}$$

이 층의 손실을 그림 7.31과 7.32의 그림에서 m = 1.5인 그림을 이용하여 구할 수 있다. 중간층의 m 값은 다음과 같다.

$$m = \frac{\mathcal{F}(h)}{\mathcal{F}(h) - \mathcal{F}(0)} = \frac{0.5i}{0.5i - (-0.5i)} = 0.5 \tag{7.92}$$

이 층의 손실을 그림 7.31과 7.32의 그림에서 m = 0.5인 그림을 이용하여 구할 수 있다. 나머지 층들은 위에서 구한 층들과 대칭이므로 동손은 같다. 권선의 전체 손실은 각 층에 대해 구한 손실을 합하여 얻을 수 있다.

일차 및 이차 전류의 위상이 같은 경우 권선의 교호에 의해 근접 손실을 상당히 줄일 수 있다. 그러나 플라이백과 SEPIC 컨버터의 변압기와 같은 경우에는 권선 전류에 위상차가 있을 수 있다. 이 경우에는 권선의 교호에 의해 권선 부근의 MMF와 자기장을 줄이는데 효과가 작아 근접 손실을 줄이지 못한다. 또한 식 (7.74)에서부터 식 (7.82)의 식은 권선 전류가 같은 위상을 갖는다는 가정 하에서 유도되었음을 주의할 필요가 있다. 플라이백 컨버터에서와 같이 권선 전류에 위상차가 있는 일반적인 식을 참고문헌 [10]에서 찾을 수 있다.

위의 절차를 좀 더 복잡한 다중 권선을 갖는 자기소자의 고주파수 동손을 구하는데 적용할 수 있다. MMF 다이어그램을 그린 다음 식 (7.81)을 이용하여 각 층의 전력 손실을 계산하고, 이 들을 합해 전체 동손을 구한다. 정전기 차폐에 유도되는 손실도 계산할 수 있다. 몇몇 예를 참고문헌 [10]에서 볼 수 있다.

정현파 전류에 대해 동손을 최소화하는 φ = 1 근처에서 도체의 최적 두께가 존재한다. 층의 수를 최소화하고 권선을 교호하는 것이 바람직하다. 권선의 높은 MMF 부분 근처에서 구리의 양이 최소가 되도록 유지해야 한다. 전체 층의 수를 최소로 하면서 층의 두께 ℓ_w를 최대화하는 코어 모양을 선택하면 근접 손실을 줄일 수 있다.

리츠(Litz) 선을 사용하는 것은 근접 손실을 작게 유지하면서 도체 면적을 늘리는 또 다른 방법이다. 작은 규격의 절연 구리선의 수십, 수백 가닥을 함께 묶어 외부로는 병렬로 연결된다. 다발의 내부와 표면을 번갈아 가면서 위치하도록 선을 꼬거나 위치를 교환하여 가닥 간에 고주파수 전류가 흐르지 못하도록 한다. 가닥의 직경은 표피 깊이보다 충분히 작아야 효과가 있다. 리츠 선 다발 자체는 다 층을 구성함을 기억해야 한다. 리츠 선의 단점은 가격이 비싸고 코어의 창 이용계수를 감소시킨다는 것이다.

7.4.7 PWM 파형의 고조파

스위칭 컨버터에서 이용되는 PWM 파형은 많은 고조파를 포함하고 있어 근접 손실을 증가시킬 수 있다. 고조파가 층의 손실에 미치는 영향을 장 고조파분석[10]을 통해 찾을 수 있으며 식 (7.74)의 MMF 파형 $\mathcal{F}(0, t)$와 $\mathcal{F}(h, t)$는 푸리에 전개식으로 표현된다. 각 고조파에 의한 전력 손실을 7.4.4절의 방법으로 계산하고 층의 전체 손실을 얻기 위해 각 손실을 합한다. 예를 들면 그림 7.38의 PWM 파형을 다음의 푸리에 전개로 표현할 수 있다.

$$i(t) = I_0 + \sum_{j=1}^{\infty} \sqrt{2}\, I_j \cos(j\omega t) \tag{7.93}$$

여기서

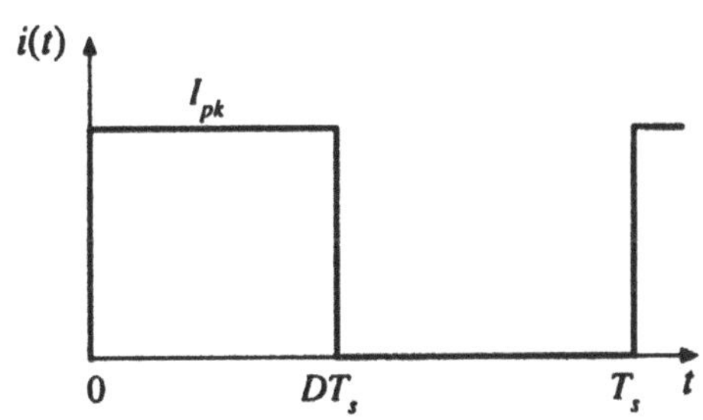

그림 7.38 PWM 권선 전류 파형

$$I_j = \frac{\sqrt{2}\,I_{pk}}{j\pi} sin(j\pi D)$$

이고, $\omega = 2\pi/T_s$이다. 이 파형은 직류 성분 $I_0 = DI_{pk}$와 $1/j$에 비례하는 실효 크기 I_j의 고조파를 포함한다. 대부분의 스위칭 컨버터의 변압기 권선 전류 파형은 위의 푸리에 전개를 따른다.

근접 손실에 대한 고조파 파형의 영향을 참고문헌 [8-10]에서 다루었다. 권선 전류의 직류 성분은 근접 손실을 야기하지 않으므로 근접 손실 계산에 포함하면 안된다. 만일 포함시키면 너무 큰 동손을 예측하게 된다. 표피 깊이 δ는 기본파에서보다 고주파수 고조파에서 더욱 작으므로 고조파는 증가된 φ를 나타낸다. φ_1을 식 (7.73)으로 주어진다라고 하자. 여기서 δ는 기본파에서 식 (7.60)을 계산하여 얻어진다. 표피 깊이 δ는 주파수의 이중근의 역으로 변하므로 고조파 j에 대한 φ의 유효한 값은

$$\varphi_j = \sqrt{j}\,\varphi_1 \tag{7.94}$$

이다. 여자 전류의 기본파 성분이 1 근처의 $\varphi = \varphi_1$인 다중 권선에서 고조파는 전체 동손을 상당히 증가시킨다. 이는 $m > 1$에 대해 $Q'(\varphi, m)$이 φ가 1 근처에서 급격하게 증가하는 함수이기 때문이다. φ_1이 1보다 충분히 클 때 $Q'(\varphi, m)$은 거의 일정하고 고조파가 전체 동손에 미치는 영향은 작다.

예를 들면 그림 7.33의 두 권선 변압기를 포워드 컨버터에 적용한다고 가정하자. 권선 전류 $i(t)$는 식 (7.93)의 푸리에 전개와 거의 같다. 권선은 M 층이고 직류 저항 R_{dc}를 갖는다. 직류 성분에 의한 동손은 다음과 같다.

$$P_{dc} = I_0^2 R_{dc} \tag{7.95}$$

식 (7.86)에서 $\varphi = \varphi_j$를 대입하여 고조파 j에 의한 동손 P_j를 구할 수 있다.

$$P_j = I_j^2 R_{dc} \sqrt{j}\,\varphi_1 \left[G_1(\sqrt{j}\,\varphi_1) + \frac{2}{3}(M^2-1)\left(G_1(\sqrt{j}\,\varphi_1) - 2G_2(\sqrt{j}\,\varphi_1)\right)\right] \tag{7.96}$$

권선의 전체 손실은 각 고조파에 의한 손실을 모두 합한 것이다.

$$\frac{P_{cu}}{DI_{pk}^2 R_{dc}} = D + \frac{2\varphi_1}{D\pi^2}\sum_{j=1}^{\infty}\frac{\sin^2(j\pi D)}{j\sqrt{j}}\left[G_1(\sqrt{j}\,\varphi_1) + \frac{2}{3}(M^2-1)\left(G_1(\sqrt{j}\,\varphi_1) - 2G_2(\sqrt{j}\,\varphi_1)\right)\right] \tag{7.97}$$

위 식에서 동손을 저주파수에서 예측되는 손실 $DI_{pk}2R_{dc}$의 상대적인 값으로 나타내었다. 이 식을 컴퓨터 스프레드시트로 평가할 수 있다.

고조파의 영향을 정량적으로 분명하게 나타내기 위해 고조파 손실 계수 F_H를 다음과 같이 정의한다.

$$F_H = \frac{\sum_{j=1}^{\infty} P_j}{P_1} \tag{7.98}$$

여기서 P_j는 식 (7.96)에 주어진 식이다. 따라서 전체 동손은 다음과 같다.

$$P_{cu} = I_0^2 R_{dc} + F_H F_R I_1^2 R_{dc} \tag{7.99}$$

여기서 F_R은 식 (7.86)에 주어져 있다. 고조파 손실 계수 F_H는 권선의 기하학적 구조의 함수일 뿐만 아니라 권선 전류 파형의 고조파 스펙트럼의 함수이다. 간단한 변압기 예제에 대해 여러 D의 값에 따른 고조파 손실 계수 F_H를 그림 7.39에 도시한다. 예제 전류 파형의 전체 고조파 왜곡(THD)는 D = 0.5에 대해 48%, D = 0.3에 대해 76%, D = 0.1에 대해 191%이다. 파형의 THD 정의는 다음과 같다.

$$THD = \frac{\sqrt{\sum_{j=2}^{\infty} I_j^2}}{I_1} \tag{7.100}$$

다중 권선의 근접 손실은 φ_1이 1의 부근에서 고조파에 의해 상당히 크게 증가함을 알 수 있다. 충분히 작은 φ_1에 대해 근접 효과는 무시될 수 있고 F_H는 1+(THD)^2 값에 접근한다. 큰 φ_1에 대해 고조파는 근접 손실을 증가시키지만 기본파 성분의 근접 손실이 크기 때문에 φ_1이 1의 부근에서보다 증가는 크지 않다. 따라서 전류 파형이 큰 THD를 포함할 때와 권선이 여러 층으로 구성될 때 φ_1을 1보다 매우 작게 선택하여 근접 손실을 작게 할 수 있음을 알 수 있다. 권선의 교호로 좀 더 큰 값의 φ_1을 선정할 수 있다.

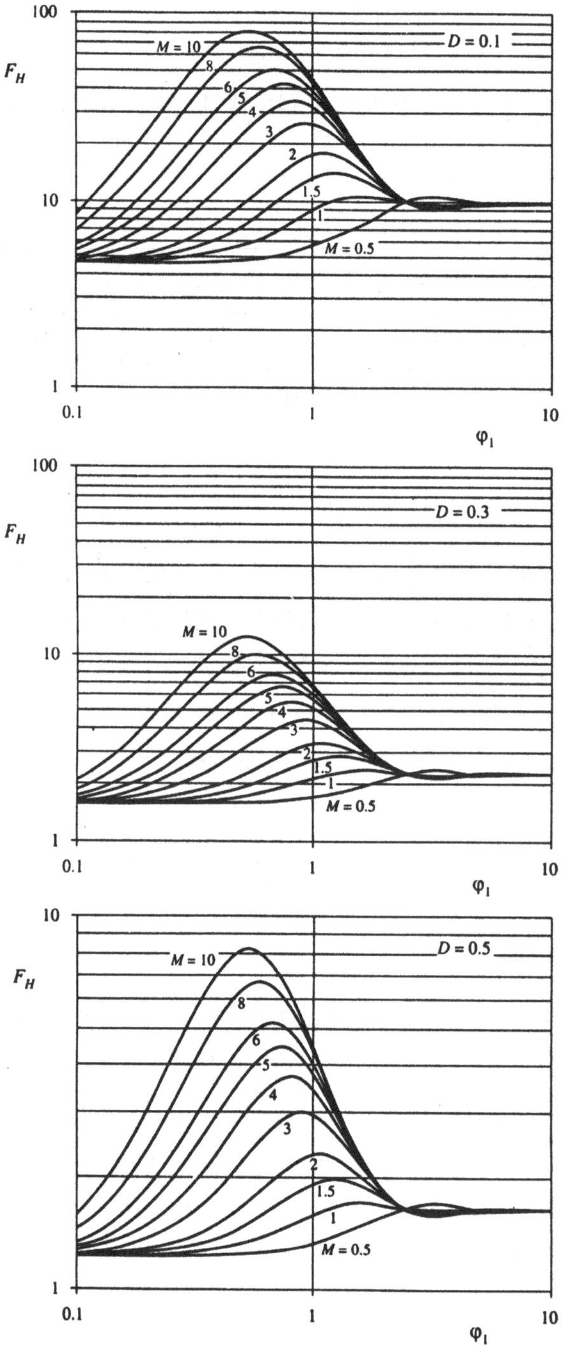

그림 7.39 포워드 컨버터 예에서 PWM 고조파에 의한 근접 손실의 증가: (a) $D=0.1$, (b) $D=0.3$, (c) $D=0.5$

7.5 자기소자의 종류, B–H 곡선과 코어 손실 대 동손

많은 종류의 자기소자들이 전력전자 응용에 사용되고, 자기 코어물질의 성질과 권선을 다르게 이용한다. 따라서 자기소자의 설계에 아주 적은 요소만이 제한된다. 최대 자속밀도는 코어를 포화시키지 말아야 한다. 첨두 교류 자속밀도는 코어 손실을 허용 가능한 범위 안에 있도록 충분히 작아야 한다. 코어 창에 필요한 턴 수에 맞도록 선 규격은 충분히 작아야 한다. 이런 제약 조건에 따라 선의 단면적은 권선 직류 저항과 동손을 최소화하기 위해 가능하면 충분히 커야 한다. 선이 너무 두꺼우면 근접효과 때문에 오히려 동손이 더 증가한다. 자기소자가 많은 에너지를 저장하기 위해 공극이 필요하다. 그러나 변압기에서 공극은 바람직하지 않다. 주어진 자기소자에 대해 어떤 제약 조건은 중요하기도하고 아니기도 한다.

코어 물질이 포화되지 않고 전체 전력 손실이 너무 크지 않도록 보장하면서 원하는 인덕턴스의 값이나 권선비를 자기소자의 설계에서 구한다. 이 절에서는 자기의 일반적인 전력 응용에 대해 서술하고, 자기 물질, 자속 밀도와 설계 방법을 선택할 수 있는 요소에 대해 설명한다.

7.5.1 필터 인덕터

그림 7.40(a)에 CCM 벅 컨버터에 사용되는 필터 인덕터를 나타낸다. 이 응용에서 인덕턴스 L의 값은 인덕터 전류의 맥동 첨두 크기 Δi가 그림 7.40(b)에서처럼 전 부하 인덕터 전류의 직류 성분 I의 작은 부분이 되도록 보통 선정한다. 그림 7.41에서처럼 공극을 이용하여 첨두 전류 $I + \Delta i$에서 코어가 자기 포화가 되지 않도록 공극은 충분히 크도록 한다.

코어의 자기장 세기 $H_c(t)$는 권선 전류 $i(t)$에 다음의 관계를 갖는다.

$$H_c(t) = \frac{ni(t)}{\ell_c} \frac{\mathcal{R}_c}{\mathcal{R}_c + \mathcal{R}_g} \tag{7.101}$$

여기서 ℓ_c는 코어의 자기 경로 길이이다. $H_c(t)$가 $i(t)$에 비례하므로 $H_c(t)$를 큰 직류 성분 H_{c0}와 작은 교류 성분 ΔH_c로 표현할 수 있으며 다음과 같이 쓸 수 있다.

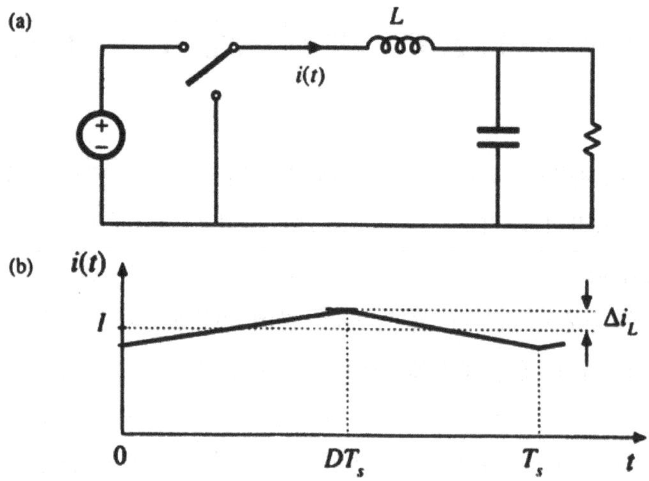

그림 7.40 CCM 벅 컨버터에 사용된 필터 인덕터: (a) 회로도, (b) 인덕터 전류 파형

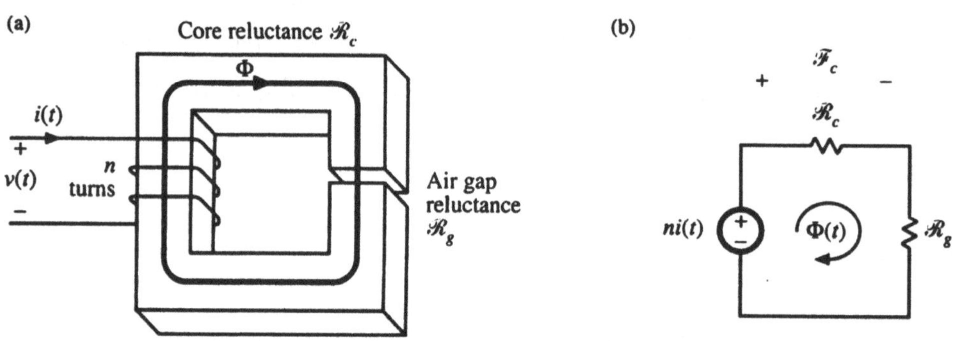

그림 7.41 필터 인덕터: (a) 구조, (b) 자기 등가회로

$$H_{c0} = \frac{nI}{\ell_c}\frac{\mathcal{R}_c}{\mathcal{R}_c + \mathcal{R}_g} \tag{7.102}$$
$$\Delta H_c = \frac{n\Delta i}{\ell_c}\frac{\mathcal{R}_c}{\mathcal{R}_c + \mathcal{R}_g}$$

이 응용에 대한 $B(t)-H(t)$ 곡선을 그림 7.42에 나타낸다. 이 소자는 그림에서처럼 작은 B-H 루프에서 동작한다. 작은 루프의 크기와 코어 손실은 인덕터 전류 맥동 Δi의 크기에 의존한다. 동손은 인덕터 전류의 직류 성분 I와 거의 같은 실효값에 의존한다. 일반적

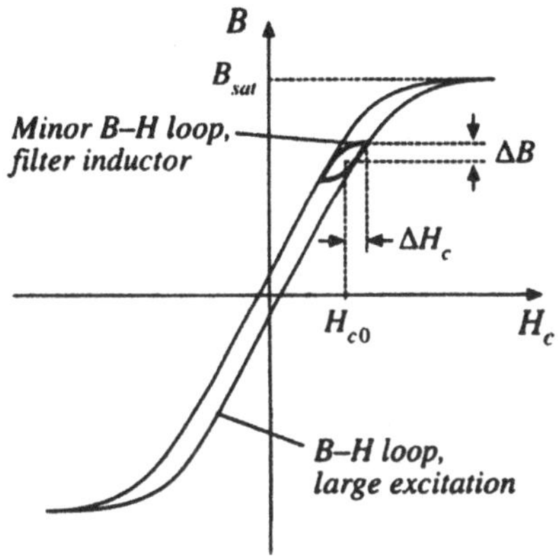

그림 7.42 필터 인덕터의 작은 *B–H* 루프

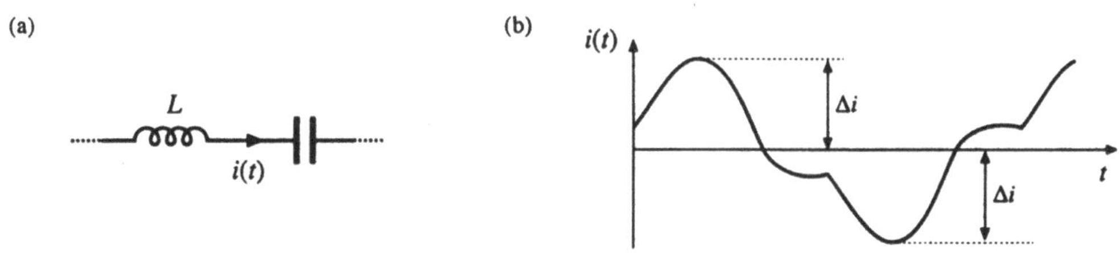

그림 7.43 교류 인덕터와 공진 컨버터 예: (a) 공진 탱크 회로, (b) 인덕터 전류 파형

으로 코어 손실을 무시할 수 있으며 동손이 설계에서 중요하다. 최대 자속 밀도는 코어의 자기 포화에 의해 제한된다. 근접효과 손실은 무시할 수 있다. 이 응용에 고주파수 페라이트 물질을 사용할 수 있으나 더 큰 코어 손실과 더 높은 포화 자속밀도를 갖는 다른 물질을 사용하면 더 작은 크기의 인덕터를 만들 수 있다. 다음 장에서 최대 자속밀도가 정해진 값을 갖는 필터 인덕터를 설계한다.

7.5.2 교류 인덕터

공진 컨버터에 이용되는 교류 인덕터를 그림 7.43에 나타낸다. 이 응용에서 고주파수 전류 변동은 크다. 따라서 그림 7.44의 $B(t)-H(t)$ 루프는 크다. 코어 손실과 근접효과 손실이 이 응용에서는 일반적으로 매우 크다. 최대 자속밀도는 자기 포화보다 코어 손실에

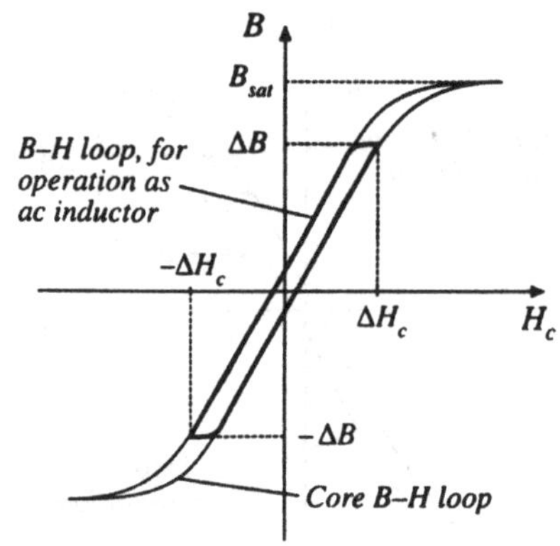

그림 7.44 교류 인덕터의 동작 *B–H* 루프

의해 제한된다. 이 소자를 설계할 때 코어 손실과 동손을 고려해야 하며 첨두 교류 자속밀도 ΔB는 전체 손실을 최소화하도록 선택해야 하는 설계 변수이다. 페라이트와 같이 낮은 코어 손실을 갖는 고주파수 물질이 보통 사용된다. 교류 자속밀도가 최적 방법으로 선택해야 하는 설계 변수인 교류 인덕터와 같은 소자를 9장에서 설계한다.

7.5.3 변압기

그림 7.45는 스위칭 컨버터에 이용되는 전형적인 변압기를 나타낸다. 코어의 자화를 자화 인덕턴스 L_M으로 모델링한다. 자화 전류 $i_M(t)$은 암페어 법칙에 따라 코어 자기장 $H(t)$와 다음의 관계를 갖는다.

$$H_c(t) = \frac{n i_M(t)}{\ell_m} \tag{7.103}$$

그러나 자화 전류 $i_M(t)$는 권선 전류 $i_1(t)$ 또는 $i_2(t)$의 직접적인 함수가 아니다. 오히려 자화 전류는 인가한 권선 전압 파형 $v_1(t)$에 의존한다. 최대 교류 자속밀도는 인가한 전압-시간 곱 λ_1에 직접 비례한다. 이 응용의 전형적인 $B-H$ 곡선을 그림 7.46에 나타낸다.

변압기 응용에서 코어 손실과 근접 손실은 보통 크다. 최대 자속밀도는 자기 포화보다 코어 손실에 의해 제한된다. 낮은 코어 손실을 지닌 고주파수 물질이 사용된다. 변압기

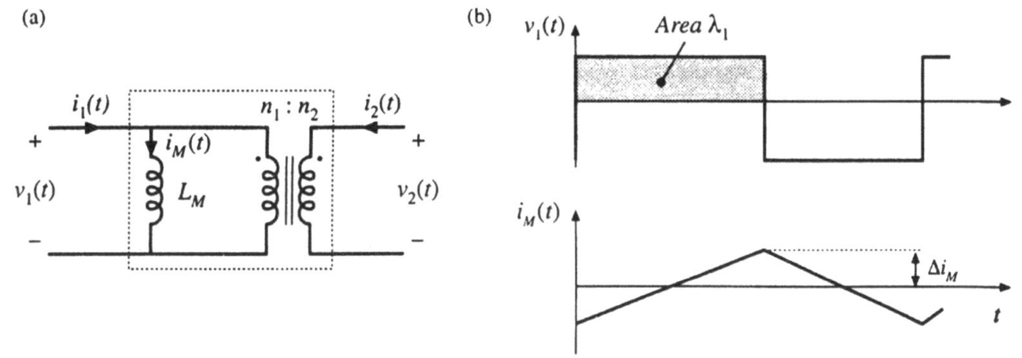

그림 7.45 전형적인 변압기: (a) 등가회로, (b) 전형적인 일차 전압과 자화 전류 파형

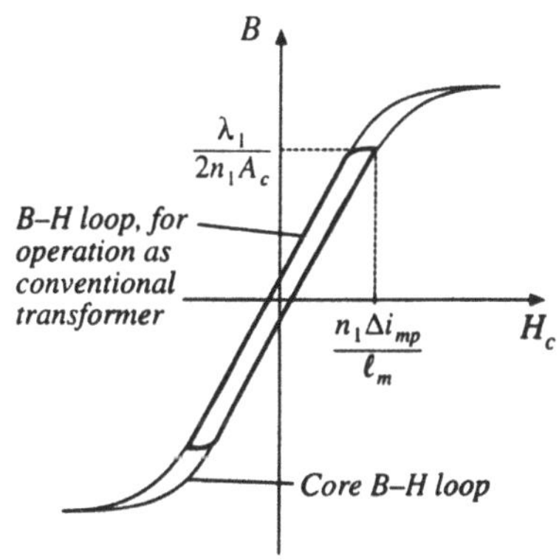

그림 7.46 전형적인 변압기의 동작 B–H 루프

설계에서 코어 손실과 동손을 고려해야 한다. 다중 권선에 대해 설계가 이루어진다. 전체 손실을 최소화하는 자속밀도를 갖는 변압기를 9장에서 설계한다.

7.5.4 결합 인덕터

결합 인덕터(coupled inductor)는 다수의 권선으로 이루어진 필터 인덕터이다. 그림 7.47(a)는 두 출력 포워드 컨버터의 결합 인덕터를 나타낸다. 권선 전압 파형이 비례적이기 때문에 인덕터를 같은 코어에 감는다. 다중-출력 벅-기반 컨버터뿐만 아니라 SEPIC과 Ćuk

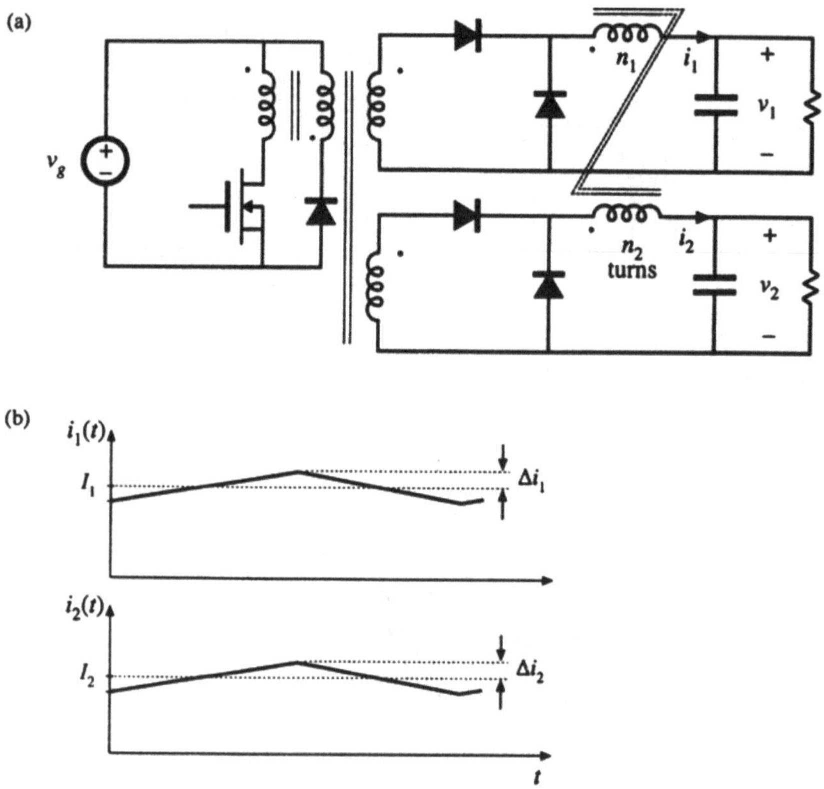

그림 7.47 두 출력 포워드 컨버터의 출력 필터 인덕터의 결합: (a) 회로도, (b) 전형적인 인덕터 전류 파형

컨버터의 인덕터를 결합할 수 있다. 권선의 누설 인덕턴스를 조절하여 인덕터 전류 맥동을 제어할 수 있다[12, 13]. 직류 전류가 그림 7.47(b)에서와 같이 각 권선에 흐르고 코어의 알짜 자화는 권선의 암페어-턴의 합에 비례한다.

$$H_c(t) = \frac{n_1 i_1 + n_2 i_2}{\ell_c} \frac{\mathcal{R}_c}{\mathcal{R}_c + \mathcal{R}_g} \tag{7.104}$$

그림 7.48에서와 같이 하나의 권선으로 된 필터 인덕터의 경우에서와 같이 작은 *B-H* 루프의 크기는 전체 전류 맥동에 비례한다. 작은 맥동은 작은 근접 손실과 작은 코어 손실을 의미한다. 공극을 사용하고 최대 자속밀도는 자기 포화에 의해 제한된다.

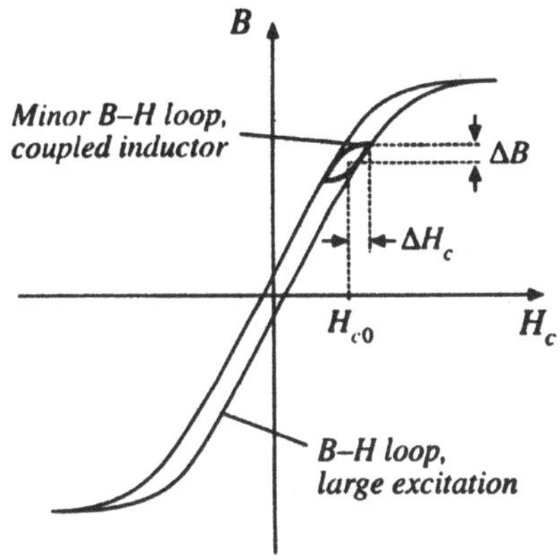

그림 7.48 결합 인덕터의 동작 B–H 루프

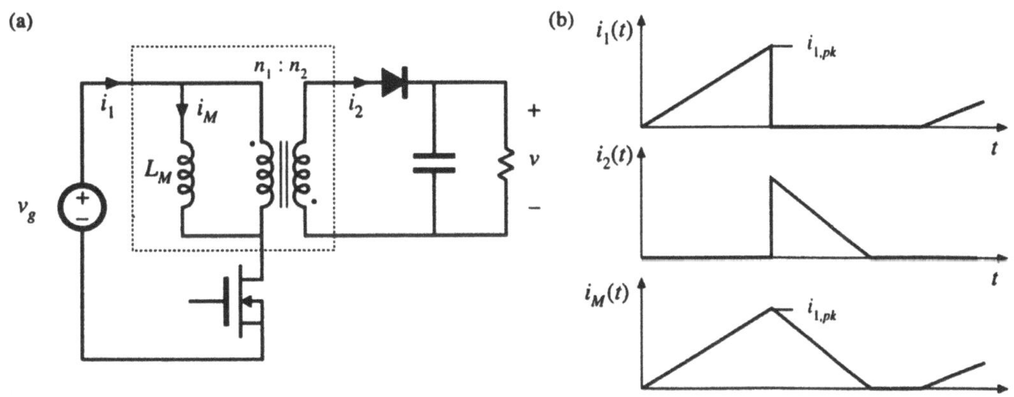

그림 7.49 플라이백 변압기: (a) 변압기 등가회로를 갖는 컨버터 회로, (b) DCM 전류 파형

7.5.5 플라이백 변압기

6장에서 서술한 바와 같이 플라이백 변압기는 두 권선을 갖는 인덕터로서 역할을 한다. 일차 권선은 트랜지스터가 도통하는 구간에서 이용되고, 이차 권선은 다이오드가 도통하는 구간에서 이용된다. 그림 7.49(a)는 플라이백 컨버터를 나타낸다. 플라이백 변압기를 이상적인 변압기와 병렬로 연결된 자화 인덕턴스로 모델링한다. 자화 전류 $i_M(t)$은 코어의 자기장 세기 $H_c(t)$에 비례한다. 전형적인 DCM 파형을 그림 7.49(b)에 나타낸다.

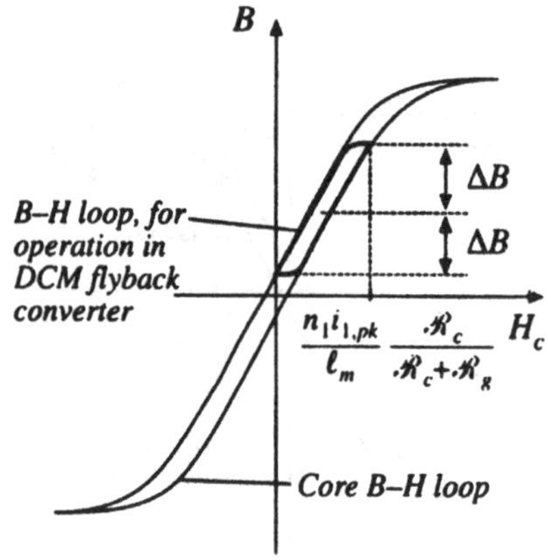

그림 7.50 DCM 플라이백 변압기의 동작 B–H 루프

플라이백 변압기는 에너지를 저장하기 때문에 공극이 필요하다. 코어 손실은 자화 전류의 교류 성분의 크기에 의존한다. DCM 동작에 대한 $B-H$ 루프를 그림 7.50에 나타낸다. 컨버터를 DCM에서 동작하도록 설계할 때 코어 손실이 매우 크다. 따라서 코어 손실이 허용 범위 내에 있도록 첨두 교류 자속 밀도 ΔB를 선택해야 한다. CCM 동작에 대해 코어 손실은 작아지며 최대 자속밀도는 코어의 자기 포화에 의해 제한된다. 두 동작 모두에서 권선의 근접 손실은 매우 크다. 불행하게도 일차 권선과 이차 권선 전류에 위상차가 있으므로 권선의 교호에 의해 근접 손실을 줄일 수 없다.

7.6 요약

1. 전기회로를 모델링하는데 사용된 방법과 유사하게 자기소자를 모델링할 수 있다. 전기에서 전압 V, 전류 I와 저항 R과 유사한 것은 자기에서 MMF $\mathcal{F}$, 자속 Φ와 릴럭턴스 $\mathcal{R}$이다.
2. 패러데이 법칙은 도선의 루프에 유기되는 전압은 루프 내부를 통과하는 자속의 미분에 비례함을 나타낸다.

3. 암페어의 법칙은 루프 주위의 전체 MMF는 루프 중심을 통과하는 전체 전류와 같음을 나타낸다. 권선 전류는 MMF원이고, 이 MMF원을 포함할 때 닫힌 경로 주위의 알짜 MMF는 영임을 암페어의 법칙은 의미한다.
4. 자기 코어 물질에서 히스테리시스와 자기 포화가 나타난다. 자속 밀도 B가 포화 자속밀도 B_{sat}에 도달하면 코어 물질은 포화한다.
5. 주어진 최대 전류가 권선에 흐를 때 자기 포화가 발생하지 않도록 그리고 안정한 인덕턴스의 값을 얻기 위해 인덕터에 공극을 넣는다. 코어와 공극 릴럭턴스와 권선의 MMF원을 포함하는 단순한 자기 등가회로를 이용하여 공극이 있는 인덕터를 분석할 수 있다.
6. 각 권선의 MMF원과 코어 MMF를 이용하여 전형적인 변압기를 모델링할 수 있다. 이상적인 변압기에서 코어 릴럭턴스는 영이다. 코어 릴럭턴스가 영이 아니면 이상적인 변압기와 병렬로 연결된 자화 인덕턴스로 모델링한다. 두 권선을 쇄교하지 않는 누설 자속은 이상적인 변압기에 직렬로 연결된 인덕터로 모델링한다.
7. 일반적인 변압기는 인가한 권선 전압-시간 곱이 너무 크면 자기 포화된다. 공극을 넣어 자기 포화의 영향을 없앨 수 있다. 코어의 단면적을 늘리거나 일차 권선 수를 늘려 자기 포화를 방지할 수 있다.
8. B-H 곡선의 히스테리시스와 코어 물질에 유도된 맴돌이 전류에 의해 자기 물질에 코어 손실이 발생한다. 이용할 수 있는 코어 물질에서 높은 포화 자속밀도 B_{sat}와 높은 코어 손실 P_{fe} 간에 타협을 할 수 있다. 적층 철 합금 코어는 가장 큰 B_{sat}를 보이고 가장 큰 P_{fe}를 보이는 반면 페라이트 코어는 가장 작은 B_{sat}를 보이고 가장 작은 P_{fe}를 보인다. 파우더 철 합금과 비결정 합금 물질은 두 극한 사이에 있다.
9. 표피효과와 근접효과에 의해 권선 도체에 맴돌이 전류가 발생하여 고전류 고주파수 자기소자에서 동손 P_{cu}가 증가한다. 도체의 두께가 표피 깊이 δ와 비슷하거나 크면 도체 주위의 자기장은 도체에 맴돌이 전류를 유도한다. 렌츠의 법칙에 따라 이 맴돌이 전류는 인가한 자기장에 대항하도록 하는 방향의 경로로 흐른다.
10. MMF 다이어그램을 이용하여 권선 도체 주위의 자기장 세기를 구할 수 있다. 권선 도체 근처를 통과하는 자기장 선의 닫힌 경로를 따라 암페어의 법칙을 적용하여 MMF 다이어그램을 만들 수 있다. 교호하지 않은 다중 층 권선에서 높은 최대 MMF가 나타나 큰 맴돌이 전류를 야기하여 동손이 크게 발생한다.
11. 층의 동손을 자기장의 세기 또는 층 주위의 MMF의 함수로 나타낸 식이 7.4.4절에

주어져 있다. 권선의 각 층에서 발생하는 동손을 계산하기 위해 MMF 다이어그램과 함께 이 식을 사용할 수 있다. 이 들을 모두 합하면 전체 권선의 동손을 구한다. 유효 층 두께가 한 표피 깊이와 비슷하거나 크면 교호하지 않은 다중 층 권선의 동손은 상당히 증가한다.

12. 권선의 PWM 전류에는 전체 고조파 왜곡이 매우 크므로 동손이 더욱 증가한다. 교호하지 않은 다중 층 권선에서 유효 층 두께가 한 표피 깊이 근처이면 전류 고조파에 의한 근접 손실은 매우 심각해진다.

참고문헌

[1] MIT Staff, Magnetic Circuits and Transformers, Cambridge: The MIT Press, 1943.

[2] J. K. Watson, Applications of Magnetism, New York: John Wiely & Sons, 1980.

[3] R. Severns and G. Bloom, Modern Dc-to-Dc Switchmode Power Converter Circuits, New York: Van Nostrand Reinhold, 1985.

[4] A. Dauhajre and R. D. Middlebrook, "Modeling and Estimation of Leakage Phenomena in Magnetic Circuits," IEEE Power Electronics Specialists Conference, 1986 Record, pp. 213-226.

[5] S. El-Hamamsy and E. Chang, "Magnetics Modeling for Computer-Aided Design of Power Electronics Circuits," IEEE Power Electronics Specialists Conference, 1989 Record, pp. 635-645.

[6] P. L. Dowell, "Effects of Eddy Currents in Transformer Windings," Proceedings of the IEEE, Vol. 113, No. 8, pp. 1387-1394, August 1966.

[7] M. P. Perry, "Multiple Layer Series Connected Winding Design for Minimum Loss," IEEE Trans. on Power Apparatus and Systems, Vol. PAS-98, No. 1, pp. 116-123, Jan./Feb. 1979.

[8] P. S. Venkatraman, "Winding Eddy Current Losses in Switch Mode Power Transformers Due to Rectangular Wave Currents," Proceedings of Powercon 11, pp. A.1.1-A.1.11, 1984.

[9] B. Carsten, "High Frequency Conductor Losses in Switchmode Magnetics," High Frequency Power Converter Conference, 1986 Record, pp. 155-176.

[10] J. P. Vandelac and P. Ziogas, "A Novel Approach for Minimizing High Frequency Transformer Copper Losses," IEEE Power Electronics Specialists Conference, 1987 Record, pp. 355-367.

[11] A. M. Urling, V. A. Niemela, G. R. Skutt, and T. G. Wilson, "Characterizing High-Frequency Effects in Transformer Windings- A Guide to Several Significant Articles," IEEE Applied Power Electronics Conference, 1989 Record, pp. 373-385.

[12] S. Ćuk and R. D. Middlebrook, "Coupled-Inductor and Other Extensions of a New Optimum Topology Switching Dc-to-Dc Converter," IEEE Industry Applications Society Annual Meeting, 1977 Proceedings, pp. 1110-1122.

[13] S. Ćuk and Z. Zhang, "Coupled-Inductor Analysis and Design," IEEE Power Electronics Specialists Conference, 1986 Record, pp. 655-665.

연 · 습 · 문 · 제

7.1 그림 7.51(a)에 나타낸 코어의 두께는 1 cm이다. 오른쪽 수직 다리의 폭은 0.5 cm이고 다른 모든 다리의 폭은 1 cm이다. 모퉁이에 의한 자속 분포의 불균일성을 무시할 수 있다.

(a) 이 소자의 자기회로 모델을 구하고, 모든 릴럭턴스의 값을 표기하시오.

(b) 권선의 인덕턴스를 구하시오.

두 번째 권선을 그림 7.51(b)에서와 같이 같은 코어에 추가한다.

(c) 이 권선을 포함하도록 문제 (a)의 모델을 수정하시오.

(d) 이 회로에 대한 전기 방정식을 다음과 같이 쓸 수 있다.

$$\begin{bmatrix} v_1 \\ v_2 \end{bmatrix} = \begin{bmatrix} L_{11} & L_{12} \\ L_{12} & L_{22} \end{bmatrix} \frac{d}{dt} \begin{bmatrix} i_1 \\ i_2 \end{bmatrix}$$

중첩의 원리를 이용하여 L_{11}, L_{12}와 L_{22}에 대한 식과 수치 값을 구하시오.

7.2 그림 7.52(a)에서처럼 균일한 단면적 A_c = 1 cm^{2}인 코어에 두 권선이 감겨 있다. 각 권선은 50턴으로 감겨 있고 코어의 비투자율은 $\mu_r = 10^4$이다.

(a) 등가 자기회로를 도시하고, 각 릴럭턴스의 값을 구하시오.

(b) 각 권선의 자기 인덕턴스를 구하시오.

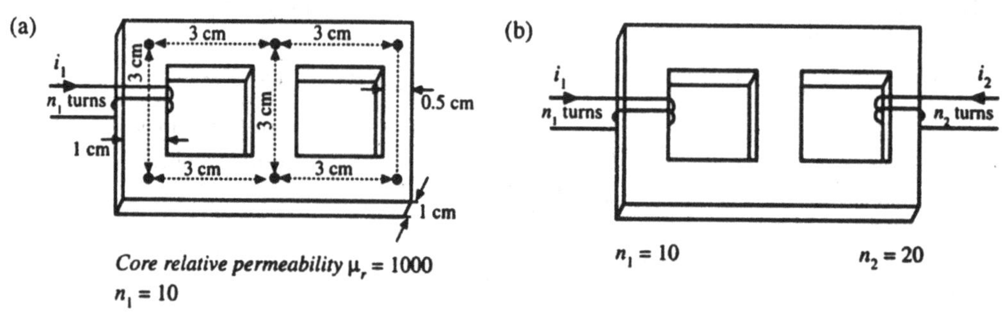

그림 7.51 문제 7.1

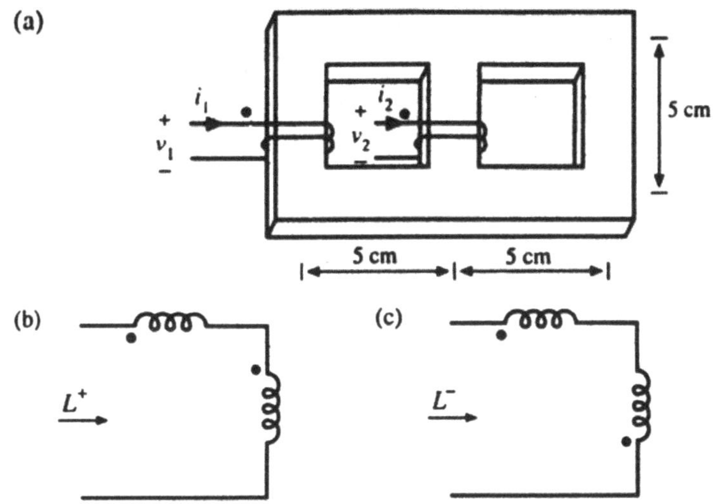

그림 7.52 문제 7.2

(c) 그림 7.52(b)에서처럼 권선을 직렬로 연결한 경우 얻어지는 인덕턴스 L^+를 구하시오.

(d) 그림 7.52(c)에서처럼 권선을 역 방향의 직렬로 연결한 경우 얻어지는 인덕턴스 L^-를 구하시오.

7.3 그림 7.53에 나타낸 자기소자의 세 개의 다리는 균일한 단면적 A_c를 갖는다. 다리 1과 다리 2의 경로 길이는 각각 3ℓ 이고, 다리 3의 경로 길이는 ℓ 이다. 두 권선의 턴 수는 n이다. 코어의 투자율은 $\mu >> \mu_0$이다.

(a) 등가 자기회로를 도시하고, 각 소자의 값에 대한 식을 나타내시오.

전압원을 권선 1에 연결하여 $v_1(t)$는 첨두 크기 V_{max}, 주기 T_s인 사각파이다. 권선 2는 개방회로이다.

(b) 전류 $i_1(t)$를 도시하고 첨두 값을 나타내시오.

(c) 다리 2에서의 자속 $\varphi_2(t)$를 도시하고 첨두 값을 구하시오.

(d) 전압 $v_2(t)$를 도시하고 첨두 값을 나타내시오.

7.4 그림 7.54(a)에 나타낸 자기소자는 두 개의 권선으로 구성되어 있어 Ćuk, SEPIC

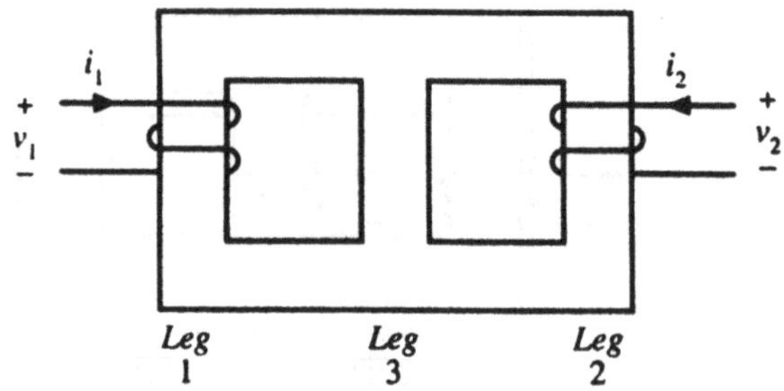

그림 7.53 문제 7.3에 대한 자기 코어

또는 다른 유사한 컨버터의 두 개의 인덕터를 대체할 수 있다. 이 문제에서 세 개의 모든 다리는 균일한 단면적 A_c를 갖는다. 각 다리에는 길이 g_1, g_2와 g_3의 공극이 있다. 코어 투자율 μ는 매우 크다. 누설 자속을 무시할 수 있다. 다리 1과 다리 2의 권선은 각각 n_1과 n_2의 턴을 갖는다.

(a) 등가 자기회로를 유도하고, 각 릴럭턴스에 대한 식을 구하시오. MMF원의 극성을 표시하시오.

(b) 이 소자에 대한 전기 방정식을 다음과 같이 쓸 수 있다.

$$\begin{bmatrix} v_1 \\ v_2 \end{bmatrix} = \begin{bmatrix} L_{11} & L_{12} \\ L_{12} & L_{22} \end{bmatrix} \frac{d}{dt} \begin{bmatrix} i_1 \\ i_2 \end{bmatrix}$$

L_{11}, L_{12}와 L_{22}에 대한 식을 구하시오.

(c) 이 소자에 대한 전기회로 모델을 유도하고, 모델에서 권선비와 각 인덕턴스를 턴 수와 문제 (a)의 릴럭턴스의 항으로 나타내시오.

하나의 자기 소자를 사용하여 그림 7.54 (b)에서처럼 Ćuk 컨버터의 두 인덕터를 구현할 수 있다.

(d) 미소 맥동 근사화를 적당히 이용하여 전압 파형 $v_1(t)$, $v_2(t)$를 도시하시오.

(e) 문제 (d)의 전압 파형을 문제 (b)와 (c)의 모델에 적용한다. 구간 DT_s와 $D'T_s$ 동안 인덕터 전류 맥동의 기울기를 구하기 위해 모델을 푸시오. 정상상태에서의 인덕터 전류 파형 $i_1(t)$과 $i_2(t)$를 도시하고 기울기를 기입하시오.

(f) 공극 길이와 n_1/n_2를 잘 선택하면 $i_1(t)$ 또는 $i_2(t)$의 인덕터 전류 맥동 Δi를 영으

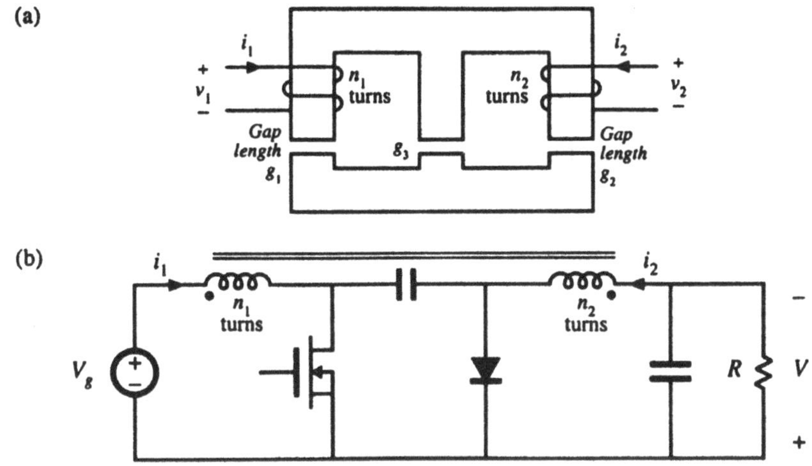

그림 7.54 문제 7.4에 대한 자기 코어 및 컨버터

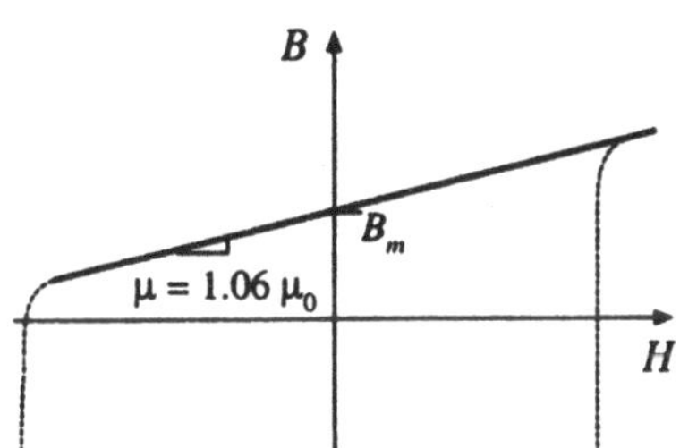

그림 7.55 문제 7.5에 대한 영구자석의 B-H 특성

로 만들 수 있다. 이렇게 만들기 위한 n_1/n_2, g_1, g_2와 g_3의 조건을 구하시오. 결과적인 전류 파형 $i_1(t)$과 $i_2(t)$를 도시하고, 모든 기울기를 기입하시오.

이러한 방법으로 인덕터를 결합할 수 있으며 인덕터 전압 파형이 서로 비례하는 모든 컨버터에서 인덕터 맥동 전류 중에 하나를 영으로 만들 수 있다.

7.5 이용 가능한 동작 범위에 대해 어떤 영구 자석은 그림 7.55에 보인 것처럼 진한 선의 $B-H$ 특성을 갖는다. 자석의 길이는 0.5 cm이고 단면적은 4 cm^{2}이고, B_m = 1 T이다. 자석에 대한 자기 등가회로 모델을 유도하고 각 소자의 수치 값을 나타내시오.

7.6 그림 6.28의 두 트랜지스터 포워드 컨버터는 V_g = 300 V, V = 28 V, 스위칭 주파수 f_s = 100 kHz에서 동작한다. 권선비 n = 0.25이고 직류 부하 전력은 250 W이다. 변압기의 코어는 EC41 페라이트 코어이며 주요 데이터는 부록 B에 주어져 있다. 코어 손실은 그림 7.20에 주어져 있다. 일차 권선에는 AWG #21 선이 44회 감겨 있고, 이차 권선에는 AWG #15 선이 11회 감겨 있다. 미국 선 규격에 관한 데이터는 부록 B를 참조하기 바란다.

(a) 이 변압기의 코어 손실을 추정하시오.

(b) 이 변압기의 동손을 구하시오. 근접 손실은 무시할 수 있다.

7.7 그림 6.28의 두 트랜지스터 포워드 컨버터는 V_g = 300 V, V = 28 V, 스위칭 주파수 f_s = 100 kHz에서 CCM으로 동작한다. 권선비 n = 0.25이고 직류 부하 전력은 250 W이다. 변압기의 코어는 EC41 페라이트 코어이며 주요 데이터는 부록 B에 주어져 있다. 코어 손실은 그림 7.20에 주어져 있다. 이 코어의 창 높이는 ℓ_w = 2.78 cm이다. 일차 권선에는 AWG #24 선이 44회 감겨 있고, 이차 권선에는 AWG #14 선이 11회 감겨 있다. 미국 선 규격에 관한 데이터는 부록 B를 참조하기 바란다. 권선은 실온에서 동작한다.

(a) 권선 전류의 직류 성분에 의한 일차 및 이차 동손을 구하시오.

(b) 권선 전류의 기본파 성분에 의한 일차 및 이차 동손을 구하시오.

(c) 권선 전류의 2차 고조파 성분에 의한 일차 및 이차 동손을 구하시오.

7.8 고전압 인버터에서 변압기의 권선 전류는 거의 정현파이므로 고조파와 직류 성분을 무시할 수 있다. 일차 권선은 원통 구리선을 10회 감은 한 층으로 구성된다. 이차 권선은 원통 구리선을 250회 감겨 있고, 10층으로 구성된다. 동작 주파수는 f_s = 50 kHz이고 권선의 공극률은 0.8이다. 전체 동손을 최소화하는 일차 및 이차 권선의 선 직경과 선 규격을 결정하시오.

7.9 어떤 세 권선 변압기는 하나의 일차와 두 개의 이차 권선을 갖는다. 동작 주파수는 40 kHz이다. 일차 권선에는 3층으로 AWG #26 선이 전체 60회 감겨 있고, 이

차 권선에는 각 층에 한 턴으로 구리 박판이 5회 감겨 있다. 박판의 두께는 0.25 mm이다. 일차 층의 공극률은 0.8이고, 이차 층의 공극률은 1이다. 일차 권선에는 실효값 I의 정현파 전류가 흐르고 반면 각 이차 권선에는 실효 전류 $6I$가 흐른다. 권선은 교호하지 않았다. 일차 권선은 코어의 중간 다리에 가장 가깝고, 다음으로 이차 권선 #1과 이차 권선 #2 순으로 가깝다.

(a) 각 권선 층 부근에서 자기장을 나타내는 MMF 다이어그램을 도시하시오.

(b) 각 층에서 근접효과에 의해 증가된 동손을 구하시오.

(c) 전체 변압기 권선에 대한 동손 대 직류 동손 비 F_R을 구하시오.

(d) 이 응용에서 일차 권선을 다른 권선과 교호하기 어렵다. 그러나 도체의 크기를 바꾸는 것은 가능하다. 어떻게 권선을 더 좋게 최적화할 수 있는가를 설명하시오.

7.10 변압기 권선은 4층의 일차 권선과 두 개의 2층 이차 권선을 갖는다. 일차 권선의 각 층에는 전체 전류 I가 흐르고, 이차 권선 #1의 각 층에는 전체 전류 $1.5I$가 흐른다. 이차 권선 #2의 각 층에는 전체 전류 $0.5I$가 흐른다. 모든 전류는 정현파이다. 유효 상대 도체 두께는 $\varphi = 2$이다. 권선은 다음과 같은 순서로 부분적으로 교호되어 있다. 일차 권선의 두 개 층, 이차 권선 #1의 두 층, 이차 권선 #2의 두 층, 일차 권선의 나머지 두 개 층

(a) 이러한 권선 분포에 대한 MMF 다이어그램을 도시하시오.

(b) 각 층에서 근접효과에 의해 증가된 동손을 구하시오.

(c) 근접효과에 의한 전체 변압기 동손의 증가분을 구하시오.

7.11 단일 출력 포워드 컨버터에는 4층으로 구성된 교호하지 않는 이차 권선을 갖는 변압기가 있다. 컨버터는 $D = 0.3$에서 CCM으로 동작하고 이차 권선의 전류 파형은 그림 7.38과 유사하다.

(a) 이차 권선의 동손을 최소화하는 φ_1의 값을 예측하시오.

(b) $I_{rms}^2 R_{dc}$에 상대적인 이차 권선의 동손을 구하시오.

7.12 CCM에서 동작하는 분리 SEPIC 컨버터의 회로와 파형이 그림 6.38과 6.39에 주

어져 있다.

(a) SEPIC 변압기에 공극이 있을 것으로 예상하는지? 그 이유는?

(b) CCM 동작에 대한 SEPIC 변압기의 *B-H* 루프를 도시하시오.

(c) CCM 동작에 대해 코어 손실이 매우 클 것으로 예상하는가? 이유를 설명하시오.

(d) CCM 동작에 대해 권선의 근접 손실이 매우 클 것으로 예상하는가? 이유를 설명하시오.

제8장 인덕터 설계

이 장에서는 K_g 방법을 이용하여 필터 인덕터 등 자기소자를 설계한다. 이 방법으로 최대 자속밀도 B_{max}를 앞서 규정하고 주어진 동손을 만족하는 소자를 설계한다.

기본 필터 인덕터 설계에 내해 8.1절과 8.1.5절에서 다룬다. 필터 인덕터 응용에서 원하는 인덕턴스를 얻고, 자기 포화를 피하고, 허용 가능할 정도로 작은 직류 권선 저항과 동손을 얻을 필요가 있다. 직류 동손과 권선 저항이 주된 제약 조건일 때 기하학적인 상수 K_g는 코어의 실효 자기 크기의 척도이다[1,2]. 필터 인덕터의 설계에서 응용에 충분히 큰 K_g를 갖는 코어의 선택과 필요한 공극, 턴 수와 선 규격을 계산한다. 간단한 단계별 필터 인덕터 설계 절차를 제시한다. 일반 페라이트 코어 형상에 대한 K_g의 값을 부록 B의 표에 나타낸다.

8.3절에서 K_g 방법을 확장하여 다중 권선을 갖는 소자의 설계에 적용한다. 다중 권선이 필요한 응용에서 전체 동손이 최소가 되도록 권선의 선 규격을 최적화할 필요가 있다. 또한 첨두 자속밀도를 인가된 파형 또는 원하는 권선 인덕턴스에 관계를 맺는 방정식이 필요하다.

이 장에서 K_g 방법의 목표는 주어진 동손을 갖는 자기소자를 설계하는 것이다. K_g 방법에서는 코어 손실이 명확하게 주어지지 않고 최대 자속밀도 B_{max}는 주어진 상수 값이다. 다음 장에서 최적화해야 할 설계 변수로 자속 밀도를 취급한다. 이를 통해 전체 손실 즉, 코어 손실과 동손을 최소화한다.

8.1 필터 인덕터 설계의 제약 조건

CCM 벅 컨버터에 적용되는 필터 인덕터를 그림 8.1(a)에 나타낸다. 이 응용에서 그림 8.1(b)에 나타낸 바와 같이 인덕터 전류 맥동의 첨두 크기 Δi가 전부하 인덕터 전류의 직류 성분 I보다 작도록 인덕턴스 L의 값을 선정한다. 첨두 전류 $I + \Delta i$에 의해 코어가 포화되는 것을 방지하기 위해 그림 8.2에서와 같이 충분히 큰 공극을 갖는다.

그림 8.1과 8.2에 보인 필터 인덕터를 설계하자. 코어 손실과 근접 손실을 무시할 수 있으므로 저 주파수 동손이 인덕터 손실의 대부분이라고 가정한다. 따라서 필터 인덕터를 그림 8.3의 등가회로로 모델링할 수 있고, R은 권선의 직류 저항을 나타낸다. 주어진 인덕턴스 L과 주어진 권선 저항 R을 얻고자 한다. 주어진 최악 조건의 첨두 전류 I_{max}가 인가될 때 인덕터는 포화되지 말아야 한다. 다음 식 때문에 R의 사양은 동손 P_{cu}의 사양과 같다.

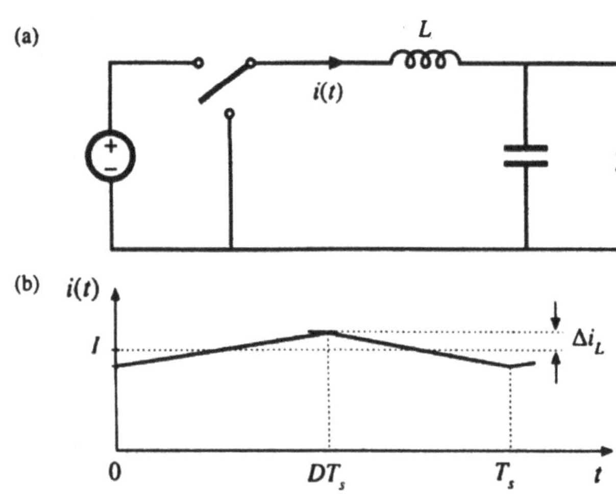

그림 8.1 CCM 벅 컨버터의 필터 인덕터: (a) 회로, (b) 인덕터 전류 파형

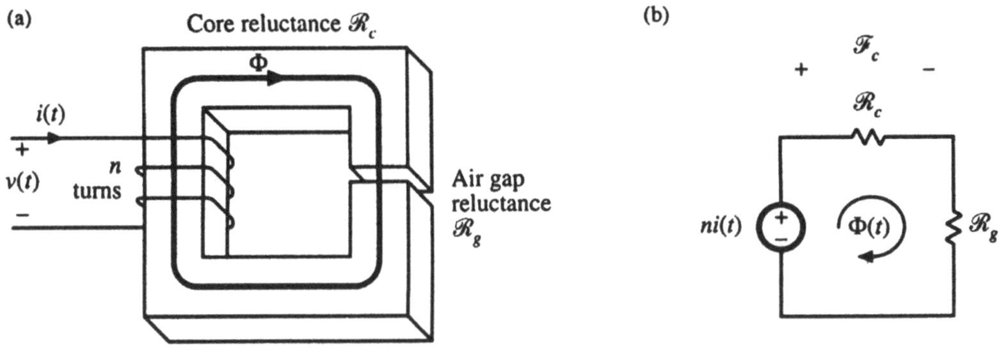

그림 8.2 필터 인덕터: (a) 구조, (b) 자기 등가회로

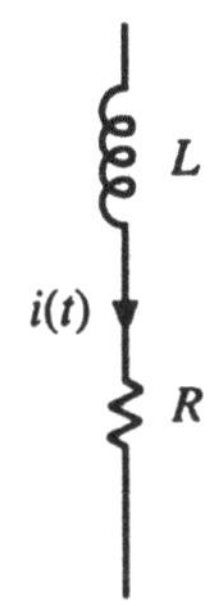

그림 8.3 필터 인덕터의 등가회로

$$P_{cu} = I_{rms}^2 R \tag{8.1}$$

컨버터 효율과 출력 전압에 대한 인덕터 권선 저항의 영향을 3장에서 모델링하였다.

인덕터의 모양은 그림 8.4(a)와 등가이다. 자기 등가회로를 그림 8.4(b)에 나타낸다. 코어 릴럭턴스 $\mathcal{R}_c$와 공극 릴럭턴스 $\mathcal{R}_g$는 다음과 같다.

$$\mathcal{R}_c = \frac{\ell_c}{\mu_c A_c} \tag{8.2}$$
$$\mathcal{R}_g = \frac{\ell_g}{\mu_0 A_c}$$

여기서 ℓ_c는 코어 자기 경로 길이, A_c는 코어 단면적, μ_c는 코어 투자율, ℓ_g는 공극 길

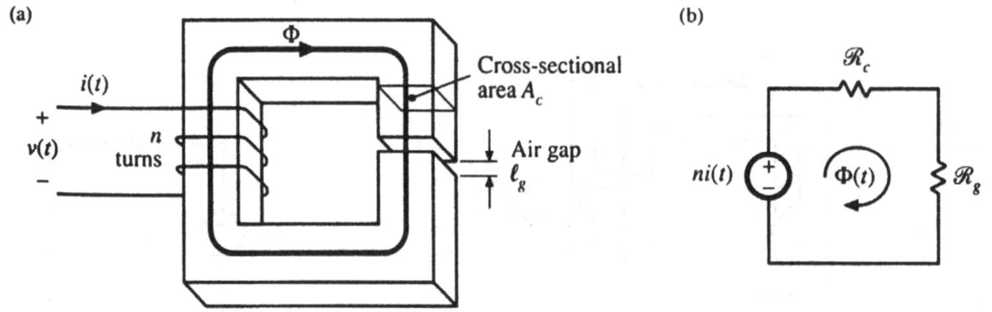

그림 8.4 필터 인덕터: (a) 구조, (b) 자기 등가회로

이이다. 코어와 공극의 단면적은 같다고 가정한다. 그림 8.4(b)의 해는 다음과 같다.

$$ni = \Phi(\mathcal{R}_c + \mathcal{R}_g) \tag{8.3}$$

일반적으로 $\mathcal{R}_c \ll \mathcal{R}_g$이므로 식 (8.3)을 다음과 같이 근사화할 수 있다.

$$ni \approx \Phi \mathcal{R}_g \tag{8.4}$$

즉, 공극이 인덕터의 성질을 좌우한다. 이제 네 개의 설계 제약조건인 최대 자속밀도, 인덕턴스, 권선 면적과 권선 저항을 확인할 수 있다.

8.1.1 최대 자속밀도

첨두 권선 전류 I_{max}가 주어지면 코어 자속밀도를 최대값 B_{max}에서 동작시키는 것이 바람직하다. B_{max}의 값은 코어 물질의 최악 조건의 포화 자속밀도 B_{sat}보다 작게 선택한다. 식 (8.4)에 $\Phi = BA_c$를 대입하면 다음과 같다.

$$ni = BA_c \mathcal{R}_g \tag{8.5}$$

$I = I_{max}$, $B = B_{max}$라면 이 식은 다음과 같다.

$$nI_{max} = B_{max} A_c \mathcal{R}_g = B_{max} \frac{\ell_g}{\mu_0} \tag{8.6}$$

이 식이 첫 번째 설계 제약조건이다. 턴 수 n과 공극 길이 ℓ_g가 미지수이다.

8.1.2 인덕턴스

주어진 인덕턴스 L을 얻어야 한다. 인덕턴스는 다음과 같다.

$$L = \frac{n^2}{\mathcal{R}_g} = \frac{\mu_0 A_c n^2}{\ell_g} \tag{8.7}$$

이 식이 두 번째 설계 제약조건이다. 턴 수 n과 공극 길이 ℓ_g 그리고 코어 단면적 A_c가 미지수이다.

8.1.3 권선 면적

그림 8.5에서와 같이 권선은 창, 즉 코어 가운데에 있는 구멍에 적합해야 한다. 도체의 단면적 또는 구리만의 면적을 A_w, 권선의 턴 수를 n이라 하면 창에 있는 구리 도체의 면적은 다음과 같다.

$$nA_w \tag{8.8}$$

코어의 창 면적을 W_A라 하면 권선 도체가 이용할 수 있는 면적을 다음과 같이 쓸 수 있다.

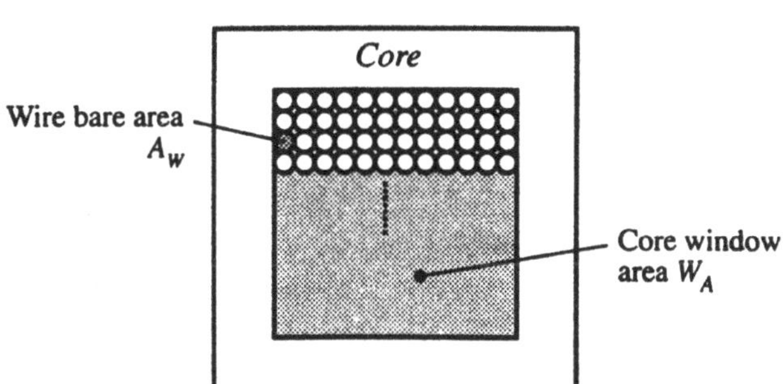

그림 8.5 권선은 코어 창 면적에 적합해야 한다

$$K_u W_A \tag{8.9}$$

여기서 K_u는 창 이용계수(window utilization factor 또는 fill factor)이다. 따라서 세 번째 설계 제약조건을 다음과 같이 표현할 수 있다.

$$K_u W_A \geq n A_w \tag{8.10}$$

창 이용계수 K_u는 구리 도체로 채워지는 코어 창 면적의 일부분으로 0과 1 사이의 값을 갖는다. 참고문헌 [1]에서 검토한 바와 같이 창 이용계수 K_u가 1보다 작은 여러 원인이 있다. 원통형 선으로 완전하게 창을 꽉 채울 수 없으므로 K_u는 권선 방법에 따라 0.7에서 0.55배만큼 감소한다. 선은 절연되어 있다. 선의 규격과 절연 형식에 따라 선 도체 면적과 전체 선 면적의 비는 대략 0.95에서 0.65 사이에 있다. 보빈(bobbin: 선을 감기 위한 틀)을 사용할 창 면적이 필요하다. 권선 간에 그리고 층 간에 절연이 필요할 수 있다. 보빈을 갖는 코어에 대한 전형적인 K_u는 다음과 같다. 단순한 저 전압 인덕터는 0.5, 오프-라인 변압기는 0.25 ~ 0.3, 수 kV를 공급하는 고 전압 변압기는 0.05 ~ 0.2, 그리고 저 전압 박판 변압기 또는 인덕터는 0.65이다.

8.1.4 권선 저항

권선 저항은 다음과 같다.

$$R = \rho \frac{l_b}{A_w} \tag{8.11}$$

여기서 ρ는 도체의 저항률이고, l_b는 도체의 길이, A_w는 선의 구리 단면적을 나타낸다. 실온에서 구리의 저항률은 $1.724 \cdot 10^{-6}$ Ω-cm이다. 권선이 n턴일 때 선의 길이는 다음과 같다.

$$l_b = n(MLT) \tag{8.12}$$

여기서 (MLT)는 권선의 턴 당 평균 길이를 나타낸다. 턴 당 평균 길이는 코어 구조의 함수이다. 식 (8.12)를 식 (8.11)에 대입하면 다음과 같다.

$$R = \rho \frac{n(MLT)}{A_w} \tag{8.13}$$

이 식이 네 번째 설계 제약조건이다.

8.1.5 코어의 기하학적 상수 K_g

네 개의 제약 조건 식 (8.6), (8.7), (8.10)과 (8.13)에는 코어 구조의 함수인 양 A_c, W_A와 MLT가 있고, 설계 사양으로 주어지는 양 I_{max}, B_{max}, μ_0, L, K_u, R과 ρ가 있고, 그리고 미지수인 n, l_g와 A_w가 있다. 미지수인 n, l_g와 A_w를 소거하면 다음의 부등식을 얻는다.

$$\frac{A_c^2 W_A}{(MLT)} \geq \frac{\rho L^2 I_{\max}^2}{B_{\max}^2 R K_u} \tag{8.14}$$

이 부등식의 오른쪽 항에 있는 양들은 설계 사양이나 다른 알려진 양이다. 왼쪽 항의 양들은 코어 구조만의 함수이다. 식 (8.14)를 만족하는 구조를 갖는 코어를 선택해야 한다.

코어의 기하학적 상수를 다음과 같이 정의한다.

$$K_g = \frac{A_c^2 W_A}{(MLT)} \tag{8.15}$$

이 상수는 동손과 최대 자속밀도가 주어진 응용에서 자기 코어의 실효 전기적인 크기를 나타내는 척도이다. 여러 표준 규격의 페라이트 코어에 대한 K_g를 부록 B에 포함한다. K_g는 길이의 5제곱 단위를 갖는다.

식 (8.14)는 설계 사양이 코어 크기에 어떻게 영향을 주는가를 나타낸다. 인덕턴스나 첨두 전류를 증가하면 코어 크기는 증가한다. 첨두 자속밀도를 증가하면 코어 크기가 감소하므로 높은 포화 자속밀도를 보이는 코어 물질을 사용하는 것이 바람직하다. 더 큰 권선 저항 즉, 더 큰 동손을 허용하면 코어는 더 작아진다. 물론 증가된 동손과 작아진 코어 크기에 의해 온도가 더 높게 상승한다. 이는 받아들일 수 없을 수 있다. 창 이용계수 K_u도 코어 크기에 영향을 준다.

식 (8.15)는 코어 구조가 코어 용량에 어떻게 영향을 주는가를 나타낸다. 코어 단면적 A_c나 창 면적 W_A를 증가시키면 증가된 전기적 요구를 만족할 수 있는 인덕터를 얻을 수 있다. 코어 단면적을 증가하면 철심 재료가 더 필요하다. 창 면적을 증가하면 구리 권선 재료가 더 필요하다. 식 (8.15)의 K_g를 한 값으로 유지하면서 코어 구조를 변경하여 철 대신 구리 또는 구리 대신 철로 타협할 수 있다.

8.2 단계별 설계 절차

8.1절에서 서술한 절차를 아래에 정리한다. 첫 번째 설계 문제로 간단한 필터 인덕터의 설계 절차를 생각한다. 상세한 절연 조건, 도체의 맴돌이 전류 손실, 온도 상승 그리고 턴 수의 반올림 등 많은 문제를 무시한다.

주어진 단위를 갖는 다음의 양이 주어진다.

선 저항률	ρ	(Ω-cm)
첨두 권선 전류	I_{max}	(A)
인덕턴스	L	(H)
권선 저항	R	(Ω)
권선의 창 이용계수	K_u	
최대 자속밀도	B_{max}	(T)

코어의 치수는 cm 단위로 표시된다.

코어 단면적	A_c	(cm^2)
코어 창 면적	W_A	(cm^2)
턴 당 평균 길이	MLT	(cm)

단위를 cm로 사용하여 적당한 계수를 설계 방정식에 부가해야 한다.

1. *코어 크기 결정*

$$K_g \geq \frac{\rho L^2 I_{max}^2}{B_{max}^2 R K_u} 10^8 \quad (\text{cm}^5) \tag{8.16}$$

이 부등식을 충분히 만족하도록 코어를 선택한다. 코어의 A_c, W_A와 MLT의 값을 주목하라.

구리선의 저항률 ρ는 실온에서 1.724×10^{-6} Ω-cm이고 100˚C에서 2.3×10^{-6} Ω-cm이다.

2. *공극 길이 결정*

$$\ell_g = \frac{\mu_0 L I_{\max}^2}{B_{\max}^2 A_c} 10^4 \quad (\text{m}) \tag{8.17}$$

여기서 A_c의 단위는 cm^2이고 $\mu_0 = 4\pi\times10^{-7}$ H/m이다. 공극 길이의 단위는 m이다. 식 (8.17)의 값은 공극 주변으로 퍼지는 자속과 다른 비선형성을 무시하여 근사화한 식이다.

공극이 있는 코어를 구매할 수 있다. 공극 길이를 구하는 대신에 등가적인 양 A_L을 사용할 수 있다. A_L은 1,000 턴을 갖는 권선에서 얻어지는 mH 단위의 인덕턴스와 같다. A_L이 주어지면 코어 공극 길이를 얻는 일은 코어 생산자가 할 일이다. 식 (8.17)을 다음과 같이 필요한 A_L을 얻기 위한 식으로 바꿀 수 있다.

$$A_L = \frac{10 B_{\max}^2 A_c^2}{L I_{\max}^2} \quad (\text{mH}/1{,}000\ \text{턴}) \tag{8.18}$$

여기서 A_c의 단위는 cm^2이고 L의 단위는 H이고 B_{max}의 단위는 Tesla이다.

3. *턴 수 결정*

$$n = \frac{L I_{\max}}{B_{\max} A_c} 10^4 \tag{8.19}$$

4. *선 규격 결정*

$$A_w \le \frac{K_u W_A}{n} \quad (\text{cm}^2) \tag{8.20}$$

이 값보다 작거나 같은 구리 단면적을 갖는 선을 선택한다. 미국 선 규격(AWG) 표를 부록 B에 나타낸다.

확인 사항으로 권선 저항을 다음과 같이 계산할 수 있다.

$$R = \frac{\rho n (MLT)}{A_w} \qquad (\Omega) \tag{8.21}$$

8.3 K_g 방법에 의한 다중 권선의 자기 설계

K_g 방법을 7.5.3절부터 7.5.5절에서 서술한 변압기와 결합 인덕터와 같은 다중 권선을 갖는 자기소자 설계로 확장할 수 있다. 원하는 권선 전압 및 전류 파형과 마찬가지로 원하는 권선비가 주어진다. 결합 인덕터나 플라이백 변압기의 경우 자화 인덕턴스의 값도 주어진다. 코어의 크기와 각 권선의 턴 수 그리고 선 규격을 결정해야 한다. 또한 최대 자속밀도 B_{max}도 주어진다고 가정한다.

K_g 방법으로 원하는 동손을 얻는다. 다중 권선의 경우 각 권선에는 동손이 발생하고, 이용 가능한 코어 창을 여러 권선에 할당해야 한다. 8.3.1절에서 코어 창 면적을 피상 전력에 따라 권선에 할당하면 전체 동손을 최소화할 수 있음을 알 수 있다. 이 결과를 다음 절에서 적용하고 결합 인덕터 설계를 위한 최적화된 K_g 방법을 유도한다.

8.3.1 코어 창의 면적 할당

다중 권선을 갖는 자기소자를 설계할 때 생각해야 할 첫 번째 문제는 코어 창의 면적 W_A를 여러 권선에 할당하는 것이다. 권선비 $n_1 : n_2 : \cdots : n_k$인 k개의 권선을 갖는 소자를 설계한다고 가정한다. 권선에는 각각 실효 전류 I_1, I_2, $\cdots$, I_k가 흘러야 한다. 권선들은 실제로 병렬로 연결되어야 하고 권선 전압은 이상적으로 다음의 권선비에 의해 관계를 갖는다.

$$\frac{v_1(t)}{n_1} = \frac{v_2(t)}{n_2} = \cdots = \frac{v_k(t)}{n_k} \tag{8.22}$$

권선의 실효 전류는 부하에 의해 결정되지만 일반적으로 권선비에는 관계되지 않는다.

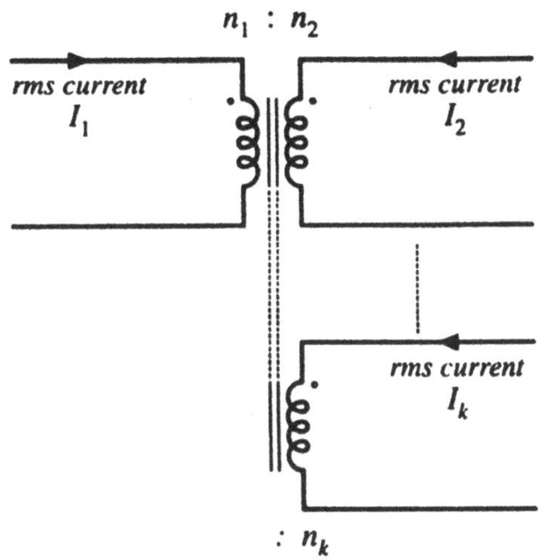

그림 8.6 다중 권선을 갖는 자기소자

소자를 도식적으로 그림 8.6에 나타낸다.

관계되는 기하학적인 파라미터를 그림 8.7(a)에 정리한다. 그림 8.7(b)와 같이 전체 창 면적 W_A를 각 권선에 할당해야 한다. 권선 j에 할당된 창 면적의 부분을 α_j라 하면

$$0 < \alpha_j < 1 \qquad (8.23)$$
$$\alpha_1 + \alpha_2 + \cdots + \alpha_k = 1$$

이다. 권선 j의 저 주파수 동손 $P_{cu,j}$는 다음과 같이 권선 j의 직류 저항 R_j에 의존한다.

$$P_{cu,j} = I_j^2 R_j \qquad (8.24)$$

권선 j의 직류 저항은 다음과 같다.

$$R_j = \rho \frac{\ell_j}{A_{W,j}} \qquad (8.25)$$

여기서 ρ는 도체의 저항률이고 ℓ_j는 권선 j에 사용된 선의 길이이고 $A_{W,j}$는 권선 j에 사용된 구리선의 단면적을 나타낸다. 이 양들을 다음과 같이 표현할 수 있다.

$$\ell_j = n_j(MLT) \qquad (8.26)$$

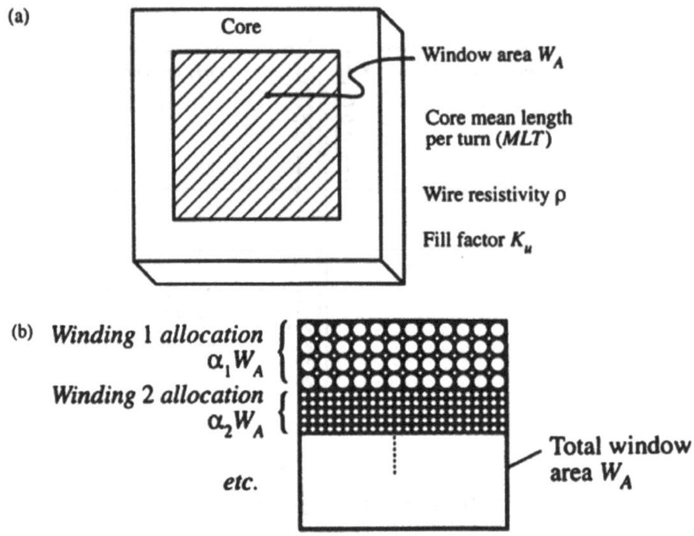

그림 8.7 기본 코어의 파라미터(a), 코어 창 할당(b)

$$A_{W,j} = \frac{W_A K_u \alpha_j}{n_j} \tag{8.27}$$

여기서 (MLT)는 권선의 턴 당 평균 길이, K_u는 창 이용계수이다. 이 식들을 식 (8.25)에 대입하면 다음과 같다.

$$R_j = \rho \frac{n_j^2 (MLT)}{W_A K_u \alpha_j} \tag{8.28}$$

그러므로 권선 j의 동손은

$$P_{cu,j} = \frac{n_j^2 i_j^2 \rho (MLT)}{W_A K_u \alpha_j} \tag{8.29}$$

이고, 전체 k 권선의 동손은

$$P_{cu,tot} = P_{cu,1} + P_{cu,2} + \cdots + P_{cu,k} = \frac{\rho (MLT)}{W_A K_u} \sum_{j=1}^{k} \left(\frac{n_j^2 I_j^2}{\alpha_j} \right) \tag{8.30}$$

이다. 전체 동손 $P_{cu,tot}$를 최소로 하는 창 면적의 할당 α_j를 선택해야 한다. α_j 가운데 α_1을 0과 1 사이에서 변하게 하면 어떻게 되는가를 살펴보자.

α_1 = 0이면 권선 1에 코어 창 면적을 할당하지 않으므로 권선 1의 저항은 무한대가 된다. 권선 1의 동손도 무한대가 된다. 한편 다른 권선에는 최대의 코어 창 면적을 할당하게 되어 그 권선들의 동손은 감소한다. 그렇지만 전체 동손은 무한대이다. α_1 = 1이면 권선 1에 코어 창 면적 전부를 할당하므로 권선 1의 저 주파수 동손과 저항은 최소화된다. 하지만 나머지 권선의 동손이 무한대가 된다.

그림 8.8에 도시한 바와 같이 이 두 극한 사이에 전체 동손이 최소화되는 최적의 값 α_1이 존재한다. Lagrange 계수 방법을 이용하여 α_1, α_2, $\cdots$, α_k의 최적 값을 계산하자. 식 (8.23)의 제약조건에서 식 (8.30)을 최소화하고자 한다. 따라서 다음과 같은 함수를 정의한다.

$$f(\alpha_1, \alpha_2, \cdots, \alpha_k, \xi) = P_{cu,tot}(\alpha_1, \alpha_2, \cdots, \alpha_k) + \xi g(\alpha_1, \alpha_2, \cdots, \alpha_k) \tag{8.31}$$

여기서

$$g(\alpha_1, \alpha_2, \cdots, \alpha_k) = 1 - \sum_{j=1}^{k} \alpha_j \tag{8.32}$$

는 영이 되어야 하는 제약조건이고, ξ는 Lagrange 계수이다. 최적 점은 다음 방정식들의 해이다.

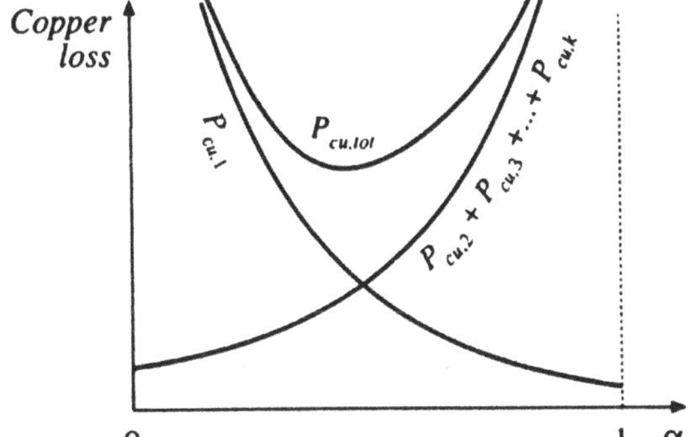

그림 8.8 α_1에 대한 동손

$$\frac{\partial f(\alpha_1, \alpha_2, \cdots, \alpha_k, \xi)}{\partial \alpha_1} = 0 \tag{8.33}$$
$$\frac{\partial f(\alpha_1, \alpha_2, \cdots, \alpha_k, \xi)}{\partial \alpha_2} = 0$$
$$\vdots$$
$$\frac{\partial f(\alpha_1, \alpha_2, \cdots, \alpha_k, \xi)}{\partial \alpha_k} = 0$$
$$\frac{\partial f(\alpha_1, \alpha_2, \cdots, \alpha_k, \xi)}{\partial \xi} = 0$$

해는 다음과 같다.

$$\xi = \frac{\rho(MLT)}{W_A K_u}\left(\sum_{j=1}^{k} n_j I_j\right)^2 = P_{cu,tot} \tag{8.34}$$

$$\alpha_m = \frac{n_m I_m}{\sum_{j=1}^{k} n_j I_j} \tag{8.35}$$

이 값은 최적의 창 면적 할당 α를 나타내고, 전체 동손 $P_{cu,tot}$의 최소값을 나타낸다.

식 (8.22)에 따라 권선 전압은 권선비에 비례한다. 따라서 식 (8.35)에 V_m/n_m으로 나누어 턴 수를 소거하면 창 면적 할당 α를 다른 형태로 나타낼 수 있다.

$$\alpha_m = \frac{V_m I_m}{\sum_{j=1}^{k} V_j I_j} \tag{8.36}$$

이 식은 원하는 결과로 실효 또는 첨두 전압에 관계없이 성립한다. 권선의 피상 전력에 비례하게 코어의 창 면적을 각 권선에 할당하는 것이 최적임을 의미한다. 식 (8.36)의 분자는 실효 전압과 전류를 곱한 권선 m의 피상 전력이고, 분모는 모든 권선의 피상 전력을 합한 항이다.

일 예로 그림 8.9의 이차 권선에 중간 탭이 있는 PWM 전 브리지 변압기를 생각하자. 이 변압기는 n_1 턴을 갖는 단일 일차 권선과 n_2 턴을 갖는 2개의 이차 권선으로 구성된 세 권선 변압기로 볼 수 있다. 권선 전류 $i_1(t)$와 $i_2(t)$ 그리고 $i_3(t)$를 그림 8.10에 도시한다. 실효값은 다음과 같다.

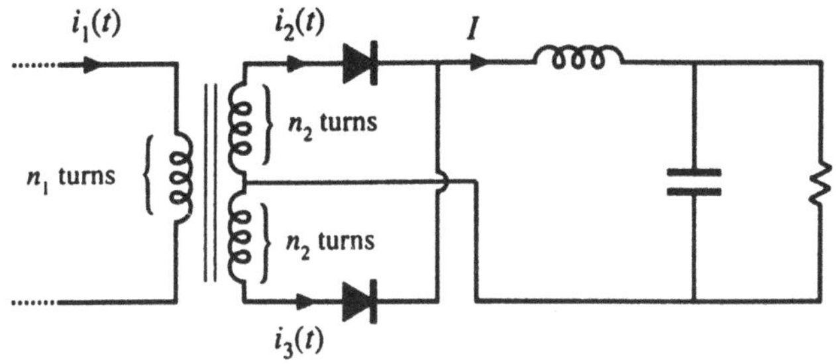

그림 8.9 PWM 전 브리지 변압기

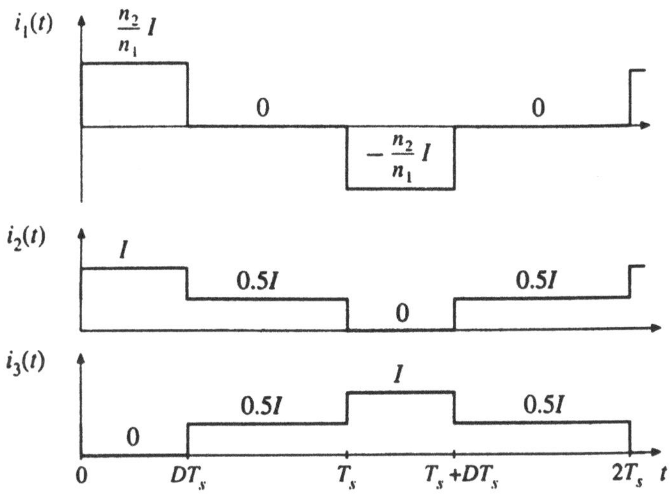

그림 8.10 PWM 전 브리지 변압기의 전류 파형

$$I_1 = \sqrt{\frac{1}{2T_s}\int_0^{2T_s} i_1^2(t)dt} = \frac{n_2}{n_1} I\sqrt{D} \tag{8.37}$$

$$I_2 = I_3 = \sqrt{\frac{1}{2T_s}\int_0^{2T_s} i_2^2(t)dt} = \frac{1}{2} I\sqrt{1+D} \tag{8.38}$$

이 식들을 식 (8.35)에 대입하면 다음과 같다.

$$\alpha_1 = \frac{1}{\left(1+\sqrt{\frac{1+D}{D}}\right)} \tag{8.39}$$

$$\alpha_2 = \alpha_3 = \frac{1}{2}\frac{1}{\left(1+\sqrt{\frac{D}{1+D}}\right)} \tag{8.40}$$

동작점 D = 0.75에서 최적 설계를 한다면 다음의 결과를 얻을 수 있다.

$$\begin{aligned} \alpha_1 &= 0.396 \\ \alpha_2 &= 0.302 \\ \alpha_3 &= 0.302 \end{aligned} \tag{8.41}$$

따라서 코어의 창 면적의 40%를 일차 권선에 할당해야 하고, 30%를 중간 탭 이차 권선의 반에 할당해야 한다. 최적 설계 점에서 전체 동손을 식 (8.34)로부터 다음과 같이 구할 수 있다.

$$\begin{aligned} P_{cu,tot} &= \frac{\rho(MLT)}{W_A K_u}\left(\sum_{j=1}^{k} n_j I_j\right)^2 \\ &= \frac{\rho(MLT) n_2^2 I^2}{W_A K_u}\left(1+2D+2\sqrt{D(1+D)}\right) \end{aligned} \tag{8.42}$$

8.3.2 결합 인덕터 설계의 제약 조건

7.5.4절에서 서술한 그림 8.11의 k-권선 결합 인덕터를 어떻게 설계하는가를 살펴보자. 자화 인덕턴스는 일차 측으로 환산한 주어진 값 L_M을 가져야 한다. 또한 다른 권선의 턴 수를 원하는 권선비에 따라 선택해야 한다. 자화 전류 $i_M(t)$이 최대 전류 값 $I_{M,max}$에 도달하면 결합 인덕터는 주어진 최대 자속밀도 B_{max}에서 동작해야 한다. 각 권선에 인가된 실효 전류 값 I_1, I_2, $\cdots$, I_k에서 전체 동손은 식 (8.34)에 주어진 원하는 P_{cu}가 되어야 한다. 따라서 원하는 자화 인덕턴스, 원하는 자속밀도, 원하는 전체 동손을 만족하는 코어 크기와 일차 권선의 턴 수를 선택하는 것이 설계 절차에 포함된다. 공극 길이, 이차 권

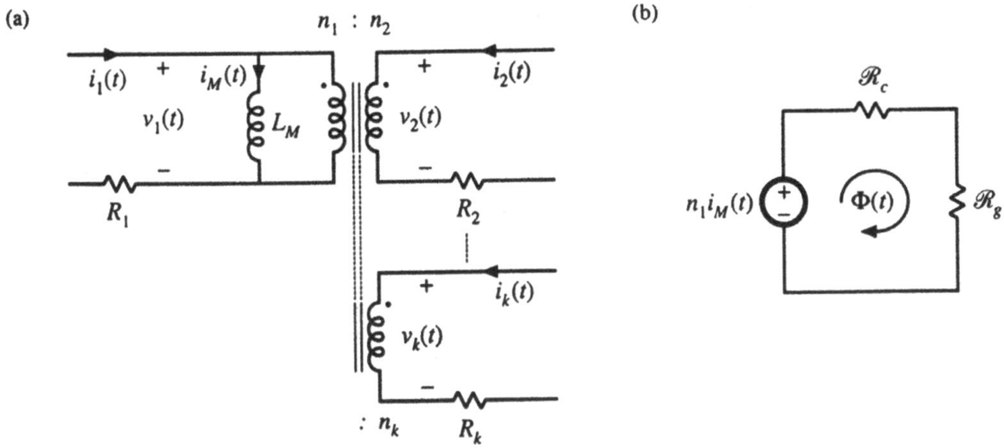

그림 8.11 다중 권선을 갖는 자기소자: (a) 전기 등가회로, (b) 자기 등가회로

선의 턴 수와 선 규격과 같은 다른 양들을 선택할 수 있다. 단일 권선의 경우는 8.1절의 절차를 따르고 8.3.1에서 서술한 창 면적의 최적 할당을 따른다.

그림 8.11(a)에서 암페어의 법칙에 의해 자화 전류 $i_M(t)$을 권선 전류 $i_1(t)$, $i_2(t)$, ⋯, $i_k(t)$의 항으로 다음과 같이 표현할 수 있다.

$$i_M(t) = i_1(t) + \frac{n_2}{n_1} i_2(t) + \cdots + \frac{n_k}{n_1} i_k(t) \tag{8.43}$$

그림 8.11(b)의 자기 회로모델을 풀면 다음과 같다.

$$n_1 i_M(t) = B(t) A_c \mathcal{R}_g \tag{8.44}$$

이 식은 식 (8.4)와 유사하고 공극의 릴럭턴스 $\mathcal{R}_g$가 코어의 릴럭턴스 $\mathcal{R}_c$보다 매우 크다고 가정하였다. 보통 전체 자속 $\Phi(t)$는 $B(t)A_c$와 같다. 누설 인덕턴스를 무시할 수 있다.

코어의 자기 포화를 피하기 위해 순간 자속밀도 $B(t)$는 코어 물질의 포화 자속밀도 B_{max}보다 작아야 한다. $I_{M,max}$를 자화 전류 $i_M(t)$의 최대값으로 정의한다. 식 (8.44)에 따라 다음과 같은 최대 자속밀도 B_{max}를 구할 수 있다.

$$n_1 I_{M,\max} = B_{\max} A_c \mathcal{R}_g = B_{\max} \frac{\ell_g}{\mu_0} \tag{8.45}$$

회로 응용에 의해 주어진 $I_{M,max}$ 값에 대해 최대 자속밀도 B_{max}가 물질의 포화 자속밀도 B_{sat}보다 작아지도록 식 (8.45)를 이용하여 턴 수 n_1과 공극 길이 ℓ_g를 선택해야 한다. 식 (8.45)는 식 (8.6)과 비슷하지만 다중 권선 전류에 의한 자화를 포함한다.

일차 측으로 환산한 자화 인덕턴스 L_M은 다음과 같다.

$$L_M = \frac{n_1^2}{\mathcal{R}_g} = n_1^2 \frac{\mu_0 A_c}{\ell_g} \tag{8.46}$$

이 식은 식 (8.7)과 유사하다.

8.3.1절에서 보인 바와 같이 코어 창 면적 W_A를 식 (8.35) 또는 식 (8.36)에 따라 여러 권선에 할당할 때 전체 동손은 최소가 된다. 이때 전체 동손은 식 (8.34)와 같으며 다음과 같이 표현할 수 있다.

$$P_{cu} = \frac{\rho (MLT) n_1^2 I_{tot}^2}{W_A K_u} \tag{8.47}$$

여기서 I_{tot}은 일차 측으로 환산한 실효 전류들의 합으로 다음과 같다.

$$I_{tot} = \sum_{j=1}^{k} \frac{n_j}{n_1} I_j \tag{8.48}$$

식 (8.45), (8.46)과 (8.47)에서 미지수 n_1과 ℓ_g를 소거하면 식 (8.47)은 다음과 같다.

$$P_{cu} = \frac{\rho (MLT) L_M^2 I_{tot}^2 I_{M,\max}^2}{B_{\max}^2 A_c^2 W_A K_u} \tag{8.49}$$

이 식을 왼쪽 항에는 코어 모양에 관계되는 변수를 모으고 오른쪽 항에는 사양에 관계되는 변수를 모으면 다음과 같다.

$$\frac{A_c^2 W_A}{(MLT)} = \frac{\rho L_M^2 I_{tot}^2 I_{M,\max}^2}{B_{\max}^2 K_u P_{cu}} \tag{8.50}$$

왼쪽 항은 식 (8.15)에 정의된 K_g와 같음을 알 수 있다. 따라서 주어진 최대 자속밀도

B_{max}, 주어진 일차 자화 인덕턴스 L_M과 주어진 전체 동손 P_{cu}에서 동작하는 조건을 만족하는 결합 인덕터를 설계하기 위해 다음을 만족하는 코어를 선택해야 한다.

$$K_g \geq \frac{\rho L_M^2 I_{tot}^2 I_{M,\max}^2}{B_{\max}^2 K_u P_{cu}} \tag{8.51}$$

이 식을 만족하는 코어를 선택하면 식 (8.45)와 (8.46)을 만족하는 일차 권선의 턴 수와 공극의 길이를 선택할 수 있다. 권선 2부터 권선 k까지의 턴 수는 원하는 권선비에 따라 선정된다. 코어 창 면적을 식 (8.35)에 따라 권선에 할당하고, 식 (8.27)에 따라 선 규격을 결정한다.

이상의 절차를 결합 인덕터 설계에 적용할 수 있다. 이 절차에서 코어 손실이나 근접 손실을 고려하지 않았지만 플라이백과 SEPIC 변압기에 적용할 수 있다. 또한 일반 변압기와 같은 다른 자기소자의 설계에도 확장할 수 있다. 이는 숙제로 남겨둔다.

8.3.3 결합 인덕터의 설계 절차

표시된 단위를 갖는 다음의 양이 주어진다.

선 저항률	ρ	(Ω-cm)
권선 1로 환산한 전체 실효 권선 전류	$I_{tot} = \sum_{j=1}^{k} \frac{n_j}{n_1} I_j$	(A)
권선 1로 환산한 첨두 자화 전류	$I_{M,max}$	(A)
권선비	n_2/n_1, n_3/n_1 등	
권선 1로 환산한 자화 인덕턴스	L_M	(H)
허용된 전체 동손	P_{cu}	(W)
코어 창 이용률	K_u	
최대 자속밀도	B_{max}	(T)

코어 치수는 cm단위로 표시된다.

코어 단면적	A_c	(cm^2)
코어 창 면적	W_A	(cm^2)
턴 당 평균 길이	MLT	(cm)

단위를 cm로 사용하여 적당한 계수를 설계 방정식에 부가해야 한다.

1. *코어 크기 결정*

$$K_g \geq \frac{\rho L_M^2 I_{tot}^2 I_{M,\max}^2}{B_{\max}^2 P_{cu} K_u} 10^8 \quad (\text{cm}^5) \tag{8.52}$$

이 부등식을 충분히 만족하도록 코어를 선택한다. 코어의 A_c, W_A와 MLT의 값을 주목하라. 구리선의 저항률 ρ는 실온에서 1.724×10^{-6} Ω-cm이고 100˚C에서 2.3×10^{-6} Ω-cm이다.

2. *공극 길이 결정*

$$\ell_g = \frac{\mu_0 L_M I_{M,\max}^2}{B_{\max}^2 A_c} 10^4 \quad (\text{m}) \tag{8.53}$$

여기서 A_c의 단위는 cm^2이고 $\mu_0 = 4\pi\times10^{-7}$ H/m이다. 공극 길이의 단위는 m이다. 이 식의 값은 공극 주변으로 퍼지는 자속과 다른 비선형성을 무시하여 근사화한 식이다.

3. *권선 1의 턴 수 결정*

$$n_1 = \frac{L_M I_{M,\max}}{B_{\max} A_c} 10^4 \tag{8.54}$$

여기서 B_{max}의 단위는 Tesla이고 A_c는 cm^2이다.

4. *다른 권선의 턴 수 결정*

원하는 권선비로부터 다음과 같이 구한다.

$$\begin{aligned} n_2 &= \left(\frac{n_2}{n_1}\right) n_1 \\ n_3 &= \left(\frac{n_3}{n_1}\right) n_1 \\ &\vdots \end{aligned} \tag{8.55}$$

5. *각 권선에 할당된 코어 창 면적 비*

$$\alpha_1 = \frac{n_1 I_1}{n_1 I_{tot}} \tag{8.56}$$
$$\alpha_2 = \frac{n_2 I_2}{n_1 I_{tot}}$$
$$\vdots$$
$$\alpha_k = \frac{n_k I_k}{n_1 I_{tot}}$$

6. *선 규격 결정*

$$A_{W1} \le \frac{\alpha_1 K_u W_A}{n_1} \tag{8.57}$$
$$A_{W2} \le \frac{\alpha_2 K_u W_A}{n_2}$$
$$\vdots$$

이 값보다 작거나 같은 구리 단면적을 갖는 선을 선택한다. 미국 선 규격(AWG) 표를 부록 B에 나타낸다.

8.4 예제

8.4.1 두 출력 포워드 컨버터의 결합 인덕터

첫 번째 예로 그림 8.12의 두 출력 포워드 컨버터의 결합 인덕터를 설계하자. 이 자기소자를 같은 코어에 감은 두 개의 필터 인덕터로 볼 수 있다. 출력 전압의 비와 같게 권선비를 선택한다. 자화 인덕턴스는 두 출력의 스위칭 고조파를 제거하는 기능을 수행하고 자화 전류는 환산된 권선 전류의 합과 같다.

정상적인 전 부하 동작점에서 컨버터는 $D = 0.35$의 시비율로 연속 전도모드에서 동작한다. 스위칭 주파수는 200 kHz이다. 이 동작점에서 자화 전류의 맥동은 자화 전류 직류 성분의 20%와 같은 첨두 크기를 가져야 한다.

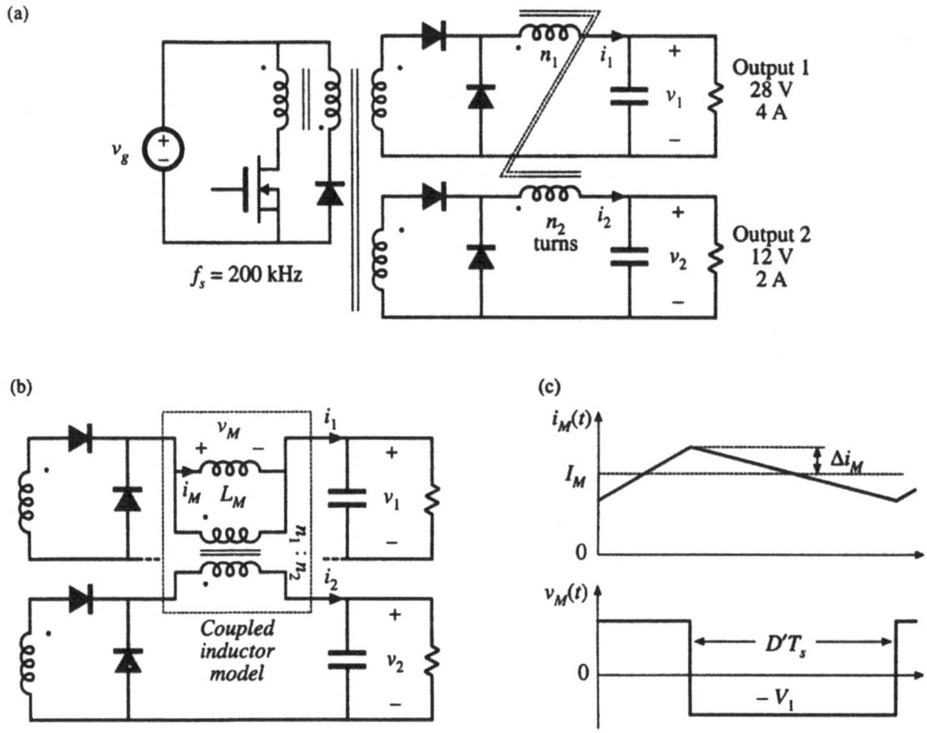

그림 8.12 두 출력 포워드 컨버터 예: (a) 회로, (b) 컨버터 2차 측에 넣은 결합 인덕터 모델 (c) 1차 권선으로 환산한 결합 인덕터의 자화 전류와 전압 파형

자화 전류의 직류 성분 I_M은 다음과 같다.

$$
\begin{aligned}
I_M &= I_1 + \frac{n_2}{n_1} I_2 \\
&= (4\,\mathrm{A}) + \frac{12}{28}(2\,\mathrm{A}) \\
&= 4.86\,\mathrm{A}
\end{aligned}
\tag{8.58}
$$

자화 전류 맥동 Δi_M은 다음과 같이 표현할 수 있다.

$$
\Delta i_M = \frac{V_1 D' T_s}{2L_M} \tag{8.59}
$$

전류 맥동 Δi_M이 I_M의 20 %이므로 L_M을 다음과 같이 선정해야 한다.

$$L_M = \frac{V_1 D' T_s}{2\Delta i_M} \tag{8.60}$$
$$= \frac{(28\,\mathrm{V})(1-0.35)(5\,\mu\mathrm{s})}{2(4.86\,\mathrm{A})(20\,\%)} = 47\,\mu\mathrm{H}$$

그러므로 일차 권선으로 환산한 첨두 자화 전류는

$$I_{M,\max} = I_M + \Delta i_M = 5.83\,\mathrm{A} \tag{8.61}$$

이다. 권선 전류 맥동이 해당 직류 성분에 비해 작기 때문에 권선 전류의 실효값은 거의 직류 성분과 같다: I_1= 4 A, I_2 = 2 A. 따라서 일차 권선으로 환산한 권선 전류의 실효값의 합은

$$I_{tot} = I_1 + \frac{n_2}{n_1} I_2 = 4.86\,\mathrm{A} \tag{8.62}$$

이다. 이 설계에 대해 0.75 W의 동손을 허용하고, 0.25 Tesla의 최대 자속밀도에서 코어를 동작시키기로 결정한다. 코어 창 이용률을 0.4로 가정한다. 식 (8.52)를 계산하면 다음과 같은 필요한 K_g를 얻을 수 있다.

$$K_g \geq \frac{(1.724\times 10^{-6}\,\Omega-\mathrm{cm})(47\,\mu\mathrm{H})^2(4.86\,\mathrm{A})^2(5.83\,\mathrm{A})^2}{(0.25\,\mathrm{T})^2(0.75\,\mathrm{W})(0.4)} 10^8 \tag{8.63}$$
$$= 16\times 10^{-3}\,\mathrm{cm}^5$$

페라이트 PQ 20/16을 선택한다. 이 페라이트의 K_g는 22.4×10^{-3} cm^5이다. 부록 B로부터 이 코어의 기하학적 파라미터는 A_c = 0.62 cm^2, W_A = 0.256 cm^2, MLT = 4.4 cm이다. 공극 길이는 다음과 같이 식 (8.53)을 이용하여 얻는다.

$$\ell_g = \frac{\mu_0 L_M I_{M,\max}^2}{B_{\max}^2 A_c} 10^4 \tag{8.64}$$
$$= \frac{(4\pi\times 10^{-7}\,\mathrm{H/m})(47\,\mu\mathrm{H})(5.83\,\mathrm{A})^2}{(0.25\,\mathrm{T})^2(0.62\,\mathrm{cm}^2)} 10^4$$
$$= 0.52\,\mathrm{mm}$$

실제로는 누설 자속과 다른 비선형성의 효과를 고려하여 조금 긴 공극 길이가 필요하다.

권선 1의 턴 수를 식 (8.54)로부터 계산할 수 있다.

$$\begin{aligned} n_1 &= \frac{L_M I_{M,\max}}{B_{\max} A_c} 10^4 \\ &= \frac{(47\,\mu\mathrm{H})(5.83\,\mathrm{A})}{(0.25\,\mathrm{T})(0.62\,\mathrm{cm}^2)} 10^4 = 17.6\,\text{턴} \end{aligned} \tag{8.65}$$

권선 2의 턴 수는 원하는 권선비로부터 얻을 수 있다.

$$\begin{aligned} n_2 &= \left(\frac{n_2}{n_1}\right) n_1 \\ &= \left(\frac{12}{28}\right)(17.6) = 7.54\,\text{턴} \end{aligned} \tag{8.66}$$

턴 수를 반올림 또는 절삭하여 $n_1 = 18$, $n_2 = 8$ 또는 $n_1 = 17$, $n_2 = 7$로 정한다. 코어 창 면적 W_A를 식 (8.56)에 따라 각 권선에 할당한다.

$$\begin{aligned} \alpha_1 &= \frac{n_1 I_1}{n_1 I_{tot}} = \frac{(17)(4\,\mathrm{A})}{(17)(4.86\,\mathrm{A})} = 0.823 \\ \alpha_2 &= \frac{n_2 I_2}{n_1 I_{tot}} = \frac{(7)(2\,\mathrm{A})}{(17)(4.86\,\mathrm{A})} = 0.169 \end{aligned} \tag{8.67}$$

따라서 선 규격을 다음과 같이 정한다.

$$\begin{aligned} A_{W1} &\le \frac{\alpha_1 K_u W_A}{n_1} = \frac{(0.823)(0.4)(0.256\,\mathrm{cm}^2)}{(17)} = 4.96 \times 10^{-3}\,\mathrm{cm}^2 \\ &\qquad AWG\,\#21 \text{ 선택} \\ A_{W2} &\le \frac{\alpha_2 K_u W_A}{n_2} = \frac{(0.169)(0.4)(0.256\,\mathrm{cm}^2)}{(7)} = 2.47 \times 10^{-3}\,\mathrm{cm}^2 \\ &\qquad AWG\,\#24 \text{ 선택} \end{aligned} \tag{8.68}$$

8.4.2 CCM 플라이백 변압기

두 번째 예로 그림 8.13의 플라이백 변압기를 설계하자. 컨버터는 200 V의 입력 전압에서 동작하고, 전 부하 출력 전압은 5 A에서 20 V이다. 스위칭 주파수는 150 kHz이다.

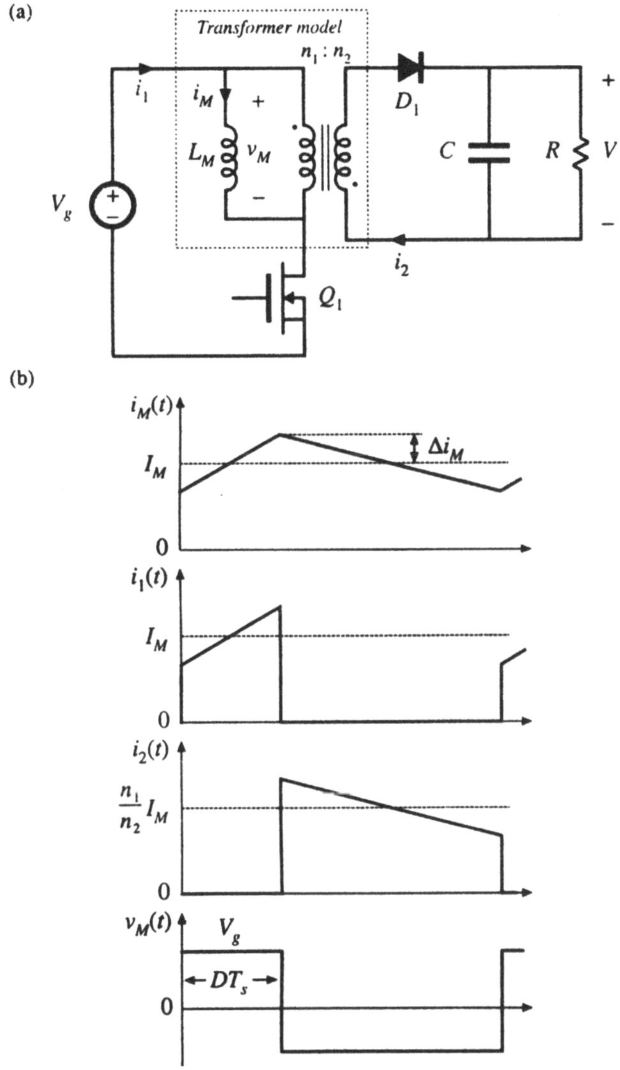

그림 8.13 플라이백 변압기 예: (a) 회로, (b) 파형

이 동작 조건에서 자화 전류의 맥동은 자화 전류의 직류 성분의 20%이고 연속 전도모드에서 동작한다. 시비율은 D = 0.4이고 권선비는 n_2/n_1 = 0.15이다. 근접효과 손실을 포함하지 않은 허용 가능한 동손은 1.5 W이다. 일차 권선과 이차 권선 사이의 절연체를 위한 공간을 위해 창 이용률을 K_u = 0.3으로 가정한다. 최대 자속밀도 B_{max}= 0.25 T이고 이 값은 페라이트 코어 물질의 최악의 경우 포화 자속밀도 B_{sat}보다 작다.

커패시터 평형 조건에 의해 컨버터를 풀면 자화 전류의 직류 성분을 다음과 같이 구할 수 있다.

$$\begin{aligned} I_M &= \left(\frac{n_2}{n_1}\right)\frac{1}{D'}\frac{V}{R} \\ &= (0.15)\left(\frac{1}{1-0.4}\right)\left(\frac{20\,\mathrm{V}}{4\Omega}\right) = 1.25\,\mathrm{A} \end{aligned} \tag{8.69}$$

자화 전류 맥동 Δi_M은 다음과 같다.

$$\Delta i_M = (20\%)I_M = 0.25\,\mathrm{A} \tag{8.70}$$

이고, 자화 전류의 첨두 값은

$$I_{M,\max} = I_M + \Delta i_M = 1.5\,\mathrm{A} \tag{8.71}$$

이다. 이 전류 맥동을 만족하기 위해 L_M을 다음과 같이 선정한다.

$$\begin{aligned} L_M &= \frac{V_g D T_s}{2\Delta i_M} \\ &= \frac{(200\,\mathrm{V})(0.4)(6.67\,\mu\mathrm{s})}{2(0.25\,\mathrm{A})} = 1.07\,\mathrm{mH} \end{aligned} \tag{8.72}$$

일차 권선 전류의 실효값을 부록 A의 식 (A.6)을 이용하여 다음과 같이 구할 수 있다.

$$\begin{aligned} I_1 &= I_M\sqrt{D}\sqrt{1+\frac{1}{3}\left(\frac{\Delta i_M}{I_M}\right)^2} \\ &= (1.25)(\sqrt{0.4})\left(\sqrt{1+\frac{1}{3}(0.2)^2}\right) = 0.796\,\mathrm{A} \end{aligned} \tag{8.73}$$

이차 권선 전류의 실효값을 유사한 방법으로 구할 수 있다.

$$\begin{aligned} I_2 &= \frac{n_1}{n_2}I_M\sqrt{D'}\sqrt{1+\frac{1}{3}\left(\frac{\Delta i_M}{I_M}\right)^2} \\ &= \left(\frac{1}{0.15}\right)(1.25)(\sqrt{0.6})\left(\sqrt{1+\frac{1}{3}(0.2)^2}\right) = 6.50\,\mathrm{A} \end{aligned} \tag{8.74}$$

이차 권선 전류 I_2가 일차 권선 전류 I_1에 단순하게 권선비를 곱한 값과 다름을 주의하기

바란다. 전체 권선의 실효 전류는

$$I_{tot} = I_1 + \frac{n_2}{n_1} I_2 = 1.77\,\mathrm{A} \tag{8.75}$$

이제 필요한 코어 크기를 결정하자. 식 (8.52)를 계산하면 다음과 같은 필요한 K_g를 얻을 수 있다.

$$\begin{aligned} K_g &\geq \frac{(1.724\times10^{-6}\,\Omega-\mathrm{cm})(1.07\,\mathrm{mH})^2(1.77\,\mathrm{A})^2(1.5\,\mathrm{A})^2}{(0.25\,\mathrm{T})^2(1.5\,\mathrm{W})(0.3)}10^8 \\ &= 0.049\,\mathrm{cm}^5 \end{aligned} \tag{8.76}$$

이 부등식을 만족하는 부록 B의 가장 작은 EE 코어는 EE30으로 $K_g = 85.7\times10^{-3}\ \mathrm{cm}^5$이다. 이 코어의 기하학적 파라미터는 다음과 같다.

$$\begin{aligned} A_c &= 1.09\,\mathrm{cm}^2 \\ W_A &= 0.476\,\mathrm{cm}^2 \\ MLT &= 6.6\,\mathrm{cm}^2 \\ \ell_m &= 5.77\,\mathrm{cm} \end{aligned} \tag{8.77}$$

공극 길이는 다음과 같이 식 (8.53)을 이용하여 얻는다.

$$\begin{aligned} \ell_g &= \frac{\mu_0 L_M I_{M,\max}^2}{B_{\max}^2 A_c}10^4 \\ &= \frac{(4\pi\times10^{-7}\,\mathrm{H/m})(1.07\,\mathrm{mH})(1.5\,\mathrm{A})^2}{(0.25\,\mathrm{T})^2(1.09\,\mathrm{cm}^2)}10^4 \\ &= 0.44\,\mathrm{mm} \end{aligned} \tag{8.78}$$

권선 1의 턴 수를 식 (8.54)로부터 계산할 수 있다.

$$\begin{aligned} n_1 &= \frac{L_M I_{M,\max}}{B_{\max} A_c}10^4 \\ &= \frac{(1.07\,\mathrm{mH})(1.5\,\mathrm{A})}{(0.25\,\mathrm{T})(1.09\,\mathrm{cm}^2)}10^4 = 58.9\,\text{턴} \end{aligned} \tag{8.79}$$

정수의 턴 수가 필요하므로 이 값을 반올림하면

$$n_1 = 59 \tag{8.80}$$

이다. 권선 2의 턴 수는 원하는 권선비로부터 얻을 수 있다.

$$\begin{aligned} n_2 &= \left(\frac{n_2}{n_1}\right) n_1 \\ &= (0.15)(59) = 8.85 \text{ 턴} \end{aligned} \tag{8.81}$$

반올림하면

$$n_2 = 9 \tag{8.82}$$

이다. 코어 창 면적 W_A를 식 (8.56)에 따라 권선 1과 2에 할당한다.

$$\begin{aligned} \alpha_1 &= \frac{n_1 I_1}{n_1 I_{tot}} = \frac{(59)(0.796\,\text{A})}{(59)(1.77\,\text{A})} = 0.45 \\ \alpha_2 &= \frac{n_2 I_2}{n_1 I_{tot}} = \frac{(9)(6.5\,\text{A})}{(59)(1.77\,\text{A})} = 0.56 \end{aligned} \tag{8.83}$$

따라서 선 규격을 다음과 같이 정한다.

$$\begin{aligned} A_{W1} &\le \frac{\alpha_1 K_u W_A}{n_1} = \frac{(0.45)(0.3)(0.476\,\text{cm}^2)}{(59)} = 1.09 \times 10^{-3}\,\text{cm}^2 \\ &\qquad AWG\ \#28 \text{ 선택} \\ A_{W2} &\le \frac{\alpha_2 K_u W_A}{n_2} = \frac{(0.56)(0.3)(0.476\,\text{cm}^2)}{(9)} = 8.89 \times 10^{-3}\,\text{cm}^2 \\ &\qquad AWG\ \#19 \text{ 선택} \end{aligned} \tag{8.84}$$

선 규격은 부록 B에 주어진 AWG 표를 이용하여 구하였다.

이상의 설계에서 근접효과에 의한 코어 손실과 동손을 고려하지 않았다. 이 설계에 대해 코어 손실을 계산해보자. 그림 8.14는 이 설계에 대한 *B-H* 곡선을 나타낸다. 자속밀도 $B(t)$를 자화 전류의 직류 성분 I_M에 의한 직류 성분과 자화 전류 맥동 i_M에 의한 첨두 크기 ΔB의 교류 변동의 합으로 나타낼 수 있다. B_{max}는 $B(t)$의 최대값을 나타내고 직류 성분과 교류 성분의 합으로 결정된다. 코어 물질은 인가한 $B(t)$가 B_{sat}를 초과하면 포화된다. 따라서 포화를 피하기 위해 B_{max}는 B_{sat}보다 작아야 한다. 코어 손실은 $B(t)$의 교류 변

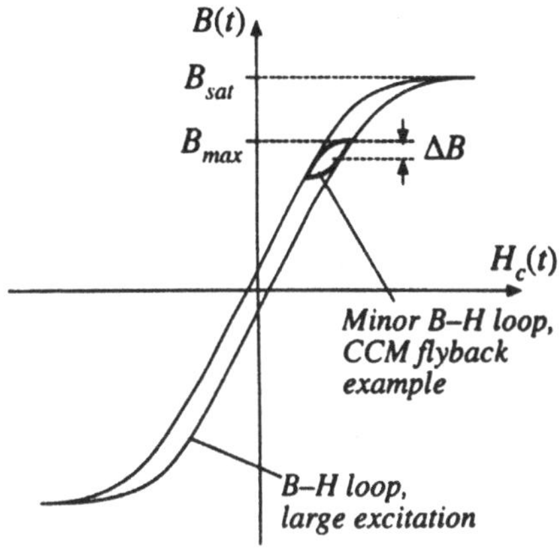

그림 8.14 플라이백 변압기의 B–H 곡선

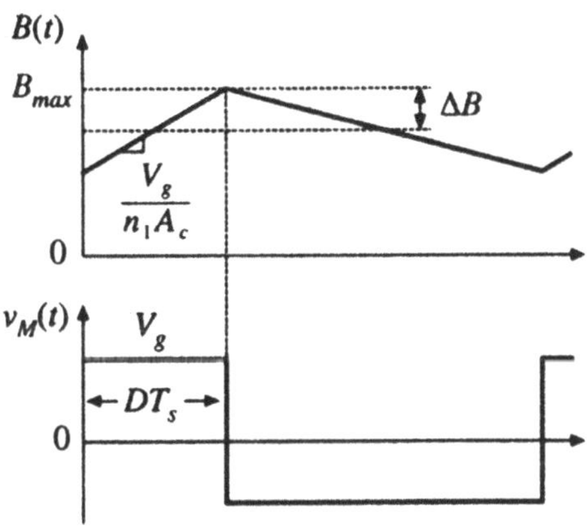

그림 8.15 플라이백 변압기의 자속밀도 변동

동 ΔB에 의해 결정된다.

교류 성분 ΔB는 다음과 같이 패러데이 법칙에 의해 결정된다. $B(t)$의 미분에 대한 패러데이 법칙을 풀면 다음과 같다.

$$\frac{dB(t)}{dt} = \frac{v_M(t)}{n_1 A_c} \tag{8.85}$$

그림 8.15에서처럼 첫 번째 세부 구간동안 인가한 전압은 $v_M(t) = V_g$이고 자속밀도는 다음의 기울기로 증가한다.

$$\frac{dB(t)}{dt} = \frac{V_g}{n_1 A_c} \tag{8.86}$$

첫 번째 세부 구간 $0 < t < DT_s$ 동안 자속밀도 $B(t)$는 $2\Delta B$만큼 변한다. 이 변화는 식 (8.86)의 자속밀도 기울기에 시간 구간 DT_s를 곱한 값과 같다.

$$\Delta B = \left(\frac{1}{2}\right)\left(\frac{V_g}{n_1 A_c}\right)(DT_s) \tag{8.87}$$

A_c의 단위를 cm^2으로 하고 이 식을 ΔB에 대해 다시 쓰면 다음과 같다.

$$\Delta B = \frac{V_g D T_s}{2 n_1 A_c} 10^4 \tag{8.89}$$

플라이백 변압기 예에 대해 첨두 교류 자속밀도는 다음과 같다.

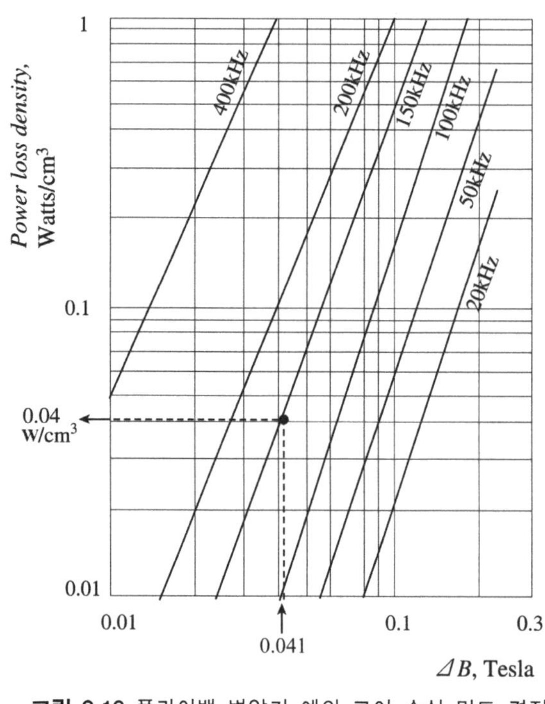

그림 8.16 플라이백 변압기 예의 코어 손실 밀도 결정

$$\Delta B = \frac{(200\,\mathrm{V})(0.4)(6.67\,\mu\mathrm{s})}{2(59)(1.09\,\mathrm{cm}^2)} 10^4 \\ = 0.041\,\mathrm{T} \tag{8.90}$$

코어 손실을 결정하기 위해 코어 물질에 대한 데이터를 살펴보아야 한다. 전형적인 코어 손실을 그림 8.16에 나타낸다. 이 그림으로부터 ΔB의 값과 플라이백 변압기의 스위칭 주파수에 대해 코어 물질의 코어 손실 밀도는 0.04 W/cm^{3}임을 알 수 있다. 물론 이 값에서 고조파에 의한 코어 손실은 무시되었다. 전체 코어 손실 P_{fe}는 이 손실 밀도에 코어 부피를 곱한 값과 같다.

$$P_{fe} = (0.04\,\mathrm{W/cm^3})(A_c \ell_m) \\ = (0.04\,\mathrm{W/cm^3})(1.09\,\mathrm{cm}^2)(5.77\,\mathrm{cm}) = 0.25\,\mathrm{W} \tag{8.91}$$

이 코어 손실은 1.5 W의 동손보다 매우 작다. 연속 전도모드에서 동작하고 페라이트 코어를 사용한 설계에서 코어 손실을 종종 무시할 수 있다.

8.5 요약

1. 다양한 자기소자가 스위칭 컨버터에 사용된다. 각 자기소자는 교류 권선 전류의 크기 및 코어의 자속밀도 변동에서 다른 값을 갖는다. 자속밀도 변동이 작으면 코어 손실을 무시할 수 있으므로 더 높은 포화 자속밀도를 갖는 저 주파수 물질을 아용할 수 있다.
2. 코어의 기하학적 상수 K_g는 동손이 지배적인 응용에 대해 코어의 자기적 크기에 대한 척도이다. K_g 설계방법에서 자속밀도와 전체 동손이 주어진다. 단일 권선 필터 인덕터와 기존의 다중 권선 변압기에 대한 설계 절차를 유도하였다.

참고문헌

[1] C. W. T. Mclymann, Transformer and Inductor Design Hangbook, Second edition, New York: Marcel Dekker, 1988.

[2] S. Ćuk, "Basics of Switched-Mode Power Conversion: Topologies, Magnetics, and Control," in Advances in Switched-Mode Power Conversion, Vol. 2, Irvine: Teslaco, pp. 292-305, 1983.

[3] T. G. Wilson Jr., T. G. Wilson, and H. A. Owen, "Coupling of Magnetic Design Choices to Dc-to-Dc Converter Electrical Performance," IEEE Applied Power Electronics Conference, 1994 Record, pp. 340-347.

[4] S. Ćuk and R. D. Middlebrook, "Coupled-Inductor and Other Extensions of a New Optimum Topology Switching Dc-to-Dc Converter," IEEE Industry Applications Society Annual Meeting, 1977 Proceedings, pp. 1110-1122.

[5] S. Ćuk and Z. Zhang, "Coupled-Inductor Analysis and Design," IEEE Power Electronics Specialists Conference, 1986 Record, pp. 655-665.

[6] E. Hnatek, Design of Solid-State Power Supplies, Second edition, New York: Van Nostrand Reinhold, 1981, Chapter 4.

연 · 습 · 문 · 제

8.1 단순한 벅 컨버터가 50 kHz의 스위칭 주파수와 V_g = 40 V의 직류 입력 전압에서 동작한다. 출력 전압은 V = 20 V이고 부하 저항은 $R \geq 4\ \Omega$이다.

(a) 첨두-평균 인덕터 전류 맥동 Δi가 직류 성분 I의 10 %가 되는 출력 필터 인덕턴스 L을 구하시오.

(b) 정상상태의 첨두 인덕터 전류 I_{max}를 구하시오.

(c) 문제 (a)와 (b)에서 구한 L과 I_{max}를 만족하는 인덕터를 설계하시오. B_{max} = 0.25 T인 페라이트 EE 코어를 사용한다. 인덕터 동손이 실온에서 1 W 이하가 되는 권선 저항의 값을 선택한다. K_u = 0.5로 가정하고 코어 크기, 공극 길이, 선 규격(AWG) 및 턴 수를 구하시오.

8.2 부스트 컨버터가 다음의 동작점에서 동작한다: V_g = 28 V, V = 48 V, P_{load} = 150 W, f_s = 100 kHz. 이 컨버터에 대한 인덕터를 설계하시오. 첨두 전류 맥동이 직류 성분의 10%가 되도록 인덕턴스를 선정한다. 첨두 자속밀도는 0.225 T를 사용하고 창 이용률은 0.5로 가정한다. 동손은 실온에서 부하 전력의 0.5%까지 허용한다. 페라이트 PQ 코어를 사용한다. 코어 크기, 공극 길이, 선 규격(AWG) 및 턴 수를 구하시오.

8.3 두 권선 변압기 설계를 위한 K_g 설계 방법의 확장. 권선비 1:n을 갖는 변압기를 설계하고자 한다. 변압기에서는 에너지를 거의 저장하지 않아 공극이 필요 없고, 권선 전류의 비 $i_2(t)/i_1(t)$는 거의 권선비 n과 같다. 그림 7.45(b)에 주어진 전형적인 PWM 전압 파형 $v_1(t)$에 대해 일차 인가 전압-시간 곱 λ_1을 정의한다. 이러한 전압-시간 곱에 의해 최대 자속밀도는 주어진 값 $B_{max} = \Delta B$와 같다. 자속밀도 $B(t)$는 그림 7.46에서처럼 직류 치우침이 없다. 코어 창 면적의 반을 각 권선에 할당해야 한다. 전체 동손 P_{cu}도 주어진다. 근접효과는 무시할 수 있다.

(a) 다음의 양이 주어진 변압기 설계 절차를 유도하시오: 전체 동손 P_{cu}, 최대 자속밀도 B_{max}, 창 이용률 K_u, 선 저항률 ρ, 일차 측 실효 전류 I_1, 일차 인가 전압 시간 곱 λ_1, 그리고 권선비 $1:n$. 절차에서 다음의 데이터가 계산되어야 한다:

필요한 코어 기하학적 상수 K_g, 일차 및 이차 측의 턴 수 n_1과 n_2, 일차 및 이차 측의 선 면적 A_{W1}과 A_{W2}.

(b) 그림 6.41(c)의 Ćuk 컨버터의 변압기 일차 권선에 인가되는 전압 파형은 트랜지스터가 도통일 때는 입력 전압 V_g, 다이오드가 도통일 때는 $-V_gD/(1-D)$이다. 컨버터는 100 kHz의 스위칭 주파수로 동작하고 트랜지스터 시비율 D는 0.4이다. 직류 입력 전압은 V_g = 120 V이고, 출력 전압은 V = 24 V이고, 부하 전력은 200 W이다. 창 이용률 K_u는 0.3으로 가정한다. 문제 (a)의 절차에 따라 B_{max} = 0.15 T, 100°C에서 P_{cu} = 0.25 W인 응용에 대한 변압기를 설계하시오. 페라이트 PQ 코어를 시용한다. 코어 크기, 일차 및 이차 턴 수와 선 규격을 구하시오

8.4 결합 인덕터 설계. 그림 7.47(a)의 두 입력 포워드 컨버터는 이차 측에 결합 인덕터를 갖는다. 공극이 포함된다.
다음 응용에 대한 결합 인덕터를 설계하시오: V_1 = 5 V, V_2 = 15 V, I_1 = 20 A, I_2 = 4 A, D = 0.4. 자화 인덕턴스는 5 V 권선으로 환산하여 8 μH와 같아야 한다. 창 이용률 K_u는 0.3으로 가정한다. 100°C에서 전체 동손은 1 W까지 허용한다. 첨두 자속밀도는 B_{max} = 0.2 T이고 페라이트 EE 코어를 사용한다. 코어 크기, 공극 길이, 각 권선의 선 규격 (AWG) 및 턴 수를 구하시오.

8.5 플라이백 변압기 설계. 플라이백 컨버터는 160 Vdc 입력에서 동작하여 28 Vdc를 출력한다. 최대 부하 전류는 2 A이다. 변압기의 권선비는 8:1 이다. 스위칭 주파수는 100 kHz이다. 컨버터는 모든 부하 전류에서 불연속 전도모드에서 동작하도록 설계되어야 한다. 전체 동손은 0.75 W 이하이다.

(a) 최대 부하 전류에서 D_3 = 0.1(모든 반도체가 오프인 세부구간 3의 시비율) 이 되는 변압기 자화 인덕턴스 L_M의 값을 구하시오. 구한 L_M 값이 일차 측 또는 이차 측 권선으로 환산되었는가를 나타내시오. 첨두 트랜지스터 전류와 첨두 다이오드 전류의 값은?

(b) 이 응용에 대한 플라이백 변압기를 설계하시오. B_{max} = 0.25 T인 페라이트 POT 코어를 사용하고 K_u = 0.4이다. 코어 크기, 일차 및 이차 턴 수와 선 규격과 공극 길이를 구하기오

(c) 문제 (b)의 설계에 대해 일차 및 이차 권선의 동손을 계산하시오.

(d) 문제 (b)의 설계에 대해 코어 손실을 계산하시오. 코어 물질의 손실 데이터는 그림 7.20에 주어져 있다. 구해진 코어 손실이 (c)에서 계산된 동손에 비해 작은지?

제9장
변압기 설계

이전 장의 설계방법에서 동손 P_{cu}와 최대 자속밀도 B_{max}는 주어진 값이었으나 코어 손실 P_{fe}는 주어지지 않았다. 이 방법은 주된 설계 제약조건이 동손과 최대 자속밀도인 필터 인덕터와 같은 많은 응용에 적당하나. 하지만 많은 응용에서 동작 자속밀도는 자기 포화보다 코어 손실에 의해 제한된다. 예를 들면 전형적인 고 주파수 변압기응용에서 첨두 교류 자속밀도 ΔB를 감소시킨 값에서 동작하여 코어 손실을 제한하는 것이 보통이다.

이 장에서는 일반 변압기 설계문제를 다룬다. 그림 9.1에 나타낸 k-권선 변압기를 설계하고자 한다. 동손 P_{cu}와 코어 손실 P_{fe}를 모델링한다. 턴 수를 감소시켜 동작 자속밀도를 증가시키면 동손은 감소하지만 코어 손실은 증가한다. 전체 전력 손실 $P_{tot} = P_{cu} + P_{fe}$를 최소화하는 동작 자속밀도를 결정한다.

동손과 코어 손실 모두가 큰 자기소자를 설계하기 위해 이전 장에서 유도한 코어의 기하학적 상수 K_g 설계 방법을 일반화할 수 있다. 변압기 설계응용에서 코어의 실효적인 자기 크기의 척도인 기하학적 상수 K_{gfe}를 얻는다. K_{gfe} 방법에 의한 변압기 설계의 예제를 이 장에서 제시한다. 코어 손실이 큰 단일 권선 인덕터의 설계에 대해 비슷한 설계 절차를 유도한다.

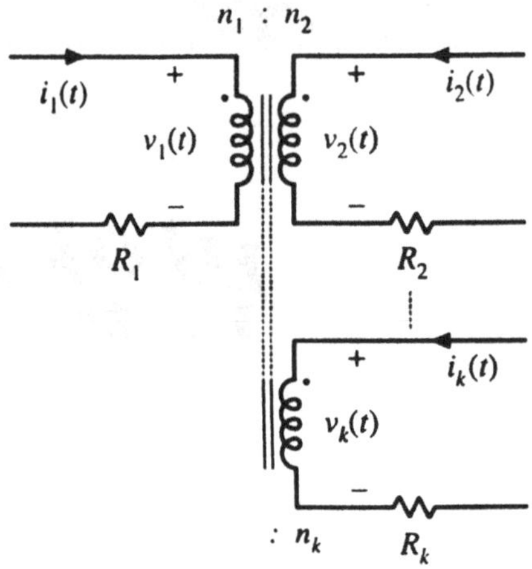

그림 9.1 k-권선 변압기: 동손과 코어 손실 모두가 크다

9.1 변압기 설계의 기본 제약 조건

필터 인덕터 설계의 경우처럼 몇 개의 기본 제약조건을 나타내는 방정식이 있다. 이 식을 코어 크기를 결정하는 하나의 식으로 결합할 수 있다. 변압기 설계의 기본 제약조건은 코어 손실, 자속 밀도, 동손과 전체 손실 대 자속 밀도이다. 전체 손실을 최적화하기 위해 자속 밀도를 선택한다.

9.1.1 코어 손실

7장에서 서술한 바와 같이 전체 코어 손실 P_{fe}는 첨두 교류 자속밀도 ΔB와 동작 주파수 f 그리고 코어의 부피에 의존한다. 주어진 주파수에서 코어 손실을 다음의 함수로 근사화할 수 있다.

$$P_{fe} = K_{fe}(\Delta B)^{\beta} A_c \ell_m \tag{9.1}$$

여기서 A_c는 코어 단면적, ℓ_m은 코어의 평균 자기경로 길이를 나타내므로 $A_c \ell_m$은 코어의 부피를 나타낸다. K_{fe}는 비례상수이나 동작 주파수에 따라 변한다. 지수 β는 코어 데이터로부터 결정된다. 보통 전력용 페라이트 물질의 β는 대략 2.5이고 다른 코어 물질에 대해 2~3이다. 식 (9.1)에서 인가한 파형은 정현파일 때이며 고조파의 효과는 무시되었다.

9.1.2 자속 밀도

일차 전압의 임의의 주기 파형을 그림 9.2에 나타낸다. 파형이 양인 구간 동안 인가된 전압-시간 곱 λ_1은 다음과 같다.

$$\lambda_1 = \int_{t_1}^{t_2} v_1(t)dt \tag{9.2}$$

이 전압-시간 곱 또는 쇄교 자속 때문에 자속 밀도가 음의 첨두에서 양의 첨두로 바뀐다. 따라서 패러데이 법칙으로부터 자속 밀도의 교류 성분의 첨두 값은 다음과 같다.

$$\Delta B = \frac{\lambda_1}{2n_1 A_c} \tag{9.3}$$

주어진 인가 전압 파형과 λ_1에 대해 일차 턴 수 n_1을 증가시켜 ΔB를 감소시킬 수 있다. 이는 식 (9.1)에 따라 코어 손실을 감소하는 효과를 갖는다. 그러나 새로운 권선을 더 작은 규격의 선을 더 많은 턴 수로 감기기 때문에 동손은 증가한다. 따라서 전체 손실이 최소화되는 ΔB의 최적 값이 존재한다. 다음 절에서 최적의 ΔB를 결정한다. 그러면 식

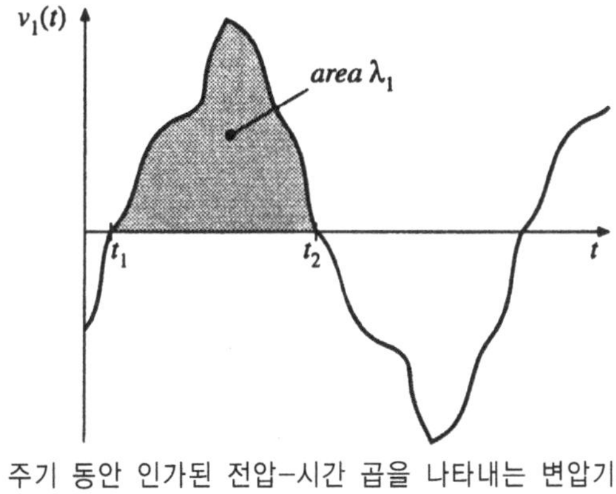

그림 9.2 양의 주기 동안 인가된 전압-시간 곱을 나타내는 변압기의 일차 전압 파형

(9.3)을 이용하여 다음과 같이 턴 수 n_1을 결정할 수 있다.

$$n_1 = \frac{\lambda_1}{2\Delta B A_c} \tag{9.4}$$

보통의 초기화 권선을 갖고 있는 포워드 컨버터와 같은 몇몇 컨버터 회로구성에서 음의 값을 갖는 자속 밀도 $B(t)$와 자화 전류 $i_M(t)$는 허용되지 않는다. 결과적으로 순간 자속 밀도 $B(t)$에 직류 치우침이 포함된다. 코어가 포화되지 않는다면 직류 치우침은 코어 손실에 큰 영향을 미치지 않는다. 코어 손실은 $B(t)$의 교류 성분에 의해 결정된다. ΔB는 $B(t)$의 교류 성분의 첨두 값을 나타내므로 식 (9.2)에서부터 식 (9.4)를 이 경우에도 적용할 수 있다.

9.1.3 동손

8.3.1절에서 보인 바와 같이 코어 창 면적 W_A를 상대적인 피상 전력에 따라 해당 권선에 할당할 때 전체 동손은 최소화된다. 전체 동손은 식 (8.34)와 같다. 이 식을 다음과 같이 쓸 수 있다.

$$P_{cu} = \frac{\rho(MLT)n_1^2 I_{tot}^2}{W_A K_u} \tag{9.5}$$

여기서

$$I_{tot} = \sum_{j=1}^{k} \frac{n_j}{n_1} I_j \tag{9.6}$$

이고, 이 식은 일차 권선으로 환산한 실효 권선 전류의 합을 나타낸다. 식 (9.5)에서 n_1을 소거하기 위해 식 (9.4)를 이용하면 다음과 같이 나타낼 수 있다.

$$P_{cu} = \left(\frac{\rho\lambda_1^2 I_{tot}^2}{4K_u}\right)\left(\frac{(MLT)}{W_A A_c^2}\right)\left(\frac{1}{\Delta B}\right)^2 \tag{9.7}$$

식 (9.7)의 오른쪽 항을 세 항으로 모았다. 첫 번째 그룹은 사양을 포함하고, 두 번째 그률은 코어 크기의 함수이다. 마지막 항은 설계를 최적화해야 할 ΔB의 함수이다. 동손은 ΔB의 제곱에 반비례함을 알 수 있다. ΔB를 증가하면 P_{cu}는 감소한다.

위 설계 절차에서 근접효과에 의한 동손의 증가분이 분명하게 고려되지 않았다. 실제로 코어와 권선의 구조가 알려지면 근접 손실을 예측해야 한다. 그러나 이 설계 절차에서 근접 손실에 의해 증가된 교류 저항을 고려할 수 있다. 선 저항률 ρ의 실질적인 값은 예측한 비 R_{ac}/R_{dc}와 같은 비율만큼 증가한다. 코어의 기하학적 구조를 알면 엔지니어는 예측한 R_{ac}/R_{dc}를 얻기 위해 권선을 감을 수 있다. 수차례의 반복 설계가 필요하다.

9.1.4 전체 전력 손실 대 ΔB

식 (9.1)과 식 (9.7)을 더하여 전체 전력 손실 P_{tot}를 구한다.

$$P_{tot} = P_{fe} + P_{cu} \tag{9.8}$$

ΔB에 대한 P_{fe}와 P_{cu} 그리고 P_{tot}을 그림 9.3에 나타낸다.

9.1.5 최적의 자속 밀도

식 (9.8)을 최소화하는 ΔB의 값을 구해보자. 최적 ΔB에서 다음과 같이 쓸 수 있다.

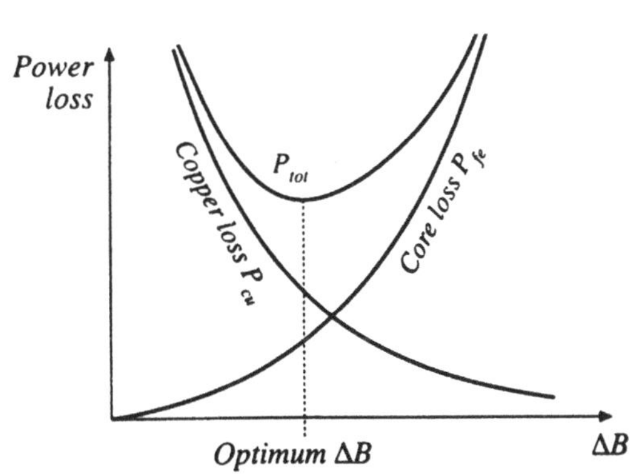

그림 9.3 첨두 교류 자속밀도에 대한 동손과 코어 손실 그리고 전체 손실

$$\frac{dP_{tot}}{d(\Delta B)} = \frac{dP_{fe}}{d(\Delta B)} + \frac{dP_{cu}}{d(\Delta B)} = 0 \tag{9.9}$$

최적의 해가 $P_{fe} = P_{cu}$일 때 반드시 발생하는 것은 아니다. 오히려 다음 조건일 때 발생한다.

$$\frac{dP_{fe}}{d(\Delta B)} = -\frac{dP_{cu}}{d(\Delta B)} \tag{9.10}$$

ΔB에 대한 코어 손실과 동손 P_{fe}와 P_{cu}의 미분은 다음과 같다.

$$\frac{dP_{fe}}{d(\Delta B)} = \beta K_{fe}(\Delta B)^{\beta-1} A_c \ell_m \tag{9.11}$$

$$\frac{dP_{cu}}{d(\Delta B)} = -2\left(\frac{\rho\lambda_1^2 I_{tot}^2}{4K_u}\right)\left(\frac{(MLT)}{W_A A_c^2}\right)(\Delta B)^{-3} \tag{9.12}$$

식 (9.11)과 식 (9.12)를 식 (9.10)에 대입하여 ΔB에 대해 풀면 다음과 같은 최적의 자속 밀도에 관한 식을 얻을 수 있다.

$$\Delta B = \left[\frac{\rho\lambda_1^2 I_{tot}^2}{2K_u} \frac{(MLT)}{W_A A_c^3 \ell_m} \frac{1}{\beta K_{fe}}\right]^{\left(\frac{1}{\beta+2}\right)} \tag{9.13}$$

따라서 식 (9.13)을 식 (9.1)과 식 (9.7) 그리고 식 (9.8)에 대입하면 전체 전력 손실을 구할 수 있으며 이를 간단히 하면 다음과 같다.

$$P_{tot} = \left[A_c \ell_m K_{fe}\right]^{\left(\frac{2}{\beta+2}\right)} \left[\frac{\rho\lambda_1^2 I_{tot}^2}{4K_u} \frac{(MLT)}{W_A A_c^2}\right]^{\left(\frac{\beta}{\beta+2}\right)} \left[\left(\frac{\beta}{2}\right)^{-\left(\frac{\beta}{\beta+2}\right)} + \left(\frac{\beta}{2}\right)^{\left(\frac{2}{\beta+2}\right)}\right] \tag{9.14}$$

이 식을 다음과 같이 항을 모을 수 있다.

$$\frac{W_A A_c^{2(\beta-1)/\beta}}{(MLT)\ell_m^{2/\beta}} \left[\left(\frac{\beta}{2}\right)^{-\left(\frac{\beta}{\beta+2}\right)} + \left(\frac{\beta}{2}\right)^{\left(\frac{2}{\beta+2}\right)}\right]^{-\left(\frac{\beta+2}{\beta}\right)} = \frac{\rho\lambda_1^2 I_{tot}^2 K_{fe}^{2/\beta}}{4K_u P_{tot}^{(\beta+2)/\beta}} \tag{9.15}$$

식 (9.15)의 왼쪽 항은 코어의 기하학적 형상에 의존하고 오른쪽 항은 응용에 관한 사양 (ρ, I_{tot}, K_u, P_{tot})와 원하는 코어 물질 (K_{fe}, β)에 의존한다. 식 (9.15)의 왼쪽 항을 코어의 기하학적 상수 K_{gfe}로 다음과 같이 정의할 수 있다.

$$K_{gfe} = \frac{W_A A_c^{2(\beta-1)/\beta}}{(MLT)\,\ell_m^{2/\beta}} \left[\left(\frac{\beta}{2}\right)^{-\left(\frac{\beta}{\beta+2}\right)} + \left(\frac{\beta}{2}\right)^{\left(\frac{2}{\beta+2}\right)} \right]^{-\left(\frac{\beta+2}{\beta}\right)} \tag{9.16}$$

변압기를 설계하기 위해서 식 (9.15)의 오른쪽 항을 계산해야 한다. K_{gfe}가 다음과 같이 이 항보다 크도록 코어를 선택해야 한다.

$$K_{gfe} \geq \frac{\rho \lambda_1^2 I_{tot}^2 K_{fe}^{2/\beta}}{4 K_u P_{tot}^{(\beta+2)/\beta}} \tag{9.17}$$

상수 K_{gfe}는 이전 절에서처럼 코어 손실을 무시한 자기소자를 설계할 때 사용한 K_g와 유사하다. K_{gfe}는 β에 의존하므로 코어 물질의 선택은 K_{gfe}에 영향을 준다. 그러나 대부분의 고 주파수 페라이트 코어 물질의 값은 2.6~2.8의 좁은 범위에 있으므로 이 범위에서 K_{gfe}는 5% 이내에서 변한다. 부록 B에 β = 2.7에 대해 여러 표준 페라이트 코어의 K_{gfe}의 값을 나타낸다.

일단 코어가 선택되면 A_c, W_A, ℓ_m과 MLT를 알 수 있다. 식 (9.13)을 계산하여 첨두 교류 자속밀도 ΔB를 계산하고, 식 (9.4)를 이용하여 일차 턴 수를 구할 수 있다. 나머지 권선에 대한 턴 수를 원하는 권선비에 의해 구할 수 있다. 여러 창 면적 할당은 식 (8.35)를 이용한다. 여러 권선에 대한 선 규격을 이전 장에서처럼 다음과 같이 계산할 수 있다.

$$A_{W,j} = \frac{K_u W_A \alpha_j}{n_j} \tag{9.18}$$

여기서 $A_{W,j}$는 권선 j의 단면적을 나타낸다.

9.2 단계별 변압기의 설계 절차

이전 절에서 서술한 절차를 아래에 정리한다. 이전 장의 필터 인덕터 설계의 절차에서처럼 첫 번째 문제로 간단한 변압기 설계 절차를 생각한다. 상세한 절연 조건, 도체의 맴돌이 전류 손실, 온도 상승 그리고 턴 수의 반올림 등 많은 문제를 무시한다.

표시된 단위를 갖는 다음의 양이 주어진다.

선 저항률	ρ	(Ω-cm)
일차 측으로 환산한 전체 실효 권선전류	$I_{tot} = \sum_{j=1}^{k} \frac{n_j}{n_1} I_j$	(A)
원하는 권선비	n_2/n_1, n_3/n_1 등	
일차 측 인가 전압-시간 곱	$\lambda_1 = \int_{\text{한주기의 양인 부분}} v_1(t)dt$	(V-sec)
전체 허용 전력 손실	P_{tot}	(W)
코어 창 이용률	K_u	
코어 손실 지수	β	
코어 손실 계수	K_{fe}	(W/cm³T$^\beta$)

코어 치수는 cm단위로 표시된다.

코어 단면적	A_c	(cm²)
코어 창 면적	W_A	(cm²)
턴 당 평균 길이	MLT	(cm)
자기 경로 길이	ℓ_m	(cm)
첨두 교류 자속밀도	ΔB	(Tesla)
선 단면적	A_{W1}, A_{W2}, ⋯	(cm²)

단위를 cm로 사용하여 적당한 계수를 설계 방정식에 부가해야 한다.

1. *코어 크기 결정*

$$K_{gfe} \geq \frac{\rho \lambda_1^2 I_{tot}^2 K_{fe}^{2/\beta}}{4 K_u P_{tot}^{(\beta+2)/\beta}} 10^8 \tag{9.19}$$

이 부등식을 충분히 만족하도록 코어를 선택한다. 필요하면 낮은 손실 즉, 작은 K_{fe}를 갖는 코어 물질을 선택하여 더 작은 코어를 선택할 수 있다.

2. *첨두 교류 자속밀도 계산*

$$\Delta B = \left[10^8 \frac{\rho \lambda_1^2 I_{tot}^2}{2K_u} \frac{(MLT)}{W_A A_c^3 \ell_m} \frac{1}{\beta K_{fe}}\right]^{\left(\frac{1}{\beta+2}\right)} \tag{9.20}$$

여기서 ΔB가 코어 물질의 포화 자속밀도보다 큰가를 확인한다. 코어가 직류 치우침이 있는 자속에서 동작하면 직류 치우침과 ΔB의 합이 포화 자속밀도를 초과하면 안 된다. 포화를 방지하기 위한 적당한 여유가 있을 때 다음 단계로 넘어 간다. 그렇지 않으면 좀 더 큰 코어 손실을 갖는 코어 물질을 이용하여 절차를 반복하거나 또는 최대 자속밀도가 주어진 K_g 설계방법을 사용한다.

3. *일차 턴 수 결정*

$$n_1 = \frac{\lambda_1}{2\Delta B A_c} 10^4 \tag{9.21}$$

4. *다른 권선의 턴 수 결정*

원하는 권선비로부터 다음과 같이 구한다.

$$\begin{aligned} n_2 &= \left(\frac{n_2}{n_1}\right) n_1 \\ n_3 &= \left(\frac{n_3}{n_1}\right) n_1 \\ &\vdots \end{aligned} \tag{9.22}$$

5. *각 권선에 할당된 코어 창 면적비 계산*

$$\begin{aligned} \alpha_1 &= \frac{n_1 I_1}{n_1 I_{tot}} \\ \alpha_2 &= \frac{n_2 I_2}{n_1 I_{tot}} \\ &\vdots \\ \alpha_k &= \frac{n_k I_k}{n_1 I_{tot}} \end{aligned} \tag{9.23}$$

6. *선 규격 결정*

$$A_{W1} \leq \frac{\alpha_1 K_u W_A}{n_1} \tag{9.24}$$
$$A_{W2} \leq \frac{\alpha_2 K_u W_A}{n_2}$$
$$\vdots$$

이 값보다 작거나 같은 구리 단면적을 갖는 선을 선택한다.

이제 권선의 기하학적 형태를 결정할 수 있고 근접효과에 의한 동손을 계산할 수 있다. 이 손실이 큰 경우 실효 선 저항률을 $\rho_{eff} = \rho_{cu}P_{cu}/P_{dc}$로 증가시켜 근접효과에 의한 손실을 고려하여 위의 단계를 반복하여 설계를 최적화할 수 있다. 여기서 P_{cu}는 근접효과를 포함한 실제 동손이고, P_{dc}는 근접 손실을 무시하여 얻은 동손을 나타낸다.

필요하면 전력 손실과 변압기 모델 파라미터를 확인할 수 있다. 그림 9.4의 단순한 모델에 대해 다음의 파라미터를 추정할 수 있다.

– 일차 측으로 환산한 자화 인덕턴스: $L_M = \dfrac{\mu n_1^2 A_c}{\ell_m}$

– 일차 측으로 환산한 첨두 교류 자화전류: $i_{M,pk} = \dfrac{\lambda_1}{2L_M}$

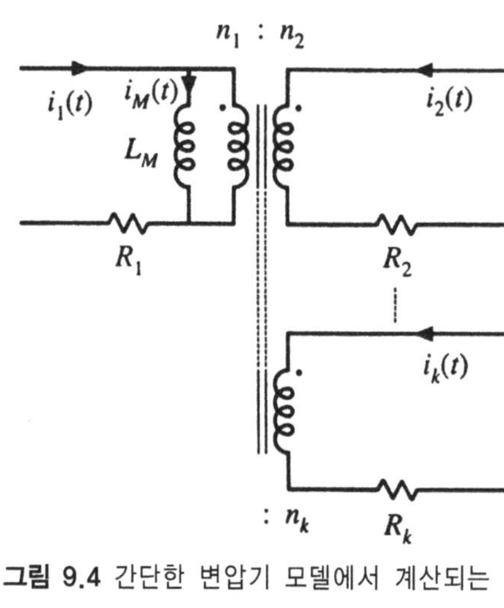

그림 9.4 간단한 변압기 모델에서 계산되는 요소

$$-\text{권선 저항:}\quad R_1 = \frac{\rho n_1 (MLT)}{A_{W1}}$$

$$R_2 = \frac{\rho n_2 (MLT)}{A_{W2}}$$

$$\vdots$$

코어 손실, 동손과 전체 전력 손실을 식 (9.1), 식 (9.7)과 식 (9.8)을 이용하여 얻을 수 있다.

9.3 예제

9.3.1 예 1: 단일 출력 분리 Ćuk 컨버터

그림 9.5에 보여진 Ćuk 컨버터의 간단한 두 권선 변압기를 설계하자. D = 0.5에 대응하는 그림에 나타낸 동작점에서 이 변압기를 최적화한다. 정상상태의 해는 $V_{c1} = V_g$, $V_{c2} = V$이다. 원하는 변압기 권선비는 $n = n_1/n_2 = 5$이다. 스위칭 주파수는 f_s = 200 kHz이고 주기 T_s = 5 μs이다. Magnetics사 P-material로 구성된 페라이트 POT 코어를 사용한다. 200 kHz에서 이 물질은 다음의 특성을 갖는다. K_{fe} = 24.7 W/T$^{\beta}$cm^3, β = 2.6. 코어 창 이용률 K_u = 0.5로 가정한다. 전체 전력 손실 P_{tot} = 0.25 W가 허용 가능하다. 구리선의 저항률은 $\rho = 1.724\times10^{-6}$ Ω-cm이다.

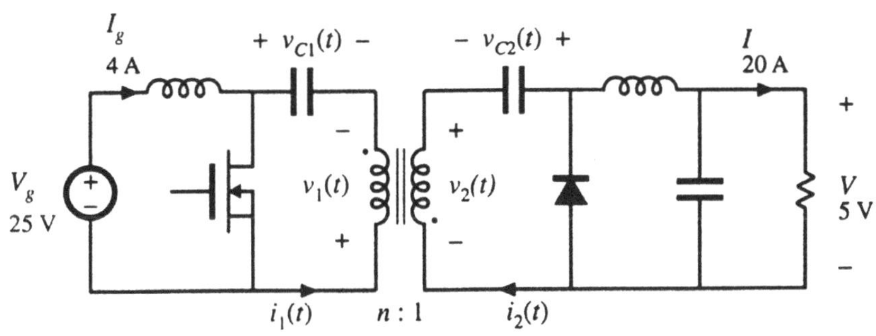

그림 9.5 분리 Ćuk 컨버터 예

변압기 파형을 그림 9.6에 나타낸다. 인가된 일차 전압-시간 곱은

$$\begin{aligned}\lambda_1 &= DT_s V_{c1} = (0.5)(5\,\mu sec)(25\,\mathrm{V}) \\ &= 62.5\ \mathrm{V}-\mu\mathrm{sec}\end{aligned} \tag{9.25}$$

이고, 일차 실효 전류는

$$I_1 = \sqrt{D\left(\frac{I}{n}\right)^2 + D'(I_g)^2} = 4\ \mathrm{A} \tag{9.26}$$

이다. 실효 자화전류는 실효 권선전류보다 매우 작다고 가정한다. 변압기에 두개의 권선이 있으므로 이차 실효 전류는 다음과 같다.

$$I_2 = nI_1 = 20\,\mathrm{A} \tag{9.27}$$

일차 측으로 환산한 전체 실효 권선전류는

$$I_{tot} = I_1 + \frac{1}{n}I_2 = 8\,\mathrm{A} \tag{9.28}$$

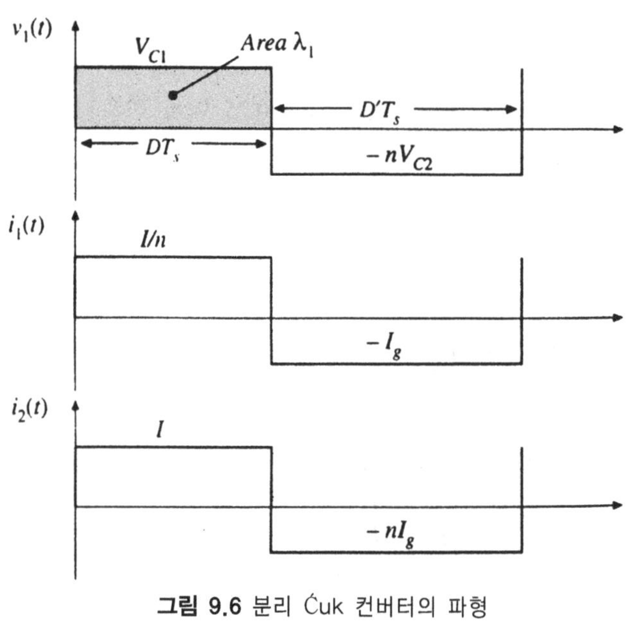

그림 9.6 분리 Ćuk 컨버터의 파형

이고, 식 (9.19)를 이용하여 코어 규격을 계산한다.

$$K_{gfe} \geq \frac{(1.724 \cdot 10^{-6})(62.5 \cdot 10^{-6})^2(8)^2(24.7)^{(2/2.6)}}{4(0.5)(0.25)^{(4.6/2.6)}}10^8 \tag{9.29}$$
$$= 0.00295$$

부록 B의 POT 코어 데이터에서 β = 2.7에 대해 K_{gfe} = 0.0049인 2213 POT 코어를 찾을 수 있다. 이 코어에 대해 식 (9.16)을 이용하여 계산하면 β = 2.6에 대해 K_{gfe} = 0.0047이다. 어쨌든 2213 코어가 K_{gfe} ≥ 0.00295를 만족하는 가장 작은 표준 코어이다. 증가한 K_{gfe}의 값에 의해 전체 전력 손실이 감소한다. 2213 POT 코어에 대한 기하학적인 데이터를 이용하여 식 (9.20)을 계산하면 첨두 교류 자속밀도를 구할 수 있다.

$$\Delta B = \left[10^8 \frac{(1.724 \cdot 10^{-6})(62.5 \cdot 10^{-6})^2(8)^2}{2(0.5)} \frac{(4.42)}{(0.297)(0.635)^3(3.15)} \frac{1}{(2.6)(24.7)}\right]^{\left(\frac{1}{4.6}\right)} \tag{9.30}$$
$$= 0.0858 \text{ Tesla}$$

이 자속밀도는 포화 자속밀도 약 0.35 T보다 상당히 작다. 일차 턴 수를 식 (9.21)을 이용하여 결정한다.

$$n_1 = \frac{(62.5 \cdot 10^{-6})}{2(0.0858)(0.635)}10^4 \tag{9.31}$$
$$= 5.74 \text{ 턴}$$

이차 권선의 턴 수를 식 (9.22)로부터 구한다.

$$n_2 = \frac{n_1}{n} = 1.15 \text{ 턴} \tag{9.32}$$

실제로 n_1 = 5, n_2 = 1로 선택할 수 있으며 이 경우 ΔB가 약간 증가하고 손실도 약간 증가한다. 권선 1과 2의 코어 창 할당 부분을 식 (9.23)을 이용하여 구한다.

$$\alpha_1 = \frac{(4\,\text{A})}{(8\,\text{A})} = 0.5 \tag{9.33}$$
$$\alpha_2 = \frac{(1/5)(20\,\text{A})}{(8\,\text{A})} = 0.5$$

이 예에 대해 권선의 실효 전류의 비가 권선비와 같기 때문에 코어 창을 일차 권선과 이차 권선에 같게 할당한다. 식 (9.24)를 이용하여 일차 이차 선의 단면적을 구할 수 있다.

$$A_{W1} \le \frac{(0.5)(0.5)(0.297)}{(5)} = 14.8 \cdot 10^{-3}\ \mathrm{cm}^2 \qquad (9.34)$$
$$A_{W2} \le \frac{(0.5)(0.5)(0.297)}{(1)} = 74.2 \cdot 10^{-3}\ \mathrm{cm}^2$$

부록 B의 표를 이용하여 선 규격을 결정한다. AWG #16의 면적이 13.07×10^{-3} cm^2이므로 일차 권선으로 적합하다. AWG #9의 면적이 66.3×10^{-3} cm^2 이므로 2차 권선으로 적합하다. 이 선들은 매우 큰 도체이고 AWG #9의 한 턴은 실제적인 해가 아니다. 근접 손실이 클 것으로 예측할 수 있고 누설 인덕턴스도 매우 클 것으로 보인다. 실제로 교호된 박판 권선을 사용할 수 있다. 또는 리츠선이나 작은 규격의 선을 여러 가닥을 병렬로 연결하여 사용할 수도 있다.

변압기 크기가 스위칭 주파수에 따라 어떻게 변하는가를 보기 위해 몇 개의 다른 스위칭 주파수에서 위의 변압기 설계를 반복할 수 있다. 스위칭 주파수가 증가함에 따라 코어 손실계수 K_{fe}는 증가한다. 그림 9.7은 P-material을 사용하고 $P_{tot} < 0.25$ W 조건을 만족하는 Ćuk 컨버터 예제에 대한 25 kHz에서 1 MHz의 스위칭 주파수 범위에서 변압기 POT 코어 크기를 나타낸다. 첨두 교류 자속밀도도 나타내었다. 250 kHz 이하의 스위칭

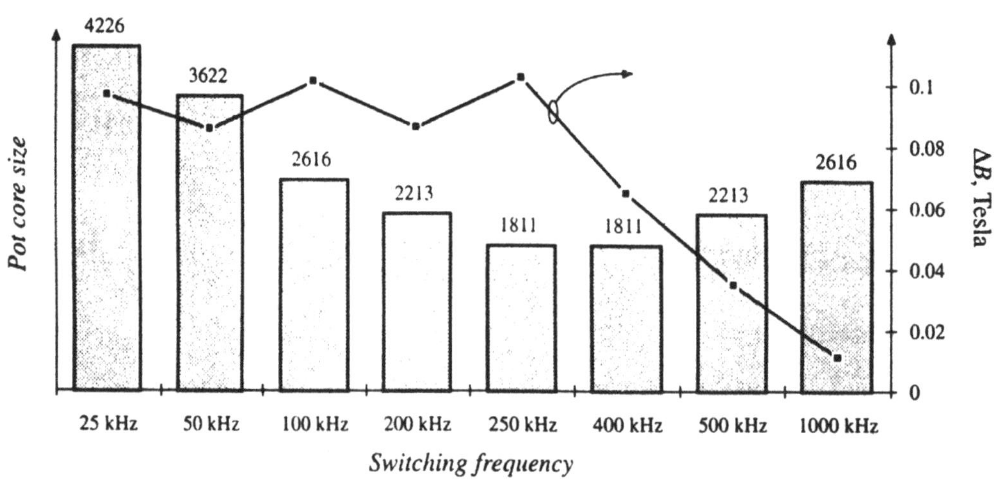

그림 9.7 분리 Ćuk 컨버터의 스위칭 주파수에 따른 코어 크기와 최적의 첨두 교류 자속밀도

주파수 범위에서 스위칭 주파수를 증가하면 인가한 전압-시간 곱 λ_1이 감소하여 코어 크기는 감소한다. 이 주파수 범위에서 최적 ΔB는 스위칭 주파수에 무관하다. 그림에서 ΔB의 변동은 코어 크기가 이산적이어서 나타난 현상이다.

250 kHz 이상의 범위에서 스위칭 주파수를 증가하면 코어 손실이 급격하게 증가한다. $P_{tot} < 0.25$ W 조건을 유지하기 위해 ΔB를 감소시켜야 하므로 코어 크기가 증가한다. 이 예제에 대해 최소 변압기 크기는 250 kHz에서 얻어진다.

실제로 변압기의 크기는 여러 요소에 의해 스위칭 주파수의 복잡한 함수이다. 그림 9.7에서 권선의 기하학적 구조와 권선의 맴돌이 전류에 의한 동손을 무시하였다. 코어 크기를 더 크게 하면 더 큰 전력 손실을 허용할 수 있다. 다른 코어 물질을 사용하여 스위칭 주파수를 더 높게 또는 낮게 할 수 있다. 같은 코어 물질을 다른 사양을 갖는 다른 응용에 사용하면 최적 주파수는 달라진다. 여러 문헌에 여러 예가 보고되었다[1-4]. 여기서 수백 kHz에서 수 MHz까지 범위의 주파수에서 페라이트 변압기 크기를 최소화하였다. 더 자세한 최적화는 컴퓨터 최적 프로그램을 이용하여 수행할 수 있다[5,6].

9.3.2 예 2: 다중 출력 전 브리지 벅 컨버터

그림 9.8에 보인 다중 출력 전 브리지 벅 컨버터의 변압기를 설계하자. 이 컨버터는 그림에서처럼 최대 부하에서 5 V와 15 V 출력을 갖는다. $D = 0.5$에 대응하는 그림에 나타낸 전 부하 동작점에서 이 변압기를 최적화한다. 그림 9.9는 변압기의 파형을 나타낸다. 스위칭 주파수는 $f_s = 150$ kHz이다. 전 브리지 구성에서 변압기 파형은 스위칭 주파수의 반과 같은 기본 주파수를 가지므로 변압기의 실질적인 주파수는 75 kHz이다. 다이오드 순방향 전압강하에 의한 손실을 고려하여 원하는 변압기 권선비 $n_1 : n_2 : n_3 = 110 : 5 : 15$를 구할 수 있다. Magnetics사의 P-material로 구성된 페라이트 EE 코어를 사용한다. 75 kHz에서 이 물질은 다음의 특성을 갖는다: $K_{fe} = 7.6$ W/T$^{\beta}$cm^3, $\beta = 2.6$. 분리 다중 출력 응용에서 코어 창 이용률은 $K_u = 0.25$로 가정한다. 전체 전력 손실 $P_{tot} = 4$ W 또는 부하 전력의 약 0.5%가 허용 가능하다. 구리선의 저항률은 $\rho = 1.724\times10^{-6}$ Ω-cm이다.

인가된 일차 전압-시간 곱은

$$\begin{aligned}\lambda_1 &= DT_sV_g = (0.75)(6.67\,\mu\text{sec})(160\,\text{V}) \\ &= 800\ \text{V}-\mu\text{sec}\end{aligned} \tag{9.35}$$

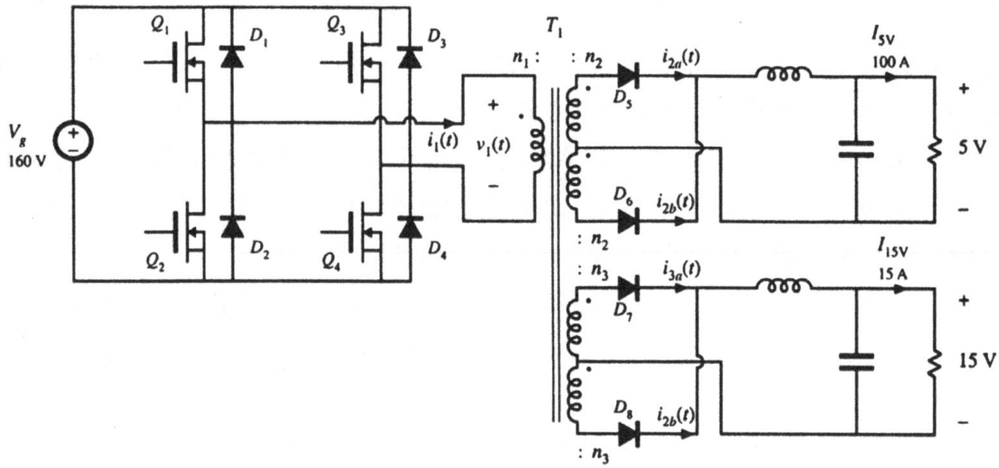

그림 9.8 다중 출력 전 브리지 분리 벅 컨버터 예

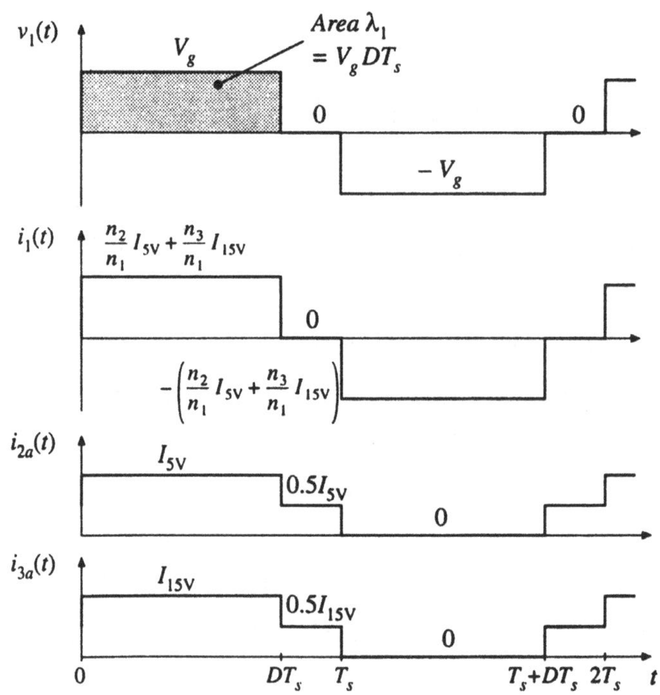

그림 9.9 다중 출력 전 브리지 분리 벅 컨버터 예의 파형

이고 일차 실효 전류는

$$I_1 = \left(\frac{n_2}{n_1} I_{5V} + \frac{n_3}{n_1} I_{15V} \right) \sqrt{D} = 5.7 \text{ A} \tag{9.36}$$

이다. 5 V 이차 권선의 실효 전류는

$$I_2 = \frac{1}{2} I_{5V} \sqrt{1+D} = 66.1 \text{ A} \tag{9.37}$$

이다. 15 V 이차 권선의 실효 전류는

$$I_3 = \frac{1}{2} I_{15V} \sqrt{1+D} = 9.9 \text{ A} \tag{9.38}$$

이다. 일차 측으로 환산한 전체 실효 권선전류는

$$\begin{aligned} I_{tot} &= \sum_{\text{모든 5개 권선}} \frac{n_j}{n_1} I_j = I_1 + 2\frac{n_2}{n_1} I_2 + 2\frac{n_3}{n_1} I_3 \\ &= 14.4 \text{ A} \end{aligned} \tag{9.39}$$

식 (9.19)를 이용하여 코어 규격을 계산한다.

$$\begin{aligned} K_{gfe} &\geq \frac{(1.724 \cdot 10^{-6})(800 \cdot 10^{-6})^2 (14.4)^2 (7.6)^{(2/2.6)}}{4(0.25)(4)^{(4.6/2.6)}} 10^8 \\ &= 0.00937 \end{aligned} \tag{9.40}$$

부록 B의 EE 코어 데이터에서 β = 2.7에 대해 K_{gfe} = 0.0118을 갖는 EE40 코어를 찾을 수 있다. 이 코어에 대해 식 (9.16)을 이용하여 계산하면 β = 2.6에 대해 K_{gfe} = 0.0108이다. 어떤 경우이든 EE40 코어가 $K_{gfe} \geq 0.00937$를 만족하는 가장 작은 표준 코어이다. EE40 코어에 대한 구조 데이터를 이용하여 식 (9.20)을 계산하면 첨두 교류 자속밀도를 구할 수 있다.

$$\begin{aligned} \Delta B &= \left[10^8 \frac{(1.724 \cdot 10^{-6})(800 \cdot 10^{-6})^2 (14.4)^2}{2(0.25)} \frac{(8.5)}{(1.1)(1.27)^3(7.7)} \frac{1}{(2.6)(7.6)} \right]^{\left(\frac{1}{4.6}\right)} \\ &= 0.23 \text{ Tesla} \end{aligned} \tag{9.41}$$

이 자속밀도는 포화 자속밀도 약 0.35 T보다 작다. 일차 턴 수를 식 (9.21)을 이용하여 결정한다.

$$n_1 = \frac{(800 \cdot 10^{-6})}{2(0.23)(1.27)} 10^4 = 13.7 \text{ 턴} \tag{9.42}$$

이차 권선의 턴 수를 식 (9.22)로부터 구한다. 원하는 변압기 권선비는 110 : 5 : 15이다. 따라서

$$n_2 = \frac{5}{110} n_1 = 0.62 \text{ 턴} \tag{9.43}$$

$$n_3 = \frac{15}{110} n_1 = 1.87 \text{ 턴} \tag{9.44}$$

실제로 $n_1 = 22$, $n_2 = 1$, $n_3 = 3$으로 선택할 수 있으며, ΔB가 약간 감소하고 코어 손실도 약간 감소하나 동손은 약간 증가한다. EE40 코어에 대한 첨두 교류 자속밀도를 식 (9.3)에 따라 다음과 같이 쓸 수 있다.

$$\Delta B = \frac{(800 \cdot 10^{-6})}{2(22)(1.27)} 10^4 = 0.143 \text{ Tesla} \tag{9.45}$$

식 (9.1)과 식 (9.7)을 이용하여 코어 손실과 동손을 다음과 같이 구할 수 있다.

$$P_{fe} = (7.6)(0.143)^{2.6}(1.27)(7.7) = 0.47 \text{ W} \tag{9.46}$$

$$P_{cu} = \frac{(1.724 \cdot 10^{-6})(800 \cdot 10^{-6})^2 (14.4)^2}{4(0.25)} \frac{(8.5)}{(1.1)(1.27)^2} \frac{1}{(0.143)^2} 10^8 = 5.4 \text{ W} \tag{9.47}$$

전체 전력 손실은 다음과 같다.

$$P_{tot} = P_{fe} + P_{cu} = 5.9 \text{ W} \tag{9.48}$$

이 값은 설계 목표인 4 W보다 50% 정도 더 크므로 코어 크기를 증가시켜야 한다. 다음

으로 큰 EE 코어는 EE50코어로 K_{gfe} = 0.0284이다. 식 (9.3)에 의한 이 코어의 최적 교류 자속밀도는 ΔB = 0.14 T이다. 이 자속밀도에서 동작하기 위해 n_1 = 12가 필요하고, 전체 전력 손실은 2.3 W가 된다. n_1 = 22에서 식 (9.45)에서 식 (9.48)을 계산하면 ΔB = 0.08 T, P_{fe} = 0.23 W, P_{cu} = 3.89 W, P_{tot} = 4.12 W이다.

EE50코어와 n_1 = 22에서 일차 권선에 할당된 코어 창 부분을 식 (9.23)을 이용하여 구한다.

$$\alpha_1 = \frac{I_1}{I_{tot}} = \frac{(5.7\,\mathrm{A})}{(14.4\,\mathrm{A})} = 0.396 \tag{9.49}$$

5 V 이차 권선의 각 반 부분에 할당된 코어 창 부분은

$$\alpha_2 = \frac{n_2 I_2}{n_1 I_{tot}} = \frac{5}{110}\frac{66.1}{14.4} = 0.209 \tag{9.50}$$

이고, 15 V 이차 권선의 각 반 부분에 할당된 코어 창 부분은

$$\alpha_3 = \frac{n_3 I_3}{n_1 I_{tot}} = \frac{15}{110}\frac{9.9}{14.4} = 0.094 \tag{9.51}$$

이다. 식 (9.24)를 이용하여 일차 권선의 단면적 A_{W1}, 5 V 이차 권선의 단면적 A_{W2}, 15 V 이차 권선의 단면적 A_{W3}를 구할 수 있다.

$$\begin{aligned} A_{W1} &\le \frac{\alpha_1 K_u W_A}{n_1} = \frac{(0.396)(0.25)(1.78)}{(22)} = 8.0 \cdot 10^{-3}\ \mathrm{cm}^2 \Rightarrow \mathrm{AWG}\,\#19 \\ A_{W2} &\le \frac{\alpha_2 K_u W_A}{n_2} = \frac{(0.209)(0.25)(1.78)}{(1)} = 93.0 \cdot 10^{-3}\ \mathrm{cm}^2 \Rightarrow \mathrm{AWG}\,\#8 \\ A_{W3} &\le \frac{\alpha_3 K_u W_A}{n_3} = \frac{(0.094)(0.25)(1.78)}{(3)} = 13.9 \cdot 10^{-3}\ \mathrm{cm}^2 \Rightarrow \mathrm{AWG}\,\#16 \end{aligned} \tag{9.52}$$

15 V출력은 AWG #19 두 가닥을 병렬로 연결하여 감는 것이 유리하며, 같은 단면적 A_{W3}를 얻을 수 있고 감기 편리하다. 5 V 권선은 더 작은 선을 여러 가닥을 병렬로 연결하여 감을 수 있다. 평평한 구리 박판 권선을 사용하는 편이 더 유리할 수도 있다. 절연 요구조건을 만족하면 일차 권선을 여러 개의 얇은 박판을 교호하여 근접 손실을 최소화할 수 있다.

9.4 교류 인덕터 설계

변압기 설계 절차를 코어 손실과 동손이 모두 큰 다른 자기소자를 설계하는데 적용할 수 있다. 그림 9.10에서처럼 파형이 고 주파수 교류 성분을 갖는 단일 권선 인덕터를 설계하는 절차를 설명한다. 최소 코어 손실+동손을 발생하는 최적 첨두 교류 자속밀도 ΔB를 구한다. 변압기 설계와 큰 차이점은 공극이 있는 코어를 이용하여 주어진 인덕턴스를 갖도록 설계하는 점이다. 제약 조건과 단계별 설계 절차를 간략하게 서술한다.

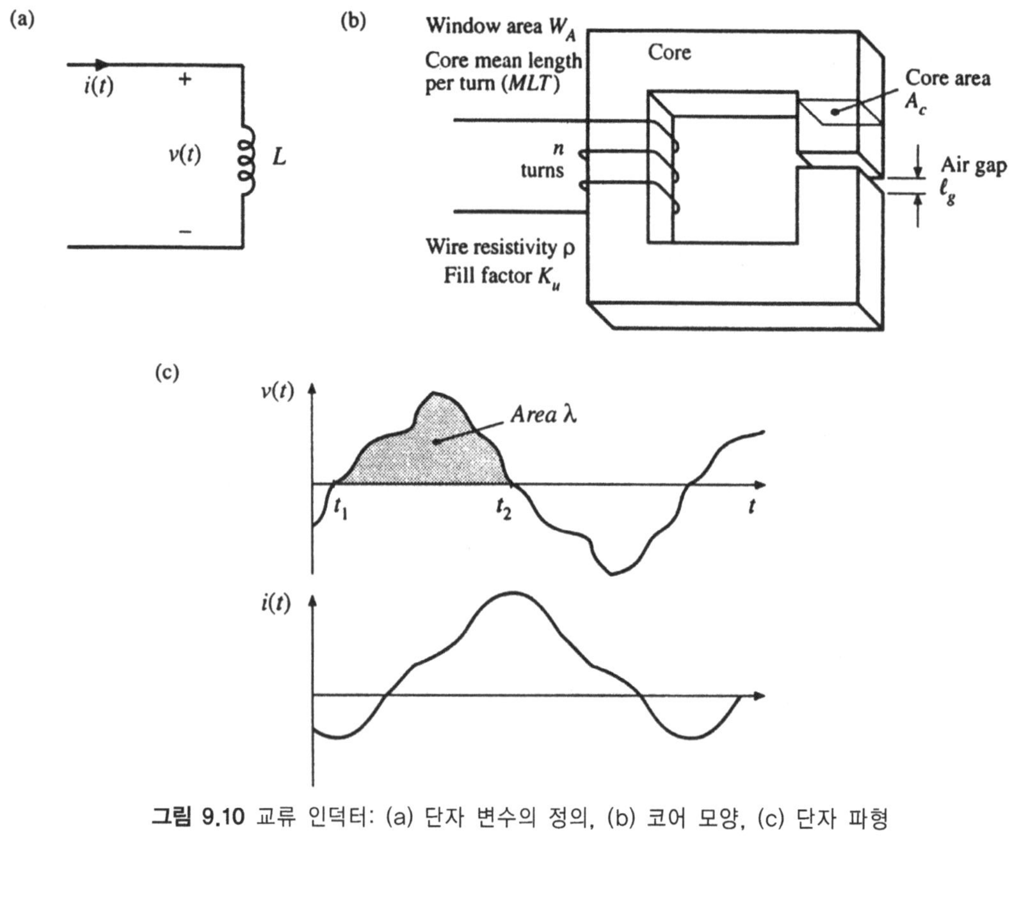

그림 9.10 교류 인덕터: (a) 단자 변수의 정의, (b) 코어 모양, (c) 단자 파형

9.4.1 개요

이전 장의 필터 인덕터의 설계에서처럼 다음 식으로 주어진 원하는 인덕턴스를 구해야 한다.

$$L = \frac{\mu_0 A_c n^2}{\ell_g} \tag{9.53}$$

인가 전압 파형과 자속밀도 ΔB의 첨두 교류 성분은 다음의 관계를 갖는다.

$$\Delta B = \frac{\lambda}{2nA_c} \tag{9.54}$$

동손은 다음과 같다.

$$P_{cu} = \frac{\rho n^2 (MLT)}{W_A K_u} I^2 \tag{9.55}$$

여기서 I는 $i(t)$의 실효값이다. 코어 손실 P_{fe}는 식 (9.1)과 같다.

전체 전력 손실 $P_{tot} = P_{fe} + P_{cu}$를 최소화하는 ΔB의 값을 변압기 설계에서와 같은 방법으로 구할 수 있다. 식 (9.54)를 이용하여 P_{cu} 식에서 n을 소거하고 P_{tot}의 미분이 영이 되는 최적의 ΔB를 구하면 다음과 같다.

$$\Delta B = \left[\frac{\rho \lambda^2 I^2}{2K_u} \frac{(MLT)}{W_A A_c^3 \ell_m} \frac{1}{\beta K_{fe}} \right]^{\left(\frac{1}{\beta + 2}\right)} \tag{9.56}$$

이 식은 식 (9.13)과 같다. 이 ΔB에서 전체 전력 손실 P_{tot}를 구하고 K_{gfe}에 대해 풀면 다음과 같다.

$$K_{gfe} \geq \frac{\rho \lambda^2 I^2 K_{fe}^{2/\beta}}{2K_u P_{tot}^{(\beta + 2)/\beta}} \tag{9.57}$$

여기서 K_{gfe}는 식 (9.16)에 정의되어 있다. 이 부등식을 만족하는 코어를 선택한다.

9.4.2 단계별 교류 인덕터 설계

단위는 9.2절의 것을 사용한다.

1. *코어 크기 결정*

$$K_{gfe} \geq \frac{\rho\lambda^2 I^2 K_{fe}^{2/\beta}}{2K_u P_{tot}^{(\beta+2)/\beta}} 10^8 \tag{9.58}$$

이 부등식을 충분히 만족하도록 코어를 선택한다. 필요하면 낮은 손실 즉, 작은 K_{fe}를 갖는 코어 물질을 선택하여 더 작은 코어를 선택할 수 있다.

2. *첨두 교류 자속밀도 계산*

$$\Delta B = \left[10^8 \frac{\rho\lambda^2 I^2}{2K_u} \frac{(MLT)}{W_A A_c^3 \ell_m} \frac{1}{\beta K_{fe}}\right]^{\left(\frac{1}{\beta+2}\right)} \tag{9.59}$$

3. *턴 수 결정*

$$n = \frac{\lambda}{2\Delta B A_c} 10^4 \tag{9.60}$$

4. *공극 길이*

$$\ell_g = \frac{\mu_0 A_c n^2}{L} 10^{-4} \tag{9.61}$$

여기서 A_c의 단위는 cm^2이고, ℓ_g의 단위는 m이다. 공극을 간접적으로 A_L(mH/1,000 턴)을 이용하여 표현할 수 있다.

$$A_L = \frac{L}{n^2} 10^9 \tag{9.62}$$

5. *자기포화 확인*

인덕터 전류에 직류 성분 I_{dc}가 포함되면 최대 자속밀도 B_{max}는 첨두 교류 자속밀도 ΔB

보다 커진다. 최대 전체 자속밀도는 Tesla 단위에서 다음과 같다.

$$B_{\max} = \Delta B + \frac{LI_{dc}}{nA_c}10^4 \tag{9.63}$$

B_{max}가 물질의 포화 자속밀도 B_{sat}와 가깝거나 크면 코어는 포화된다. 더 낮은 자속밀도에서 동작시키기 위해 필터 인덕터 설계 절차를 사용해야 한다.

6. *선 규격 결정*

$$A_W \leq \frac{K_u W_A}{n} \tag{9.64}$$

이제 권선 모양을 결정할 수 있고 근접효과에 의한 동손을 계산할 수 있다. 이 손실이 크다면 실효 선 저항률을 $\rho_{eff} = \rho_{cu}P_{cu}/P_{dc}$로 증가시켜 근접효과에 의한 손실을 고려하여 위의 단계를 반복하여 설계를 최적화할 수 있다. 여기서 P_{cu}는 근접효과를 포함한 실제 동손이고 P_{dc}는 근접 손실을 무시하여 얻은 동손을 나타낸다.

7. *전력 손실 확인*

$$\begin{aligned} P_{cu} &= \frac{\rho n(MLT)}{A_W}I^2 \\ P_{fe} &= K_{fe}(\Delta B)^\beta A_c \ell_m \\ P_{tot} &= P_{cu} + P_{fe} \end{aligned} \tag{9.65}$$

9.5 요약

1. 다중 권선 변압기에서 코어창 면적을 피상 전력 또는 암페어-턴에 따라 권선에 할당할 때 저 주파수 동손이 최소화된다.
2. 첨두 교류 자속밀도가 증가함에 따라 코어 손실은 증가하지만 동손은 감소한다. 전

체 전력 손실을 최소화하는 최적의 자속밀도가 존재한다. 코어 물질이 원하는 주파수 근처에서 동작하면 최적의 자속밀도는 포화 자속밀도보다 작다. 전체 손실을 최소화하도록 첨두 교류 자속밀도를 선택한다.

3. 코어의 기하학적 상수 K_{gfe}는 코어 손실이 큰 응용에 대해 코어의 자기적인 크기의 척도이다. 첨두 자속밀도가 주어진 사양인 K_g설계방법과 다르게 K_{gfe} 설계방법에서는 전체 손실이 최소가 되도록 첨두 자속밀도를 최적화한다.

참고문헌

[1] W. J. Gu and R. Liu, "A Study of Volume and Weight vs. Frequency for High-Frequency Transformers," IEEE Power Electronics Specialists Conference, 1993 Record, pp. 1123-1129.

[2] K. D. T. Ngo, R. P. Alley, A. J. Yerman, R. J. Charles, and M. H. Kuo, "Evaluation of Trade-Offs in Transformer Design for Very-Low-Voltage Power Supply with Very High Efficiency and Power Density," IEEE Applied Power Electronics Conference, 1990 Record, pp. 344-353.

[3] A. F. Goldberg and M. F. Schlecht, "The Relationship Between Size and Power Dissipation in a 1-10MHz Transformer," IEEE Power Electronics Specialists Conference, 1989 Record, pp. 625-634.

[4] K. D. T. Ngo and R. S. Lai, "Effect of Height on Power Density in High-Frequency Transformers," IEEE Power Electronics Specialists Conference, 1991 Record, pp. 667-672.

[5] R. B. Ridley and F. C. Lee, "Practical Nonlinear Design Optimization Tool for Power Converter Components," IEEE Power Electronics Specialists Conference, 1987 Record, pp. 314-323.

[6] R. C. Wong, H. A. Owen, and T. G. Wilson, "Parametric Study of Minimum Converter Loss in an Energy-Storage Dc-to-Dc Converter," IEEE Power Electronics Specialists Conference, 1982 Record, pp. 411-425.

연 · 습 · 문 · 제

9.1 포워드 컨버터의 인덕터 및 변압기 설계. 이 문제의 목적은 그림 9.11에 주어진 두 트랜지스터 두 출력 포워드 컨버터의 자기소자(두 개의 인덕터와 하나의 변압기)를 설계하는 것이다. 이들 자기소자에 사용될 페라이트 코어 물질의 포화 자속밀도는 120°C에서 약 0.3 T이다. 안전한 설계 여유를 두기 위해 최대 자속밀도 B_{max}는 이 값의 75%를 초과하지 않아야 된다. 100 kHz에서 코어 손실은 식 (9.1)과 같으며 $\beta = 2.6$, $K_{fe} = 50\ \mathrm{W/T^{\beta}cm^3}$이다. 100°C에서 동손을 계산한다.

정상상태 컨버터 분석 및 설계. 100% 효율과 손실이 없는 이상적인 소자로 가정한다.

(a) 시비율 $D = 0.4$에서 원하는 출력 전압을 얻기 위한 변압기의 권선비를 구하시오.

(b) 전류 맥동 Δi_1과 Δi_2가 전 부하 전류의 직류 성분 I_1과 I_2의 10%가 되는 인덕턴스 L_1과 L_2의 값을 구하시오.

(c) 각 인덕터와 변압기 권선의 첨두 및 실효 전류 값을 구하시오.

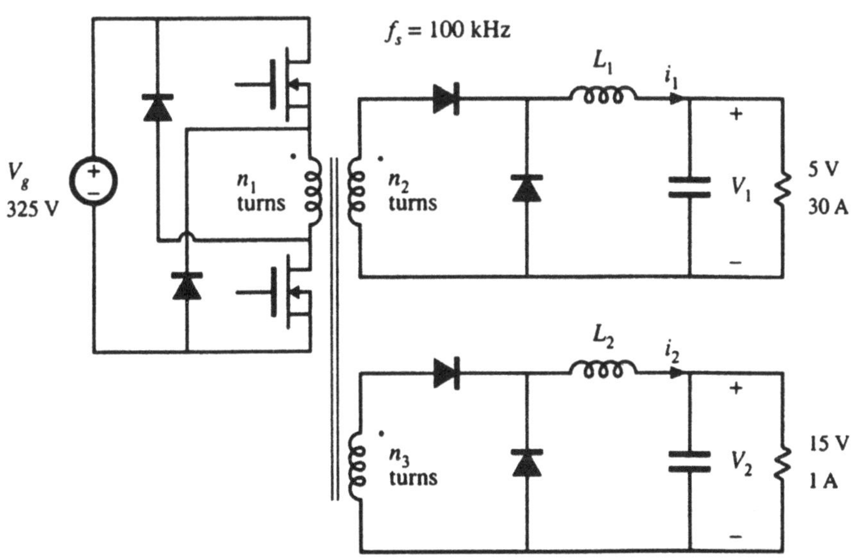

그림 9.11 문제 9.1의 두 출력 포워드 컨버터

인덕터 설계. 인덕턴스 L_1과 L_2에서 허용 가능한 동손은 각각 1 W와 0.4 W이다. 코어 창 이용률 K_u는 0.5로 가정한다. 페라이트 EE 코어를 사용한다. 표준 EE 코어 크기에 대한 기하학적인 데이터 표는 부록 B에 주어져 있다. 출력 필터 인덕터 L_1과 L_2를 설계하시오. 각 인덕터에 대해 다음을 구하시오.

(i) EE 코어 크기
(ii) 공극 길이
(iii) 턴 수
(iv) AWG 선 규격

변압기 설계. 허용 가능한 전체 전력 손실은 1 W이다. 코어 창 이용률 K_u는 0.35로 가정한다(권선 간에 절연을 위한 공간을 주기 위해 필터 인덕터보다 이용률이 작다). 페라이트 EE 코어를 사용한다. 표피 효과와 근접 효과에 의한 손실은 무시할 만하나 코어 손실과 동손은 포함되어야 한다. 변압기를 설계하여 다음을 구하시오.

(i) EE 코어 크기
(ii) 턴 수 n_1, n_2와 n_3
(iii) 세 권선에 대한 AWG 선 규격

다음의 변압기 설계 결과를 확인하시오.

(iv) 최대 자속밀도를 구하시오. 코어에서 자기 포화가 발생하는지?
(v) 코어 손실, 각 권선의 동손과 전체 전력 손실을 계산하시오.

9.2 단일 트랜지스터 포워드 컨버터가 입력 전압 V_g = 160 V에서 동작하여 2 A에서 24 V, 6 A에서 15 V를 출력한다. 시비율은 D = 0.4이다. 일차 권선과 초기화 권선의 권선비는 1:1이다. 스위칭 주파수는 100 kHz이다. 코어 손실은 식 (9.1)과 같으며 β = 2.7, K_{fe} = 50 W/T$^{\beta}$cm^{3}이다. 코어 창 이용률 K_u는 0.25로 가정한다. 코어의 최대 자속밀도는 0.3 T를 초과하면 안 된다.

전체 전력손실이 100°C에서 1.5 W를 초과하지 않는 이 응용에 대한 변압기를 설계하시오. 근접 손실은 무시할 수 있다. 초기화 권선을 무시할 수 있다. 페라이트 PQ 코어를 사용한다. 코어 크기, 첨두 교류 자속밀도, 각 권선의 선 규격과 턴 수를 구하고, 설계된 자료로부터 코어 손실과 동손을 계산하시오.

9.3 플라이백/SEPIC 변압기 설계. 플라이백과 SEPIC 컨버터의 “변압기”는 에너지를 저장하여 더 정확하게 다중 권선 인덕터로 볼 수 있다. 자화 인덕턴스 L_p는 컨버터에서 에너지를 전달하는 인덕터로 작용하여 이 “변압기”는 보통 공극을 갖는다. 컨버터를 연속 또는 불연속 전도모드에서 동작하도록 설계할 수 있다. 코어 손실이 매우 클 수 있다. 자화 인덕턴스에서 첨두 전류에 의해 자기 포화가 발생하지 않도록 보장하는 것이 중요하다.

다음의 두 출력 플라이백 컨버터 응용에 적합한 플라이백 변압기를 설계하시오.

입력:	160 Vdc
출력 1:	10 A에서 5 Vdc
출력 2:	1 A에서 15 Vdc
스위칭 주파수:	100 kHz
자화 인덕턴스 L_p:	1.33 mH (일차 측으로 환산)
권선비:	160:5:15
허용 변압기 전력손실:	1 W

(a) 컨버터는 CCM에서 동작하나 DCM에서 동작하나? 일차 권선으로 환산하여 (i) 자화 전류 맥동 Δi, (ii) 자화 전류의 직류 성분 I, (iii) 첨두 자화 전류 I_{pk}의 크기는?

(b) 실효 권선 전류와 인가된 일차 전압-시간 곱 λ_1을 구하시오. λ_1은 I_{pk}에 비례하는가?

(c) 코어 손실과 동손 모두를 고려하고 전체 손실을 최소화하는 최적의 교류 자속밀도를 갖는 플라이백 변압기를 설계하는 일반적인 절차를 유도하기 위해 이 장의 변압기 및 교류 인덕터 설계 절차를 수정하시오.

(d) 모든 사양과 단위를 분명하게 표시하여 일반적인 단계별 설계 절차를 제시하시오.

(e) 문제 (d)의 설계 절차를 이용하여 문제 (a)의 컨버터에 대한 플라이백 변압기를 설계하시오. 페라이트 EE 코어를 사용하고, β = 2.7, K_{fe} = 50 W/T$^{\beta}$cm^{3}이다. 코어 크기, 공극 길이, 각 권선의 선 규격과 턴 수를 구하시오.

(f) 문제 (e)의 설계에 대해 코어 손실과 동손 그리고 첨두 자속밀도를 계산하시오.

9.4 원하는 동작 주파수의 범위에서 어떤 페라이트 물질의 손실 계수 K_{fe}의 주파수 의존성을 다음과 같이 점진 증가 4차 다항식으로 근사화할 수 있다.

$$K_{fe}(f) = K_{fe0}\left(1 + a_1\left(\frac{f}{f_0}\right) + a_2\left(\frac{f}{f_0}\right)^2 + a_3\left(\frac{f}{f_0}\right)^3 + a_4\left(\frac{f}{f_0}\right)^4\right)$$

여기서 K_{fe0}, a_1, a_2, a_3, a_4, f_0는 상수이다. 전형적인 컨버터 변압기 응용에서 인가한 일차 전압-시간 곱 λ_1은 스위칭 주기 $T_s = 1/f$에 따라 직접 변한다. K_{gfe} 즉, 변압기 크기가 최소로 되는 최적의 스위칭 주파수를 구하고자 한다.

(a) 최적 스위칭 주파수가 아래 다항식의 근임을 보이시오.

$$1 + a_1\left(\frac{\beta-1}{\beta}\right)\left(\frac{f}{f_0}\right) + a_2\left(\frac{\beta-2}{\beta}\right)\left(\frac{f}{f_0}\right)^2 + a_3\left(\frac{\beta-3}{\beta}\right)\left(\frac{f}{f_0}\right)^3 + a_4\left(\frac{\beta-4}{\beta}\right)\left(\frac{f}{f_0}\right)^4$$

다음으로 코어 손실 파라미터가 다음과 같은 코어 물질을 선택한다.

$\beta = 2.7$ $K_{fe0} = 7.6$

$f_0 = 100$ kHz

$a_1 = -1.3$ $a_2 = 5.3$

$a_3 = -0.5$ $a_4 = 0.075$

다항식은 $10\,\text{kHz} \le f \le 1\,\text{MHz}$ 범위에서 생산자의 데이터로부터 곡선을 접합하여 얻었다.

(b) 주파수 f에 대한 K_{fe}를 도시하시오.

(c) K_{gfe}를 최소화하는 주파수 f를 구하시오.

(d) $100\,\text{kHz} \le f \le 1\,\text{MHz}$ 범위에서 $K_{gfe}(f)/K_{gfe}(100\ \text{kHz})$를 도시하시오. 변압기 크기가 스위칭 주파수의 선택에 얼마나 민감한가?

9.5 주어진 온도 상승을 얻기 위한 변압기 설계. 페라이트 코어의 중간 다리의 온도 상승 ΔT는 변압기의 전체 손실 P_{tot}에 직접 비례한다: $\Delta T = R_{th}P_{tot}$. 여기서 R_{th}는 주어진 주위 조건에서 변압기의 열 저항을 나타낸다. 온도 상승이 변압기 내의 손실 분포에는 거의 의존하지 않는다고 가정한다. 전체 손실 P_{tot} 대신 온도 상승 ΔT를 설계 사양으로 선택하도록 K_{gfe} 변압기 설계 방법을 수정하고자 한다. 선 저항률

ρ가 온도에 의존하는 것을 무시한다.

(a) 필요에 따라 n 권선 변압기 K_{gfe} 설계 방법을 수정하시오. R_{th}를 포함하는 새로운 코어의 기하학적 상수 K_{th}를 정의하시오.

(b) 페라이트 EC 코어의 열 저항은 부록 B의 B.3절에 제시되어 있다. $\beta = 2.7$을 이용하여 이 코어에 대한 K_{th}를 표로 나타내시오.

(c) 750 W 단일 출력 전 브리지 분리 벅 직류-직류 컨버터가 스위칭 주파수 f_s = 200 kHz, 직류 입력전압 V_g = 400 V, 직류 출력전압 V = 48 V로 동작한다. 권선비는 6 : 1이다. 100 kHz에서 코어 손실 식의 파라미터는 $\beta = 2.7$, $K_{fe} = 10$ W/T$^{\beta}$cm^{3}이다. 코어 창 이용률 K_u는 0.3으로 가정한다. 근접 손실은 무시할 수 있다. 문제 (a)와 (b)의 절차에 따라 온도 상승이 20°C로 제한된 응용에 대한 변압기를 설계하시오. EC 코어 크기, 일차 및 이차 권선수의 수, 선 규격과 첨두 교류 자속밀도를 구하시오.

APPENDIX

부록

A. 컨버터 파형의 실효값

B. 자기소자의 설계 표

부록 A
컨버터 파형의 실효값

스위칭 주파수에서 변조가 되고 교류 선 주파수를 포함하는 매우 복잡한 파형이 전력전자 컨버터에서 나타날 수 있다. 컨버터 설계과정에서 파형의 실효값이 종종 필요하다. 이 부록에서는 이러한 실효(RMS)값을 빠르고 쉽게 구할 수 있도록 몇몇 공식과 표를 제시한다.

PWM 정류회로에서 나타나는 이중 변조 파형의 RMS값은 2권 9.5절을 참조하기 바란다.

A.1 일반적인 파형

직류, 그림 A.1:

$$rms = I \tag{A.1}$$

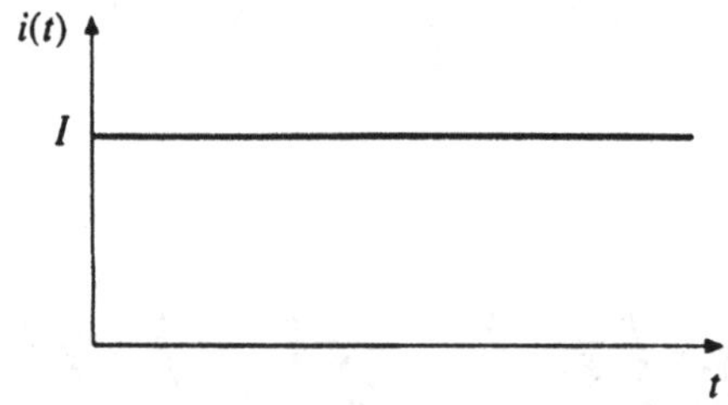

그림 A.1

직류와 선형 맥동, 그림 A.2:

$$rms = I\sqrt{1+\frac{1}{3}\left(\frac{\Delta i}{I}\right)^2} \tag{A.2}$$

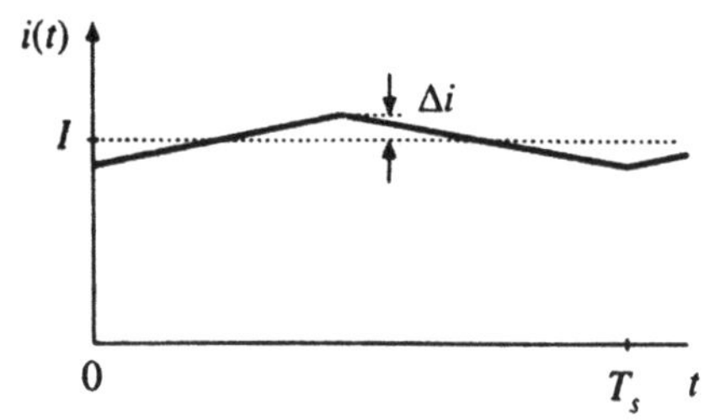

그림 A.2

사각파형, 그림 A.3:

$$rms = I_{pk} \tag{A.3}$$

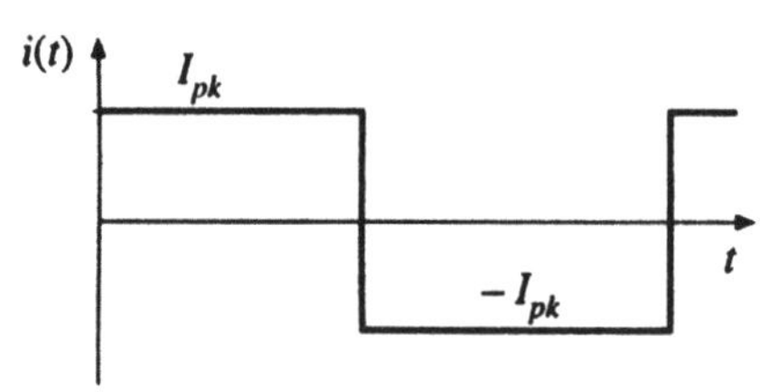

그림 A.3

정현파, 그림 A.4:

$$rms = \frac{I_{pk}}{\sqrt{2}} \tag{A.4}$$

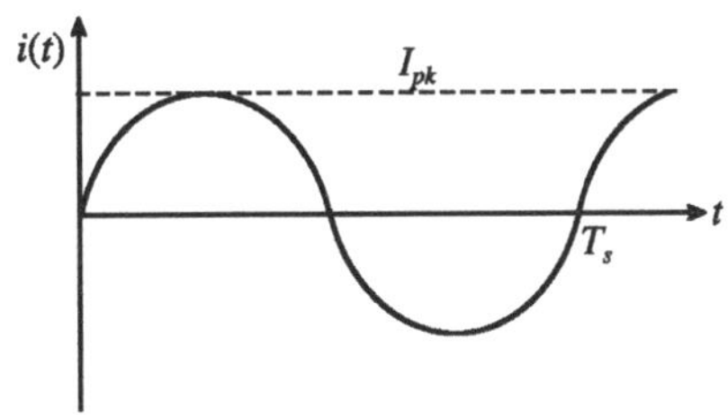

그림 A.4

펄스 파형, 그림 A.5:

$$rms = I_{pk}\sqrt{D} \tag{A.5}$$

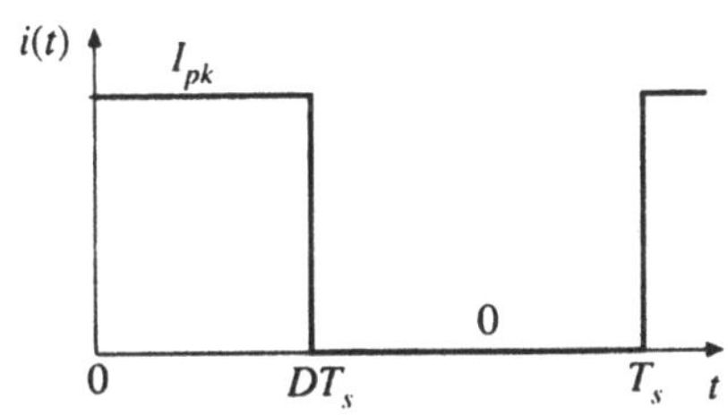

그림 A.5

선형 맥동이 있는 펄스 파형, 그림 A.6:

$$rms = I\sqrt{D}\sqrt{1 + \frac{1}{3}\left(\frac{\Delta i}{I}\right)^2} \tag{A.6}$$

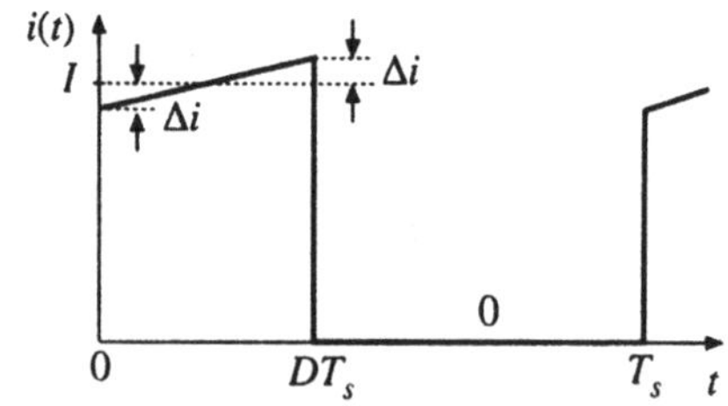

그림 A.6

삼각파, 그림 A.7:

$$rms = I_{pk}\sqrt{\frac{D_1 + D_2}{3}} \tag{A.7}$$

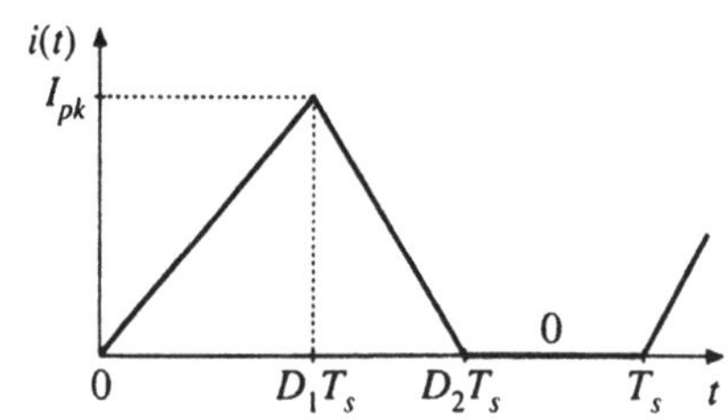

그림 A.7

톱니파, 그림 A.8:

$$rms = I_{pk}\sqrt{\frac{D_1}{3}} \tag{A.8}$$

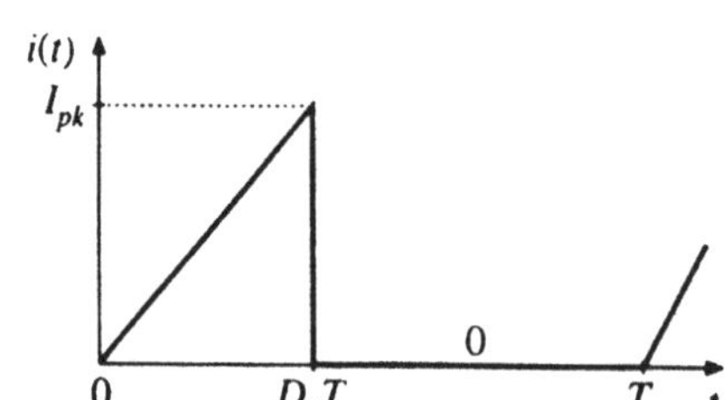

그림 A.8

직류 성분이 없는 삼각파, 그림 A.9:

$$rms = \frac{\Delta i}{\sqrt{3}} \tag{A.9}$$

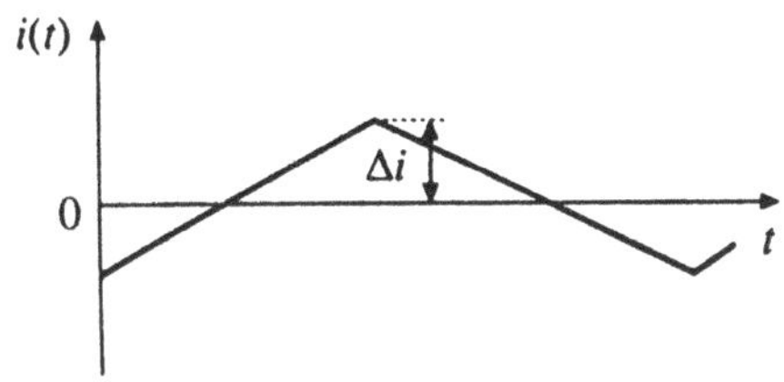

그림 A.9

중간-분기 브리지 권선 파형, 그림 A.10:

$$rms = \frac{1}{2} I_{pk} \sqrt{1+D} \tag{A.10}$$

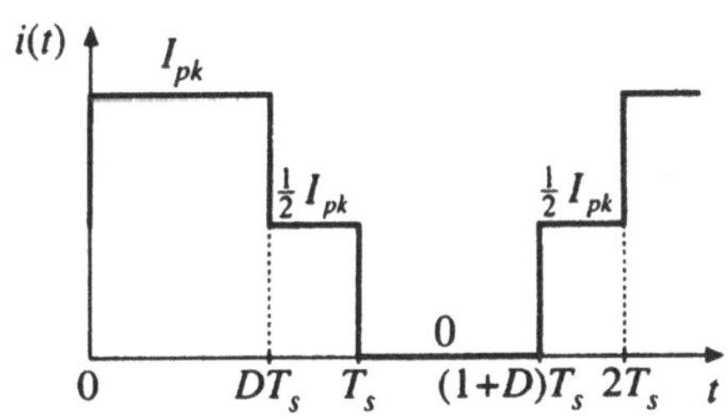

그림 A.10

일반 계단 파형, 그림 A.11:

$$rms = \sqrt{D_1 I_1^2 + D_2 I_2^2 +} \tag{A.11}$$

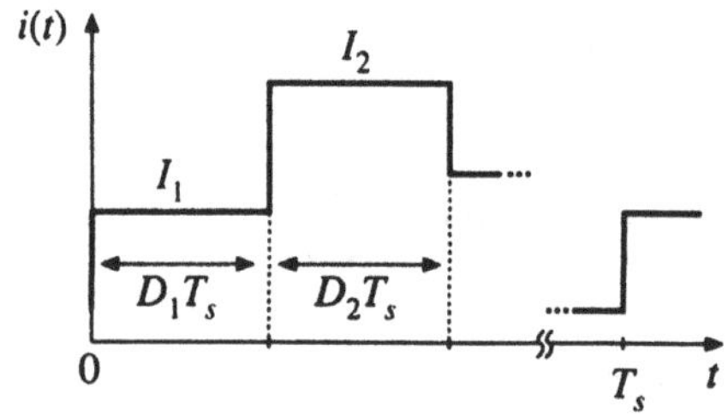

그림 A.11

A.2 일반적인 구분 파형

그림 A.12에서처럼 n개의 구분(piecewise) 조각으로 구성된 주기 파형에 대해 실효값은

$$rms = \sqrt{\sum_{k=1}^{n} D_k u_k} \tag{A.12}$$

이고, D_k는 조각 k의 시비율이고 u_k는 조각 k의 파형 기여를 나타낸다. u_k는 조각의 모양에 의존한다. 몇몇 조각 모양에 대해 다음에서 주어진다.

상수 조각, 그림 A.13:

$$u_k = I_1^2 \tag{A.13}$$

삼각파 조각, 그림 A.14:

$$u_k = \frac{1}{3} I_1^2 \tag{A.14}$$

사다리꼴 조각, 그림 A.15:

$$u_k = \frac{1}{3}\left(I_1^2 + I_1 I_2 + I_2^2\right) \tag{A.15}$$

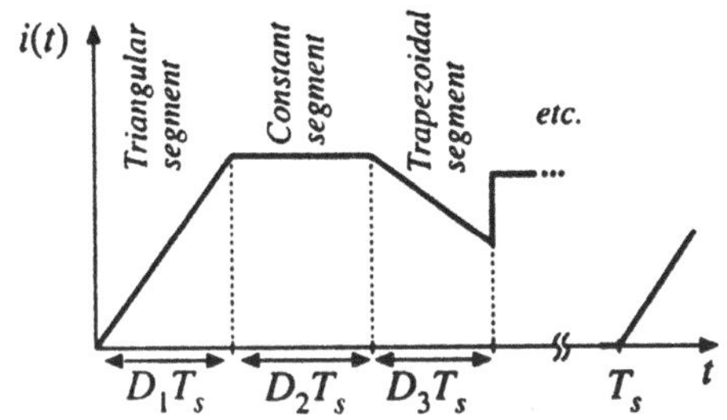

그림 A.12

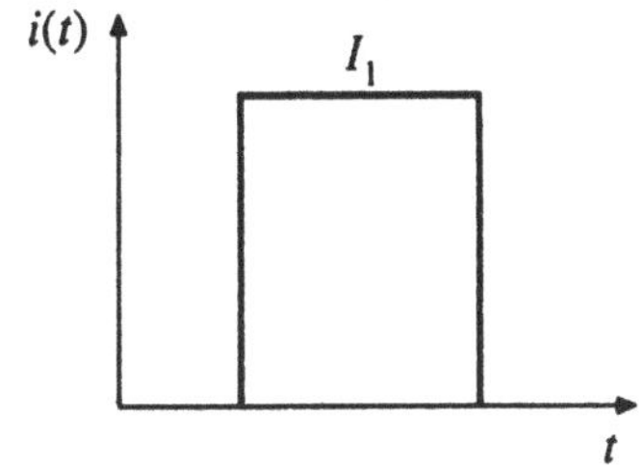

그림 A.13

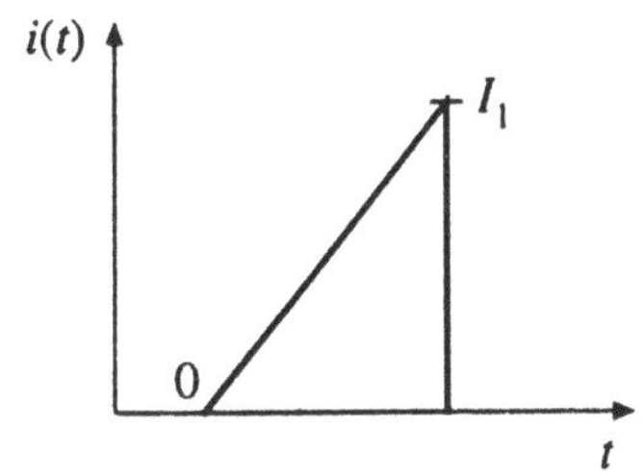

그림 A.14

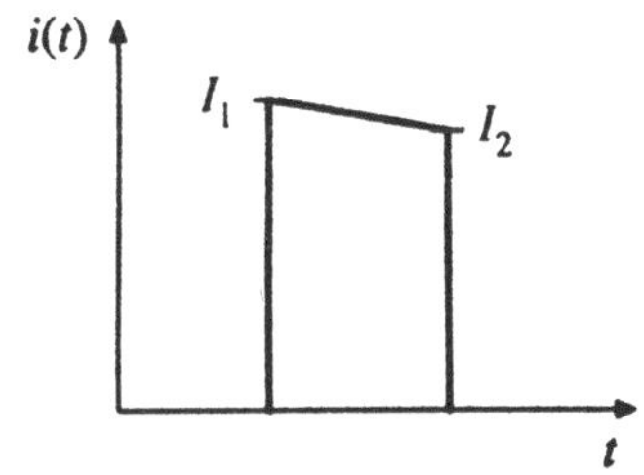

그림 A.15

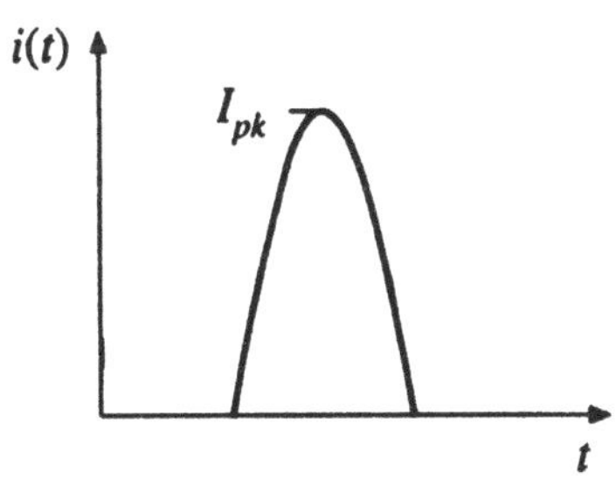

그림 A.16

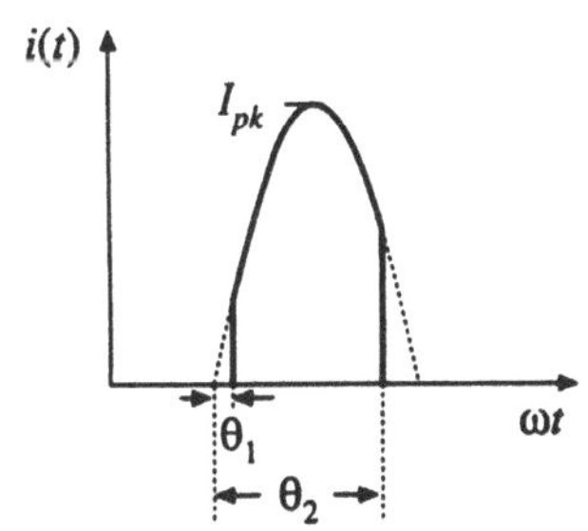

그림 A.17

반 또는 전 주기를 갖는 정현파 조각, 그림 A.16:

$$u_k = \frac{1}{2} I_{pk}^2 \tag{A.16}$$

부분적인 주기를 갖는 정현파 조각, 그림 A.17, 각 θ_1에서 시작하여 각 θ_2에서 끝나는

하나의 반 주기보다 작은 정현파 조각, 각 θ_1과 θ_2의 단위는 rad.이다:

$$u_k = \frac{1}{2} I_{pk}^2 \left(1 - \frac{\sin(\theta_2 - \theta_1)\cos(\theta_2 + \theta_1)}{(\theta_2 - \theta_1)}\right) \tag{A.17}$$

[예제]

환류 다이오드에 저장된 전하에 의해 전류 스파이크가 트랜지스터 전류파형에 나타난다. 측정된 파형은 그림 A.18과 거의 흡사하다. 실효 전류를 구하시오.

그림에서처럼 파형을 6개의 거의 선형인 조각으로 나눌 수 있다. 각 조각에 대한 D_k와 u_k는 다음과 같다.

1. 삼각파 조각

$$D_1 = (0.2\ \mu s)/(10\ \mu s) = 0.02$$

$$u_1 = I_1^2/3 = (20\ A)^2/3 = 133\ A^2$$

2. 상수 조각

$$D_2 = (0.2\ \mu s)/(10\ \mu s) = 0.02$$

$$u_2 = I_1^2 = (20\ A)^2 = 400\ A^2$$

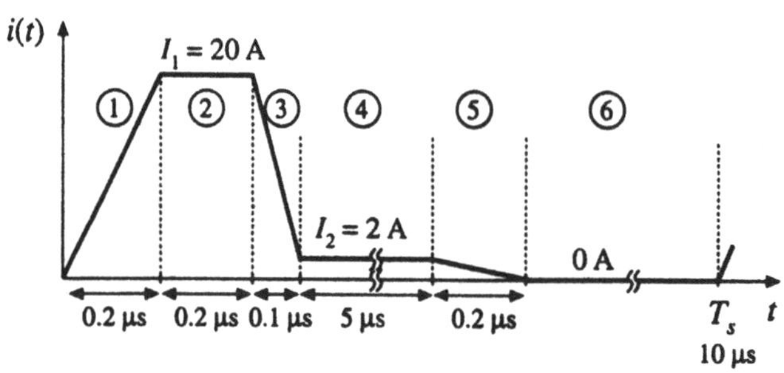

그림 A.18

3. 사다리꼴 조각

$$D_3 = (0.1\ \mu s)/(10\ \mu s) = 0.01$$

$$u_3 = (I_1^2 + I_2^2 + I_3^2)/3 = 148\ A^2$$

4. 상수 조각

$$D_4 = (5\ \mu s)/(10\ \mu s) = 0.5$$

$$u_4 = I_2^2 = (2\ A)^2 = 4\ A^2$$

5. 삼각파 조각

$$D_5 = (0.2\ \mu s)/(10\ \mu s) = 0.02$$

$$u_5 = I_2^2/3 = (2\ A)^2/3 = 1.3\ A^2$$

6. 영 조각

$$u_6 = 0$$

실효값은

$$rms = \sqrt{\sum_{k=1}^{6} D_k u_k} = 3.76\ A \tag{A.18}$$

이다. 전류 스파이크의 기간이 매우 짧을지라도 실효값에 큰 영향을 미친다. 전류 스파이크가 없으면 전류 실효값은 약 2.0 A이다.

부록 B
자기소자의 설계 표

여러 표준 페라이트 코어 형상에 대한 기하학적인 자료를 제시한다. 기하학적인 상수 K_g는 코어 크기의 척도로 주어진 동손을 만족하는 인덕터와 변압기를 설계하는데 유용하다[1]. 인덕터 설계를 위한 K_g 방법을 8장에서 서술하였다. K_g는 다음으로 정의된다.

$$K_g = \frac{A_c^2 W_A}{MLT} \tag{B.1}$$

여기서 A_c는 코어의 단면적을, W_A는 코어 창의 면적을, MLT는 턴당 권선의 평균 길이를 나타낸다. 기하학적인 상수 K_{gfe}는 코어 크기에 대한 유사한 척도로 전체 동손과 코어 손실이 제한되는 교류 인덕터와 변압기를 설계하는데 유용하다. 자기소자 설계를 위한 K_{gfe} 방법을 9장에서 서술하였다. K_{gfe}는 다음으로 정의된다.

$$K_{gfe} = \frac{W_A A_c^{2(1-1/\beta)}}{(MLT)\ell_m^{2/\beta}} u(\beta) \tag{B.2}$$

여기서 ℓ_m은 코어의 평균 자기경로 길이를 나타내고, β는 다음과 같은 코어 손실 지수이다.

$$P_{fe} = K_{fe} B_{\max}^{\beta} \tag{B.3}$$

현재의 페라이트 물질에 대해 β의 값은 2.6과 2.8 사이에 있다. 양 $u(\beta)$는 다음으로 정의된다.

$$u(\beta) = \left[\left(\frac{\beta}{2} \right)^{-\left(\frac{\beta}{\beta + 2} \right)} + \left(\frac{\beta}{2} \right)^{\left(\frac{2}{\beta + 2} \right)} \right]^{-\left(\frac{\beta + 2}{\beta} \right)} \tag{B.4}$$

$\beta = 2.7$에 대해 $u(\beta)$는 0.305이며, $2.6 \le \beta \le 2.8$의 범위에서 대략 5 %정도 변한다. $\beta = 2.7$에 대한 K_{gfe}의 값을 표로 만든다. $2.6 \le \beta \le 2.8$의 범위에서 K_{gfe}값의 변동은 보통 매우 작다.

생산자의 자료를 얻을 수 있는 경우에 대해서만 열 저항의 값을 표에 제시한다. 제시된 열 저항은 코어의 중간 다리에서 주변으로의 전체 전력손실 W 당 근사적인 온도 상승을 나타낸다. 강냉식 냉각이나 특이한 전력손실의 분포 등의 조건에서 온도 상승은 달라진다. 표에 제시된 창 면적은 전형적인 단일 면의 보빈에 대한 권선 면적을 의미한다.

미국 선 규격(AWG)을 부록의 뒤에 포함한다.

B.1 POT 코어 데이터

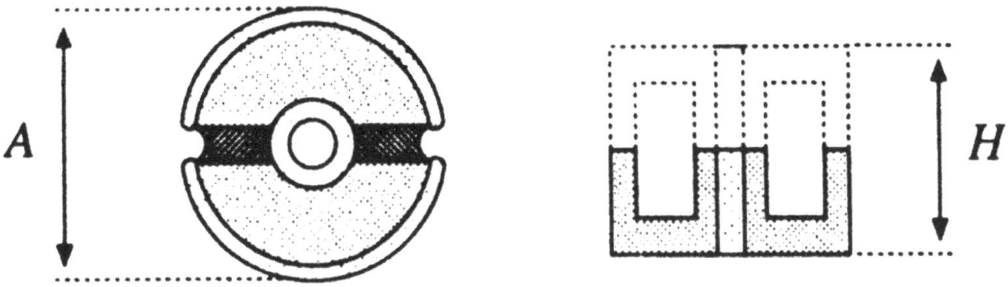

그림 B.1

Core type	Geometrical constant	Geometrical constant	Cross-sectional area	Bobbin winding area	Mean length per turn	Magnetic path length	Thermal resistance	Core weight
(AH)	K_g	K_{gfe}	A_c	W_A	MLT	ℓ_m	R_{th}	
(mm)	cm^5	cm^x	(cm^2)	(cm^2)	(cm)	(cm)	(°C/W)	(g)
704	$0.738 \cdot 10^{-6}$	$1.61 \cdot 10^{-6}$	0.070	$0.22 \cdot 10^{-3}$	1.46	1.0		0.5
905	$0.183 \cdot 10^{-3}$	$256 \cdot 10^{-6}$	0.101	0.034	1.90	1.26		1.0
1107	$0.667 \cdot 10^{-3}$	$554 \cdot 10^{-6}$	0.167	0.055	2.30	1.55		1.8
1408	$2.107 \cdot 10^{-3}$	$1.1 \cdot 10^{-3}$	0.251	0.097	2.90	2.00	100	3.2
1811	$9.45 \cdot 10^{-3}$	$2.6 \cdot 10^{-3}$	0.433	0.187	3.71	2.60	60	7.3
2213	$27.1 \cdot 10^{-3}$	$4.9 \cdot 10^{-3}$	0.635	0.297	4.42	3.15	38	13
2616	$69.1 \cdot 10^{-3}$	$8.2 \cdot 10^{-3}$	0.948	0.406	5.28	3.75	30	20
3019	0.180	$14.2 \cdot 10^{-3}$	1.38	0.587	6.20	4.50	23	34
3622	0.411	$21.7 \cdot 10^{-3}$	2.02	0.748	7.42	5.30	19	57
4229	1.15	$41.1 \cdot 10^{-3}$	2.66	1.40	8.60	6.81	13.5	104

B.2 EE 코어 데이터

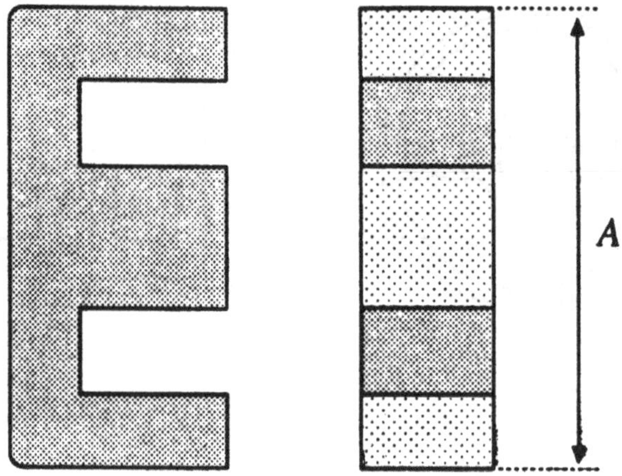

그림 B.2

Core type (A) (mm)	Geometrical constant K_g (cm^5)	Geometrical constant K_{gfe} (cm^x)	Cross-sectional area A_c (cm^2)	Bobbin winding area W_A (cm^2)	Mean length per turn MLT (cm)	Magnetic path length ℓ_m (cm)	Core weight (g)
EE12	$0.731 \cdot 10^{-3}$	$0.458 \cdot 10^{-3}$	0.14	0.085	2.28	2.7	2.34
EE16	$2.02 \cdot 10^{-3}$	$0.842 \cdot 10^{-3}$	0.19	0.190	3.40	3.45	3.29
EE19	$4.07 \cdot 10^{-3}$	$1.3 \cdot 10^{-3}$	0.23	0.284	3.69	3.94	4.83
EE22	$8.26 \cdot 10^{-3}$	$1.8 \cdot 10^{-3}$	0.41	0.196	3.99	3.96	8.81
EE30	$85.7 \cdot 10^{-3}$	$6.7 \cdot 10^{-3}$	1.09	0.476	6.60	5.77	32.4
EE40	0.209	$11.8 \cdot 10^{-3}$	1.27	1.10	8.50	7.70	50.3
EE50	0.909	$28.4 \cdot 10^{-3}$	2.26	1.78	10.0	9.58	116
EE60	1.38	$36.4 \cdot 10^{-3}$	2.47	2.89	12.8	11.0	135
EE70/68/19	5.06	$75.9 \cdot 10^{-3}$	3.24	6.75	14.0	18.0	280

B.3 EC 코어 데이터

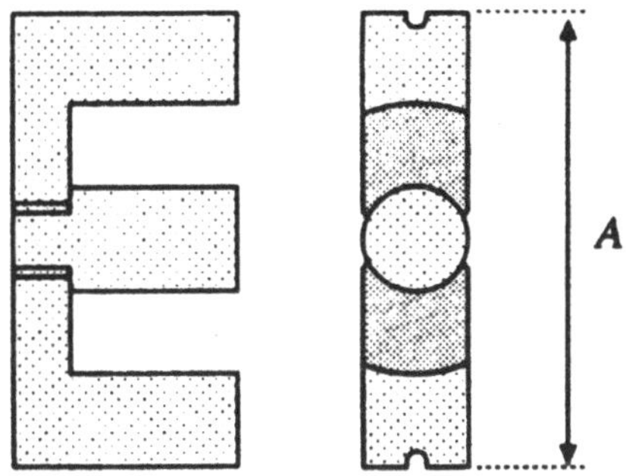

그림 B.3

Core type	Geometrical constant	Geometrical constant	Cross-sectional area	Bobbin winding area	Mean length per turn	Magnetic path length	Thermal resistance	Core weight
(A)	K_g	K_{gfe}	A_c	W_A	MLT	ℓ_m	R_{th}	
(mm)	(cm^5)	(cm^x)	(cm^2)	(cm^2)	(cm)	(cm)	(°C/W)	(g)
EC35	0.131	$9.9 \cdot 10^{-3}$	0.843	0.975	5.30	7.74	18.5	35.5
EC41	0.374	$19.5 \cdot 10^{-3}$	1.21	1.35	5.30	8.93	16.5	57.0
EC52	0.914	$31.7 \cdot 10^{-3}$	1.80	2.12	7.50	10.5	11.0	111
EC70	2.84	$56.2 \cdot 10^{-3}$	2.79	4.71	12.9	14.4	7.5	256

B.4 ETD 코어 데이터

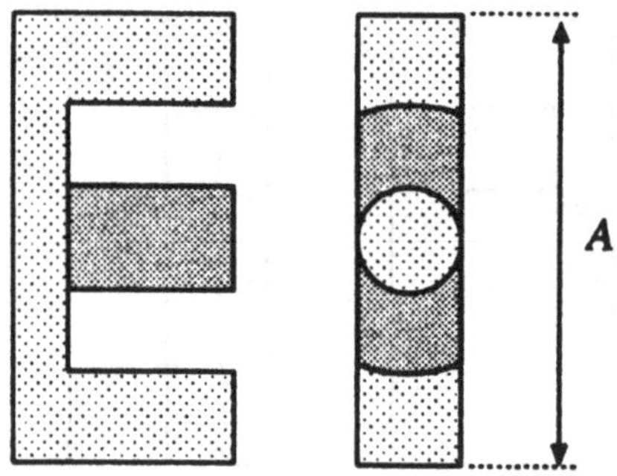

그림 B.4

Core type (A) (mm)	Geometrical constant K_g (cm^5)	Geometrical constant K_{gfe} (cm^x)	Cross-sectional area A_c (cm^2)	Bobbin winding area W_A (cm^2)	Mean length per turn MLT (cm)	Magnetic path length ℓ_m (cm)	Thermal resistance R_{th} (°C/W)	Core weight (g)
ETD29	0.0978	$8.5 \cdot 10^{-3}$	0.76	0.903	5.33	7.20		30
ETD34	0.193	$13.1 \cdot 10^{-3}$	0.97	1.23	6.00	7.86	19	40
ETD39	0.397	$19.8 \cdot 10^{-3}$	1.25	1.74	6.86	9.21	15	60
ETD44	0.846	$30.4 \cdot 10^{-3}$	1.74	2.13	7.62	10.3	12	94
ETD49	1.42	$41.0 \cdot 10^{-3}$	2.11	2.71	8.51	11.4	11	124

B.5 PQ 코어 데이터

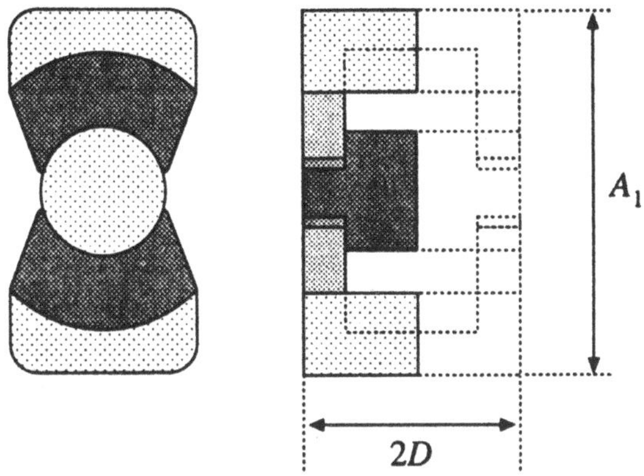

그림 B.5

Core type	Geometrical constant	Geometrical constant	Cross-sectional area	Bobbin winding area	Mean length per turn	Magnetic path length	Core weight
(A_1/2D)	K_g	K_{gfe}	A_c	W_A	MLT	ℓ_m	
(mm)	(cm^5)	(cm^x)	(cm^2)	(cm^2)	(cm)	(cm)	(g)
PQ 20/16	$22.4\cdot10^{-3}$	$3.7\cdot10^{-3}$	0.62	0.256	4.4	3.74	13
PQ 20/20	$33.6\cdot10^{-3}$	$4.8\cdot10^{-3}$	0.62	0.384	4.4	4.54	15
PQ 26/20	$83.9\cdot10^{-3}$	$7.2\cdot10^{-3}$	1.19	0.333	5.62	4.63	31
PQ 26/25	0.125	$9.4\cdot10^{-3}$	1.18	0.503	5.62	5.55	36
PQ 32/20	0.203	$11.7\cdot10^{-3}$	1.70	0.471	6.71	5.55	42
PQ 32/30	0.384	$18.6\cdot10^{-3}$	1.61	0.995	6.71	7.46	55
PQ 35/35	0.820	$30.4\cdot10^{-3}$	1.96	1.61	7.52	8.79	73
PQ 40/40	1.20	$39.1\cdot10^{-3}$	2.01	2.50	8.39	10.2	95

B.6 미국 선 규격(AWG) 데이터

AWG#	Bare area, 10^{-3} cm^2	Resistance, 10^{-6} Ω/cm	Diameter, cm
0000	1072.3	1.608	1.168
000	850.3	2.027	1.040
00	674.2	2.557	0.927
0	534.8	3.224	0.825
1	424.1	4.065	0.735
2	336.3	5.128	0.654
3	266.7	6.463	0.583
4	211.5	8.153	0.519
5	167.7	10.28	0.462
6	133.0	13.0	0.411
7	105.5	16.3	0.366
8	83.67	20.6	0.326
9	66.32	26.0	0.291
10	52.41	32.9	0.267
11	41.60	41.37	0.238
12	33.08	52.09	0.213
13	26.26	69.64	0.190
14	20.02	82.80	0.171
15	16.51	104.3	0.153
16	13.07	131.8	0.137
17	10.39	165.8	0.122
18	8.228	209.5	0.109
19	6.531	263.9	0.0948
20	5.188	332.3	0.0874
21	4.116	418.9	0.0785
22	3.243	531.4	0.0701
23	2.508	666.0	0.0632
24	2.047	842.1	0.0566
25	1.623	1062.0	0.0505
26	1.280	1345.0	0.0452
27	1.021	1687.6	0.0409
28	0.8046	2142.7	0.0366
29	0.6470	2664.3	0.0330

Continued

AWG#	Bare area, 10^{-3} cm^2	Resistance, 10^{-6} Ω/cm	Diameter, cm
30	0.5067	3402.2	0.0294
31	0.4013	4294.6	0.0267
32	0.3242	5314.9	0.0241
33	0.2554	6748.6	0.0236
34	0.2011	8572.8	0.0191
35	0.1589	10849	0.0170
36	0.1266	13608	0.0152
37	0.1026	16801	0.0140
38	0.08107	21266	0.0124
39	0.06207	27775	0.0109
40	0.04869	35400	0.0096
41	0.03972	43405	0.00863
42	0.03166	54429	0.00762
43	0.02452	70308	0.00685
44	0.0202	85072	0.00635

참고문헌

[1] C. W. Mclyman, Transformer and Inductor Design Handbook, Second edition, New York: Marcel Dekker, 1988.

[2] Ferrite Materials and Components Catalog, Philips Components.

찾아보기

가변속 교류 구동 24

결합 인덕터 319-320, 342, 348-353
　다중 출력 벅 기반 컨버터
　　319-320, 353-356
　설계 342-353
　Ćuk 컨버터 319, 327-329

공극
　결합 인덕터 319, 350, 352
　변압기 286
　인덕터
　　279-282, 315-316, 333-337, 341
　플라이백 변압기 321, 356

기자력(MMF)
　MMF 선도 298-300
　자기회로 278-281
　정의 270

근접효과
　간단한 설명 293-298
　교호의 효과 307-311
　도체 간격계수 301
　리츠 선의 효과 311
　변압기 설계 378
　MMF 선도 298-300
　전체 권선 손실 305-307
　층에서의 동손 302-305

내장 다이오드(MOSFET 참조)

다수 캐리어 소자(MOSFET, 쇼트키 다이오드 참조) 115-116

다이오드
- 병렬연결 120
- 빠른 회복 120
- 소프트 회복 119-148
- 쇼트키 115, 119, 146
- 순방향 전압 강하(반도체 도통 손실 참조) 85-89, 120
- 스너버 146, 151
- 스위칭 손실 146-153
- 스위칭 파형 118, 147, 152
- 역병렬 116
- 특성 119
- 환류 106
- 회복 과정 117-118, 146-148
- 회복 전하 117-118, 146-148

도전율 변조
116-117, 121, 127, 132, 137

도통 손실(동손, 반도체 도통 손실 참조)

동기 정류기 113-115

동손
- 고주파수 효과, 근접효과 295-314
- 고주파수 효과, 표피효과 293-295
- 사양을 만족하는 다중 권선 인덕터 설계 342-353
- 사양을 만족하는 인덕터 설계 333-342
- 저 주파수 293
- 최소화를 위한 코어 창 할당 342-348, 372-373
- 컨버터에서 모델링 71-75

등가회로 모델링
- CCM 플라이백 컨버터 238
- 이상적인 직류-직류 컨버터 67-71
- 인덕터 동손 71-75
- 정상상태의 CCM 컨버터 67-91
- 펄스 파형의 입력 전류를 갖는 컨버터 82-85

렌츠의 법칙 272, 293, 295

리츠 선 311

릴럭턴스 279

맴돌이 전류
- 권선 도체 293-296
- 자기 코어 290

MOSFET
- 구성 및 동작 120-125
- 내장 다이오드 120-124
- 단자 커패시턴스 124-125
- 도통 손실 85-91
- 도통 저항 85-91, 120-125
- 동기 정류기 113-115
- 스위칭 손실 149-153
- 전동기 구동 시스템 24
- 특성 125

미국 선 규격(AWG)
- 데이터 418-419

설계 예 356, 360, 382, 387

미소 맥동 근사화
두 극점 필터에서 적용 안 됨 57-60
DCM 172-173
벅 컨버터 예 37-39
부스트 컨버터 예 44-51
정의 37
Ćuk 컨버터 예 51-57
평균 전력 손실 계산 89-90

반도체 가격 249

반도체 도통 손실
동기 정류기 113-115
부스트 컨버터 예 85-91

반도체 전력용 소자(BJT, 다이오드, GTO, IGBT, MCT, 쇼트키 다이오드, SCR 참조) 99-155
다수와 소수 캐리어 116
도전율 변조 116
스위치 구현 99-115
전하 제어 116, 117, 126-127, 143-145, 152

배터리 충전기 22, 110

벅-부스트 컨버터(플라이백 컨버터 참조)
DCM 특성 172, 187-188
벅과 부스트 컨버터의 직렬연결 200-204
변압기 분리 233-239
비 반전형 203, 212-213
3 단자 셀의 회전 204
직류-3상 교류 인버터 110-112

벅 삼상 인버터(전압원 인버터 참조)

벅 컨버터(브리지 구성, 포워드 컨버터, 푸쉬 풀 분리 컨버터 참조) 18-20, 31-44, 57-60
능동 스위치 이용률 249
동기 정류기 113-115
등가회로, 정상상태 CCM 81-85
스위칭 손실 141-153
정상상태 해석, DCM 172-178
정상상태 해석, CCM 31-44, 57-60, 81-85

변압기
누설 인덕턴스 218, 287-288
모델링 216-218, 282-289
B-H 루프 217, 319
설계 예 379-382
설계 절차 376-379
설계 절차 유도 370-375
SEPIC 변압기 242-243
자화 인덕턴스 216-217, 285-286
전압-시간 곱 평형 218, 221-222
최적 권선 할당 342-348
플라이백 변압기 232-239

변압기 분리 컨버터 215-245
다중 출력과 교차 조절 216

벅 기반 반 브리지 223-225
벅 기반 전 브리지 219-223
벅 기반 푸쉬 풀 232-233
변압기 모델링 216-217
부스트 기반 239-242
SEPIC 242-243
전압-시간 곱 평형 218, 221-222
Ćuk 컨버터 244-245
평가 및 비교 246-250
포워드 225-231
플라이백 232-239

변환비
모델링 68-70
벅-부스트 컨버터 34, 188
벅 컨버터 34, 177-178
부스트 컨버터 34, 47, 186
SEPIC 컨버터 215
Ćuk 컨버터 54

부스트 컨버터(브리지 구성, 푸쉬 풀 분리 컨버터 참조)
능동 스위치 이용률 249
비이상적인 경우 해석 71-82, 85-91
역 벅 컨버터 199-200
정상상태 해석 DCM, 177-187
정상상태 해석 CCM, 44-51

불연속 전도모드(DCM)
경계 조건 168-171, 179-180, 185-187
벅 컨버터 예 166-178
부스트 컨버터 예 178-187
B-H 루프 320-321
원인 166-171
PWM 컨버터 165-196

브리지 구성(직류-직류 컨버터)
벅 기반 반 브리지 223-225
벅 기반 전 브리지 219-223
변압기 동손 최소화 346-348
부스트 기반 전 브리지 239-241
전 브리지 변압기 설계 예 383-387

브리지 구성(인버터)
단상 21, 205-209, 212-214
삼상 109-110, 209-211

비결정질 합금 291

B-H 루프
결합 인덕터 319-320
교류 인덕터 317-318
모델링 273-274
변압기 218, 318-219
플라이백 변압기 321-322
필터 인덕터 315-317

BJT(bipolar junction transistor)
구성 및 동작 125-132
달링턴 연결 132
도통 저항 85, 126-127
소수 전하 126-130
스위칭 파형 128

이상적인 스위치 특성 103-104
저장 시간 128-129
전류 집중 130
절연파괴 131
준 포화 126, 130-131

4상한 스위치(스위치 참조)

사이클로컨버터 14, 113-114

싸이리스터(GTO, MCT, SCR 참조)

선 단면적
미국 선 규격(AWG) 표 418-419
인덕터 설계 337, 342

선형 맥동 근사화(미소 맥동 근사화 참조)

SEPIC(single-ended primary inductance converter) 컨버터 213-214
변압기 분리 242-245
변환비 214
역 SEPIC 215, 242-245

소수 캐리어 소자(BJT, IGBT, GTO, 다이오드, MCT, SCR 참조) 115-116

쇼트키 다이오드 115, 119

쇄교 자속 평형(인덕터 전압-시간 곱 평형 참조)

스너버 네트워크 130, 148
스위치
동기 정류기 113-115
반도체 소자를 이용한 구현 99-115
4상한 111-113
수동과 능동 102
양방향 전류 2상한 106-110
양방향 전압 2상한 110-111
이상적인 스위치의 전력 소모 19, 32
이상적인 SPDT 17-19, 31-33, 45, 52
이상적인 SPST 99-100
1상한 102-106

스위치 모드 17-21

스위치 스트레스 246-250

스위치 이용률 246-250

스위칭 고조파 19
스위칭 손실
공진 파형 149-153
꼬리 전류 144-145
다이오드의 회복 전하 145-149, 152-153
소자 커패시턴스 149-153
제한된 인덕터 부하 141-145
컨버터 효율 153-154
표유 인덕턴스 149-153

스위칭 주파수
변압기 크기 382
정의 32

컨버터 효율 153-154

시비율
보수 31
정의 32

IGBT(insulated-gate bipolar transistor)
구성 및 동작 132-135
꼬리 전류 133, 145-149
등가회로 134
병렬연결 135
순방향 전압 강하 모델링 134-135
스위칭 손실 145-146
이상적인 스위치 특성 104

암페어의 법칙 272

암페어-시간 곱 평형(커패시터 전하 평형 참조)

양방향 직류-직류 컨버터 110

AWG(미국 선 규격 참조)

A_L(mH/1,000 턴) 341

H-브리지 21, 206-208, 210-211

MCT(MOS-controlled thyristor) 139-140

열점 120, 134

Watkins-Johnson 컨버터 214, 242
분리 푸쉬 풀 242
역 Watkins-Johnson 214

2상한 스위치(스위치 참조)

EE 코어 데이터 414

EC 코어 데이터 415

ETD 코어 데이터 416

인공위성 전원장치 23

인덕터 설계
교류 인덕터 388-391
필터 인덕터 333-342

인덕터 전류 맥동
교류 인덕터 317-318
두 극점 필터를 갖는 컨버터 57-60
DCM에서 크기 166-167
벅 컨버터 39
부스트 컨버터 50
Ćuk 컨버터 56
필터 인덕터 315-316

인덕터 전압-시간 곱 평형
DCM 172
벅 컨버터 42
부스트 컨버터 46-47
정의 41
Ćuk 컨버터 53

인버터
　　단상 21, 205-209, 212-214
　　삼상 109-110, 209-211

1상한 스위치
　　구현 102-106
　　DCM의 원인 165-170
　　정의 101

자기 269-397
　　결합 인덕터 설계 348-356
　　교류 인덕터 설계 388-391
　　근접효과 293-314
　　기본 식 269-278
　　다중 권선 인덕터 설계 348-363
　　동손 71-76, 293, 295-315
　　동손을 최소화하는 코어 창 할당 342-348
　　변압기 기본 215-218, 282-289
　　변압기 설계 369-391
　　인덕터 설계 333-363
　　자기소자 종류 315-322
　　자기회로 278-281
　　전체 손실을 최소화하는 최적 자속 밀도 373-375
　　코어 손실 72, 289-292, 363
　　페라이트 코어 표 413-417
　　플라이백 변압기 설계 356-363

자기 경로 길이
　　정의 276
　　페라이트 코어 표 413-417

자기장 세기 273

자기회로 278-281

자속 271

자속밀도
　　정의 271
　　포화 자속밀도 277

자화 전류 216-217, 285-286

적층 275, 291

전류 검출회로, 분리 262-263
전류원 브리지 213-214

전류원 인버터(CSI) 211

전압-시간 곱 평형(인덕터 전압-시간 곱 평형 참조)

전압 변환비(변환비 참조)

전압원 인버터 109, 211

정격하락 계수 253

GTO(gate turn-off thyristor) 138

직렬연결, 컨버터 200-204

직류 변압기 모델
　　비이상적인 벅 컨버터 84
　　비이상적인 부스트 컨버터 78-79, 89

유도 68-71
종속 전원을 포함한 등가회로 69
직류 변압기를 포함한 회로 다루기 70-71, 78-79

직류 변환비 (변환비 참조)

차등 연결, 부하
다상 인버터 210-211
단상 인버터 206-208

창 면적
전체 동손을 최소화하는 할당 342-348
정의 337
페라이트 코어 표 413-417

창 이용률 338

Ćuk 컨버터
능동 스위치 이용률 249
변압기 분리 245
변압기 설계 예 379-383
변환비 55
부스트와 벅 컨버터의 직렬연결 204
정상상태 해석 51-57

커패시터 전하 평형
부스트 컨버터 예 48-49
비이상적인 부스트 컨버터 예 74, 88
DCM 176
정의 44
Ćuk 컨버터 예 51

커패시터 전압 맥동
두 극점 필터를 갖는 컨버터 57-61
벅 컨버터 예 58-59
부스트 컨버터 예 51
Ćuk 컨버터 예 56

컨버터의 평가 및 설계 246-250

컨버터 회로 구성
3 단자 셀의 회전 204
변압기 분리 215-245
부하와 전원의 위치 바꿈 199-200
부하의 차등 연결 205-211
직렬연결 200-204
컨버터 조합 212-214
평가 및 비교 246-250

컴퓨터 스프레드시트 설계 250-254

컴퓨터 전원장치 22-23

K_g, 코어의 기하학적 상수
다중 권선 자기소자 설계 342, 351-353
정의 339, 412
페라이트 코어 표 413-417
필터 인덕터 설계 절차 340-342

K_{gfe}, 교류 코어의 기하학적 상수

교류 인덕터 설계 절차 388-391
변압기 설계, 예 379-387
변압기 설계, 유도 369-375
변압기 설계, 절차 371-379
정의 375, 412
페라이트 코어 표 413-417

코어 손실 289-292, 360-363, 370-371

투자율
상대 투자율 274
자유 공간 273
정의 273-274

파우더 철 275, 291

포워드 컨버터 (벅 컨버터 참조) 225-231
능동 스위치 이용률 249
두 변압기를 갖는 형 230-231
변압기 이용률 231
변압기 초기화 과정 229-230
스프레드시트 설계 250-254
정상상태 해석 225-231

포화
인덕터 277, 281
자기 물질 273-274
변압기 222, 285-286

표피효과 (근접효과 참조) 293-296
푸쉬 풀 분리 컨버터
벅 컨버터 기반 232-233
부스트 컨버터 기반 241-242
Watkins-Johnson 컨버터 241-242

페라이트
응용 318, 355, 381, 383
코어 손실 289-291, 317-319, 370
코어 표 413-417
포화 자속밀도 274, 285, 291, 317

플라이백 변압기 310, 321-322, 351
설계 예 356-363

플라이백 컨버터(벅-부스트 컨버터 참조)
능동 스위치 이용률 249
두 변압기를 갖는 형 260
스프레드시트 설계 250-254
유도 234
정상상태 해석 233-239
플라이백 변압기 이용률 239

PWM(pulse width modulation) 19-20

POT 코어 데이터 413

PQ 코어 데이터 417

필터 인덕터
B-H 루프 317
설계 절차 340-342
설계 절차 유도 334-340

환류 다이오드 106

행렬 컨버터 113-114

효율 15
- 비이상적인 직류-직류 79-80, 88
- 스위칭 주파수 153-155
- 평균 모델을 통한 계산 79-80, 88

히스테리시스 손실 289

[역자약력]
신휘범 : 경상대학교 전기전자공학부 전기공학전공 교수
정세교 : 경상대학교 전기전자공학부 제어계측전공 교수

전력전자공학의 기초 I
정상상태의 컨버터 설계 및 해석

2009년 2월 20일 초판 인쇄
2024년 2월 28일 3 쇄 발행

역　　자 신휘범, 정세교
발 행 인 송기수
발 행 처 도서출판 GS인터비전
편 집 처 도서출판 GS인터비전
인 쇄 처 트윈벨미디어
등록번호 제 25100-2016-000050호
I S B N 978-89-93668-13-1 (94560)
978-89-93668-15-5 (세트)

주　소 서울 은평구 증산로15길 69, 2층
전　화 02-976-7898, 02-3272-7898
팩　스 02-6468-7898
홈페이지 gsintervision.kr
E-Mail gsinter7@gmail.com

정 가 30,000원